# 中厚板生产900问

## 900 Questions and Answers for Medium Plate Production

孙　玮　崔风平　等编著

北　京
冶　金　工　业　出　版　社
2014

## 内 容 提 要

本书是中厚板生产、技术原理与质量控制学习与培训用书。本书以问答的形式，从中厚板实际生产、技术原理、工艺手段和质量控制角度出发，结合中厚板概念、所用原料、生产工艺流程、主要生产设备、生产方法、生产技术、钢板性能检验、主要质量缺陷、高性能产品开发等方面的生产经验、基础知识和技术手段，简明扼要地对中厚板生产流程、技术原理等相关内容、经验和研究进行了系统、深入与细致的介绍。全书共分十章，包括中厚板生产概述、原料与加热、中厚板的轧制、中厚板轧机与控制技术、控制轧制与控制冷却、钢材的精整、钢材的热处理、钢材的检验、钢板的外观质量、中厚板的新产品开发和轧制新技术。

本书可供钢铁企业，特别是从事中厚板生产操作、技术管理、质量控制、钢板热处理、质量检验方面工作的操作人员、工程技术人员和管理人员使用和学习，既可作为轧钢技工等有关人员的技术培训教材，也可供中厚板加工、使用等单位、相关行业技术人员和大专院校有关专业师生参考。

**图书在版编目（CIP）数据**

中厚板生产900问/孙玮等编著．—北京：冶金工业出版社，2014.7
ISBN 978-7-5024-6579-7

Ⅰ．①中…　Ⅱ．①孙…　Ⅲ．①中板轧制—问题解答　②厚板轧制—问题解答　Ⅳ．①TG335.5－44

中国版本图书馆CIP数据核字(2014)第164957号

出 版 人　谭学余
地　　址　北京市东城区嵩祝院北巷39号　邮编　100009　电话　(010)64027926
网　　址　www.cnmip.com.cn　电子信箱　yjcbs@cnmip.com.cn
责任编辑　李培禄　李　臻　美术编辑　吕欣童　版式设计　孙跃红
责任校对　李　娜　责任印制　李玉山
ISBN 978-7-5024-6579-7
冶金工业出版社出版发行；各地新华书店经销；北京慧美印刷有限公司印刷
2014年7月第1版，2014年7月第1次印刷
169mm×239mm；24印张；463千字；337页
**58.00**元

**冶金工业出版社　投稿电话　(010)64027932　投稿信箱　tougao@cnmip.com.cn**
**冶金工业出版社营销中心　电话　(010)64044283　传真　(010)64027893**
**冶金书店　地址　北京市东四西大街46号(100010)　电话　(010)65289081(兼传真)**
**冶金工业出版社天猫旗舰店　yjgy.tmall.com**
（本书如有印装质量问题，本社营销中心负责退换）

# 《中厚板生产900问》

## 编写委员会


审　　定　刘相华　朱伏先

主　　编　孙　玮　崔风平

副 主 编　赵　乾　何绪友　崔德伟

编　　委　刘彦春　李作鑫　顾复康　张爱民

赵　坤　时义祥　陈　磊　程洪兴

刘　强　许方泉　王　杰　崔　琦

于秀琴　崔风庆　董恩乐　于莉平

钱爱文　赵婷婷　李金霞　孙　秋

封面设计　崔　梦

# 序　言

我国钢产量自1996年首次超过1亿吨，在世界上排名第一以来，连续十多年超常规增长，到2008年钢产量已超过5亿吨，相当于日本的4倍、美国的5倍、德国的11倍！几十年的钢铁之梦成为现实，我国几代钢铁人付出的心血与汗水得到了回报，本书作者就是这样一批在平凡的岗位上为我国钢铁事业取得如此辉煌成就而默默奉献的轧钢人。

本书的作者是多年从事中厚板轧制方面开发研究及技术管理工作的专家和学者，他们是钢铁行业的有心人。本书是由崔风平、孙玮具体策划担纲、撰写的第三部著作。作为多年合作的老朋友，我对他们的钻研精神、创新意识和追求真知的理想深感钦佩。熟悉崔风平的人都知道，他是多才多艺的人，将情趣爱好与本职工作水乳交融地结合到一起，成就了他们策划的第一本著作《中厚板外观缺陷的种类、形态及成因》（冶金工业出版社2005年出版）。正是这些有心人把摄影特长用于拍摄在生产中遇到的各种产品缺陷，把现实中的缺憾升华为科学的真、艺术的美。他俩和同事们拍摄并整理的产品缺陷图集，理所当然地成为了中厚板质量管理的重要借鉴，为分析和解决中厚板产品外观质量问题提供了非常有益的指导和帮助。此后，他们又在此基础上完成了内容更加丰富、分析更为深入的《中厚板外观缺陷的界定与分类》（冶金工业出版社2012年出版）。

他俩主持策划的第二部著作《中厚板生产与质量控制》（冶金工业出版社2008年出版）也是关于中厚板生产与质量方面的。他们把多年来在中厚板厂从事技术工作的积累上升到理论高度，并与学者和专家们合作，编撰成书，与同行分享。这部著作系统地从中厚板的概念、所用原料、生产过程、生产方法等诸多方面进行了论述，丰富了轧制理论与生产实践结合方面的内容，已经成为从事中厚板生产和研究人员不可多得的参考书。

本书还是关于中厚板生产方面的著作。作者们“咬定青山不放松”，与中厚板结下了不解之缘。实际上，这是与中厚板在我国经济发展中的重要作用分不开的。我国目前仍属于发展中国家，基础设施建设仍是拉动经济发展的火车头。为应对2008年以来的金融危机，国家投入巨资拉动内需，建筑、交通、能源、机械等支柱行业都是中厚板的大用户。正是这宽厚、强韧的钢板，支撑着共和国的大厦，改变了中华大地的模样。

市场经济这只无形的手在中厚板生产领域施展的魔法一刻也没有停止过。巨大的市场需求，推动着中厚板价格脱离了正常价值轨道；离谱的高额利润，催生了一批又一批中厚板厂如雨后春笋般地成长起来，进入竞争行列。我国中厚板生产线由原来的28条，迅速扩大为50多条、70多条，以至于一时间中国究竟有多少建成和在建的中厚板轧机成了一个谁也说不清的数字；每套轧机的年生产能力也在不断攀升，从30万~50万吨提高到80万~100万吨甚至超过150万吨；轧机尺寸、轧制能力的记录不断被打破，过去让中国也拥有一套5m轧机曾经是老一代轧钢人的梦想，现在人们则开始担心太多5m以上的轧机将来怎样瓜分有限的市场？

人们的担心不是杞人忧天，终于“狼来了”不再仅仅是一句警告。2008年下半年以来，中厚板的价格如同“过山车”一般令人瞠目结舌，这是生产能力大于市场需求的必然结果。中厚板生产是个进来容易、退出难的领域，动辄数十亿的资金，千锤百炼的技术队伍，千丝万缕的社会供需网路，盘根错节的利害关系，无论是国企还是民营，谁都难言放弃。可以预见未来中厚板生产领域的竞争，将会是非常激烈的。

这就是本书出版的大背景。当“萝卜快了不洗泥”的时代一去不复返，用户对产品质量越来越挑剔的时候，提高中厚板生产线上每个人的素质，人人把好质量关就显得十分必要。本书以问答的方式，对中厚板生产中遇到的各种各样的问题进行归类整理，以便于读者掌握。作者们在这个关键时刻把本书呈献给读者，在我看来正是应对挑战的一剂良方。

希望本书的出版对我国中厚板生产技术的发展能够起到一定的促进作用，为普及中厚板生产知识作出贡献。希望各位同行能够携起手来，以自己的不懈努力来不断提高我国中厚板生产的技术水平，见证我国从钢铁大国迈进钢铁强国的历史进程。

刘相华

2014 年 5 月于东北大学

# 前　言

中厚板是造船、锅炉、化工、工程机械和国防建设等行业所需的重要材料，具有规格品种繁多、使用性能各异、技术质量要求高、使用条件复杂、用途范围广泛等特点，是国民经济发展中不可或缺的重要品种。世界钢铁工业发展历程表明，中厚钢板生产水平是一个国家钢铁工业水平的重要标志。

中厚板生产已有大约200年的历史。我国自1936年开始兴建第一套中厚板轧机，到2012年年底，据全国轧钢信息网统计，可投入生产的中厚板轧机共69套，不是外界盛传的70多套（由于市场不好，前几年有些轧机停建，如首钢宝业5000mm、唐山3500mm、宁波4300mm），其中5000mm级轧机6套、4300mm级轧机8套、3800mm级轧机6套、3500mm级轧机17套、3000mm级以下轧机32套，所有轧机中单机架25套，双机架44套。这些轧机都是2010年前建成的（在建的南钢5000mm、筹建的防城港5500mm未含其中），产能约7400万吨。显而易见，中厚板材已成为我国钢材中增长最快的产品之一，在世界中厚板市场占有举足轻重的地位。

“十二五”期间，包括海洋工程、能源装备制造、交通运输等行业在内的我国各主要用钢行业都将转型升级作为自身发展的重点，在这个过程中，对钢材性能质量的要求也在随之提高。虽然我国钢铁工业经过多年的发展，已经能够基本上满足各用钢行业发展的要求，但一些关键钢材品种仍不能自给，这已经成为我国相关用钢行业（尤其是高端装备制造业）升级的“瓶颈”。了解用钢行业对高端、特殊钢材的新需求并加以满足，已经成为我国钢铁企业亟须面对的问题，对中厚板产品结构的调整、装备水平和工艺技术的不断升级提出了更高的要求。

2008 年以来，为了摆脱金融危机对经济发展的抑制，国家出台了以“4 万亿元”为主的多项经济发展刺激措施，导致我国钢产量不仅没有收住，还逆势而上，然而始料未及的是在国内钢铁产量大幅度增加的同时不仅透支今后的需求，也大大地带动了铁矿石进口量的迅猛增加，直接刺激了铁矿石价格的上涨，虽然钢铁产量持续增长，但市场需求量的不断下降却引发激烈竞争，造成效益逐年下滑，到了 2011 年下半年以来钢铁行业终于无可奈何地迎来了“寒冬”。在中厚板方面，产能过剩还在加剧，而市场的需求量明显减少，能坚持常年生产的中厚板轧机仅在 50 套左右，2012 年全国共生产中厚板 6680. 8 万吨，比 2011 年减少了 664. 4 万吨；2012 年共出口中厚板 450. 29 万吨，比 2011 年减少了 24. 11 万吨；2012 年共进口中厚板 140. 34 万吨，比 2011 年减少了 27. 08 万吨。钢铁企业的平均销售利润呈波动下降态势，不仅低于下游产业的平均水平，更远低于上游资源企业的平均水平，而且这种微利甚至亏损状态短期内难以改观，中国钢铁行业的规模扩张已近尾声，中国钢铁行业微利乃至亏损经营的特征明显。当前，我们面临的形势比 2008 年金融危机时更为严峻、复杂和危险，这种困难局面不会在短期内得到扭转，必须做好长期应战的准备。

现在，在产能过剩的情况下，控制产量也是勉为其难。在这样的形势下，摆脱困境的根本出路就在于“转方式、调结构、强管理”，由规模效益向质量效益转变。我国中厚板企业纷纷加大结构调整力度，做精做强钢铁产业链。一些钢铁企业在钢铁主业方面不断创新产品开发模式，加大技术创新，调整产品结构，满足下游企业对产品高质量和功能化的需求；一些钢铁企业坚持差异化发展，培育企业核心竞争力；一些钢铁企业则选择沿产业链延伸发展，不断塑造新的竞争优势，从根本上摆脱产能过剩与效益低下的局面，使企业能够健康的发展。

为了应对世界经济金融危机对钢铁行业带来的严重冲击，以及我国中厚板产量由高速增长向优化品种结构、改善产品质量、提高产品竞争力对生产技术水平提升和员工技术素质提高的需求，本书的编者们在编写上着重结合目前中厚板生产企业装备水平不断提高、技术进步较快和从业技术工人素质较高的现实，以注重产品结构优化、品质升级与经济化生产为出发点，立足于中厚板生产知识和理论要点的系统概述，同时也对近年来国内外先进的生产技术、高性能钢种的性能要求、组织特点与发展趋势等方面做了一定的介绍，旨在使本书的内容在满足生产一线操作技工使用要求的基础上，既能符合现场专业技术人员和管理人员的学习要求，又能对中厚板生产技术的发展动向有一定的认识和了解，并对不同知识层面读者需求能有一定的兼顾，力图为中厚板的科学发展尽其所能。

故此，本书在编写上注重符合读者对中厚板生产知识系统性学习以及先进工艺、通用性技术装备了解的需求，以简明扼要为前提，适当强化了中厚板在品种开发、性能改善和质量控制方面的内容；在各章节的编排上，以中厚板的生产流程为主线，理论联系实际，侧重实际应用，在介绍新技术、新工艺应用的同时，又着力对基础理论和原理方面知识进行了必要的回顾，力求将中厚板生产和质量控制两方面的内容有机地结合起来，以便于读者较完整、深入地认识和了解中厚板生产等方面的知识和理论。

本书在编写过程中，东北大学、济钢集团有限公司、中国钢铁工业协会轧钢信息网等单位的领导、学者和专家给予了大力支持和热情帮助，作者在此表示衷心的感谢。

由于作者的水平有限，书中难免存在不足之处，敬请读者不吝赐教，给予批评指正，编者将不胜感激。

作 者

2014 年 5 月

# 目　录

# 第一章　中厚板生产概述

## 第一节　中厚板的概念与用途

### 1. 什么是中厚板？

关于中厚板的定义，没有统一的规定，各国对中厚板的定义是不同的。中国标准 GB 709—2006《热轧钢板和钢带尺寸、外形、重量及允许偏差》对钢板的定义为“钢板系不固定边部变形的热轧扁平钢材，包括直接轧制的单轧钢板和由宽钢带剪切成的连轧钢板”；德国标准 DIN1016 把中厚板定义为“一种边缘没有特定要求的平板产品，它通常具有正方形或长方形的形状，它的边部可以是轧制表面（即有轻微的弯曲）或以机械方式切除”；英国标准 BS6512—84《热轧钢板和宽扁钢表面不连续的限度与修正》对钢板的定义为“一种扁平轧材，其边允许自由变形，以扁平状且通常为正方形或矩形供货，也可以为其他形状供货；其边缘状态为轧制、剪切、气割或修边；产品也可以预弯曲状态供货”。

### 2. 中厚板的主要用途是什么？

中厚板是国民经济发展所依赖的重要钢铁材料之一，是工业化进程和发展过程中不可缺少的钢铁品种，广泛用于交通工程、建筑工程、机械结构、汽车制造、压力容器、锅炉制造、油气输送管线、电厂、核电站、油田、造船、海洋平台等方面。世界钢铁工业的发展历程表明，中厚板的生产水平及材料所具有的水平是国家钢铁工业及钢铁材料水平的一个重要标志。

### 3. 中厚板是如何分类的？

按照现行的国家标准 GB 709—2006《热轧钢板和钢带尺寸、外形、重量及允许偏差》规定，热轧钢板分类可按厚度偏差的分类、厚度进级的划分、热轧钢板尺寸范围等三种方式进行分类。在习惯上，钢板按照厚度可分为中厚板、厚板、特厚板。通常厚度为 4 ~ 20mm 的钢板称为中厚板，厚度为 20 ~ 60mm 的钢板称为厚板，厚度大于 60mm 钢板称为特厚板。

## 4. 中厚板的生产特点是什么?

中厚板具有品种规格多、产量规模大、多道次往复轧制、控温灵活、道次间隔时间比热连轧长等生产特点。其轧后冷却辊道的速率具有较宽的调整范围，不像连轧受卷取速度的限制，控轧轧制和控制冷却灵活性大，这为中厚板的品种开发提供了便利的条件。然而，中厚板产品的厚度通常要比热连轧产品厚度大得多，厚度范围跨度大，控制冷却需要更大的水量，更长的冷却时间，且冷却速率又比热连轧产品低得多。这些情况导致中厚板的晶粒细化要比热连轧具有更大的难度。

## 5. 什么是特厚板，特厚板的生产和产品特点是什么?

所谓特厚板是指厚度规格在60mm以上的钢板。

特厚板的生产特点是：主要采用钢锭为原料，部分采用锻坯或焊接复合坯料，锭重为40~90t（最大锭重为160t，最大板厚为350mm）。钢锭的生产基本与LF、VD、RH等炉外精炼手段相结合，采用定向凝固、电渣重熔等技术进行钢锭的铸造。轧制采用的轧机为3800~5500mm、开口度在750~1200mm的高刚度、高强度轧机，单位辊身长的轧制力达20kN/mm，以适应钢板宽幅、变形深透的需要。轧机配置有立辊轧机、液压AGC和弯辊装置，用以提高钢板的板形、边部质量和轧制精度。生产线上设置有多通道超声波无损探伤系统、自动火焰切割机、压力矫直机等。生产线后部配备有多种退火、调质、正火热处理设备，以满足钢板多品种、高性能、低应力的要求。

其产品特点是：(1) 小批量、多品种、高性能、高质量的要求；(2) 大多数特厚板有Z向性能、焊接性能和超声波探伤的要求，有的要求以热处理状态交货；(3) 主要采用模铸钢锭（普通模铸、定向凝固模铸、电渣重熔模铸）生产，轧制工艺制度较为复杂，要求钢板的组织有良好的连续性、均匀性和一致性；(4) 产品的单重大，使用条件苛刻，附加值高。

## 6. 特厚板的主要用途有哪些，代表钢种和规格是什么?

(1) 火力发电用板：用于30万千瓦、60万千瓦、100万千瓦汽轮发电机汽包，超超临界发电机组汽水分离器，汽轮机环座、磁轭、循环硫化床锅炉(CFB)；代表钢种有SA387、SA399、SA516、Gr11、GRZM、13MnNiMo、DIW353、15CrMog、12Cr1MoV、P355GH、20g、19Mn、GR72，要求正火加回火处理，有探伤要求；主要规格为厚度90mm、95mm、110mm、125mm、135mm、145mm、178mm、200mm、215mm、240mm、270mm，宽度3300~3900mm。

(2) 水利发电用板：用于大型水利发电机组环座、电机支撑结构、船闸口门、泄流槽蜗壳；代表钢种有 S500Q、S550Q、SA516、GR72，要求探伤，有 Z 向性能要求；主要规格为厚度 120mm、180mm、200mm、215mm、270mm，最宽 4400mm。

（3）核电用板：用于核电三层保护罩和一些结构件、稳压器等；代表钢种有特殊要求，需要认证，要求探伤；主要规格为厚度 110mm、130mm、200mm，宽度 4000mm 以上。

（4）风电用板：用于 1.5MW、3.0MW 风力发电机座、法兰盘等；代表钢种有 Q345E、690E 等；主要规格为厚度 80mm、100mm、110mm、120mm、140mm、160mm、180mm、200mm、240mm、260mm、280mm、300mm，宽度 2500mm 以上。

（5）造船用板：用于远洋大型集装箱船和 30 万吨以上大型货轮内燃机座及锚链机等；代表钢种有 BH36、EQ47、EQ51、EQ63、Q345E；主要规格为厚度 80mm、120mm、140mm、150mm、200mm、270mm、300mm，宽度 3000 ~ 5000mm。

（6）海洋石油平台用板：浅海用石油平台（自升式）用特厚齿条钢做三个腿，深海式石油平台（半剪式）用特厚板做直升机的机坪和支撑架、锚链机、底座等；代表钢种有 Q650、EQ51、1514Q、690E 等，要求耐候、Z 向性能、-40℃冲击韧性；主要规格为厚度 100mm、110mm、180mm、200mm、250mm、300mm。

（7）高层建筑用板：用做高层建筑下部承重钢结构（如上海东方明珠塔、上海金茂大厦、上海环球中心）以及大型桥梁支座等；代表钢种有 Q345B、Q345C，要求 Z 向特性及超声波探伤；主要规格为厚度 80mm、120mm、140mm、150mm、200mm、270mm，宽度 3000mm 以上。

（8）模具用板：分塑料模具钢、冷作模具钢、热作模具钢，用于机械制造、家电、汽车、塑料等领域，做各种冲压模胎具；代表钢种有 S50C、S55C、P20、718、H13、D2、JP20、2316、NAK80 等，要求硬度 HRC 28 ~ 32、HRC 32 ~ 36、HRC 38 ~ 42，抛光性好，可分轧制、锻造两种，大多要求以退火状态交货，要求探伤，硬度均匀；主要规格为厚度 70mm、100mm、120mm、200mm、300mm、500mm，宽度小于 1500mm。

（9）球罐、压力容器、重化工用板：主要用于各种球罐和压力容器、化学反应塔（如加氢反应器、氨分解塔、轧制油反应器等）；代表钢种有 07MnNiMo、CF62、15CrMo、13CrMnMo、14CrMoR、13MnNiMoNb、RsA516、GR70 等，要求超声波探伤；主要规格为厚度 80mm、118mm、125mm、230mm、150mm、180mm，宽度 1700 ~ 3500mm。

（10）重型机械用板：用于各类轧机、矫直机、剪切机、连铸扇形段、中间包回转台、拉矫机、高炉炉壳、矿山破碎机、重型载重车、水压机、锻压机底座、横梁、重型机床导轨、底座、塔吊、压路机配重等；代表钢种有16MnR、Q345D、Q345B等，有的要求退火或探伤；主要规格为厚度100mm、130mm、150mm、160mm、180mm、210mm、300mm、320mm、340mm，宽度3000mm以上。

（11）军工用板：用于航空母舰装甲板、核潜艇外壳、重型坦克炮塔等；主要规格为厚度100mm、200mm、300mm，宽度3000～5000mm。

## 7. 什么是极薄板，其可轧制厚度和宽度对应关系是什么？

目前，世界上中厚板轧机轧制中板的最小厚度为3mm，一般把3～8mm的钢板称为极薄板。极薄板市场前景广阔，用于巨轮船体、大型储罐、车辆制造等领域。这类产品一般要求有一定的宽度，如3mm×2500mm、4mm×3000mm、4.5mm×3300mm、5mm×3600mm及6mm×4000mm等，这些规格在热带轧机上生产是无能为力的，必须采用中厚板轧机生产，而能否轧制3～6mm厚宽板是评定中厚板轧机先进性的一项重要指标。

一般来说，3mm厚板应在2800mm以下中板轧机上生产，板厚4mm以上可以用3000mm以上中厚板轧机轧制。全球大多数宽厚板轧机都能生产最小厚度为4.5mm的中厚板，特别是日本几乎所有轧机都从轧制4.5mm厚开始的。我国新建轧机都是从5～6mm厚，有的从8mm厚开始的。2012年，济钢2.5m中板厂成功完成了首次出口孟加拉国的5mm板订单生产任务，钢板平直，表面光亮度好，各项指标均满足要求。该厂因此成为国内首条向市场提供5mm板的中厚板产线。

生产又薄又宽中厚板必须选好坯料尺寸，坯料太大，轧机轧制周期太长，终轧温度太低，板形不容易平直，瓢曲太严重。另外，轧件太长，同板差不容易保证。目前国外生产又薄又宽中厚板的大多数厂都选用厚度100mm以下的坯料，最小厚度有60mm，一般压下比在25以下。以前，这些坯料可由初轧机供应，现在连铸机供应也不理想，唯一的办法是自行开坯，但成本较高。

从坯料最小单重看，最小只有0.45t，比较多的是1.2t，而目前国内步进梁式加热炉最小单重均在4t左右，生产3～4.5mm的极薄板比较困难。

目前，船厂要求供应4mm×3000mm、4.5mm×3300mm薄而宽的船板，新建轧机虽有此能力，但因工艺上未考虑原料厚度、单重、轧制长度、时间、负荷及终轧温度等条件，国内还没有厂家能够生产。

国外多数厂生产这类产品一般采用二次开坯工艺。如德国某厂生产3mm中板时，采用厚度为200mm连铸板坯在自己轧机上开成厚度为60mm的板坯，再加热后轧制成最终产品，剪切成定尺长度为8m钢板，板面非常平直。

关于中厚板厚度与宽度的极限关系，需以轧机能力而定，轧制最小厚度受到轧机横向刚度和辊跳的限制，也与板宽有很大关联。生产最薄钢板时就不能生产最宽的，如 5mm×4800mm 是轧不出来的。

根据实际生产经验总结，对于高刚度轧机轧制厚度与宽度的极限关系见表 1-1。这种极限关系对于轧机刚度小于 7000kN/mm 的，最少应打 0.8 的折扣。

**表 1-1 轧制厚度与宽度的极限关系**

| 板厚/mm | 3 | 4 | 4.5 | 5 | 6 | 7 | 8 | 10 | 12 |
|---|---|---|---|---|---|---|---|---|---|
| 最大宽度/mm | 2500 | 3000 | 3300 | 3600 | 4000 | 4400 | 4800 | 5000 | 5350 |

## 8. 什么是复合钢板?

复合钢板是一种经轧制或其他加工方法（爆破）将两种钢铁材料复合在一起，两种金属之间的结合面形成冶金黏结，结合强度高的钢板。目前轧制复合钢板基本上是使用碳钢基材与不锈钢覆层结合而成的不锈钢板，覆层厚度和基板厚度可根据用户需要任意组合。不锈复合钢板实现了两种材料的优势互补，兼具两种材料的性能，既具有工程结构所需的力学性能，又具有优良的耐腐蚀性能，它是钢材的一种经济使用方式，可广泛用于石油、化工、水利、市政建设等行业。

## 9. 复合钢板的生产方法是什么?

轧制复合钢板制造工艺是首先对母材（基材）与夹层材料（覆层）板坯分别进行热轧，再对轧制后的材料进行切割和表面处理，然后进行叠合；将叠合的材料四周对齐后组合为复合板坯，分别实施四周的焊合，焊合的复合板坯要排净复合层间的空气；复合板坯再经热轧，将母材与夹层材料轧制成复合钢板，生产流程如图 1-1 所示。

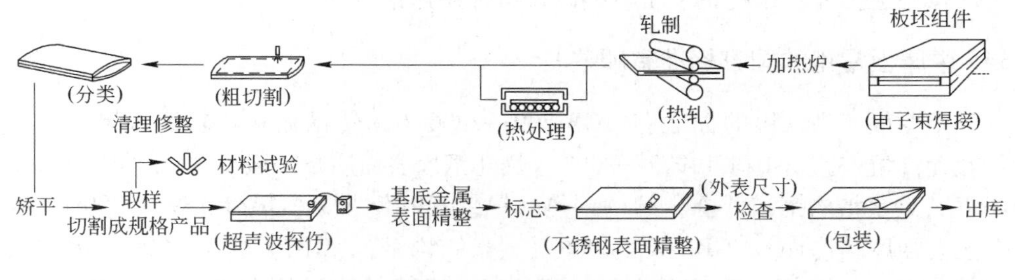


图 1-1 复合板坯生产流程

## 10. 提高复合钢板焊接性的制造要素是什么?

（1）原材料表面特性；

（2）复合板坯真空度；

（3）复合板坯轧制方法。

材料表面残存氧化铁皮异物是焊合的重大障碍。有的钢铁公司用生产不锈钢的连续酸洗设备，进行表面氧化铁皮表面处理。

**11. 复合钢板生产用标准有哪些？**

复合钢板的生产标准主要为 GB/T 8165—2008《不锈钢复合钢板和钢带》、GB/T 20878—2007《不锈钢和耐热钢 牌号及化学成分》，以及基板钢材所涉及的锅炉、容器等用钢标准。

**12. 中厚板生产的技术条件包括哪些内容？**

中厚板品种繁多、用途各异，其产品类别划分和技术标准也各不相同。中厚板的技术标准主要有：基础标准，包括钢的分类、牌号；品种标准，包括尺寸、外形、重量及允许偏差等；技术条件标准，包括化学成分含量要求、力学性能要求、表面质量要求等技术要求；取、制样及试验标准，包括取样位置、试样制备和力学性能检验要求；试验方法标准，规定材料试样的形状和尺寸的试验条件、试验方法等内容；交货标准，规定钢材交货状态、交货时的包装、标识和质量证明书等内容。

**13. 中厚板用技术标准是如何分类的？**

中厚板用技术标准是按照国家标准 GB/T 221—2008 分类的，主要是以材料的化学成分、材料的用途为基础。

按化学成分和质量级别分为：普通碳素结构钢、优质碳素结构钢、低合金高强度结构钢、合金钢、专用钢。

按用途分有：结构钢、工具钢以及特殊用途钢。

**14. 中厚板常用的国家标准有哪些？**

中厚板产品常用的标准有：GB 709—2006《热轧钢板和热轧钢带尺寸、重量及允许偏差》、GB/T 14977—2008《热轧钢板表面质量一般要求》、GB 3274—2007《碳素结构钢和低合金结构钢热轧厚钢板和钢带》、GB/T 1591—2008《低合金高强度结构钢》、GB 700—2006《碳素结构钢》、GB/T 711—2008《优质碳素结构钢热轧厚钢板和宽钢带》、GB 712—2000《船体用结构钢》、GB 713—2008《锅炉和压力容器用钢》、GB 714—2000《桥梁用结构钢》、GB 19879—2005《建筑结构用钢板》、GB/T 4172—2000《焊接结构用耐候钢》等。

## 15. 中厚板的质量由哪几方面构成？

就中厚板的质量属性而言，其质量由内在质量、外观质量、标识三部分构成。

（1）内在质量：包括钢板的力学性能（屈服强度、抗拉强度、冲击韧性等）、工艺性能（冷弯、冲压、焊接性能等）、理化性能（耐蚀、耐火、电磁性能等）、内部组织（组织构成、晶粒度、偏析、夹杂、疏松、裂纹等）；

（2）外观质量：包括钢板的板形与尺寸精度、表面质量（如裂纹、氧化铁皮、折叠、划伤等）；

（3）标识：包括钢板的牌号、炉批号、商标、采用的技术标准（协议或合同）、专用钢的许可证号或认证号、钢板规格、生产序列号等。

## 16. 冶炼与轧制对钢板质量的作用是什么？

产品质量是多方面因素的综合结果，解决质量问题需要综合治理，轧制可起到补救、改善、克服的作用，产品质量各因素之间的相互关系如图1－2所示。

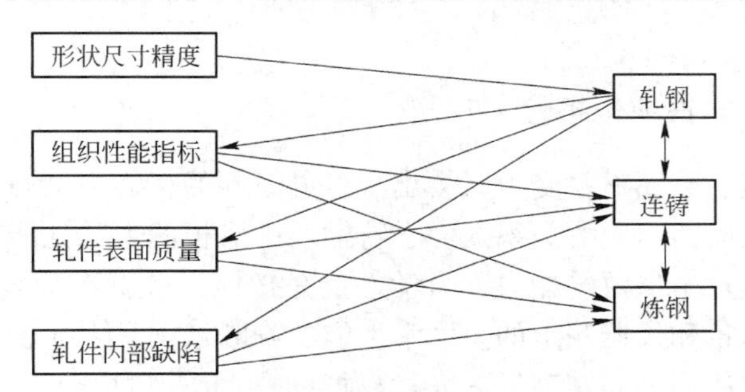


图1－2　产品质量各因素之间的相互关系

轧件表面质量和内部缺陷根源往往在连铸，通过轧制有时能够使之得到改善甚至消除，如疏松压实、裂纹压合、改善偏析、分散夹杂等。

内部裂纹是一种危险的质量缺陷，可通过探伤等方式发现。通常内部裂纹是在连铸中孕育的，疏松和微裂纹有可能在轧制中发展为裂纹，也有可能被压合、压实。

## 17. 轧制过程中裂纹愈合的机理是什么？

轧件内部裂纹愈合要经历紧密贴合、间断性局部愈合、愈合区扩展及完全愈合四个阶段。实现愈合的条件是：在压应力状态下，当裂纹贴合深度随着塑性变形过程的进行被压缩到小于某一临界值时，塑性变形中的位错运动大范围穿越裂纹表面，导致裂纹表面两侧有大量原子在定向运动过程中发生相互作用，重新排列成统一的晶格点阵，形成新的晶粒，实现裂纹愈合。

裂纹演变趋势的决定因素包括力的作用、原子扩散的作用。

（1）应力状态：拉应力→裂纹扩展，足够压应力→愈合；

（2）其他：温度升高，压下率升高，轧制速度降低，被归纳为高温、低速大压下，有利于裂纹愈合。

### 18. 中厚板的交货状态有几种？

中厚板的交货状态通常取决于钢板的制造方法和用途，并与钢板的厚度有直接关系。在许多产品的技术标准、规范和交货技术条件中，规定了不同级别、不同厚度钢板的交货状态（生产方式），即常规轧制（AR）、控制轧制（CR）、温度－形变控制轧制（TM）、控制轧制控制冷却（TMCP）、热处理状态（正火（N）、回火（T）、淬火加回火（QT）等）。

## 第二节　中厚板的质量概述

### 19. 中厚板的力学性能是指什么？

力学性能是指金属材料受力时会出现各种不同的行为，呈现出弹性和非弹性相关反应或涉及应力－应变关系的力学特性。中厚板的力学性能是指中厚板材料承受外载荷而不发生失效的能力，力学性能是按照有关标准规定的方法和程序，用相应的试验设备和仪器测定的。力学性能的判断依据是表征和判定金属力学性能所用的指标和依据，而其高低表征材料抵抗外力作用的能力。常用的判断指标有屈服强度、抗拉强度、伸长率、面缩率、冲击功、时效冲击功等，它们是设计各种工程结构时选用材料的主要依据。

### 20. 中厚板的工艺性能是指什么？

中厚板的工艺性能是检验中厚板材料承受一定变形能力，或检查相似使用条件下能承受作用力的能力，如冷弯、冲压、焊接性能等，主要用于确定中厚板材料是否适应加工、焊接等某一工艺过程。中厚板工艺性能试验时一般不考虑应力大小，而以材料变形后的表面情况来评定其工艺性能。

### 21. 中厚板的焊接性能是指什么？

中厚板的焊接性能是指中厚钢板适应常用焊接方法和焊接工艺的能力。焊接性能一般具有两个内涵：一是中厚板在进行焊接加工过程中是否容易产生缺陷；

二是所形成的焊接接头在一定使用条件下的可靠运行能力。通常钢材的焊接性能是以钢材的碳当量 $w(C_{eq})$ 和裂纹敏感系数 $P_{CM}$ 来表示的，主要用于粗略估计钢材焊接时淬硬及冷裂敏感性的指标，一般认为两个指标越小，焊接性能越好。

国际焊接学会（IIW）推荐：

$$w(C_{eq}) = w(C) + w(Mn)/6 + w(Cr + Mo + V)/5 + w(Ni + Cu)/15 \quad (1-1)$$

日本的 JIS 和 WES 推荐：

$$w(C_{eq}) = w(C) + w(Mn)/6 + w(Si)/24 + w(Ni)/40 + w(Cr)/5 + w(Mo)/4 + w(V)/14 \quad (1-2)$$

$$P_{CM} = w(C) + w(Si)/30 + w(Mn)/20 + w(Cu)/20 + w(Ni)/60 + w(Cr)/20 + w(Mo)/15 + w(V)/10 + 5w(B) \quad (1-3)$$

式 1－1 是 GB 712—2000《船体用结构钢》采用的计算公式，式 1－2 是 GB/T 714—2000《桥梁用结构钢》采用的计算公式，式 1－3 是 2006 年 4 月中国船级社发布《材料与焊接规范》采用的计算公式。

## 22. 钢材的内部组织是指什么？

钢材的内部组织是指钢材在光学显微镜或电子显微镜下显示的最终显微组织形态，如一般高强度低合金结构钢中的铁素体和珠光体组织、低碳贝氏体钢中的贝氏体组织等。钢板的内部组织形态是钢板最终质量的决定性因素，这里一方面要区分铁素体、贝氏体、马氏体等相组成，另一方面还要确定铁素体晶粒度、珠光体百分含量、带状级别、魏氏组织级别，以及夹杂物数量、大小、形状及分布状态等因素。

## 23. 钢材的表面质量是指什么？

钢板的表面质量主要是指其表面的光洁程度，表面有无缺陷，缺陷的种类、形态及数量。由于钢板外形扁平、宽厚比大、单位体积的表面积大、使用条件复杂，其表面质量对钢板的加工和使用有着重要的影响。表面质量的好坏直接影响着用户的选择和使用。

## 24. 中厚板的板形是指什么？

钢板板形的内涵很广泛，直观上指板材的翘曲程度，实质上为钢板内部残余应力的分布。从外观表征来看，包括钢板整体形状（横向、纵向）以及局部缺陷；从表现形式看，有表观板形及潜在板形之分。表观板形不良是指：钢板中存在残余内应力足够大，以致引起钢板翘曲；潜在板形不良是指：钢板中存在残余内应力，但不足以引起钢板翘曲。概括来讲，中厚板板形是由轧后钢板的平直度、矩形度、板凸度三方面构成的。

## 25. 何谓钢板平直度？

钢板平直度是指钢板中部纤维长度与边部纤维长度的相对延伸差。钢板产生平直度缺陷的内在原因是钢板沿宽度方向各纤维的延伸存在差异。导致这种纤维延伸差异的根本原因是在轧制过程中钢板通过轧机辊缝时，沿宽度方向各点的压下率不均所致，当这种纤维的不均匀延伸积累到一定程度时，就会产生表观可见的浪形，如钢板的瓢曲、波浪、翘曲。

## 26. 中厚板的尺寸偏差是指什么？

中厚板的尺寸偏差是指钢板的厚度偏差、宽度偏差、长度偏差。厚度偏差有正、负公差规定，厚度公差随着钢板厚度的减小而减小；宽度偏差和长度偏差通常定义为名义值的正偏差，大多数情况下，产品的宽度和厚度增加，宽度和厚度偏差加大；产品的长度和厚度增加，长度偏差加大。钢板尺寸偏差的大小不仅反映了轧制生产技术装备水平的高低，也体现了在线检测和控制的手段和能力，是中厚板生产线先进程度的重要标志之一。

## 27. 目前中厚板的尺寸精度能达到什么水平？

目前，世界上先进的中厚板厂对钢板的厚、宽、长度精度的控制全部依靠厚控 AGC、射线测厚仪、自动测宽、自动测长及过程控制计算机来实现，有的还采用了平直度测量仪、板形测量仪，精整线采用了高精度滚切式剪切机等，并采用了钢板的厚、宽、长度自动检测系统，以此来保证钢板的尺寸精度。

（1）钢板的厚度精度水平：国内一般为 ±0.45mm，先进的为 ±0.3mm；国际先进的为 ±0.045mm。

（2）钢板的宽度精度水平：国内一般为 -0、+15mm，先进的为 -0、+5mm；国际先进的为 -0、+3mm。

（3）钢板的长度精度水平：国内一般为 -0、+20mm，先进的为 -0、+10mm；国际先进的为 -0、+5mm。

## 28. 钢板生产过程中的改判率主要受哪些因素影响？

（1）因炼钢、连铸工序操作不当，坯料加热制度不合理造成的裂纹改判。

（2）炼钢工序中钢坯清理不净导致轧制过程中将钢渣轧入钢板表面；轧制过程中钢板撞击轧机侧导板造成飞溅物压入钢板，钢板除鳞不净而造成表面结疤、麻点等改判。

（3）由于钢种成分、轧制工艺、冷却工艺、热处理工艺不合理造成产品力学性能不合而改判。

（4）轧制过程中，钢板由于温度或变形或冷却不均匀以及运输等造成产品瓢曲或浪形而改判。

（5）出现在板宽1/4～1/2区域的点状密集缺陷、沿钢板轧制方向呈间断分布的长条形缺陷（主要是偏析或出现分层现象）等造成探伤不合而改判。

（6）新投产的宽厚板企业，往往处于磨合期，改判率偏高。

# 第二章　原料与加热

## 第一节　原料的选择

### 一、原料的技术要求

#### 29. 原料如何按化学成分进行分类？

中厚板用原料按化学成分基本分为碳素结构钢（非合金钢）、低合金高强度结构钢、专用钢三大类。其中，碳素结构钢的碳含量为0.06%～0.38%，锰含量为0.25%～0.80%，硫含量不大于0.05%，磷含量不大于0.045%；低合金结构钢的碳含量为0.16%～0.20%，锰含量为0.08%～1.7%，硫含量不大于0.045%，磷含量不大于0.045%；专用钢的碳含量不大于0.20%，锰含量不小于1.20%，硫含量不大于0.025%，磷含量不大于0.030%。

#### 30. 原料选择的要求是什么？

原料的选择主要从轧制钢板的厚度、重量、质量以及轧制方式来考虑，选择的要求：一是确定原料的种类、尺寸、重量；二是要考虑加热炉和轧机等工艺设备的条件限制；三是钢种的化学成分和质量能否满足轧制钢板的要求；四是考虑原料的供应条件。原料的选择合理与否会直接影响产品的质量、产量以及原料的消耗等技术经济指标。

#### 31. 坯料的主要缺陷有哪些？

坯料的主要缺陷分为以下几类：

（1）坯料的化学成分超标。主要原因一是冶炼中钢的化学成分超标；二是浇铸过程中成分偏析严重，造成坯料各段成分不均，严重的超标。

（2）坯料的外观形状、尺寸偏差不符合规定。

（3）铸坯的低倍组织较差，内部缺陷较为严重，缩孔、裂纹、夹杂评级较高。

（4）铸坯表面存在缺陷。

的实用性较强，利用现有设备即可实施，但由于需要二火成材，具有能耗高的缺点。采用第二种方法的有电渣重熔技术、定向凝固技术等，采用以上技术生产的钢锭纯净度高、成分均匀、结晶组织致密，内部的非金属夹杂、各种偏析以及常见的缩孔、疏松等缺陷较传统铸锭大为减少，故采用较小的压缩比也能生产出优质厚钢板。电渣重熔技术工艺复杂，需专门的设备，投资较大，而定向凝固技术简单易行，投资较少，但材料利用率较低，辅材消耗量大。

下面重点介绍几种典型生产方式及其特点。

（1）连铸坯轧制技术：连铸板坯内部质量良好，能耗低，成材率高，采用普通连铸坯为原料轧制特厚钢板是近年来各生产企业重点研究的特厚钢板生产工艺。但是由于目前国内外最大连铸坯厚度为400mm，一般不超过320mm，受到压缩比的限制，生产150mm以上的特厚钢板往往难度很大。

（2）大型模铸钢锭轧制技术：这是国内轧制特厚钢板的传统生产工艺。这种轧制方法尽管可以保证一定的压缩比，但是由于模铸工艺的先天性缺陷，存在一系列问题：一是大型模铸钢锭内部偏析几乎无法避免，质量无法保证；二是钢锭浇铸工序长能耗大，还对环境造成一定的污染；三是轧制成材率低，一般不超过70%。

（3）大型模铸钢锭锻造技术：这是国内外目前应用比较广泛的一种特厚钢板生产技术。为了克服模铸钢锭内部质量差的缺点，对于模铸钢锭采用锻压机反复进行锻打，以改善钢板内部质量。与轧制法生产方式相比，生产效率低，成本高，成材率低，产品质量同板差异性大。

（4）大型电渣重熔钢锭/定向凝固钢锭轧制技术：电渣重熔技术是一种近年来在国内新投入应用的特厚钢板生产技术，其原料为电渣重熔法生产的大型坯锭，具有非常高的内部质量，适合高品质特厚钢板的生产。但是这种生产工艺效率低，需将钢坯二次熔化，消耗大量能源，生产成本较高。国外有报道采用定向凝固钢锭生产大型钢锭，以解决偏析问题，但能耗大、成材率偏低等问题仍然存在。

（5）复合叠轧技术：这是日本JFE为生产异种金属复合板而研发的一项技术，在此技术基础上，采用两块连铸坯经真空电子束焊接组合成一块大板坯，然后进行轧制以生产特厚钢板。该技术目前济钢通过自主研发成功实现了国内应用。

## 41. 特厚钢板用原料制造通用冶金技术有哪些要求？

由于大单重的极厚钢板性能要求严格且具有特殊性，就必须有高压缩比的高质量极厚坯料作保障，这就首先要求不论采用何种生产方法、使用何种坯料，在冶炼阶段就必须采取强化措施，通过预处理脱硫、脱磷，钢包精炼脱气，得到纯净的钢水。具体要求如下：

（1）铁水应脱硫至0.002%以下，脱磷至0.005%以下。此外，为了避免回火脆性，还要尽量减少Sn、As、Sb等杂质元素含量。

（2）碳是影响低温冲击的最显著的元素，针对厚规格E级钢板，可以适当降低碳含量，同时控制连铸坯的中心偏析，均有利于提高冲击韧性。

（3）炼钢需要采取低氢冶炼法，经钢水罐脱氢处理后，氢含量应减少至$0.7\times10^{-4}\%$，铸锭中也要严格控制吸入氢量在$0.2\times10^{-4}\%$以下。

（4）为了防止产生氢气内部缺陷，板坯和钢板均需脱氢热处理。为了密实内部疏松，对钢锭进行锻造和大压下，并配有室式加热炉和热处理炉。

（5）由于氢气与裂缝会导致内部质量恶化，因此必须采取精炼措施来减少不纯净物质，采用钢水RH、VD、DH、流滴等脱气方法来彻底脱去氢气。炼钢氢含量通常达$(3\sim5)\times10^{-4}\%$，脱气处理后可达到$(1\sim2)\times10^{-4}\%$。

（6）在特厚钢板生产过程中，如果板坯内氢气扩散不充分，板厚中心部位集结氢气后会很容易产生内部缺陷（白点）。对此，有些钢种的板坯生产后采用保温炉及缓冷坑等进行脱氢热处理。即缓冷后需要将板坯在200℃以上装入热处理炉内，在650℃温度下保持一定时间，退火时间需视氢含量而定。

## 42. 电渣重熔钢锭的冶金原理是什么？

电渣重熔钢锭是利用电流通过时产生的电阻作为热源进行二次重熔的精炼工艺，英文简称为ESR，其原理如图2-1所示。

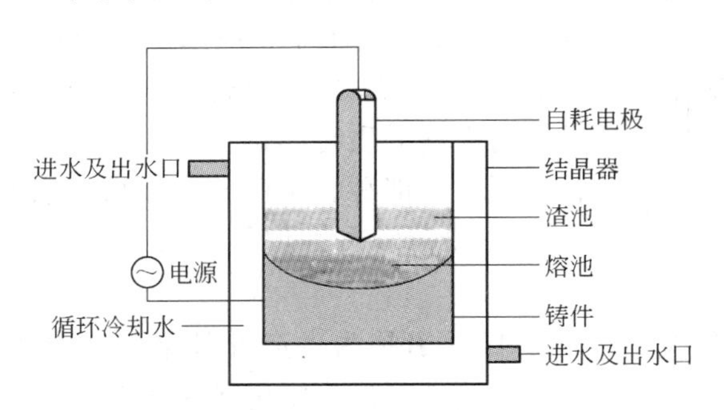


图2-1 电渣重熔原理示意图

电渣重熔工艺是把电渣重熔精炼与铸件凝固成型两道工序相结合，一次完成铸件成型的铸造工艺。在熔铸开始时，首先在结晶器底部形成高度为100～200mm的熔渣层，既能导电，又有一定的渣阻。当接通电源的自耗电极侵入熔渣层中时，在渣池中形成强大的电流，产生的热量使熔渣的温度升高。当熔渣温度超过自耗电极的熔点时，自耗电极被熔化，熔化的钢水以液滴的形式从电极表面依靠重力穿过渣池。在这一过程中，渣池将金属材料中的有害元素及夹杂物吸附（收），净化后的钢水在渣池底部汇成熔池，在循环水的强制冷却下凝固，形成铸体本件。在该工艺中，电极可以使用转炉、电弧炉或感应炉冶炼的钢铸件或者锻件。

## 43. 电渣重熔钢锭的生产优势是什么？

电渣重熔钢锭在以下几方面具有明显的优势：

（1）在电渣作用下容易去除大型非金属夹杂物，提高钢的纯净度，且塑性和韧性比其他冶炼方法好；因钢液在水冷结晶器内凝固，冷却速度快，选择结晶不可能充分发展，使钢锭成分偏析小，而且钢的结晶是由下而上逐次进行，组织均匀，没有疏松和缩孔。

（2）电渣钢锭组织致密，成分均匀，在宽阔的温度区间内具有良好的加工塑性，可以允许更小的加工压缩比。例如，用700mm厚的电渣扁锭可以生产出350mm厚板。

（3）电渣重熔钢锭轧成钢板，性能优良，和普通钢板比较，横向塑性、韧性大大提高，各向异性、断裂韧性、缺口敏感性和低周波疲劳指标显著改善。

（4）电渣重熔钢锭轧制的钢板可焊性良好，焊接接头热影响区缩小，可以省去大型焊接结构件（高压容器、锅炉、反应堆壳体）焊接后的正火处理。

（5）良好的使用性能。电渣重熔钢锭轧制的钢板具有良好的低温抗冷脆性。

（6）电渣重熔钢锭的成材率高，制造同样规格的大单重特厚板，电渣钢锭比一般模铸钢锭的质量小。大单重特厚板的吨位越大，电渣重熔钢锭比普通钢锭的利用率优势也越大。

电渣重熔钢锭生产装备如图2－2所示。

图2－2 电渣重熔钢锭生产装备

## 44. 坯料定向铸造的冶金原理是什么？

定向凝固指的是在凝固过程中采用强制手段，在凝固金属和未凝固熔体中建立起沿特定方向的温度梯度，从而使熔体在型壁上形核后，沿着与热流相反的方向，按要求的结晶取向进行凝固的技术。在下注时，定向凝固钢锭凝固的特点是一维的，即凝固面从钢锭底部向顶部一个方向一层一层地推移至顶部最后凝固，夹杂物以板状集中在顶部，在轧钢前用机械切削和熔削等方法切掉顶部板状偏析层，就可以得到均匀、无缺陷、性能优良的钢坯。

## 45. 定向铸造坯料的生产优势是什么？

（1）定向凝固法生产大钢锭，不经过预锻造或开坯就可直接制造出大单重特厚板。采用定向凝固法已实际生产出最大达80t重的钢锭。

（2）凝固钢锭能够消除普通大钢锭中存在的二次缩孔和V形偏析，大大减少了倒V形偏析，可得到均匀致密的钢锭。用定向凝固法生产的特厚钢板，具有较高的纯净度、优良的综合性能，能够消除钢板各向异性，具有良好的抗回火稳定性、焊接性和加工性。

（3）定向凝固技术可以较好地控制凝固组织的晶粒取向，消除横向晶界，获得柱状或单晶组织，提高材料的纵向力学性能。

（4）实验结果表明，定向凝固特厚钢板综合性能良好，不但有良好的强度和韧性匹配，而且性能均匀，各向同性。特别是板厚方向的性能特别优异，是优异的抗层状撕裂钢（Z向钢）。

（5）凝固钢板还具有良好的抗回火脆性、断裂韧性、加工性和焊接性。采用定向凝固法生产的厚钢板和特厚钢板，在国外已获得实际应用。

（6）定向凝固法制造钢板其综合性能好、工艺操作简单，可省掉开坯工序，降低成本，具有广泛的应用前景。

## 46. 复合连铸坯坯料制造工艺是什么，有何主要特点？

焊接复合连铸板坯轧制极厚钢板，主要是一种利用钢厂现有连铸坯作为原料，将表面清理后的两支或多支铸坯叠放在一起，然后对铸坯周边进行焊接密封，同时保证铸坯复合面内部空间一定的真空度，最后将复合好的板坯组热加工轧制成材的特厚板生产工艺。焊接复合连铸坯成品如图2－3所示。利用该工艺可以解决特厚钢板用大厚度原料制备产出率低、能耗高等一系列现有技术难点，可生产优质坯料厚度500～900mm。相比较其他特厚板生产工艺，其主要技术特点是：

（1）焊接是在高真空中进行，焊接热变形小，焊缝的化学成分稳定且纯净，接头强度高，焊缝质量高，可获得深宽比大的焊缝，焊接厚件时可以不开坡口一次成型，且不会造成金属氧化。

（2）具有原料来源稳定、生产组织灵活、效率高、成材率高、能耗低、环境友好等优点。

（3）复合界面处结合致密，比原始中心偏析位置缺陷更容易焊合，并且原

图 2-3 复合连铸坯料形貌

始中心偏析位置调整到整个坯厚的 1/4 处，轧制时变形更容易消除铸坯原始缺陷。

由于采用连铸坯进行真空焊接，可以充分利用连铸板坯内部质量优、成材率高、生产成本低等优点。但由于受材料本身焊接性等影响，一些难焊接性钢板生产难度较大。

## 47. 复合连铸坯坯料叠轧制造特厚板工艺的原理是什么？

从理论上分析，根据压下率的变化，将特厚钢板接合界面的结合分为四个过程，如图 2-4 所示。

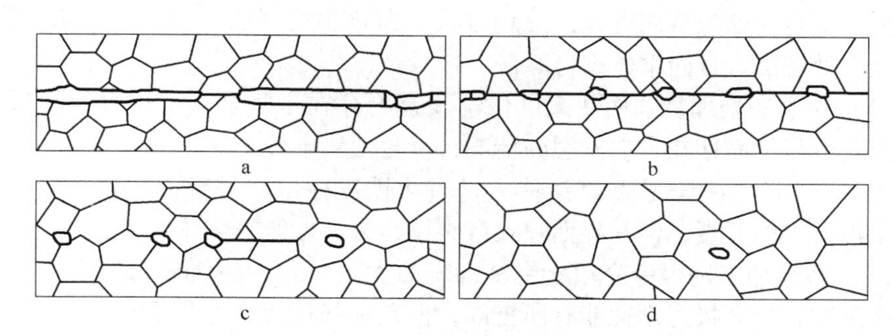


图 2-4 轧制过程金属面结合示意图

a—轧制前状态；b—第一阶段；c—第二阶段；d—第三阶段

（1）轧制结合前：如图 2-4a 所示，由于金属表面的凹凸不平，两块处理好的钢板表面接触时就会出现三种情况：凸峰与凸峰接触，凸峰与凹谷接触，凹谷和凹谷接触。这就导致两块钢板接触表面在微观上并不是紧密接触，而是存在很多的微小间隙。未轧制之前，在加热和保温的作用下，扩散和相变的共同作用形成了初步的冶金结合。

（2）叠轧第一阶段：如图 2 – 4b 所示，轧制过程中，当累计压下率很小时，由于轧制压力仅施加在极少部分初始接触的凸起处，压力不大即可使这些凸起处的压应力达到很高的数值，超过材料的屈服而发生塑性变形，从而使界面处紧密接触的新鲜金属面积增大，也就是能够形成牢固冶金连接的面积变大。一方面凸峰被压平，另一方面由于界面在轧制过程中会发生相对的滑动，大量凸峰嵌入凹谷。两个界面更加接近，导致界面的间隙空间迅速减小，部分间隙裂纹被压合，但此时界面处仍会存在微裂纹。

（3）叠轧第二阶段：如图 2 – 4c 所示，随着累计压下率的不断增大，界面处裂纹逐渐被压缩并最终消失，界面处紧密接触的金属逐渐增多，在再结晶过程中，这些部位生成了新的完整晶粒，形成牢固的冶金结合。界面处残留有微量氧化物夹杂。

（4）叠轧第三阶段：如图 2 – 4d 所示，累计压下率继续增大，这时界面已经紧密接触，裂口机制发生作用。由于界面处氧化物属于脆相，随着轧制过程中金属的变形延伸，这些脆相首先发生破裂，新鲜金属从这些裂口中露出，并通过扩散和再结晶形成完整的晶粒。最终氧化物被压至很小的尺寸，对界面的性能不再产生影响。

## 48. 坯料的复合前处理有几种方法，处理效果如何？

钢坯表面清理是真空复合轧制的第一步，表面处理质量将直接影响后续复合的效果。复合前处理有四种表面处理方式，即化学处理法、角向钢丝刷打磨法、磨床加工处理法、直向钢丝刷打磨法。

（1）化学法处理复合面使大量化学残余物存在于复合面，这直接导致了轧制后的复合板界面存在自然开裂的情况，复合效果十分不好。

（2）采用角向钢丝刷打磨法使大量氧化铁皮存留在复合面，轧制后的复合表面虽没有自然开裂，但是界面存在微裂纹，力学性能仍然较低。

（3）磨床加工过程中冷却液使复合表面发生氧化，最终使得复合界面存在大量夹杂物，复合板力学性能有所提高，但是和基材相比仍有差距。

（4）直向钢丝刷打磨法可以完全清除复合面的氧化铁皮和污物，得到的复合板界面干净，力学性能优于基材。因此，直向钢丝刷打磨法是最佳的钢坯表面清理方式。

## 49. 用钢锭开坯生产初轧钢坯轧制钢材的特点是什么？

用钢锭开坯生产的初轧钢坯轧制钢材具有如下几方面的特点：

（1）轧制过程的压缩比增大，并可在轧制钢材之前对初轧钢坯进行清理，这对于改善钢材的内在质量和表面质量起到了非常重要的作用。

（2）钢锭断面的增大，解决了小钢锭在浇铸过程中存在的夹杂物不易上浮及钢锭缩孔较深、疏松严重等方面的问题，大大地提高了钢材的内在质量。

（3）这种生产方式还具有可灵活改变坯料规格的优点，用一套初轧机即可生产多种形状和规格的钢坯，满足各种类型的成品轧机对坯料的需求。

## 50. 大厚度连铸板坯生产制造方法有哪些，其主要特点是什么？

连铸与模铸相比，虽然具有工艺流程短、系统节能、成材率高等优点，但受到技术和装备方面的限制，生产特厚板时压缩比不够。近年来，为了适应100mm以上的特厚板材生产，国际上研发了多台厚度达400mm的超厚板坯连铸机，如德国Dillingen厚板轧机使用的连铸坯的厚度可达到400mm，最大宽度2200mm，坯料的最大单重可达到37t；日本新日铁的Nagoya厚板厂则使用了最大厚度400mm、最大宽度2360mm的连铸坯，该厂还预留有可生产最大厚度600mm连铸坯能力。在我国，首秦、兴澄特钢、新余等企业近两年都建设了大厚度连铸坯生产线，设计可生产坯料最大厚度都达到了400mm及以上。

大厚度连铸板坯主要采用立式、立弯式、垂直弯曲型、全弧型等形式连铸机生产。

立式连铸机设备垂直布置，结晶器为直形，铸坯在垂直状态完全凝固，然后切割，用提升设备将铸坯提升至地面。该机型需要的场地高度方向延伸较大，但铸坯厚度可以保证。

立弯式连铸机的铸坯凝固区设备垂直地面布置，拉坯矫直、切割及出坯设备水平布置。铸坯在垂直状态全部凝固后，弯曲至水平状态进行切割，最后完成出坯。该布置方式对弯曲矫直段的设备要求比较苛刻，需要将完全凝固的板坯弯曲再矫直，设备受力较大，但相对于立式布置方式生产场地高度能够大大降低。另外，立式和立弯式连铸机相对于其他连铸机布置方式，钢水中的非金属夹杂物颗粒更容易上升至结晶器渣金界面去除，有利于净化钢液。铸坯凝固过程中仅有因鼓肚造成的坯壳变形，不易产生内部裂纹，其生产的铸坯形貌如图2－5所示。

图2－5 420mm厚大厚度连铸坯形貌

垂直弯曲型连铸机主机设备呈直弧形布置状态，结晶器为直形，铸坯带液芯弯曲，全凝固或者带液芯矫直进入水平段，切割出坯。该机型的场地高度明显降低，但是随着生产铸坯最大厚度的增加，需要增加连铸机弧形段半径，铸机高度相对会增加。铸坯内外弧的凝固组织有所差异。

全弧型连铸机的主机设备沿1/4圆弧布

置，采用弧形结晶器，铸坯在弧形状态下凝固，没有弯曲变形，带液芯矫直至水平段全凝固，切割出坯。该布置方式的场地高度最低。铸坯在凝固过程中没有带液芯弯曲过程，避免了铸坯因弯曲而产生裂纹的可能性。温度场和拉速都不受限制，可以使铸坯矫直时避开脆性温度区。但是全弧形连铸机的夹杂物上浮条件最差，夹杂物向铸坯内弧侧1/4处偏聚现象严重。

## 二、连铸板坯的外观质量

### 51. 连铸坯的外观形状是指什么？

连铸坯的外观形状是指铸坯的横截面形状是否符合矩形，有无脱方、鼓肚，端部有无切割变形，各种测量是否超标；铸坯长度方向上有无鼓肚、弯曲、镰刀弯，是否平直，各种测量是否超标。它主要与结晶器内腔尺寸和表面状态及冷却均匀性有关。

### 52. 中厚板生产对连铸坯外形尺寸的要求是什么？

原料的外形尺寸有长度、宽度、厚度，钢锭另有锥度。原料几何形状设计主要与原料的生产方式、轧制钢板的尺寸有关。它关系到中厚板的生产方式，直接影响着轧机的生产效率、钢板的成材率和力学性能。

原料的厚度尺寸通常以保证钢板压缩比（原料的厚度/钢板的厚度）的前提下，应尽可能地减小，以减少轧制道次，提高轧制效率。原料宽度的确定主要取决于原料的生产设备，原料的宽厚比越大、使原料宽度尽可能接近钢板的宽度，为减少钢板轧制道次、降低咬入时的冲击、改善横轧时的变形条件（降低横纵轧制比、减少桶形）、提高机时产量等，提供了有利条件。原料长度的确定主要取决于轧钢加热炉的宽度和轧机机前、机后等有关设备的间距。在满足工艺设备条件下，原料的长度应尽可能接近最大允许长度。

### 53. 如何确定连铸板坯尺寸？

根据轧制钢板的尺寸、质量要求、轧制方式的具体情况，一是要合理确定铸坯的断面尺寸，在满足压缩比要求的前提下，尽可能选择厚度较小但宽度要尽可能大的坯料；二是根据轧制钢板的尺寸，合理确定钢板的轧制方式；三是根据轧机实际板厚、板形的控制水平，合理确定钢板的切损；四是计算钢板的毛尺寸（为切头、切尾、切边时的尺寸），依据重量不变的原则计算坯料的重量，然后确定坯料的长度。

### 54. 连铸坯常见的几何形状缺陷有哪些？

连铸坯几何形状缺陷不仅是铸坯外观形状问题，还与铸坯表面裂纹、内部裂纹等密切相关。形状缺陷的种类随铸坯形状和大小而异，常见的几何形状缺陷有鼓肚、菱变、凹陷及梯形缺陷。

### 55. 连铸板坯的鼓肚是指什么?

连铸板坯的鼓肚是指带液芯铸坯在运行过程中，高温坯壳在钢液静压力作用下，于两支撑辊之间发生的鼓胀成凸面的现象，称为鼓肚变形。板坯宽面中心凸起的厚度与边缘厚度之差称为鼓肚量，依此衡量鼓肚变形程度。鼓肚后会增加拉坯阻力，严重时从铸机内拉不出坯子，使生产被迫中断，也容易损坏设备。通常铸坯不论中心鼓肚还是侧边鼓肚，都会在鼓肚的中心区域产生内部疏松或裂纹，鼓肚越明显产生的中心疏松或裂纹就越显著，并形成中心一字形的裂纹。在铸坯侧边出现较明显鼓肚（或弧形凹陷）时，很容易在三角区产生裂纹，同时伴有皮下晶间裂纹出现。

## 三、连铸板坯的表面质量

### 56. 什么是连铸坯的表面质量?

连铸坯的表面质量主要是指连铸坯表面是否存在裂纹、夹渣及皮下气泡等缺陷。这些缺陷主要是钢液在结晶器内坯壳形成生长过程中产生的，与浇铸温度、拉坯速度、保护渣性能、浸入式水口的设计、结晶器振动以及结晶器液面的稳定等因素有关。控制好铸坯的表面质量，是铸坯实现热送和直接轧制的前提。

### 57. 连铸坯的表面缺陷有哪几种?

表面缺陷包括以下几种：表面纵裂或角部纵裂、表面横裂或角部横裂、星裂和热脆、纵向和横向凹陷、振痕处的溶质偏析、夹杂物群、表面夹渣、气孔、气泡、针孔等，典型的表面缺陷如图 2－6 所示。

### 58. 什么是铸坯表面纵向裂纹?

连铸坯表面纵裂纹是指沿着拉坯方向在铸坯表面发生的裂纹。典型的纵裂几乎全部发生在铸坯内弧，长度有数百毫米到上千毫米（几英寸到几英尺），大型裂纹长不小于 100mm，深有几个毫米，出现在铸坯宽面中部，经常在凹陷处出现，裂纹处有初次树枝晶，一般可以通过剥皮精整去除，见图 2－7a；中型裂纹长不大于 300mm，深度 2～4mm 左右，多数出现在铸坯宽面中部到 1/4 宽处，也有的出现在靠近铸坯宽面中部，见图 2－7b；小型裂纹长不大于 20～30mm，深度不大于 1mm，随机地出现在铸坯宽面中部到 1/4 宽处，见图 2－7c。

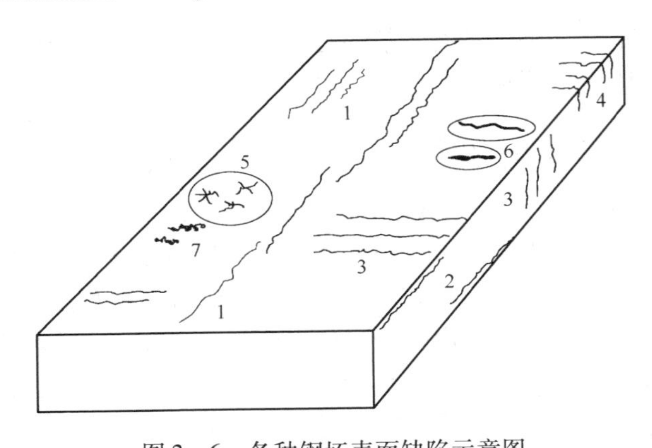


图 2－6　各种钢坯表面缺陷示意图

1—表面纵裂；2—角部纵裂；3—表面横裂；4—角部横裂；5—星裂；6—横向凹陷；7—夹杂物聚集

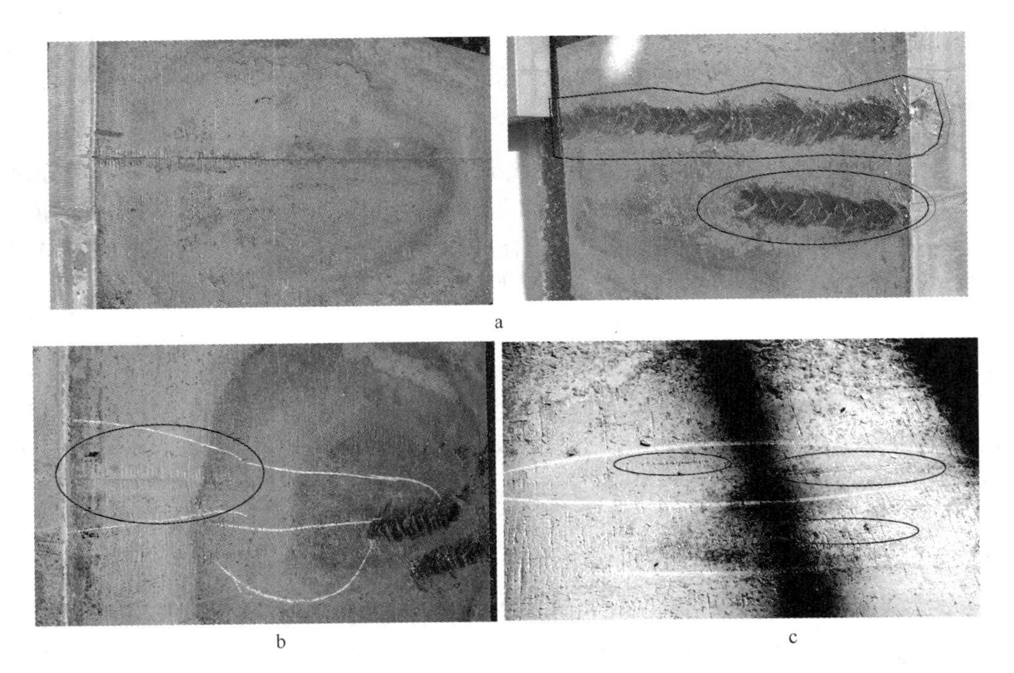

图 2－7　纵向裂纹

a—大型裂纹；b—中型裂纹；c—小型裂纹

## 59. 什么是铸坯角部纵裂纹？

角部纵裂纹常常发生在铸坯角部 10 ~ 15mm 处，有的发生在棱角上，以及板坯的宽面与窄面交界棱角附近部位。由于角部是二维传热，因而结晶器角部钢水凝固速度较其他部位要快，初生坯壳收缩较早，形成了角部不均匀气隙，热阻增加，影响坯壳生长，其薄弱处承受不住应力作用而形成角部裂纹。高拉速的包晶钢也容易出现角部纵裂纹，它的特征像表面纵裂纹。

**60. 什么是铸坯表面横向裂纹?**

表面横向裂纹多出现在铸坯的内弧侧振痕波谷处，裂纹长度 10 ~ 100mm，深度 0. 5 ~4mm，没有检测仪器很难在红坯上看出。横裂的评估是在铸坯冷却以后进行的，检查时在铸坯宽面对角线方向用火焰割一条。经金相检查表明，表面横向裂纹多处于铁素体网状区，也正好是初生奥氏体晶界。

**61. 什么是铸坯表面星形裂纹?**

星形裂纹一般是指出现在晶间的细小裂纹，呈星状或网状，深度小于 10mm。通常掩藏在氧化铁皮之下难以被发现，经酸洗或喷丸后才出现在铸坯表面。星裂可能引发钢板表面横向裂纹、表面龟裂等形式的裂纹。

**62. 什么是铸坯表面的针孔与气泡?**

气泡一般在铸坯表皮以下，直径约 1mm，长度在 10mm 左右，沿柱状晶生长方向分布。这些气泡若裸露于铸坯表面称其为表面气泡；小而密集的小孔称为皮下气孔，也叫皮下针孔。通常气泡和针孔分布在表面上，它们有圆形的、球形的、椭圆形的，直径 0. 5 ~3mm，皮下深度很少有超过 5mm 的。

**63. 什么叫连铸坯表面凹陷?**

所谓凹陷是指连铸板坯表面呈现的不规则的凹坑，多为横向凹坑，也有纵向凹坑。横向凹陷易产生在铸坯宽面角部或宽面任何部位。严重的凹陷处有裂纹，裂纹深者出现表面渗钢结疤、重皮甚至漏钢。

连铸坯上所形成的凹陷主要出现在连铸坯内弧侧距边部 1/3 ~ 1/2 宽度处，断面多呈凹弧面状，一般上口宽 50 ~ 100mm，深 2 ~ 10mm，底部有裂纹，长度 100 ~300mm。

铸坯表面凹陷的产生是多种因素综合作用的结果。其形成的基本条件是：初生坯壳厚度的不均匀，在坯壳薄弱处产生局部应力集中；沿树枝晶元素（C、Mn、S、P）的局部偏析，裂纹的开口和扩展总在偏析严重之处。

**64. 什么叫连铸坯角部凹陷?**

连铸坯角部凹陷位于铸坯宽面角部棱边附近，大部分纵向分布。连铸坯角部凹陷被认为是由于坯壳局部收缩时，刚性非常强的角部断面稍微“转动”离开表面引起的，这也是该缺陷常常发生在角部的原因。

铸坯存在角部凹陷（及纵裂纹）主要原因是连铸操作（拉速）不稳定造成液面激烈扰动，使凝固坯壳厚度不均，凹陷处铸坯内柱状晶组织粗大，钢液硫含量较高，形成晶间硫偏析，冷却时产生过大应力易使角部纵裂纹发生。因此，生产中要严格控制钢液中的硫含量，稳定操作工艺，防止拉速突然变化而导致渣液面不稳定，造成铸坯卷渣及渣膜不均的情况出现。

### 65. 连铸坯纵向或角部凹陷对轧制有什么影响?

在连铸板坯生产过程中，铸坯宽面边部纵向凹陷是影响铸坯质量的重要缺陷。较轻的凹陷深度小于等于一个固定值，而较重的凹陷深度可达 2 ~ 3mm，凹陷底部往往伴随有纵裂纹，在后续的轧制过程中将形成翘皮、夹砂等缺陷，严重影响产品质量。连铸板坯边部或角部凹陷严重时铸坯需要下线清理，阻碍了热送热装的实施，并增大了铸坯堆放场地的负担和铸坯精整的修磨量。

### 66. 什么是铸坯表面夹渣?

在铸坯表面或其下 2 ~ 10mm 处镶嵌有大块、形状不规则、不连续的非金属渣粒，称为表面夹渣或皮下夹渣。就其夹渣的成分来看，锰硅酸盐系夹渣物的外观颗粒大而浅，铝系夹杂物小而深。夹渣是连铸坯中常见的缺陷，结晶器初生坯壳卷入了夹渣，夹渣处坯壳生长缓慢，在坯壳上形成一个“热点”，此处渣子导热性不好，凝固坯壳薄弱，出结晶器后容易造成漏钢事故。另外，表面夹渣如不清除，就会在成品表面产生缺陷。

产生夹渣的主要原因是中包液位过低，造成旋涡将渣吸入结晶器后未能上浮。浇铸中由于设备或操作原因引起的卷渣，可能是卷入的保护渣、外来的耐火材料、没有上浮的脱氧产物等。

### 67. 连铸坯切割成定尺后为什么要去毛刺?

铸坯经火焰一次切割和二次切割成定尺后，铸坯切口端面下部有切割形成的毛刺、残钢渣。由于铸坯要进行“翻个”检查，挂有毛刺（渣）会出现在轧制坯料的上表面，在轧制时，毛刺、残钢渣会黏附或划伤轧辊表面，脱落的毛刺、残钢渣有时被压入钢板表面，造成钢板凹痕缺陷。因此，为提高轧辊寿命和产品质量，必须去除铸坯前后两个端面下部的毛刺。

### 68. 铌微合金化钢引起铸坯表面裂纹敏感的主要原因是什么?

含铌钢连铸凝固过程中大量铌的碳、氮化物析出，特别是在粗大的奥氏体凝固组织晶界上的析出，导致含铌钢的低温脆性区较宽，相比不含铌钢，含铌钢的第Ⅲ区脆性温度甚至扩展到了700～900℃，在连铸过程中，特别是在二冷矫直时，铸坯内弧面坯壳抵抗不了矫直力的作用，铸坯表面就易产生裂纹。

另外，连铸结晶器保护渣性能不良、结晶器液面不稳定和结晶器振动参数不合理等也会导致铸坯表面振痕形状异常，以及铸坯过矫直区时因切口效应作用而在振痕的波谷处产生横裂纹。二次冷却太强是造成含铌钢品种产生微裂纹特别是横裂纹改判的主要原因。其中振痕裂纹就是铌微合金化钢连铸坯常见的裂纹。

### 69. 包晶钢的碳含量范围是多少，其凝固特点是什么？

包晶钢的具体碳含量范围在0.08%～0.17%，但是由于钢中某些化学成分对包晶反应点碳含量的影响（例如锰使包晶反应点的碳含量向左移，当钢中锰含量为1.6%时，Fe－C相图的包晶点从碳含量为0.18%移到碳含量为0.13%），因此不同的钢厂或文献报道略有区别。

包晶钢的凝固正好处于包晶区（$L+\delta\rightarrow\gamma$），在凝固线温度以下20～50℃钢的线收缩最大，此时结晶器弯月面刚凝固的坯壳随温度下降发生δFe→γFe转变，伴随着较大的体积收缩（0.38%的体积收缩），坯壳与铜板脱离形成气隙，导致热流最小，坯壳最薄，在表面形成凹陷。凹陷部位冷却和凝固速度比其他部位慢，组织粗化，对裂纹敏感性强，在热应力和钢水静压力作用下，容易在凹陷薄弱处产生应力集中而形成表面裂纹。

### 70. 为什么碳含量在0.12%～0.17%范围时连铸坯生产过程中易出现表面凹陷或表面纵裂纹？

大量的生产实践表明，当钢中$w(C)=0.12\%\sim0.17\%$时，经常出现连铸坯表面凹陷和表面纵裂，拉速越高，纵裂趋向越严重，其原因是：

（1）δFe→γFe转变线收缩量增加。由Fe－C相图可知，$w(C)>0.12\%$时进入包晶反应区，即有δFe＋液体→γFe的转变，当$w(C)=0.12\%\sim0.17\%$时，结晶区弯月面形成的初生坯壳δFe，在固相线温度以下25℃时发生δFe→γFe转变，线收缩系数为$9.8\times10^{-5}$/℃，而$w(C)<0.1\%$时，δFe线收缩系数约为$2\times10^{-5}$/℃。也就是发生δFe→γFe转变时，线收缩量增加3.8%。

（2）线收缩量大，使坯壳与铜壁过早脱离形成气隙，导出热流最小，坯壳最薄。气隙的过早形成会导致收缩不均匀和坯壳厚度不均匀，因而在薄弱处容易形成裂纹。结晶器热流测试指出，$w(C)<0.10\%$时，热流为155J/($cm^2\cdot s$)；$w(C)=0.12\%$时，热流为134J/($cm^2\cdot s$)；$w(C)=0.2\%$时，热流为163.3J/($cm^2\cdot s$)。连铸坯结晶器中气隙形成如图2－8所示。

（3）碳含量在0.09%～0.53%区间时都会发生包晶反应，当碳含量为

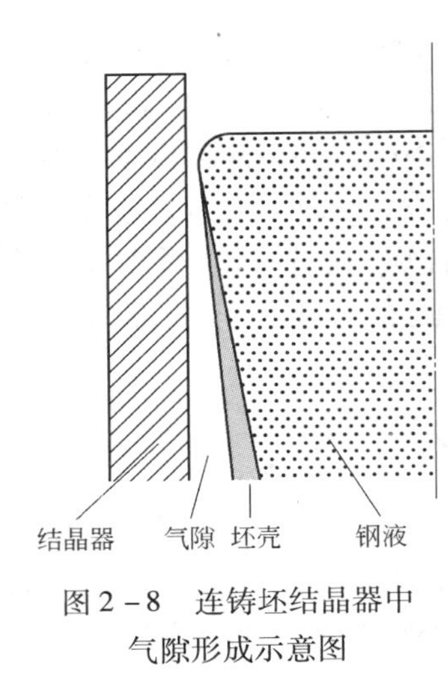

图 2－8  连铸坯结晶器中气隙形成示意图

0.13%～0.14%时，铸坯凝固过程中液相与 δFe 相几乎同时消失转变为奥氏体，造成较大体积收缩，最容易形成裂纹。但当碳当量大于 0.18% 以后，由于包晶反应后液相仍有剩余，所以包晶反应造成的收缩也较少，从而铸坯的表面凹陷和表面纵裂的概率也相应减少。

（4）凝固收缩和钢水静压力不均衡作用，使薄的坯壳表面粗糙、折皱，严重时形成凹陷。凹陷部位冷却和凝固比其他部位慢，组织粗化，在热应力和钢水鼓胀力作用下，在凹陷处造成应力集中而产生裂纹，并在二次冷却区继续扩展。

坯壳表面凹陷越深，纵裂纹出现的几率就越大。

## 71. 钢的脆性温度区对铸坯入炉温度有何影响?

在高温下钢存在三个明显的脆性区，从固相线温度到 1340℃ 为钢的第 Ⅰ 脆性区，这个区域存在的原因是有树枝晶间富集杂质元素的液相，温度区域一直延伸到能使富集杂质元素的液相凝固的温度。钢的第Ⅰ脆性区是连铸坯大多数裂纹产生的根源。钢的第Ⅱ高温脆性区在 800～1200℃之间，该脆性区的存在是由于钢中的硫化物和氧化物（如液相 FeS）在 γ 晶界析出，析出的尺寸越小、数量越多，钢的脆化现象越严重。到目前为止，研究者都认为该脆性区域的存在与连铸坯宽面纵裂纹的产生无关。700～900℃为钢的第Ⅲ脆性温度区，该区域的存在有两方面的原因：其一是碳氮化物在 γ 晶界析出；其二是在 γ→α 相变过程中，强度低且软的先共析铁素体在 γ 晶界以薄膜状析出。钢的第Ⅲ脆性温度区是铸坯表面裂纹和皮下裂纹形成和发展的主要原因。因此，对于含 Nb、V、Ti 等与 C、N 亲和力强的元素的钢，铸坯入炉要采取缓冷方式，避开第Ⅲ脆性温度区，以减少钢板表面裂纹。

## 72. 保证连铸坯表面质量的意义是什么?

连铸坯表面质量的好坏决定了铸坯在加热之前是否需要精整，也是影响金属收得率和成本的重要因素，还是铸坯热送和直接轧制的前提条件。在很多情况下连铸坯表面会产生缺陷，在轧制之前需要离线精整，缺陷严重的通过精整也不能去除并引起下一步工序的混乱，如果在轧制中也不能弥补，会使钢材不合格，产生降级改判和废品。

## 四、连铸板坯的内部质量

### 73. 连铸坯的内部质量是指什么?

铸坯的内部质量是指铸坯是否具有正确的凝固结构、偏析程度、内部裂纹、夹杂物含量及分布状况等。凝固结构是铸坯的低倍组织，即钢液凝固过程中所形成的等轴晶和柱状晶的比例。铸坯的内部质量与二冷区的冷却及支撑系统密切相关。

### 74. 连铸坯内部组织结构是什么?

一般情况下，连铸坯的内部组织结构从边缘到中心是由细小等轴晶带、柱状晶带、中心等轴晶带三部分组成的。

细小等轴晶带是由于结晶器内冷却强度很大，钢液和铜壁接触时，冷却速度快，铸坯边缘晶粒来不及长大而形成的。细小等轴晶带形成过程伴随着收缩，铸坯脱离铜壁形成气隙，内部冷却速度降低，新形成的晶粒沿温降方向长大，从而形成柱状晶带；随着凝固前沿的推移，凝固层和凝固前沿的温度梯度逐渐减小，由于心部传热的单向性已不明显，从而形成等轴晶，且由于冷速很慢，晶粒要较激冷区粗大。

根据连铸坯在凝固过程中冷却条件的不同，各晶粒带的发展情况不一，可以得到不同的结晶结构。由于连铸冷却强度较大，凝固较快，所以连铸钢坯的组织结构致密，化学成分偏析较轻，低倍缺陷有所降低，特别是对钢水采取精炼措施后，钢中的有害元素、夹杂和气体含量均有明显降低。

### 75. 连铸坯内部缺陷是指什么?

铸坯的内部缺陷主要是指铸坯断面上的中心偏析、中心疏松、缩孔、内部裂纹、夹杂物（渣）及气孔等。各种内部缺陷形状如图2－9所示。

### 76. 连铸板坯的低倍组织（低倍结构）组成是什么?

当铸坯完全凝固后，从铸坯上取下一块横断面试样，经磨光酸浸后，用肉眼所观察到的组织称为低倍组织（宏观组织）。连铸坯典型的低倍组织是由三个带组成的。靠近表皮的是细小等轴晶带；其次是像树枝状的晶体组成的柱状晶带，它的方向是垂直于表面的；中心是粗大的等轴晶带。与铸锭相比较，连铸坯的柱状晶带非常发达，中心等轴晶带小，有时柱状晶还会贯穿到中心。

铸坯的低倍组织，对钢的加工性能和力学性能都有很大影响。而柱状晶和等轴晶对这两种性能的影响是不一样的。除某些特殊用途的钢要求柱状晶组织外，

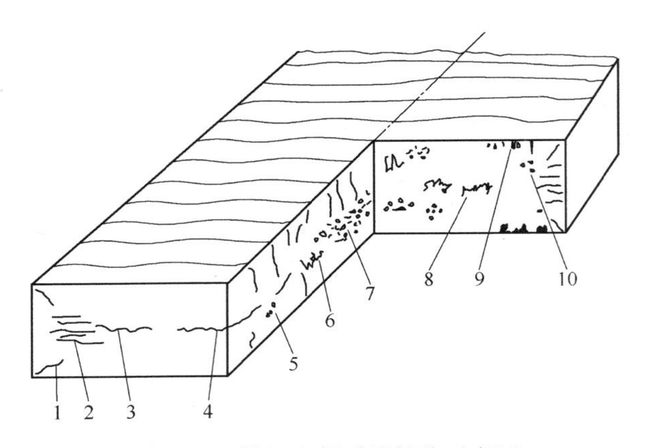


图 2－9　铸坯内部质量缺陷示意图

1—内部角裂；2—侧面中间裂纹；3—中心线裂纹；4—中心线偏析；5—缩孔；6—星形裂纹；7—疏松；8—非金属夹杂；9—皮下气泡；10—气孔

绝大部分钢都希望能得到等轴晶带大的铸坯组织，同时希望等轴晶晶粒细小、均匀。因此，连铸坯在凝固过程中，要想办法抑制柱状晶生长而扩大等轴晶区，这样就可以改善铸坯的低倍组织。

**77. 连铸板坯的低倍组织缺陷有哪些？**

连铸板坯的低倍组织缺陷有：中心偏析、中心疏松、中间裂纹、角部裂纹、三角区裂纹、氧化铝夹杂（$Al_2O_3$）、针孔状气泡、蜂窝状气泡、硅酸盐夹杂。

**78. 连铸板坯低倍酸浸检验原理是什么，方法有哪些？**

酸浸实验是常用于检验钢锭、连铸坯或钢材内部组织缺陷以及评定质量的方法。

钢中的缺陷如夹杂物、偏析、疏松、针孔等，由于尺寸较小或由于塑性变形使其和钢基体相连，难以用肉眼辨认。若选用适当的腐蚀剂，可使缺陷和钢基体产生选择浸蚀作用。由于缺陷和基体浸蚀程度的差别，缺陷在试样或相纸上表现出的颜色深浅与基体不同，可以用肉眼或10倍左右的放大镜区分。

根据检查目的不同，确定取样部位。如连铸坯可以取横断面或纵断面均可。试样加工时，必须除去由取样造成的变形和热影响区以及裂纹等加工缺陷。加工后的试面表面粗糙度应不大于1.6μm，冷酸浸蚀法不大于0.8μm，试面不得有油污和加工伤痕，必要时应先清除。

常用的浸蚀剂有1∶1 HCl、$CuCl_2$ 溶液等，可以显示树枝晶、偏析、裂纹、白点、夹杂、气孔等。

## 79. 连铸坯硫印检验原理是什么，方法有哪些？

硫印是用相纸显示试样上硫偏析的方法。其原理是：相纸上硫酸和试样上的硫化物（FeS、MnS）发生反应，生成硫化氢气体，硫化氢再与相纸上的溴化银作用，生成硫化银沉淀在相纸上的相应位置上，形成黑色或褐色斑点。

其反应式为：

$$FeS + H_2SO_4 \longrightarrow FeSO_4 + H_2S\uparrow \quad (2-1)$$

$$MnS + H_2SO_4 \longrightarrow MnSO_4 + H_2S\uparrow \quad (2-2)$$

$$H_2S + 2AgBr \longrightarrow Ag_2S\downarrow + 2HBr \quad (2-3)$$

可从铸坯上取纵向或横向试样，试验面加工的表面粗糙度不大于1.6μm。使用反差大的溴化银光面相纸，把与试样大小相同的相纸放入稀硫酸中浸泡1～2min后捞出，然后将相纸对准检查面轻轻覆盖好，将试样与相纸间气泡赶净，待接触2～5min后即可取下，把相纸在流水中冲洗，然后定影烘干，即完成一张硫印。

用硫印试验，可显示钢锭、连铸坯中裂纹、偏析线、低倍结构和夹杂物的分布等。

## 80. 连铸生产过程中在线硫印的检验能提供哪些信息？

现代化的板坯连铸机后部都装有在线取样、加工和做硫印的装备，规定每一炉钢都要取样做硫印检验。根据硫印可提供以下信息：

（1）根据铸坯内裂纹生成的位置，判断二次冷却区支撑辊异常情况，为定点检修提供信息。

在铸坯表面和铸坯1/2厚度之间有裂纹（一般称为中间裂纹），说明在二次冷却区可能存在以下问题：

1）冷却不均匀，温度回升过大，热应力使凝固前沿产生裂纹；

2）支撑辊开口度不正常，使铸坯鼓肚产生内裂纹。

如250mm厚的铸坯，硫印检查在内弧表面60～90mm处常有内裂纹发生，由凝固定律计算得出是在距结晶器弯月面9～14m范围内（相当于连铸机扇形段2～5号）。为此检查该区域辊子开口度是否异常、喷水冷却的状况（喷嘴是否堵塞、水流分布等）。

（2）铸坯偏析状态。硫印图上铸坯横断面中心线处有不连续的黑线并伴有疏松，说明铸坯中心偏析严重，要检查液相穴末端区域支撑辊是否异常。

（3）铸坯内弧侧夹杂物集聚状态。在硫印图上内弧表面区域有成群的或单个的小黑点，说明有 $Al_2O_3$ 的集聚。

## 81. 连铸坯的中心偏析是指什么，其形貌特征是怎样的，产生原因是什么？

连铸坯的中心偏析是指钢液在凝固过程中，由于溶质元素在固液相中的再分配形成了铸坯化学成分的不均匀性，中心部位 C、S、P 含量明显高于其他部位。中心偏析往往与中心疏松和缩孔相伴存在，恶化钢的性能，降低钢的韧性和耐蚀性，严重影响钢的质量。

中心偏析的形貌特征是：在铸坯酸蚀试面上中心区域内呈现为腐蚀较深的暗斑或条带；在硫印图的中心区域内为颜色深浅不一的褐斑或集中的褐带。偏析带呈现连续、断续和分散分布三类。

中心偏析的产生原因是：钢液在凝固过程中，由于选分结晶的结果，低熔点的硫、磷等元素被推至铸坯中心而形成。

## 82. 连铸坯的中心疏松是指什么，其形貌特征是怎样的，产生原因是什么？

疏松是指在铸坯的断面上分布有细微的孔隙，分布于整个铸坯断面的孔隙称为一般疏松，在树枝晶间的小孔隙称为枝晶疏松，铸坯中心线部位的疏松即为中心疏松。一般疏松和枝晶疏松在轧制过程中均能被焊合，唯有中心疏松伴有明显的偏析，在轧制后不能完全焊合。

中心疏松的形貌特征是：在铸坯酸蚀试面中心区域内呈现的暗点、空隙和开口裂纹。

中心疏松的产生原因是：由于浇铸温度高、柱状晶生长较快而引起的组织不致密，以及铸坯鼓肚或液芯状态下矫直等。

## 83. 连铸坯的内部裂纹是指什么，其形貌特征是怎样的，产生原因是什么？

内部裂纹是指铸坯从皮下到中心出现的裂纹，由于是在凝固过程中产生的裂纹，所以也称为凝固裂纹。从结晶器下口拉出带液芯的铸坯，在弯曲、矫直和夹辊的压力作用下，于凝固前沿薄弱的固液界面上沿一次树枝晶或等轴晶界裂开，富集溶质元素的母液流入缝隙中，因此这种裂纹往往伴有偏析线，也称“偏析条纹”。在热加工过程中“偏析条纹”是不能被消除的，在最终产品上必然留下条状缺陷，影响钢的力学性能，尤其是横向力学性能。

内部裂纹的形貌特征是：在铸坯酸蚀试面或硫印图上柱状晶区域内呈现的线状、曲线状缺陷。

内部裂纹的产生原因是：由于钢中 S、P 等元素含量高以及铸坯鼓肚等原因而形成的沿晶裂纹。

## 84. 连铸坯切面的夹杂物群是指什么?

夹杂物群是指在铸坯表面通过切口发现的夹杂物群，其尺寸不小于200μm，大部分在几百到一千微米之间，在铝镇静钢中，大部分是细小的 $Al_2O_3$ 粒子，在含有 Ti、Nb 和 V 的钢中有时是碳化物或氮化物粒子，所有这些约几微米的粒子凝聚在一起，形成夹杂物群。铸坯表面的夹杂物群在后序易引起表面缺陷，如在钢板表面的条形裂缝和气泡等。

## 85. 连铸板坯中心偏析的成因是什么，特征是怎样的?

连铸板坯的中心偏析是由于钢液在凝固过程中选分结晶的结果，低熔点的硫、磷等元素被推至铸坯中心而形成的。其特征是，铸坯酸浸试面上中心区域内呈现的腐蚀较深的暗斑或条带；在硫印图的中心区域内为颜色深浅不一的褐斑或集中的褐带。

## 86. 连铸板坯的中心偏析带分为几类，各类如何分级?

连铸板坯的中心偏析分为 A、B、C 三类。

A 类偏析为连续分布的条带（A1 为中心偏析评级，A2 为中心疏松评级，A3 为中心裂纹评级，A4 为角裂评级，A5 为三角区裂纹评级，A6 为 $Al_2O_3$ 夹杂评级，A7 为蜂窝状裂纹评级）。

B 类偏析为断续分布的条带。

C 类偏析为大小不同的斑点不连续地聚集成的条带。

各类评级缺陷均划分为 0.5 ~ 3.0 级 6 个等级，起评级均为 0.5 级，硅酸盐夹杂不评定级别，只要求注明夹杂的尺寸及数量。

## 87. 铸坯中心缺陷对钢板的危害是什么?

连铸坯中心缺陷——疏松、缩孔和偏析是共生的，它们是影响高品质、高附加值产品质量的主要缺陷之一。

（1）轧制时，铸坯中心区硫化物夹杂延伸使横向性能变坏（如断面收缩）。

（2）中心区硫化物夹杂延伸使板材冲击韧性下降，是造成断裂的主要原因。

（3）中心区偏析增加易形成低温转变产物以及硫化物，造成管线钢氢致裂纹（HIC）。

（4）对厚规格钢的性能有较大的影响，尤其是对钢板的 Z 向性能、冲击性能影响较为突出，降低了钢板的耐蚀性，还会造成探伤不合。

（5）铸坯中心疏松和偏析会引起钢板出现分层。

## 88. 疏松和缩孔导致钢板产生分层的主要原因是什么?

疏松和缩孔导致钢板产生分层的原因主要有:

(1) 在轧制过程中由于压下量不够大，疏松和缩孔未被焊合，或者是由于其内部被氧化而不能够被焊合而形成分层。中心疏松在轧制过程中可能发生的焊合因轧制变形量的不同而存在很大的差别。对于有较轻硫偏析的中心疏松，在大变形量的轧制过程中容易焊合，而小变形量的轧制过程不容易使中心疏松焊合而形成不连贯的分层。同样，对于有严重硫偏析的中心疏松，在大变形量的轧制过程中虽不能完全焊合,但仅形成不连贯的分层,程度相对较轻,而此类中心疏松在小变形量的轧制过程中完全不能焊合,且形成的分层横贯中心,分层程度严重。

(2) 中心偏析和中心疏松明显的铸坯，氢气可被偏析和疏松捕集，夹杂物中也能存储一定的氢。当轧制时，缺陷部位被压缩，使缺陷部位饱和的氢对基体施加压力而产生局部应力，在冷却过程中，相变的同时氢的溶解度下降，使钢中氢的过饱和度不断增加，当压力大于基体强度时，便会产生氢裂纹，从而导致轧后性能不合。

## 89. 什么叫连铸坯“小钢锭结构”?

从连铸坯中取试样做纵断面的硫印检验，发现铸坯中心线区域有明显的偏析、微小缩孔和疏松，与小钢锭低倍结构相似，故称为“小钢锭结构”。

它的形成过程是:铸坯在二次冷却区凝固过程中，由于喷水冷却的不均匀，柱状晶生长不规则，有的部位柱状晶生长快，有的部位生长较慢，若铸坯两面同时优先生长柱状晶往往会连接在一起，产生了“搭桥”，这样就把液相穴内上下钢水分隔开了。如果“桥”下面的钢水继续凝固时由于“搭桥”的阻隔，上面的钢水不能流下来补充下面钢水的凝固收缩，致使“桥”下面钢水凝固后有明显的缩孔和疏松。同时，“桥”下面钢水的凝固收缩力把周围树枝晶间富集 S、P 的液体吸入，使中心偏析明显增加。

采取二次冷却区铸坯均匀冷却、低过热浇铸、电磁搅拌等措施，可以减轻或避免连铸坯的“小钢锭结构”。

## 90. 什么是连铸坯疏松控制技术?

为满足采用连铸坯大量生产 100mm 以上厚钢板保证产品质量的要求，日本住友公司研究开发了连铸坯疏松控制技术（简称 PCCS 技术)，可在小压缩比条件下保证达到厚钢板内部质量要求，所以又称为小压缩比板坯内部质量控制技术。采用 PCCS 工艺，在保证厚板质量前提下轧钢压缩比从传统工艺的不小于 5，降低到不大于 2（如 400MPa 级 150mm 厚板采用传统工艺生产需要 750mm 厚坯料，压缩比为5；而采用PCCS法，300mm厚连铸坯，压缩比为2就可以达到质量要求）。两种工艺压缩比与探伤结果如图2－10所示。PCCS的主要技术特点是：

（1）连铸机采用凝固末端轻压下技术减少凝固疏松。

（2）优化轻压下工艺，包括优化压下位置、控制压下速率、提高压下量。

（3）控制轧钢压缩比在1.5～2.0之间，保证厚板内部质量。

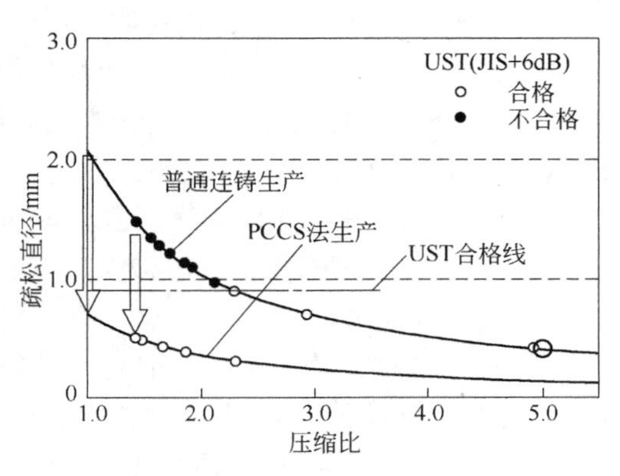


图2－10 压缩比与探伤结果关系图

**91. 什么是铸坯表面结构控制冷却技术，其工艺要点是什么？**

铸坯表面结构控制冷却技术（简称SCC工艺）是日本住友公司开发的解决中厚板边部质量缺陷的控制技术，其主要原理是在铸坯表面形成晶粒细小的致密凝固坯壳，通过表面形成的细晶粒组织有效地抑制表面脆性的发生。应用此项技术，铸坯表面检查可以省略掉，其铸坯表面结构控制冷却典型组织如图2－11所示。SCC技术赢得了2007年日本首相奖。其工艺要点为：

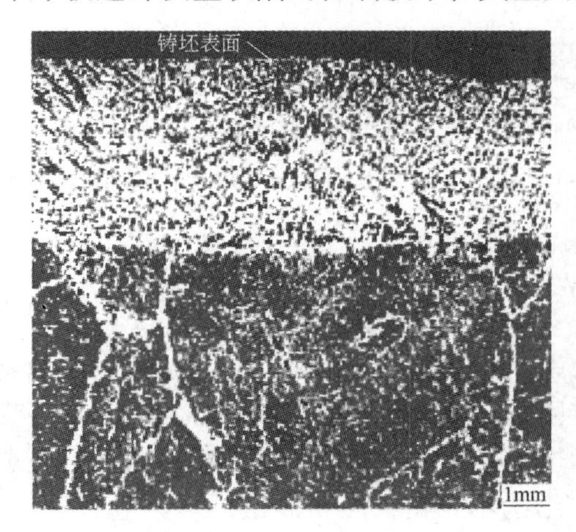


图2－11 铸坯表面结构控制冷却典型组织

（1）二冷前期采用强冷工艺迅速将坯壳温度降低到700～900℃，在晶界和奥氏体内形成细小的铁素体，避免晶界脆化。

（2）在铸坯回温过程中在表层奥氏体晶粒内形成铁素体和纳米级细小第二相析出物。

（3）控制生成纳米级析出物，有效改善板坯表层组织，急剧缓解表面脆性，抑制横裂的发生。

## 五、连铸板坯的冶炼

**92. 现代连铸坯生产工艺对冶炼有什么要求？**

现代连铸坯生产过程要求高拉速、高质量、高效率、高作业率、高温铸坯，其对钢水的要求更加严格，主要体现在以下几个方面：

（1）温度：由于生产节奏的加快，保证低温钢液是必需的浇铸条件，高的钢水温度还会加剧二次氧化及对包衬的腐蚀，低温浇铸并严格控制钢水温度是实现现代连铸工艺的前提。

（2）化学成分：现代连铸要求严格控制钢水的化学成分。如多炉连浇，各炉间碳含量的差别要求小于0.02%，锰、硫含量比，硫、磷等含量要求严格控制在要求的范围内。

（3）洁净度：随着市场对钢的质量要求越来越高，特别是一些高等级的钢种，对钢的洁净度提出了更高的要求。钢水洁净度不仅体现在冶炼方面，洁净保护浇铸、钢包精炼等也是实现高洁净度的重要保证。

### 93. 什么是连铸坯纯净度？

连铸坯的纯净度是指钢中非金属夹杂物（主要是氧化物、硫化物）的含量、形态和分布及其他杂质元素含量。钢中的杂质元素主要有S、P、N、H、O及Pb、As、Sb、Bi、Cu、Sn等残余元素。钢的性能要求不同，纯净度所要求的控制因素也不同。所谓杂质也是随钢种不同而不同。某一元素在某钢种内是有害杂质，而在另一种钢内其有害程度可能轻些甚至是有益的。

影响钢水纯净度的因素有钢液的原始状态、二次精炼和钢液的运输。为此除了保证钢水的纯净外，还应选择合适的精炼方式，采用全保护浇铸，降低钢中夹杂物含量。

### 94. 为什么要提高连铸板坯的洁净度？

连铸的工序环节多，浇铸时间长，因而夹杂物的来源范围广，组织也较为复杂；夹杂物从结晶器液相穴内上浮比较困难，尤其是高拉速的小方坯夹杂物更难以排除。夹杂物的存在破坏了钢基体的连续性和致密性。大于50μm的大型夹杂物往往伴有裂纹出现，造成连铸坯低倍结构不合格，板材分层，对钢危害极大。夹杂物的大小、形态和分布对钢质量的影响也不同，如果夹杂物细小，呈球形，弥散分布，对钢质量的影响比集中存在要小些；当夹杂物大、呈偶然性分布时，数量虽少但对钢质量的危害也较大。

### 95. 为何传统工艺无法实现超低磷钢生产？

低碳脱磷是转炉炼钢的主要特征，为了保证脱磷，要求提高钢水氧位，使钢渣过氧化。低碳脱磷时反应终点温度高，降低了渣钢间磷的分配比，使脱磷效率低，渣量大，脱磷铁耗高；而且由于［C］高、氧位低，难以保证深脱磷的氧位要求，使钢水过氧化，无法实现高碳出钢；吹炼中期难以形成高碱度渣，抑制脱磷反应，从而不能生产 [P]≤0.005%的超低磷钢。

## 96. 现代冶炼技术如何实现超低磷钢的生产？

现代超低磷钢冶炼技术的进步主要有：

（1）采用铁水脱磷取代钢水脱磷，严格控制钢渣过氧化；

（2）脱磷炉、脱碳炉两次提纯，大幅度降低成品磷含量；

（3）实现 RH 多功能化，取消 LF 炉。

通过上述技术的应用，提高了脱磷反应效率，降低了生产成本，并使渣量减少，实现清洁生产，提高了超低磷钢的质量，完全避免钢渣过氧化，解决了夹杂物控制的难题。

## 97. 超洁净钢生产过程中夹杂物控制主要存在哪些问题，如何改善？

主要存在的问题有：

（1）为保证脱磷采用低碳出钢工艺，造成钢渣过氧化；

（2）过氧化钢水铝脱氧，产生大量 $Al_2O_3$ 夹杂难以上浮去除；

（3）采用 LF 炉强还原工艺，不断产生新夹杂，难以上浮；

（4）钢中大量细小 $Al_2O_3$ 夹杂未能充分去除，引起水口堵塞；

（5）钙处理效果不佳。

改善的根本方法是严格避免钢渣过氧化，减轻夹杂物的去除负荷，具体方法是：

（1）采用高拉碳工艺，控制转炉终点 $w(CaO_2) \leqslant 350 \times 10^{-4}\%$；

（2）改进脱氧方法，控制加铝前钢水 $w(CaO_2) < 200 \times 10^{-4}\%$；

（3）改善和优化夹杂物上浮去除工艺，提高去除效率。

## 98. 非金属夹杂物指什么，其形态不同会对钢的性能产生怎样的影响？

非金属夹杂通常是指在冶炼和浇铸过程中产生或混入与钢基体无任何联系、独立存在的氧化物、硫化物和一些高熔点氮化物，以及硒化物、碲化物、磷化物等，Fe、Mn、Cr、Al、Ti 等虽然属于金属元素，但它们与 O、S、N 等形成化合物失去金属性质。

夹杂物在钢中的形态变化会对钢的性能产生不同的影响，不同形态的夹杂物混杂在金属内部，破坏了金属的连续性和完整性。非金属夹杂分塑性夹杂和脆性夹杂，塑性夹杂如 MnS 等随金属变形而延伸轧薄；脆性夹杂如 $Al_2O_3$ 等随金属变形而破碎；若钢中的非金属夹杂物呈网状分布时，则显著降低钢的塑性以及冲击韧性；若钢中的夹杂物轧制变形伸长，会引起钢的性能出现明显的各向异性；一些夹杂物软化点及硬度很高，热加工中不变形，不破碎，保持原来形状，如

TiN、稀土硫氧化物等。铜中氧化夹杂 $Cu_2O$ 常分布在晶界上，$Cu_2O$ 是一种硬脆相，会降低金属的热塑性，还影响铜的导电能力。另外，非金属夹杂物在钢中起着缺口和应力集中的作用，往往是裂纹的优先形成位置。

## 99. 钢中非金属夹杂物的来源是什么?

钢中非金属夹杂物按来源分为内生夹杂物和外来夹杂物两类。

（1）内生夹杂物。钢液凝固过程中，氧、硫、氮与钢液之间的平衡随着温度降低而移动，导致氧、硫、氮的各种化合物的平衡常数相应增大，因此形成各种非金属化合物，若在钢液凝固前未浮出，将留在钢中。溶解在钢液中的氧、硫、氮等杂质元素在降温和凝固时，由于溶解度的降低，与其他元素结合以化合物形式从液相或固溶体中析出，最后留在钢锭中，它是金属在熔炼过程中，各种物理化学反应形成的夹杂物。内生夹杂物分布比较均匀，颗粒也较小，正确的操作和合理的工艺措施可以减少其数量和改变其成分、大小和分布情况，但一般来说是不可避免的。

（2）外来夹杂物。钢在冶炼和浇铸过程中悬浮在钢液表面的炉渣，或由炼钢炉、出钢槽和钢包等内壁剥落的耐火材料或其他夹杂物在钢液凝固前未及时清除而留于钢中。它是金属在熔炼过程中与外界物质接触发生作用产生的夹杂物。如炉料表面的砂土和炉衬等与金属液作用，形成熔渣而滞留在金属中，其中也包括加入的熔剂。这类夹杂物一般的特征是外形不规则，尺寸比较大，分布也没有规律，又称为粗夹杂。这类夹杂物通过正确的操作是可以避免的。

## 100. 钢中的夹杂物是如何分类的?

钢中夹杂物是按夹杂物的化学组成和热加工变形后夹杂物的形态两种情况来分类的。

（1）按夹杂物的化学组成分类有：氧化物夹杂、硫化系夹杂、氮化系夹杂、磷化系夹杂。

1）氧化物夹杂又分为简单氧化物夹杂、复杂氧化物夹杂与硅酸盐类夹杂，它们的化学组成都与钢中的氧含量有关。简单氧化物夹杂有 FeO、$Fe_2O_3$、MnO、$SiO_2$、$Al_2O_3$、$Cr_2O_3$ 以及 TiO 等。复杂氧化物夹杂中包含尖晶石类夹杂和各种钙的铝酸盐类夹杂等，其中尖晶石类夹杂常用化学式 $MO \cdot N_2O_3$ 表示，M 代表二价金属，N 代表三价金属，常见的有 $FeO \cdot Fe_2O_3$、$FeO \cdot Al_2O_3$、$MnO \cdot Al_2O_3$、$MgO \cdot Al_2O_3$、$FeO \cdot Cr_2O_3$、$MnO \cdot Cr_2O_3$ 等。硅酸盐类夹杂常见的有硅酸铁（$2FeO \cdot SiO_2$）和硅酸锰（$2MnO \cdot SiO_2$）。

2）硫化系夹杂主要是指硫化铁（FeS）和硫化锰（MnS）以及它们的固溶体［（Mn · Fe）S］。此外，还有硫化钙（CaS）等。当钢中加入稀土元素 La 或

Ce 等时，可能生成相应的稀土硫化物 $La_2S_3$ 或 $CeS_3$ 等。

3）氮化系夹杂是指向钢中加入与氮亲和力较大的 Al、Ti、Nb、V、Zr、Th 等元素时，在钢中有相应的氮化物生成，此外还有 $Si_3N_4$ 和 $Fe_4N$ 等。而 AlN、TiN、NbN、VN、ZrN、ThN 既常见又很稳定，它们对钢的组织及性能均有不同程度的影响。钢中的氮化物和碳化物之间也可以相互溶解，形成碳氮化物，如 Ti（NC）等。通常人们将不溶于奥氏体并在钢中形成自己固定的氮化物视为氮化物夹杂，其中 TiN 最为常见，而 AlN 细小弥散，且在钢中具有许多良好的作用，一般不视为夹杂物。

4）磷在钢中的溶解度很大，室温下铁可溶解 1.2% 的磷，但电炉中的磷含量很低，一般很难看到含磷夹杂物，只有在高锰钢中才偶尔出现。磷化系夹杂主要是指 $Fe_3P$。

（2）按热加工变形后夹杂物的形态分类有：塑性夹杂、脆性夹杂、不变形夹杂。

1）塑性夹杂：塑性夹杂在热加工时沿加工方向延伸成带状，如 FeS 或 MnS 以及 $SiO_2$ 较少的低熔点硅酸盐等。

2）脆性夹杂：脆性夹杂在热加工时不变形，但能沿加工方向破裂成链状分布，如 $Al_2O_3$ 或尖晶石类的复合氧化物，以及 Al、V、Zr 的氮化物等高熔点、高硬度的夹杂。

3）不变形夹杂：在热加工时保持原来球点状的夹杂物属于不变形的夹杂物，如钢中的 $SiO_2$ 或含有 $SiO_2$（大于 70%）的硅酸盐，含钙的铝酸盐或含铝、钙、锰的硅酸盐。

## 101. 钢中最常见的夹杂物有几种类型，其形态是怎样的？

根据夹杂物的形态和分布，标准图谱分为 A、B、C、D 和 DS 五大类。

这五大类夹杂物代表最常观察到夹杂物的类型和形态：

（1）A 类（硫化物）：具有高的延展性，有较宽范围形态比的单个灰色夹杂物，一般端部呈圆角。最早 C. E. Sims 将硫化物（FeS）分成三类：Ⅰ为球状硫化物；Ⅱ为片状或棒状硫化物；Ⅲ为尖角状硫化物。Ⅰ类和Ⅱ类硫化物产生于协同共晶，Ⅲ类硫化物产生于离异共晶，如 CaS、FeS、MnS、MnS · FeS 等。在硫化物夹杂中除了 S、Ca、Fe 以外，往往还含有少量 Mg、Al、Si 等元素。

（2）B 类（氧化铝）：大多没有变形，带角的，形态比小（一般小于 3），黑色或带蓝色的颗粒，沿轧制方向排成一行，至少有三个颗粒，如 FeO、MnO、$SiO_2$、$Al_2O_3$、CaO 等。氧化铝夹杂是脆性夹杂物，为铝脱氧产物，主要来源于铝脱氧产物和耐火材料，常聚集为团簇状，轧制过程中沿轧制方向排列为点状或串状。

（3）C 类（硅酸盐）：具有高的延展性，有较宽范围形态比（一般不小于 3）的单个黑色或深灰色夹杂物，一般端部呈锐角，如硅酸亚铁（$2FeO \cdot SiO_2$）、硅酸亚锰（$2MnO \cdot SiO_2$）、铁锰硅酸盐（$m FeO \cdot MnO \cdot SiO_2$）等。硫化物以氧化铝等氧化物为核心形核，来源于 S 与钢中硫化物形成元素 Ca、Fe 等的化学反应。

（4）D 类（球状氧化物）：铝酸钙复合夹杂物为点状夹杂物，来源为氧化铝与渣中氧化钙生成的复合化合物。轧制过程中不变形，带角或圆形，形态比小（一般小于 3），黑色或带蓝色、无规则分布的颗粒。铸坯中非金属夹杂物绝大多数为硅酸盐类夹杂物，主要组分为 $SiO_2$、$Al_2O_3$、MnO、CaO、MgO，还含极少量 $TiO_2$。其形貌以球状为主，尺寸很小，绝大多数在 2～10μm。研究表明，控制钢水中 Ca、Mg、Al 成分，是控制 D 类夹杂的重要手段。降低精炼顶渣碱度可显著减轻 D 类氧化物、硫化物和碳氮化钛的尺寸和级别。

镁铝尖晶石（$MgAl_2O_4$）是氧化铝与渣中的氧化镁和包衬带入的氧化镁复合生成的硬脆性夹杂物，具有稳定的体心立方结构，熔点较高（2135℃），硬度大（HV210～240MPa），轧制时不易变形，属 D 类点状不变形夹杂物，尺寸大多为 2.0～6.0μm，形状有球形、立方体形和不规则形。钢中 $Mg \cdot Al_2O_4$ 夹杂物是伴随着 MgO－C 砖、含 MgO 精炼渣以及真空操作在精炼过程中的应用而产生的。

（5）DS 类（单颗粒球状）：圆形或近似圆形，直径不小于 13μm 的单颗粒夹杂物，属于钢中大颗粒夹杂物。其主要成分有两部分：含钙的铝酸盐及镁铝尖晶石（部分包裹 CaS）。

### 102. 炼钢连铸过程中控制钢中夹杂物的主要技术措施有哪些？

（1）控制炼钢炉下渣量，主要用挡渣法、扒渣法。

（2）控制钢包渣子氧化性。

（3）控制钢包精炼渣成分，采用 RH、LF、VD 精炼方法，合理搅拌强度和合理精炼渣组成。

（4）保护浇铸，钢水保护是防止钢水再污染、生产洁净钢的重要操作方法。

（5）采用中间包控流装置，增加钢水在中间包平均停留时间，改变钢水在中间包流动路径和方向，促进夹杂物上浮。

（6）加中间包覆盖剂，有效吸附钢液中的夹杂物。

（7）采用碱性包衬，防止钢液中总氧量 T［O］增加。

（8）防止浇铸过程中下渣和卷渣。

### 103. 钢板中 $Al_2O_3$ 夹杂物的主要类型有哪些，它们是如何形成的？

钢板中 $Al_2O_3$ 夹杂物主要类型有：簇群状、树枝状、聚合状、单个块状，具体见图 2－12。

（1）簇群状：似珊瑚状，尺寸可达数百毫米，生成于脱氧初期。

（2）树枝状：尺寸很大，以夹杂物群的形式存在，夹杂物内部连接有规律，生成于脱氧反应初期。

（3）聚合状：整体尺寸较小，在数毫米至十几毫米之间，生成于二次精炼中后期。

（4）单个块状：尺寸较小，通常小于 20mm，外形有板块状、多面体、近球状等多种类型，在钢水精炼全程均可发现此类夹杂物的存在。

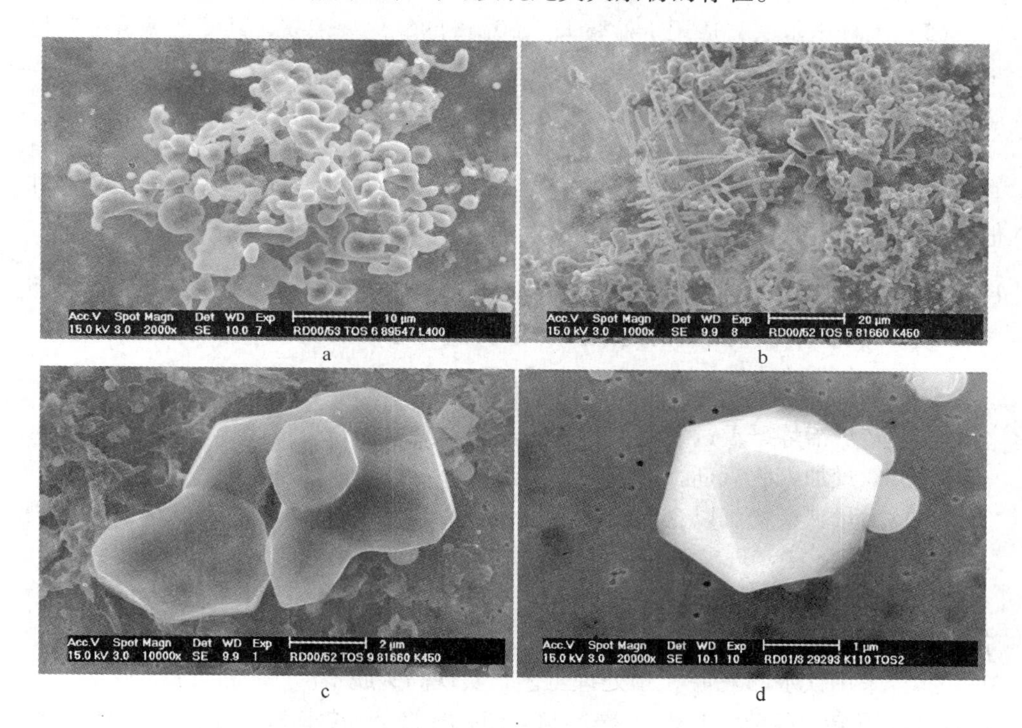


图 2－12　$Al_2O_3$ 夹杂物的主要类型

a—簇群状；b—树枝状；c—聚合状；d—单个块状

## 104. 钢的夹杂物的评价方法有哪些？

钢的夹杂物的评价方法有以下几种：

（1）化学分析法，通过检测钢中非金属夹杂物形成元素氧和硫的含量来估计非金属夹杂物的数量。室温下，钢中的氧几乎全部以氧化物夹杂的形式存在，因此钢中全氧含量可以代表氧化物夹杂的数量。化学分析法并不能反映钢中非金属夹杂物的类型、形貌、尺寸大小和尺寸分布。

（2）金相分析法、标准图谱比较法，根据非金属夹杂物的形态来区分夹杂物的类型。

（3）图像仪分析法，得到在所测视场内非金属夹杂物所占的面积分数（即非金属夹杂物的沾污度）、非金属夹杂物的最大宽度和长度、非金属夹杂物的尺寸分布以及单位被测面积内不同尺寸非金属夹杂物的个数等信息。

（4）电子显微镜分析法，获得夹杂物成分、微观形貌、夹杂物结构等信息，确定其元素组成、矿物结构等。

（5）大样电解法，适用于检验大于50μm的氧化夹杂物，其工艺流程主要包括电解、淘洗、还原和介电分离。将加工成表面无孔、无锈、无油污的大型电解试样放入专门配制的电解液中，进行大样电解。

（6）硫印检验法，利用硫酸溶液与钢中的硫化物发生反应放出硫化氢，再与印相纸上的银盐反应生成棕色的硫化银沉淀物，以检验钢中的硫并间接检验其他元素的偏析情况。

**105. 国内控制钢中夹杂物采用的工艺与国外基本相同，但为什么夹杂物控制始终不能满足高品质钢的质量要求，如何才能提高控制水平？**

造成夹杂物控制始终不能满足高品质钢质量要求的主要原因是：

（1）转炉冶炼严重过氧化，造成钢水氧含量大幅升高。

（2）大量加入脱氧剂，形成大量夹杂物。

（3）大量夹杂物难以全部去除，致使钙处理前的氧含量过高，难以保证钙处理的效果，无法实现夹杂物变性处理。

提高控制水平的解决措施关键是改变目前夹杂物单纯依靠后处理的控制策略，采用全流程控氧工艺实现超低氧冶炼，具体措施如下：

（1）采用铁水“三脱”预处理工艺，实现高碳脱磷。

（2）用转炉高碳出钢工艺，降低转炉终点钢水氧含量［$w(\mathrm{O})_{总} \leqslant 350\times10^{-4}\%$］。

（3）采用挡渣出钢、炉渣改质和沸腾出钢工艺，控制下渣量不大于3kg/t，渣中$w(\mathrm{FeO+MnO})\leqslant5\%$。

（4）开发RH平衡脱碳工艺，控制加铝前$w(\mathrm{CaO})\leqslant200\times10^{-4}\%$。

（5）严格控制脱氧剂加入量和钢水成分，实现对夹杂物成分和形态的有效控制。

# 第二节 原料的加热

## 一、原料加热的基本概念

### 106. 原料加热的目的是什么?

原料加热是热轧生产工艺中的一个重要环节,对原料(连铸坯或钢锭)进行加热的目的在于提高钢的塑性、降低变形抗力、消除铸锭或铸坯原有的某些组织缺陷和应力,改善金属内部组织以及非金属夹杂物形态与分布,便于轧制加工。通常将原料加热到奥氏体单相固溶组织温度范围内,并使其具有较高的温度和足够的时间以均化组织和溶解碳化物,从而得到塑性高、变形抗力低、加工性能好的金属组织。通常,不同的钢种有不同的塑性,同一钢种若温度不同,塑性也不同,碳素钢和一般合金钢的塑性随温度的升高而提高。

### 107. 对坯料加热的要求是什么?

(1)根据不同的钢种制定出合理的加热制度。

(2)既无组织应力,又有良好塑性,且无加工硬化。

(3)加热温度均匀,以利于获得形状、尺寸精确的产品。

(4)提高成材率,减少氧化烧损,并防止产生加热缺陷。不正确的加热制度会导致许多加热缺陷的产生,如过热、过烧、裂纹、氧化、炉底划伤、脱碳、黏钢等。

(5)获得理想的铸坯加热组织状态,为后续轧制冷却等提供条件。

(6)节约能耗。

### 108. 钢在加热时有哪些物理性能变化?

加热时,钢的导热性、热容量和密度都会发生变化。

(1)导热性的变化。导热性的好坏用导热系数表示。钢的导热系数就是钢在单位时间内温度每变化1℃在单位长度上传过来的热量,其计量单位为W/(m·K)。

钢中的碳含量对导热系数影响较大,通常随碳含量的增加导热系数减小,导热性下降。

(2)热容量的变化。钢的热容量与钢的化学成分、组织结构、温度等因素有关。热容量随温度的增高而增加,在800℃,即在相变温度(区域)时,热容量有较大的变化。

（3）密度的变化。单位体积的质量称为密度。当温度升高时，钢的密度因体积膨胀而减小。碳素钢及合金钢的密度取决于化学成分，即合金元素种类和含量，同时与钢的组织状态有关。钢的密度按奥氏体→珠光体→索氏体→屈氏体→马氏体的顺序依次降低。

**109. 钢在加热时有哪些组织转变？**

亚共析钢加热温度高于临界点 $A_{c1}$（$PSK$ 线）后，珠光体转变成奥氏体，即形成铁素体 + 奥氏体组织。温度继续升高，则铁素体逐渐溶于奥氏体内。而当温度高于 $A_{c3}$（$CS$ 线）时，钢的组织将完全转变为奥氏体。

共析钢加热时，当温度达到临界点 $A_{c1}$（$PSK$ 线）时，即完成珠光体向奥氏体的全部转变。

过共析钢加热时，将发生与亚共析钢相似的转变，只是其过剩（余）相不是铁素体，而是渗碳体，而且当温度达到临界温度点 $A_{cm}$（$SE$ 线）时，渗碳体将全部溶解于奥氏体。一般奥氏体形成过程分为形核、长大、剩余渗碳体（或铁素体）的溶解和奥氏体均匀化等 4 个阶段，如图 2 – 13 所示。

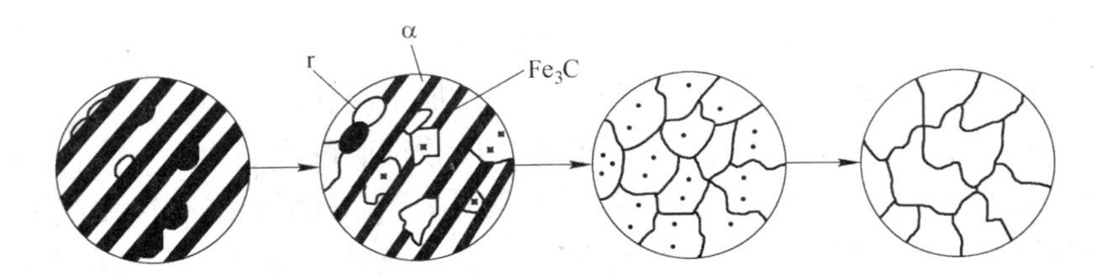


图 2 – 13 高温奥氏体形成过程示意图

加热温度与加热速度对珠光体转变成奥氏体是有影响的。加热温度越高，由珠光体转变成奥氏体及成分均匀化的总时间越短，或者说转变速度越快；加热速度越快，珠光体向奥氏体开始转变的温度越高。

钢在加热过程中的主要结果之一是晶粒的粗化。控制钢中的晶粒粗化行为是努力达到形变热处理设计的一个重要步骤。

对于微合金钢，加热温度应该高到足以提供稳定质点的溶解度。如果稳定质点仍不能溶解，就不能得到有利的沉淀硬化效果。

添加铝、铌、钒、钛等元素会引起非正常的晶粒长大，其中包括在相对没有变化的细晶基体中的少量晶粒长大。这种非正常晶粒长大发生在比微合金溶解温度低得多的温度。相应于非正常晶粒长大开始的温度，有时被看作是晶粒粗化温度。

加热温度也影响在随后的晶粒回复过程中占重要地位的所谓变形带的形状。

在相同的压下后，加热温度越高，形成变形带的数量越少，而且细小、均匀。

**110. 通常原料加热分为几个阶段，其目的是什么？**

通常将原料加热过程分为三个阶段，即预热阶段（低温阶段）、加热阶段（高温阶段）、均热阶段。在低温段（700～800℃以下）要放慢加热速度以防开裂；到700～800℃以上为高温阶段，可以快速加热；达到高温带（1150～1250℃）以后，为了使钢坯各处的温度均匀和成分均匀化，而需在高温阶段停留一定时间，这就是均匀热段。

将原料的加热分为阶段加热的目的是，适应不同状态下不同钢种的加热要求，满足轧制工艺的需要，保证原料各处都能均匀加热到所需的温度，并使组织成分较为均匀化。

**111. 加热炉对坯料长度的控制要求是什么？**

钢坯加热时的长度除受坯材匹配、辊道间距、轧机等设备工艺布置限制外，其最大长度和最小长度主要还受到加热炉的装料方式、加热炉的内宽等因素的制约。对于推钢式加热炉，确定最大料长时要考虑坯料的两段要与炉墙和两排料之间有一定间距，以防止坯料跑偏出现刮碰炉墙或两排坯料相互刮碰的现象。

双排料装炉时坯料的最大长度不大于［加热炉的有效宽度 - 3 ×(0.2～0.25)/2］m。

单排料装炉时坯料的最大长度不大于［加热炉的有效宽度 - 2 ×(0.2～0.25)/2］m。

确定最小料长主要考虑坯料出现一定偏斜时，不会发生掉道事故。坯料的最小长度不小于［炉底滑轨的间距 + 2 ×(0.2～0.25)］m。

## 二、加热炉及加热炉的控制

**112. 中厚板生产用加热炉按其结构分为哪几种？**

中厚板生产所用的加热炉按其结构分为连续式加热炉、室式加热炉和均热炉三种。室式炉适用于特重、特轻、特厚、特短的板坯，或者多品种、少批量、合金钢的铸坯或铸锭，生产比较灵活；均热炉用于铸锭轧制特厚钢板。

**113. 连续式加热炉如何划分，它的特点是什么？**

目前中厚板加热用连续式加热炉主要分类方法有：

（1）按炉底形式和装料方式分为推钢式连续加热炉、斜底式连续加热炉、步进式连续加热炉。

（2）按炉温制度和相应的炉膛形状分为一段式、两段式、三段式及多段式连续加热炉。

（3）按加热炉使用的燃料种类分为燃油加热炉、燃气加热炉。另外，还有燃煤加热炉和使用混合燃料加热炉（例如油气混烧），但目前这两种加热炉已很少使用。

连续式加热炉的主要特点是：工作是连续的，原料不断加入，加热后不断排出；原料在炉内依轧制的节奏连续运动，燃烧产生的炉气在炉内一般是沿着原料移动方向逆向流动；在原料的断面尺寸、品种和产量不变的情况下，加热炉各部分的温度和炉中原料的温度基本不随时间变化，而是沿炉长度变化，属于稳定态温度场，炉膛内的传热可近似于稳定态传热。

## 114. 什么是步进式加热炉，它的优点是什么？

步进式加热炉的基本特征是：原料依靠炉底可移动步进梁做矩形轨迹的往复运动，把固定梁上的原料一步一步地由进料端输送到出料端。图 2－14 所示的是步进式炉内坯料运动轨迹。从加热炉的结构看，步进式加热炉分为上加热步进式炉、上下加热步进式炉、双步进梁式加热炉等，又分为步进梁式和步进底式两种。

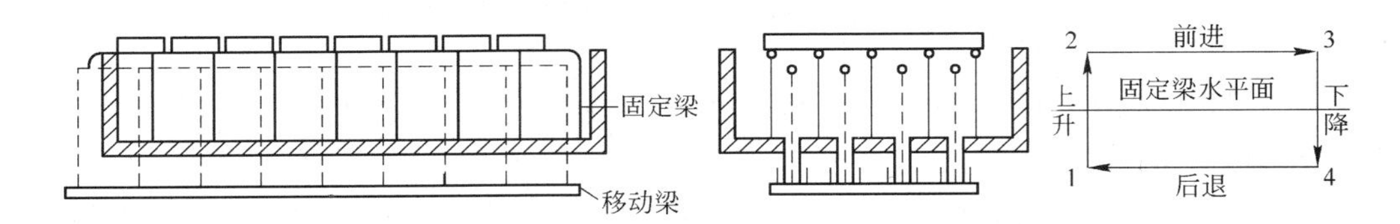


图 2－14 步进式炉内坯料运动轨迹示意图

步进式连续加热炉的特点是：

（1）生产能力大，炉底强度可以达到 800～1000kg/($m^2$·h)。

（2）各原料之间有一定的间隔，原料可以四面受热。因此，热效率高、加热质量高，特别适合推钢式加热炉不便加热的大型原料。

（3）操作灵活方便。原料在炉内既可前进也可后退，在检修和改换钢种时，利用步进机构可以将原料全部出空或全部退空。

（4）适应性强。在炉长不变的情况下，通过改变原料之间的距离，就可以改变炉内原料的数目，适应产量的变化。

（5）可以准确控制原料的加热时间，为生产过程控制提供了保障。

（6）步进式加热炉结构比较复杂，维修较为困难。

## 115. 什么是推钢式加热炉，它的特点是什么？

靠推钢机完成原料装炉和原料在炉内的运送任务的连续式加热炉称为推钢式加热炉。

推钢式加热炉的特点是，原料在炉底或在热滑轨上滑动，热滑轨是用水冷管（也称炉筋管，采用汽化冷却）支撑的耐高温合金制作的，为了减少热量损失，滑轨的支撑水管采用隔热材料进行包覆，装料端和出料端安装有升降式炉门。

## 116. 什么叫蓄热式加热炉，它有什么特点？

蓄热式加热炉与常规加热炉的主要区别在于回收排出炉体外烟气显热的方式不同。蓄热式加热炉的高温烟气显热是通过蓄热和释热频繁交替变化的热交换过程回收的。常规加热炉烟气余热是通过间壁式换热器连续热交换回收的。蓄热式加热炉蓄热和释热过程的热交换，由换向与控制系统完成。蓄热和释热频繁交替变化，属不稳定态传热工况，烧嘴为不连续供热。

蓄热燃烧技术的主要作用在于将低热值（例如高炉或发生炉）煤气用于轧钢加热炉，以及坯料热装时可获得较高的加热能力。蓄热式加热炉的特点是：

（1）充分回收烟气显热不受高温烟气温度的限制，排出炉体的烟气温度接近于炉膛温度，一般为1150～1300℃。上半周蓄热体吸热将烟气热量蓄存，下半周蓄热体加热助燃空气（或气体燃料），可将空气（和气体燃料）预热到800～1000℃，而对大气排放的温度很低，在150℃左右。

（2）炉膛内的高温气体（燃烧产物）沿炉子横向流动，高温烟气一般从炉膛（横断面）对面排出。

（3）由于参与燃烧的物理热高，可较大幅度提高燃料的理论燃烧温度，故可将低热值燃料用于轧钢加热炉，例如高炉煤气以及发生炉煤气。

（4）高温空气与煤气在炉膛内混合形成弥散燃烧，火焰强度较小，炉膛温度较均匀。

（5）炉膛平均辐射稳压较高，高温钢坯入炉仍有一定温差，较适宜于钢坯热装。

（6）由于频繁换向和燃烧条件的不连续，炉气成分频繁波动，不易实现炉况精控。

（7）高温烟气需从烧嘴喷口排出，排出的高温烟气与被加热气体的水当量之比大于1，若要获得烧嘴高速射流效应，以采用小断面喷口为佳，但带来排烟矛盾，而排烟条件不如供风条件，两者极难兼顾，故蓄热烧嘴调节比小。

（8）炉内混合弥散燃烧，无边界约束与机械强制混合，混合速度慢，燃烧效率低，炉况惯性较大，减缓了炉况调节响应速度。

(9) 高温烟气横向流动，炉膛无低温段，因此不利于改善（常温坯装炉的）某些高强性能板坯加热质量。

**117. 什么是蓄热体，蓄热体有哪几种？**

所谓蓄热体是指能在高温下进行蓄热—放热的载体工件。蓄热体是蓄热炉的关键部件之一，它直接影响蓄热室的大小、热效率和加热能力的高低。评价蓄热体的性能，以热效率、温度效率、阻力损失、使用寿命、清灰难易作为重要指标。

蓄热体的形状、尺寸、单位质量对传热过程影响很大，换向时间主要与其有关。目前蓄热体单位体积的传热面积达到了 200 ~ 600$m^2/m^3$，一般换向时间在 30 ~ 180s 之间。一般采用耐火陶瓷加工制作，主要形状有球状、蜂窝状、管状。蓄热球主要优点是蓄热量大、强度高、寿命长、维护性好、成本低（见图 2 - 15）；蜂窝体主要优点是比表面积大、热效率高、阻力小（见图 2 - 16）。

图 2 - 15 球状蓄热体

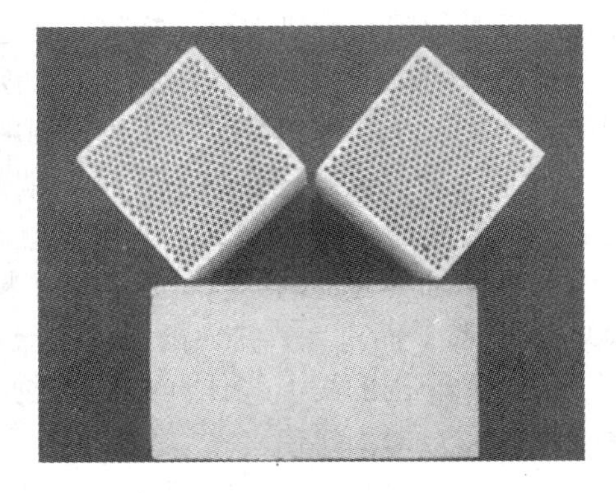

图 2 - 16 蜂窝状蓄热体

**118. 为什么要采用步进式出料机出钢？**

采用步进式出料机能很好地满足大型坯料的出炉要求，避免滑坡式出钢方式对辊道的撞击，消除滑坡对钢坯下表面损伤，改善炉头的工作环境。

**119. 什么是车底式加热炉，它有什么特点？**

车底式加热炉（car bottom furnace）的炉底是一个台车，依靠车轮在钢轨上滚动出入炉膛，炉型为室式或隧道式。加热物件放置在台车上，炉外进行装卸料，台车的拖拽机构利用绞车或类似的其他设备，拖拽机构摆在中部。台车上面砌有耐火砖，通常钢锭不直接放在耐火砖上，而是放在上面的特殊支架上，支架是耐高温金属制成的，长度 400 ~ 600mm，这样便于钢锭或铸坯（厚度大于

300mm）多面加热。

加热炉的烧嘴位于两侧炉墙上，大的加热炉可装两排烧嘴，尽可能使炉膛各部分温度均匀。烧嘴应有一定角度，避免火焰直接喷烧到钢锭上，造成局部过热。室状加热炉多是间歇式工作的，可以采取两段式，也可以采取三段式，具体视钢锭的钢种和尺寸而定。与连续式加热炉相比，它的有效利用系数及热效率较低。室状加热炉的废气出炉温度很高（1100～1200℃），所以热损失很大。此外，某些高碳钢与合金钢的加热不能升温太快，不允许立刻进入高温段的炉膛，在连续生产时甚至要把炉子冷却，降低温度后再装料。由于上述原因，原料在炉内待轧时间长，金属烧损大。其特点如下：

（1）炉膛各处的温度基本一致。

（2）加热过程中，炉膛温度随时间的变化而变化。

（3）结构简单，投资小，适用加热各种形状的原料。

（4）燃耗高，劳动条件差。

## 120. 钢的加热工艺制度包括哪些内容，有什么要求？

加热工艺制度包括钢的加热时间、加热温度、加热速度和炉温制度。由于原料的类型不同、加热的钢种不同、质量特性不同、原料的入炉状态不同，所以采用的加热制度也各有不同。

不管采用何种加热制度，都必须满足以下几点：

（1）必须根据加热钢种的成分、料型、断面尺寸以及轧制工艺的要求，结合加热的具体条件，制定合理的加热工艺。

（2）加热温度、加热速度、加热时间应严格执行加热规程。

（3）加热后的出钢温度必须达到规定的要求。

（4）加热必须均匀，满足钢的加热质量要求。

（5）防止加热缺陷的产生。

## 121. 什么叫推钢比，它对加热操作有什么影响？

所谓推钢比是指原料推移长度与原料的厚度之比。

推钢比对加热操作的影响是推钢比太大会发生拱钢（见图2－17）或翻炉事故；其次，加热炉太长，推钢的推力大，使原料之间的压力过大，高温下容易发

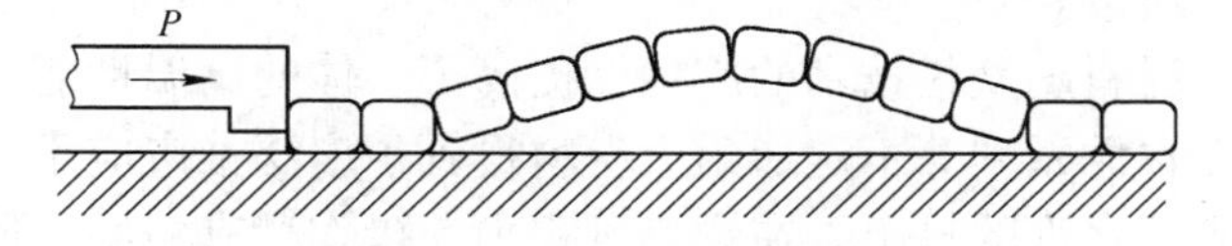


图2－17　钢坯拱钢示意图

生难以处理的黏钢事故。

## 122. 什么叫烘炉曲线，如何制定烘炉曲线？

新建加热炉、大修或小修后的加热炉，必须经过烘炉才能转入正常加热操作。烘炉时必须遵守的升温速度、保温时间的关系，以时间－温度的关系来表示的图表则称为烘炉曲线。

烘炉是不定形耐火材料烧结相变的过程，是施工和使用中的关键环节。烘炉的好坏直接影响加热炉砌筑体的寿命，其作用主要是排除衬体中的大量游离水、结晶水，完成某些组织的转变，逐步增加砌筑体的强度，防止砌筑体内部水分未排出产生汽化造成裂缝、剥落甚至崩塌，从而获得良好的高温性能。

不定形耐火材料的烘烤制度，与材料的品种和性能、施工方法、衬体厚度、衬体结构等因素有关。因此，制定衬体的烘烤曲线，应综合考虑各因素，总的原则是在300℃之前应缓慢升温和保温，以便衬体中的水分充分排除。不定形耐火材料烘炉参考表见表2－1。

**表2－1 不定形耐火材料烘炉参考表**

| 升温或保温温度/℃ | | 100～150 | 150～200 | 200～300 | 300～350 | 350～600 | >600 |
|---|---|---|---|---|---|---|---|
| 衬体厚度小于200mm（指浇注厚度） | 升温速度/℃·h⁻¹ | 15 | 10 | 10 | 10 | 10 | 5 |
| | 需用时间/h | 10 | 48 | 24 | 14 | 10 | 4 |
| | 累计时间/h | 10 | 58 | 82 | 96 | 106 | 110 |
| 衬体厚度200～400mm | 升温速度/℃·h⁻¹ | 15 | 10 | 10 | 10 | 10 | 6 |
| | 需用时间/h | 10 | 60 | 26 | 16 | 10 | 6 |
| | 累计时间/h | 16 | 76 | 112 | 128 | 138 | 144 |
| 衬体厚度400～600mm | 升温速度/℃·h⁻¹ | 15 | 5 | 10 | 10 | 10 | 6 |
| | 需用时间/h | 24 | 24 | 36 | 24 | 14 | 8 |
| | 累计时间/h | 24 | 108 | 144 | 168 | 182 | 200 |

衬体烘烤时，为使测温点的位置准确反映该区域温度，热电偶要充分接触炉气（一般伸进炉壁150mm）。炉气要充满炉膛，才能保持炉子各部温度均匀，否则，因炉气上浮炉墙下部便达不到温度要求，影响烘炉效果。最好用煤气、柴油等做热源，便于调节控制炉况。在实际操作中，可视不同状况随时调整烘烤制度，以保证烘烤质量。

不定形耐火材料超微粉技术的应用，提高了炉体的高温性能，致密型、高强度型低水泥、无水泥系列等不定形耐火材料得到了广泛推广应用。然而，由于微粉的加入，阻碍了水汽的排出，在烘烤过程中，操作稍有粗心，便易发生衬体大片脱落，甚至塌炉事故。防爆系列浇注料的研发与应用，解决了高性能不定形耐火材料不易烘烤的问题，并使烘烤时间由 7～14 天缩短了 2～5 天。

采用耐火黏土砖、高铝砖砌筑炉体，只需排除砖缝耐火泥浆等砌体水分，故烘炉曲线简单。当采用复合炉衬时，应以较难排水与烧结相变要求较高的材料制定烘炉曲线，例如耐火黏土砖和耐火浇注料做复合炉衬（炉墙为耐火砖，炉顶为耐火浇注料）时，应以耐火浇注料制定烘炉曲线。防爆浇注料（低水泥浇注料和黏土结合浇注料可参照适当延长烘炉时间）烘炉曲线、耐火黏土砖烘炉参考曲线如图 2－18～图 2－21 所示。

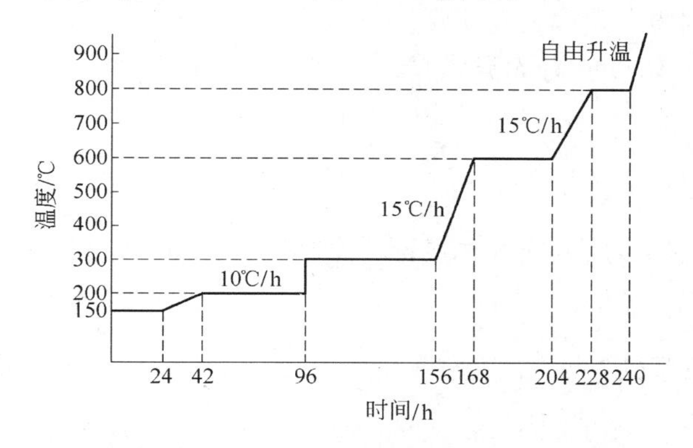


图 2－18　防爆浇注料新炉体烘炉曲线之一
（炉墙厚度 720mm，重质浇注层 500mm，
轻质浇注层 220mm）

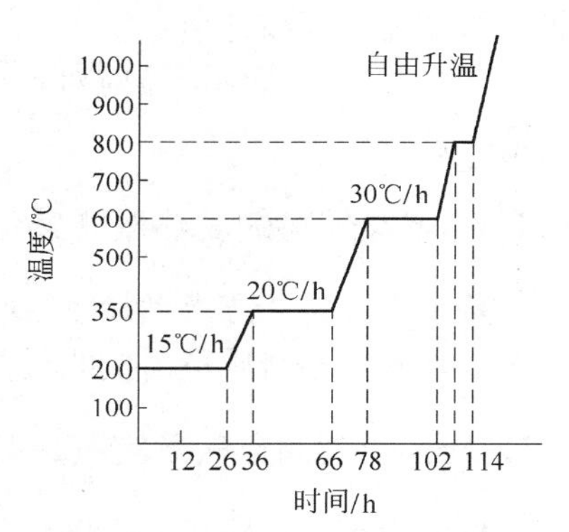


图 2－19　防爆浇注料新炉体
烘炉曲线之二
（低水泥、黏土结合浇注料适当延长）

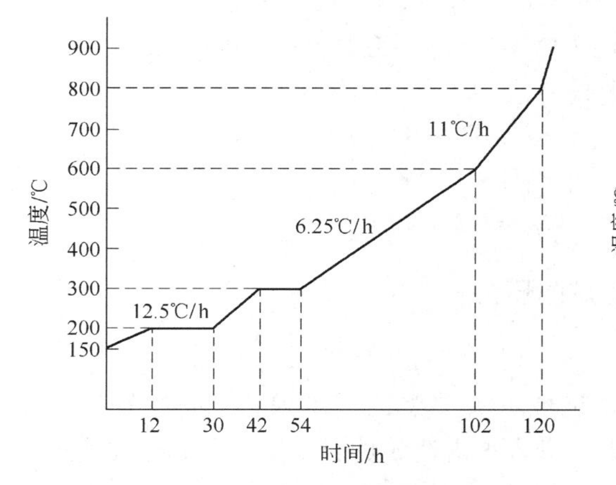


图 2－20　黏土砖高铝砖筑炉烘炉曲线

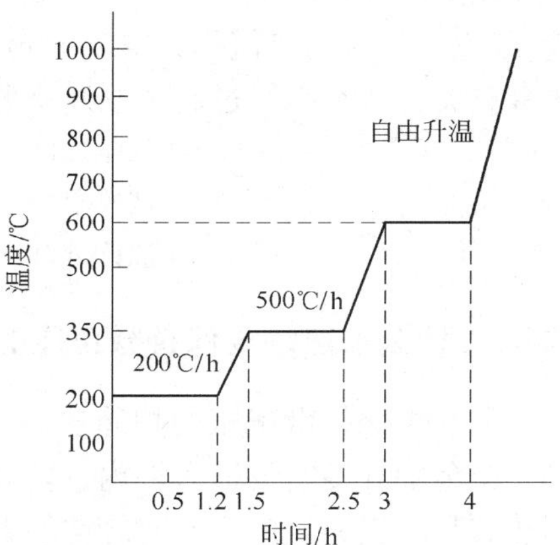


图 2－21　停炉检修烘炉曲线
（炉体未浇注修补）

**123. 烘炉的注意事项是什么？**

烘炉的注意事项有：

（1）炉温不大于600℃的低温阶段不允许火焰直接冲刷炉顶，在不小于600℃的升温和保温阶段也要避免火焰直接冲刷炉顶或炉墙。

（2）在200～350℃的保温阶段结束时如有大量蒸汽逸出，需适当延长保温时间。

（3）烘炉过程中，各水冷构件要保持良好的通水冷却；如机械炉底则应隔0.5～1.0h运行一次。

（4）控制烘炉过程要以测温热电偶所示的温度为依据，因此烘炉前要确保热电偶工况正常和符合安装位置的要求。

（5）烘炉过程中应按时对各处温度、有无异常情况、砌体和钢结构的膨胀等情况进行记录。

**124. 什么叫燃料的发热量（热值）?**

每千克或每立方米燃料完全燃烧时所发出的热量称为燃料的发热量。燃料的发热量是衡量燃料质量高低的主要依据。

**125. 什么叫过剩空气及空气过剩系数?**

燃料中可燃烧物质完全燃烧后所需要的空气量称为理论空气量。各种燃料燃烧时，即使按计算出的理论空气量供应空气，也会由于受设备、技术和环境条件的限制，难以充分地燃烧，达到理想的燃烧效果。为了实现燃料的完全燃烧，实际配比的空气量应大于理论空气量，多出的空气量称为过剩空气，实际配比供气量/理论空气量的比值称为空气过剩系数。空气过剩系数与燃料的种类和燃烧方法等有关，各类空气过剩系数经验数据为：

气体燃料 $K_{空}=1.05\sim1.15$

液体燃料 $K_{空}=1.15\sim1.25$

固体燃料 $K_{空}=1.20\sim1.50$

**126. 为什么加热炉要保持微正压的炉膛压力?**

加热炉保持微正压的炉膛压力，一是让炉气充满炉膛，保持合理的空气过剩，避免炉外冷空气进入炉内，防止出现炉头“黑钢”现象；二是特别要防止加热装料、出料炉门开启时冷空气大量进入炉内造成炉温波动，引起燃耗增加。

**127. 如何根据火焰颜色来判断空气与燃料（煤气或天然气）的配比是否合适?**

火焰是否正常可以从加热炉外壁上的燃烧观察窗（或出钢与进料口）观察识别。火焰呈黄色有力，表明空燃比配置合理；火焰呈暗色、飘忽并有可见烟气出现，表明空气量过小；火焰呈黄白色，表明空气量过大。空气量过小或过大时都要及时调整风量。

## 128. 坯料的加热工艺包括哪些内容？

加热工艺包括加热温度、加热速度、加热时间、炉温制度及炉内气氛的控制。由于加热的钢种、化学成分、料型等的不同，所以采用的加热工艺也不同。用合理的加热工艺制度，能有效地防止加热缺陷的产生，确保加热质量，提高加热炉的效率。

## 129. 如何考虑钢的加热温度范围？

加热温度的选择应依据钢种的不同而不同。对于碳素钢，最高加热温度应低于固相线（*AE* 线）50～150℃；钢种不同、化学成分不同，加热温度也不同，许多钢种的加热温度由实验取得。加热温度的下限理论上应高于 $A_{c3}$ 线 30～50℃。加热时间较长，会使奥氏体晶粒过分长大，引起晶粒之间的结合力减弱，钢的塑性降低。过高的加热温度或高温下停留时间过长，会使金属的晶粒粗大，还会使钢中偏析与夹杂富集在晶粒边界（晶界）处并发生氧化或熔化，在轧制时金属发生裂纹、碎裂或崩裂，严重时甚至一碰即碎裂。

## 130. 钢的加热速度受哪些因素限制？

单位时间内钢在加热时的温度变化称为钢的加热速度。加热速度的选择和控制，必须考虑到钢的导热性，这一点对高合金钢来说尤为重要，另外，原料的种类、尺寸和形状对加热速度的选择和控制也有较大的影响。显然，断面尺寸越小，允许的加热速度就越高。应当指出，大的加热速度不仅可以提高生产能力，而且可以防止或减轻某些缺陷产生和程度，如氧化、脱碳、过热等。但是钢的加热速度越快，温度梯度就越大，其热应力就越大，当热应力超过钢的破裂强度极限时，坯料将产生内裂纹或断裂。因此，加热时要结合坯料的具体情况，有针对性地控制钢的加热速度，既要有合理的加热能力，又要防止坯料裂纹的产生。

## 131. 如何确定钢的加热时间？

加热时间的控制与原料的断面尺寸（主要是厚度）、化学成分、加热速度、入炉时的状态（冷料、热料及入炉时的温度）、加热的质量、加热炉的生产能力有关。关于加热时间的计算，用理论的方法目前还很难满足生产实际要求，现在主要是依据经验公式和实际资料进行估算。

## 132. 什么是加热炉的温度制度？

所谓加热炉的温度制度就是依据坯料的种类、化学成分、断面尺寸、加热特性等参数，制定坯料在整个加热过程中炉膛各段温度分布和时间分布，并根据坯料的尺寸及已制定的炉膛各段温度来确定加热时间。

## 133. 确定钢的加热温度范围需考虑哪几点？

（1）钢的化学成分和组织状态。
（2）钢锭的组织缺陷对加热温度的影响。
（3）终轧温度对加热温度的影响。
（4）氧化和脱碳对加热温度的影响。
（5）断面尺寸大小、道次多少对加热温度的影响。
（6）轧制速度对加热温度的影响。
（7）轧制工艺对加热温度的影响。

## 134. 连续式加热炉自动控制是由几部分构成的，各部分的作用是什么？

燃烧控制主要是指炉温与燃烧质量控制，是为适应负荷变化、补偿外部干扰，而使燃烧始终保持高效率的手段。炉况通过计算机自动控制才能实现高质量燃烧的要求。连续式加热炉自动燃烧控制主要由炉温自动控制、炉气成分自动控制、炉膛压力自动控制、安全燃烧自动控制以及承载运行结构冷却系统自动控制构成。

（1）炉温自动控制：根据轧制节奏控制炉膛温度，加热工艺要求钢坯出炉温度是恒定的，视轧制节奏不同，调整炉膛温度达到钢坯加热温度要求。炉膛温度的调节为恒定调节。

一般的温度调节主要以控制流量的单回路反馈系统为基本回路进行（由温度检测、变送器、调节器、执行器组成）。为调节精确，调节器为 PID 调节。对于燃烧温度调节，调节燃料流量，势必调节助燃空气量，温度调节实际上是较为复杂的燃烧控制的综合调节系统。

（2）炉气成分自动控制：炉气成分自动控制是实现高燃烧质量的前提。通过检测燃烧产物的氧含量（1% ~3% 较佳），调节控制燃料燃烧所需要的空气，使之在较佳配比下完成燃烧，这对于节约燃料、减少氧化烧损、改善加热质量以及减少环境污染十分重要。

轧钢连续加热炉炉温与燃烧质量的精确控制，应将主要参数恒定，调节其中相关联的参数，才能收到良好效果，例如：

1）燃料的压力要恒定；

2）燃料的热值要恒定，最好选用高热值气体燃料，易于调节灵敏、响应快速；

3）空气压力恒定，预热空气温度恒定；

4）炉体密封及保温良好；

5）炉膛压力保持恒定。

（3）炉膛压力自动控制：为防止低温气体进入高温炉膛和高温炉气溢出炉膛，做到节约能源和提高加热能力的要求，轧钢加热炉一般以出料口为基准，采用微正压操作（出料口炉压一般为1.9～4.9Pa）。取压管一般设在炉顶，经微差压变送器、调节器而带动执行机构调节烟闸开启度，达到调节炉膛压力的目的。此外，调节各段热负荷亦可调节炉压。

（4）安全燃烧自动控制：在使用工业煤气加热的炉子上，为防止空气被吸入煤气管道内或煤气被吸入空气管道内，形成爆炸混合气体而引起爆炸的可能性，必须安装煤气低压检测和自动切断装置。

（5）承载运行结构冷却系统自动控制：主要是汽化压力和水位的检测与控制，使汽化压力和汽包水位恒定，保证汽化系统的正常运行。

**135. 加热炉的主要技术经济指标有哪些？**

加热炉的主要技术经济指标有：

（1）加热炉能力（生产效率），即单位时间加热到规定温度要求的坯料总量，通常以小时产量表示，单位为t/h（kg/h）。

（2）炉底强度或称炉底钢压强度，它是加热炉的最重要指标之一，计算公式为：

$$P = \frac{1000G}{A} \tag{2-4}$$

式中　$P$——炉底强度，$kg/(m^2 \cdot h)$；

$G$——加热炉的小时产量，t/h；

$A$——炉底布料面积，$m^2$。

连续加热炉的面积计算公式为：

$$A = nlL \tag{2-5}$$

式中　$n$——炉内加热坯料的排数；

$l$——坯料的长度，m；

$L$——加热炉的有效长度，m。

（3）燃料的发热量。

（4）燃耗，即单位时间加热出来坯料所用燃料量，单位为$m^3/t$或kg/t。

（5）电耗，即单位时间加热出来坯料所用电量，单位为kW·h/t。

（6）软水消耗，即单位时间加热出来坯料所用软水量，单位为 $m^3/t$。

## 136. 加热炉单位燃料消耗量是指什么，表示方法有几种？

单位燃料消耗量是指加热单位质量（每 t 或每 kg）坯料所消耗的燃料量。使用气体燃料的能耗单位用 $m^3/t$ 表示，使用固体燃料或液体燃料的单位用 kg/t 表示。

由于燃料的发热量不同，不便于表示，因此常用单位燃料消耗的概念来表示，即：

$$b=\frac{BQ_{低}}{G}\quad 或\quad b=\frac{1000BQ_{低}}{G} \tag{2-6}$$

式中　$Q_{低}$——燃料的低发热量，kJ/h 或 $kJ/m^3$；

$G$——加热炉的产量，kg/h；

$B$——加热炉的燃料消耗量，kg/h 或 $m^3/t$。

有时也把燃料折算为标准燃料消耗量，即每单位质量坯料所用标准燃料，即：

$$b=\frac{BQ_{低}}{29270G} \tag{2-7}$$

统计加热炉燃耗或热耗有两种方法，一种是按加热炉正常生产情况每小时平均，即每小时燃料消耗量除以平均小时产量；另一种是按月或季度平均，即以这一时期内燃料的总消耗量除以所有合格产品的产量。前者直接说明加热炉热工作的好坏；后者除和加热炉热工作好坏有关外，还和作业率、停炉次数、燃料损失等因素有关。

## 137. 加热炉的热效率指什么？

加热炉的热效率是指加热金属（坯料）的有效热占供给炉子热量的百分率，即：

$$\eta=\frac{金属加热所需要的热\ Q_1'}{燃料燃烧的化学热\ Q_1}\times 100\% \tag{2-8}$$

## 138. 降低加热能耗的主要措施有哪些？

由加热炉热效率公式和热平衡表可知，提高轧钢加热炉热效率的主要途径是提高助燃空气的物理热，减少炉膛排烟热量，减少炉膛热损失，即提高燃料利用率，将加热助燃空气（或煤气）获得的物理热送入炉内参与燃烧，使排出炉体的烟气热量下降，从而提高炉膛的有效热。降低加热能耗的主要措施有以下几方面：

（1）原始条件好，其中包括：

1）煤气热值高、杂质少，煤气压力、热值稳定；

2）加热炉设计合理，炉型与结构合理；

3）加热与轧钢能力吻合；

4）炉况自动控制水平高。

（2）减少出炉烟气带走的热量。出炉烟气带走的热量一般占总热量的20%～40%。新建加热炉换热效率要高，排烟能力强（烟囱高、抽力大），合理的出炉烟气温度，采用高效换热器做到烟气余热全回收，最大程度提高空气（煤气）预热温度。对一般钢种采用热装。

（3）加热炉残氧分析，在每一段烟道入口处增加残氧分析仪，测量氧气含量，及时调整炉内煤气与空气的配比。在保证燃料完全燃烧与除鳞效果的情况下，尽可能降低空气过剩系数。

（4）优化炉筋管支撑结构，对炉底管进行有效的隔热包扎和采用汽化冷却，采用无水冷滑轨，减少水冷损失。

（5）保证炉子的密封和微正压炉膛操作，炉门封闭严密，减少炉膛逸气和辐射热损失。

（6）加热炉应工作在合理的炉底强度区。随着加热炉生产效率的变化，燃料消耗量、热效率、单位燃耗也发生变化，如果加热炉的生产效率以炉底强度表示，则这三者的变化规律如图2－22所示。

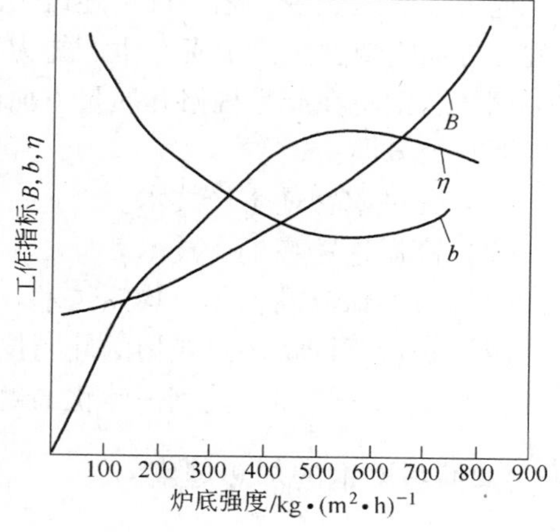


图2－22　加热炉的热工指标

$B$—燃料消耗量；$b$—单位热耗；$\eta$—热效率

（7）三勤操作，即勤观察、勤调整、勤联系，及时观察出炉及炉内钢坯运行情况；根据料型、燃烧状况及时调整，保证钢坯加热质量，并防止大火烧钢；与轧钢保持联系，了解上下表温差情况。根据生产节奏随时调节控制各段炉温，严格控制均热段和各加热段炉膛温度。

（8）提高加热炉炉体砌块（或浇注料）等耐火材料的绝热性，炉膛内壁采用陶瓷红外涂料。

## 三、加热质量的控制

### 139. 连铸坯加热送坯工艺主要有哪些，各有什么特征？

连铸坯加热送坯工艺主要有铸坯直接轧制、铸坯直接热装轧制、铸坯热装轧制、铸坯冷装炉加热后轧制，其主要工艺分类和特征如表2－2所示。

表2－2 连铸坯主要加热送坯工艺分类和特征

| 形 式 | 名 称 | 热送热装温度 | 工艺流程特征 |
| --- | --- | --- | --- |
| Ⅰ | 连铸坯直接轧制（CC—DR） | $A_3$～1100℃ | 输送过程中边角补热和均热后直接轧制 |
| Ⅱ | 连铸坯直接热装轧制（CC—DHCR） | $A_1$～$A_3$ | 热坯直接装加热炉加热后轧制 |
| Ⅲ | 连铸坯热装轧制（CC—HCR） | 400℃～$A_1$ | 热坯经保温缓冲装加热炉加热后轧制 |
| Ⅳ | 连铸坯冷装炉加热后轧制（CC—CCR） | 室温 | 铸坯冷却至室温后重新加热后轧制 |

## 140. 实现连铸坯的热送热装支撑技术有哪些？

连铸坯热送热装工艺体现了连铸—热轧全流程一体化、集约化的水平，这一流程一方面需要在生产节奏、生产能力和温度方面严格控制，另一方面更需要钢水、钢坯、钢材在产品规格和质量方面的统一管理和协调。这些支撑技术主要包括以下几个方面：

（1）无缺陷铸坯生产技术。

（2）高温连铸坯生产技术。

（3）过程保温及补热、均热技术。

（4）适应不同铸坯热履历的轧制技术。

（5）炼钢—连铸—轧钢一体化的生产管理技术。

## 141. 如何考虑钢的加热速度？

一般情况下钢在700～800℃以下的低温阶段时，未发生组织转变，钢的温度应力和组织应力较大，加热速度过快会加剧钢的内应力，就可能导致裂纹出现。因此，在低温阶段，对大断面坯料、导热性不好的钢种，加热速度不宜过快。当钢的温度高于700～800℃时，钢的塑性明显提高，断面温差减小，导热性得到改善，可以采用较快的加热速度。

## 142. 对原料进行热送热装的优点是什么？

铸坯热送热装和直接轧制铸坯热送热装的优点是：

（1）降低燃耗。连铸坯热送热装炉温度每提高100℃，轧钢加热炉可节约燃料5%～6%，加热炉能力可提高10%～15%（如热装温度为600～1000℃）。

（2）减少烧损。一般冷坯装炉的烧损为1.5%～2.0%，有的甚至达到2.5%。而在热装条件下，氧化烧损可降低到0.5%～0.7%。

（3）加热速度提高。热装时由于减少了冷却和加热过程中的温度变化，降低了钢坯中的内应力，有利于加热速度的提高。

**143. 热送热装对原料的要求是什么？**

在采取热送热装轧制工艺中，入炉温度最好也要避开脆性温度区，对于碳含量较高或铌、钒含量较高的钢种，其入炉温度最好低于500℃；对碳含量较低的含铌、钒、钛钢种，其入炉温度只要低于825℃即可。

**144. 哪类钢种不适宜热装？**

中、高碳钢和合金钢、部分微合金化钢，特别是电炉钢等钢种，热装时容易出现表面裂纹等各种缺陷。部分由于精炼等原因导致氮含量较高的钢种，还需注意因AlN析出而形成的表面裂纹，也不宜热装。

**145. 含铌钢板热送热装时为什么容易出现表面裂纹？**

含铌钢在热送热装轧制过程中，易出现沿轧制方向分布的表面小纵裂纹，这主要与含铌钢的第3脆性区及连铸凝固过程中Nb的C、N化物析出有直接的关系。研究发现铸坯表面的C、N化物析出非常明显。析出物成分主要含有Nb和Ti，显示的大量的C和Cu主要来自复形的实验过程，可以不加考虑，析出物粗大，大小均在80nm以上，为典型的铸态析出物。铸坯热送温度一般都在600～750℃，此时正是Nb钢中C、N化物大量析出时期，而且铸坯表面没有或很少发生奥氏体向铁素体的相变，这使得原始奥氏体晶粒粗大。如果这些C、N化物在奥氏体晶界或连铸坯柱状晶界上析出，加上生产节奏快及加热温度、保温时间不够，上述C、N化物不能充分回熔到奥氏体里去，则在轧制时便会以脆性相的形式引起钢板开裂。当冷态铸坯送加热炉加热时，常温下的铁素体和珠光体再转变成奥氏体，而此状态下的奥氏体同热送时相比，晶粒度较小，而且重新分布的奥氏体晶界上的C、N化物大幅降低，因此大大提高了坯材的热塑性。

**146. 什么叫按炉送钢制？**

按炉送钢制是科学管理轧钢生产的重要内容，是确保产品质量不可缺少的基本制度。一般情况下，每一个炼钢炉号钢水的化学成分基本相同，各种夹杂物和气体的含量也都相近。按炉送钢制度的制定正是基于这一点，从铸锭到轧制成材，从成品检验到精整入库都要按炉号转移、堆放和管理，不得混乱，以确保产品质量的稳定性。

## 147. 什么叫过热？

坯料加热温度过高或在高温阶段停留时间过长，会使钢的晶粒过分长大，从而引起晶粒之间的结合力减弱，钢的力学性能变坏，这种缺陷称为过热。过热的原料轧制时会出现裂纹，导致钢板力学性能变坏，韧性降低。

过热的坯料可以通过退火加以挽救，使之恢复到原来的状态。

## 148. 什么叫过烧？

坯料加热温度过高或在高温状态下停留时间过长，除使金属晶粒增大外，还会使偏析与夹杂富集的晶粒边界发生氧化或熔化，破坏了晶粒之间的结合力，在轧制时金属经受不住变形，往往发生碎裂或崩裂，有时甚至一碰撞就会碎裂，这种缺陷称为过烧。原料的棱角部由于受热面积较大，受热较多，在这些地方最容易发生过烧。过烧的钢轧制时会产生较大的裂纹甚至开裂，有的会出现表面崩落产生类似结疤的缺陷，拉伸试样呈现为灰色无光泽的脆性断口。

## 149. 什么叫脱碳？

加热时原料的表层所含的碳被氧化而减少的现象称为脱碳。原料脱碳与加热炉炉内的气氛有关（氧化气氛），造成原料表面脱碳的气体有 $O_2$、$H_2$、$CO_2$、水蒸气。一般情况下，加热温度越高，加热时间越长，脱碳现象就越严重。钢在高温下保温（停留）比在低温下保温时脱碳层要厚得多。碳素钢的碳含量越高越容易脱碳。脱碳对不同的碳素结构钢板的力学性能影响不显著，但对钢板的加工性能有一定的影响，容易在拉伸或弯曲时出现表面裂纹。

## 150. 什么是氧化铁皮，它对钢材表面有什么影响？

金属表面的氧化膜称为氧化铁皮。氧化铁皮的层次有三层，如图 2－23 所示，最外一层为 $Fe_2O_3$，约占整个氧化铁皮厚度的 2%；第二层是 $Fe_2O_3$ 与 FeO 的混合体，通常写为 $Fe_3O_4$，约占整个氧化铁皮厚度的 18%；与金属本体相连的第三层是 FeO，约占整个氧化铁皮厚度的 80%。较严重的氧化铁皮会增加钢材

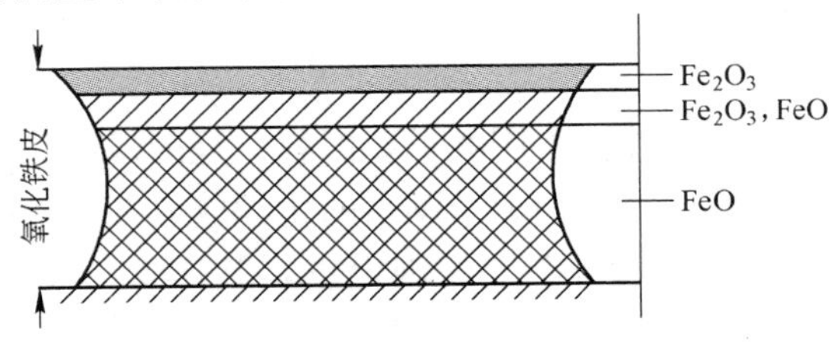


图 2－23 氧化铁皮的层次

的烧损，使钢材表面粗糙，严重时会产生麻点、麻坑缺陷，钢材在弯曲加工时易出现裂纹。

### 151. 什么是粘钢，如何防止粘钢？

当加热温度达到或超过氧化铁皮的熔化温度（1300～1350℃）时，氧化铁皮开始熔化，并流入原料之间的缝隙中。当原料从加热段进入均热段时，温度降低，熔化了的氧化铁皮凝固，使原料粘连在一起，这种现象称为粘钢。粘钢与原料的表面状态有关。

粘钢主要用控制加热温度和加热时间等方法来预防。

### 152. 什么是加热不均，它对轧钢有什么影响？

加热后的原料在横断面各处及长度方向上的温度差异称为加热不均。原料上下面温度不均，一般称为阴阳面。温度低的面称为阴面，温度高的面称为阳面。

明显的加热不均，一是会对板形控制产生不利影响，造成厚度波动，性能不均；二是出现较严重阴阳面的原料，在轧制时会产生下扣、上翘的现象，有时造成钻辊道、缠辊，严重时会顶坏机架辊或上下护板。

### 153. 铸坯在炉保温时间对中厚板探伤合格率有何影响？

控制适当的铸坯在炉保温时间能够保证铸坯中心由于正偏析而富集的碳进行有效扩散，从而一方面减少了钢板中存在的中心线偏析，另一方面减少了宽度超过 25μm 的珠光体带状组织的出现几率，从而避免珠光体带中微裂纹的出现。

适当延长在炉保温时间能够有效加强铸坯中心偏析元素的扩散，从而有效提高钢板的探伤合格率。

### 154. 钢坯加热时上下温度不一样轧制中会产生什么现象？

会出现上翘或下弯现象。当上表面温度高于下表面温度时，上表面金属延伸变形快，下表面金属延伸变形慢，由于金属整体性的影响上表面金属受到附加压应力的影响，下表面金属受到附加拉应力的影响最后易引起下弯。反之，当下表面温度高于上表面温度时易产生上翘。

### 155. 如何减少坯料加热时氧化铁皮的产生？

炉内气氛、气体流动速度、钢中的合金元素以及钢坯在炉内的加热时间和加热温度等都对氧化铁皮的形成有重要影响。炉气中除氧化气体 $CO_2$、$H_2O$、$O_2$，还原气体 CO、$H_2$ 外，另一个组成成员是 $SO_2$，与钢发生化学反应生成液态的硫化物，硫化物能促进氧化铁皮的生成，还会增加氧化铁皮与金属间的接触黏度，增加氧化铁皮的去除难度。

钢中的合金元素 C、Si、Ni、Cu 能促进氧化铁皮的生成；Mn、Al、Cr 可以减缓氧化铁皮的生成。除此之外，钢坯随着加热时间的延长和加热温度的提高，氧化铁皮的厚度将逐渐增加。

通过观察氧化铁皮的横端面发现，在整个端面上分布着大量的尺寸不同的孔洞。这些孔洞随着氧化铁皮的增厚，其数量和尺寸也在不断增加。而这些孔洞的数量和形状尺寸对于除鳞效果有较大的影响。如果氧化铁皮内孔洞较大，当断裂达到紧密层和多孔层时，由于孔洞对应力的缓解作用而终止了裂纹向钢基的延伸。而对于氧化铁皮孔洞较小的钢，孔洞对应力的缓解作用也相应较小，因此裂纹可以穿过孔洞直达钢基表面。对于这两种不同形状的氧化铁皮进行同样的高压水除鳞，效果却不同。因此改变氧化铁皮的形态，有利于氧化铁皮的去除。

为减少氧化铁皮的生成，应尽可能地快速加热，减少钢坯在高温段的滞留时间，并使加热炉的生产能力与轧机生产能力相匹配；控制炉内气氛，应在保证完全燃烧的前提下，减少过剩空气量，以降低炉气中自由氧的浓度；同时还应适当调节炉膛内压力，保持微正压操作。氧化铁皮在 900 ~ 1000℃ 时有最大的黏着力，在 1200℃ 时晶粒边缘之间有氧化物和硅酸盐，易于去除氧化铁皮，而在 1350℃ 时晶粒边缘开始氧化。因此，较高的加热温度有利于氧化铁皮的分开和去除。

# 第三章　中厚板的轧制

## 第一节　基本概念

### 156. 什么是轧制过程？

轧制过程是指轧件受摩擦力作用被拉进旋转的轧辊之间，轧件受压缩而产生塑性变形的过程。通过轧制可使金属断面面积减小，具有一定的形状、尺寸，性能有所改变。

### 157. 什么是简单轧制过程？

所谓简单轧制过程，是指上、下轧辊直径相同、转速相等并恒定、轧辊无切槽，两个轧辊均为主转动，无外加张力或推力，轧辊为刚性体。理想的简单轧制过程在实际生产中很难实现，只是为了研究方便，常常把复杂的轧制过程简化为简单轧制过程。

### 158. 什么是体积不变条件？

不论是冷加工还是热加工，金属体积改变都是很小的，以至于在塑性变形过程中可以忽略这些变化，而认为变形前后体积不变。也就是说，金属塑性变形时，其变形前的体积 $V_1$ 和变形后的体积 $V_2$ 相等，这种关系称之为体积不变条件，公式表示为：$V_1 = V_2$。

### 159. 金属最小阻力定律是指什么？

金属在变形时，其内部质点的流动方向如何？最小阻力定律认为：如果变形物体内各质点有朝各方向流动的可能，则变形物体内每个质点将沿阻力最小方向移动。

### 160. 什么是均匀变形？

变形区内各金属质点处的变形状态相同，不仅是在变形高度方向上，而且在横断面内的两个互相垂直方向上的变形都是均匀的。也就是说，变形区内任意一点的线变形，在同一方向是相等的，且变形量为常量。

**161. 什么是单鼓变形？**

在平锤头镦粗圆柱体时，按坯料高径比（$H/D$）或厚宽比（$H/B$）的数值不同，镦粗后圆柱体可形成两种不同形状的柱体。当 $H/D$（$H/B$）较小时，由于接触表面摩擦的影响，靠近接触面附近处由单向压应力变为三向压应力，变形困难。变形后变形体变成高向中央凸出的单鼓变形。

**162. 什么是双鼓变形？**

金属塑性加工时，当 $H/D$ 或 $H/B$ 比值较大、变形量很小时，接触面摩擦阻力仅能影响靠近接触表面附近的变形区，则往往只产生表面变形，而压缩的主体中心部分的金属不产生塑性变形或变形很小，结果变形后就形成了双鼓变形。

**163. 如何预防双鼓变形的产生？**

控制双鼓变形是防止这类分层缺陷的关键，研究认为，当轧件的变形区形状参数 $l/h$ 小于 0.5 时，一般均出现双鼓变形；$l/h$ 大于 0.8 时，一般均出现单鼓变形；$l/h$ 为 0.5 ~ 0.8 时，需要根据轧件的宽厚比来确定会出现单鼓变形还是双鼓变形，单鼓变形与双鼓变形的判定条件如图 3 - 1 所示。

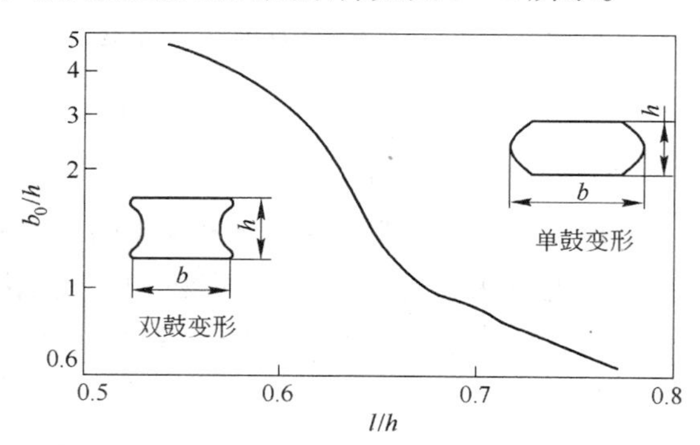


图 3 - 1　单鼓变形与双鼓变形的判定条件

防止双鼓变形一般有以下两种措施，一是采用立辊轧边，及时纠正双鼓变形；二是没有立辊的情况下，合理安排道次压下量，也能避免或减轻双鼓变形，减少出现边部分层的可能性，或者减小分层的宽度。

**164. 什么是基本应力，什么是附加应力，什么是工作应力？**

金属塑性变形一般是由外力引起的。由于外力的作用所引起的应力称为基本应力。表示这种应力分布的图形称为基本应力图。

在变形物体受外力作用时，变形工具形状及外摩擦等因素，使变形体内变形分布不均匀，不仅是物体外形歪扭和内部组织不均匀，而且还使变形物体应力分布也不均匀。这时，除外力作用所产生的基本应力外，还产生附加应力。由于物体内各层（部分）的不均匀变形受到物体整体性的限制，引起物体内互相作用而又互相平衡的内应力称为附加应力。

处于应力状态的变形物体在变形过程中，用各种方法实测出来的应力称为工作应力。

在均匀变形时，基本应力与实测的工作应力是相等的；在不均匀变形时，变形物体的工作应力等于基本应力与附加应力的代数和。

## 165. 什么是残余应力，残余应力引起的后果有哪些？

变形物体由于变形分布不均产生的附加应力，在变形结束后残留在变形物体中的内应力称为残余应力。

残余应力引起的后果有：

（1）具有残余应力的物体在进行塑性加工时，其变形及应力不均匀性更为严重。

（2）缩短了零部件的使用寿命。

（3）容易使产品的尺寸和形状发生改变，增加了机械加工的难度。

（4）降低了金属的力学性能和耐蚀性。

## 166. 什么是金属变形抗力，影响变形抗力的因素有哪些？

在用轧制或其他方法将金属加工成型过程中，金属材料抵抗变形的能力称为变形抗力。某种金属材料的变形抗力，通常由该材料在不同的变形温度、变形速度和变形程度下，单向拉伸（或压缩）时屈服应力的大小来度量。

影响变形抗力的因素有内、外两方面：内因为化学成分和组织结构等；外因为变形温度、变形速度和变形程度等。

## 167. 什么叫咬入，什么叫咬入角，轧件咬入的条件是什么？

在实际分析中，一般将轧制变形区简化为轧辊与轧件接触面积之间的几何区。最简单的轧制变形区是轧制宽而薄的钢板时的变形区，如图 3 – 2 所示。

轧制是利用两个旋转的轧辊将轧件拉入辊缝进行压力加工。轧辊把轧件拉入辊缝称之为咬入。

轧件被咬入轧辊时轧件和轧辊最先接触点和轧辊中心线的连线与两轧辊的中

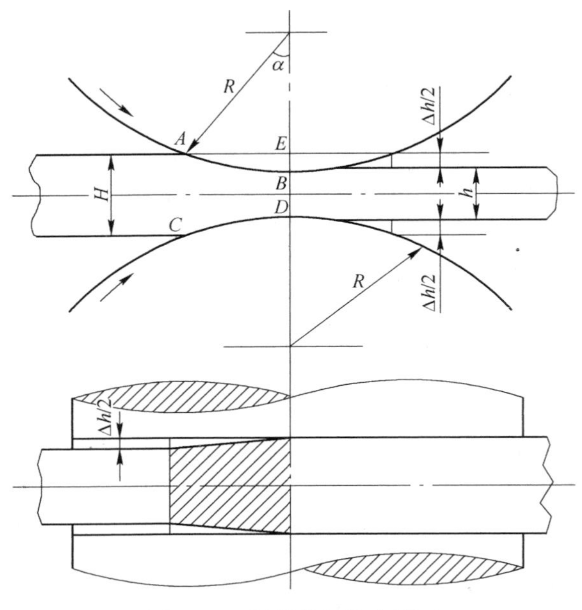


图 3-2 板材轧制的变形区

心连线所构成的角度称之为咬入角。咬入角、轧辊直径和压下量的关系为：

$$\Delta h = D(1 - \cos\alpha) \tag{3-1}$$

式中 $\Delta h$——压下量，mm；

$\alpha$——咬入角，(°)；

$D$——工作辊直径，mm。

轧辊线速度在 1.5～2.5m/s 时，中厚板轧机的咬入角 $\alpha = 15° \sim 24°$。

轧件能被轧辊自由（不对轧件施加外力）咬入的条件是，轧件与轧辊接触时产生的摩擦角要大于咬入角。

## 168. 什么叫接触弧长？

轧制时，轧件与轧辊表面接触的弧线长度称为接触弧长。

## 169. 什么叫变形区，什么叫变形区长度？

轧制时从轧件与轧辊接触开始至轧件离开轧辊的接触区域称为变形区。接触弧长在水平投影的长度称为变形区长度。变形区长度计算公式为：

$$l = \sqrt{R\Delta h} \tag{3-2}$$

式中 $l$——变形区长度，mm；

$\Delta h$——压下量，mm；

$R$——工作辊半径，mm。

### 170. 中厚板轧制的变形特点是什么?

（1）成型轧制：头尾中部延伸大，两侧延伸小，头尾形成舌头；头尾宽展大，中间腰部展宽小，形成侧凹。

（2）展宽轧制：头尾端部凹入，两侧凸出。

（3）精轧：轧件较薄，形成头尾和两侧凸出的不均匀宽度和长度。

（4）典型的高件变形，侧边产生双鼓，最终形成侧边折叠（深度 20 ~ 30mm），必须切边。

### 171. 什么叫压下量?

在轧制过程中轧件的高、宽、长三个尺寸都发生变化。轧制前后轧件高度的高度差称为压下量，即：

$$\Delta h = H - h \tag{3-3}$$

式中 $\Delta h$——压下量，mm；

$H$——轧件轧前高度，mm；

$h$——轧件轧后高度，mm。

### 172. 什么叫压下率?

压下量与轧制前轧件的高度比称为压下率，或称相对压下量，一般用 $\varepsilon$ 表示，计算公式为：

$$\varepsilon = \frac{\Delta h}{H} \times 100\% \tag{3-4}$$

### 173. 限制压下量的主要因素是什么?

对大多数钢来说，限制压下量的主要因素是咬入条件、轧辊强度和电机能力。

### 174. 形状比（变形渗透比）的定义是什么?

将轧辊和材料的投影接触弧长 $l$ 与材料的平均厚度 $h_m$ 之比称为形状比。为了增大形状比，可以采用增大轧辊直径的办法，也可以采取增大压下量 $\Delta h$ 的办法，$\Delta h = h_0 - h_1$。当形状比取大值，有研究表明大于 0.518 时，轧件会呈现出单鼓变形，压缩应力区域会增大，变形渗透深，坯料中的微细孔隙（偏析）容易压实闭合。形状比的计算公式为：

$$l/h_m = \sqrt{R(h_0 - h_1)}/[(h_0 + h_1)/2] \tag{3-5}$$

## 175. 如何实现性能控制、尺寸控制与渗透变形的结合?

变形系数与压下率都是衡量钢材变形程度的计算方法，所不同的是压下率是指道次的相对变形程度，变形系数是指变形弧长内变形渗透的程度，它对压下量的分配更具有针对性。我们知道，道次压下量大小的分配受轧件高度、轧机能力等因素的限制不可能太大，需要根据轧件的具体情况来分配，使轧机能力的发挥与压下变形的渗透合理地结合在一起。实验表明，在相同压下量的情况下，当轧件 $l/h_m$ 比值偏小时，压下会导致表层流动为主变形，轧件呈现出双鼓变形；当轧件 $l/h_m$ 比值偏大时，压下会导致高度压缩为主变形，轧件呈现出单鼓变形。已有学者研究证明：当 $l/h_m < 0.518$ 时中心为拉应力，裂纹扩展；$l/h_m > 0.518$ 时中心为压应力，有利于愈合。在实际压下规程编制中，要充分考虑变形渗透的因素，道次压下量要尽量接近变形渗透条件的上限，这与通常的“尽量发挥轧机能力”的原则是基本一致的。变形的充分渗透有利于奥氏体动态或静态再结晶的发生，有利于提高最终产品的断面组织均匀程度，有利于提高钢板强、韧、塑等综合性能。

综合的讲，轧制规程的编制应按照以下几个阶段来考虑:

第 1 阶段：发挥设备能力，保证形状尺寸精度;

第 2 阶段：考虑形状尺寸 + 组织性能控制（如细化晶粒）;

第 3 阶段：考虑形状尺寸 + 组织性能 + 裂纹压合条件。

## 176. 轧制力是指什么?

轧制力是指用测压器在压下螺丝下实测的总压力，即轧件变形时金属作用于轧辊上总压力的垂直分量。通常，实测的轧制总压力并非单位压力之和，而是轧制单位压力、单位摩擦力的垂直分量之和。

## 177. 轧制时影响轧制力大小的主要因素有哪些?

轧制时影响轧制力大小的主要因素有:

(1) 绝对压下量，绝对压下量越大，轧制力越大。

(2) 轧辊直径，轧辊直径越大，轧制力越大。

(3) 轧件宽度，轧件宽度越大，轧制力越大。

(4) 轧件厚度，轧件厚度越大，轧制力越小。

(5) 轧制温度，轧制温度越高，轧制力越小。

(6) 摩擦系数，摩擦系数越大，轧制力越大。

(7) 轧件的化学成分，材料本身变形抗力越大，轧制力越大。

(8) 轧制速度，轧制速度越高，轧制力越大。

## 178. 轧制力矩是指什么？

轧制力矩是垂直接触面水平投影的轧制力与其作用点到轧辊中心线距离（即力臂）的乘积，是驱动轧辊完成轧制过程的力矩。

## 179. 轧机主电机轴的力矩有哪几种？

传动轧机轧辊所需的电机轴上的力矩由四部分组成：轧制力矩、附加摩擦力矩、空转力矩、动力矩，即：

$$M_{总}=M_{轧}+M_{摩}+M_{空}+M_{动} \tag{3-6}$$

式中　$M_{轧}$——轧制力矩；

$M_{摩}$——传至电机轴上的附加摩擦力矩，此摩擦力是当轧件通过轧辊时，在轧辊轴承、传动机构及轧机其他部件中产生的，但没有考虑轧机空转时所需力矩；

$M_{空}$——空转力矩；

$M_{动}$——在电机轴上的动力矩，即克服由于轧辊不均匀转动而产生的惯性力所需力矩。

## 180. 什么是轧机的刚性？

轧制过程中轧件的变形抗力作用在轧辊上，使轧机的机架、轧辊、轴承、压下螺丝等部件发生弹性变形。轧机刚性的概念是作用在轧机上的力与机座变形量之比。

## 181. 轧机的纵向刚性是指什么？

纵向刚性又称为轧机常数，是表征轧机特性有代表性的数值。纵向刚性系数定义为：纵向刚性系数=压下力的变化量/轧辊间隙的调整量。

轧机的纵向刚度可以反映出轧机控制钢板厚度波动的能力。

## 182. 轧机的横向刚性是指什么？

横向刚性是开始重视钢板平直度和钢板形状时出现的概念。横向刚性系数定义为：横向刚性系数=轧制负荷/板凸度。

轧机的横向刚度可以反映出轧机控制钢板凸度的能力。

## 183. 轧机的弹性变形与轧制力之间有什么关系？

根据大量的实践，轧机的弹性变形与轧制力之间不是简单的线性关系。在低轧制力阶段，机座的弹性变形和轧制力之间的关系为非线性；当轧制力达到一定值后，机座弹性变形和轧制力之间趋近于线性关系。这种现象的产生主要是零部件之间存在接触变形和间隙所致。

**184. 影响轧机刚度的主要因素有哪些?**

轧机刚度主要受以下因素影响:

（1）轧机牌坊断面面积。

（2）压下螺丝及其传动间隙。

（3）轧辊直径。

（4）轧辊凸度。

（5）液压油缸、球面垫和轴承座。

（6）轧件宽度。

（7）油膜厚度的变化。

（8）轧机两侧刚度的差异。

**185. 轧机刚度的测量方法有几种?**

轧机刚度系数 $K$ 的大小取决于轧制力和轧机的弹性变形。如果能测得不同轧制力对应的轧机弹跳值，就可以绘出轧机的弹性变形曲线，曲线的斜率即为轧机的刚度系数。目前，轧机刚度的测定方法有轧板法、压靠法和理论计算结合压靠法三种。

（1）轧板法。首先选定轧辊的原始辊缝 $S_0$，保持 $S_0$ 一定，用厚度不同而宽度相同的一组板坯（一般采用铝板）顺序通过轧辊进行轧制，分别测出轧制后的厚度 $h$ 及对应厚度下的轧制力 $P$。将测得的板厚减去轧辊原始缝隙值，即为相应轧制力作用下轧机的弹跳值。将实测的数值绘制成轧机的弹性变形曲线，此曲线称为弹性曲线，其斜率即为轧机刚度系数 $K$，用轧制法测得的轧机刚度比较符合实际情况。

（2）压靠法。在大型轧机上用轧制法测定轧机刚度比较困难，实际上更多的是采用压靠法进行测定。其测定方法是在保持轧辊不转动的情况下，调整压下螺丝，使上下工作辊直接接触，并使两侧压靠力达到一个相对较低的数值（为避免轧辊靠死，一般在 10 ~20MN 之间），在该压靠力作用下保持压下螺丝位置不变。然后，调整液压油缸的油柱高度，使两个工作辊之间的压靠力逐渐增大。将不同辊缝对应的压靠力绘制成轧机弹性变形曲线。由于压靠法测定的刚度是在轧辊间没有轧件的情况下进行的，无法反映轧件宽度变化对轧机刚度的影响，所以测定误差较大。

（3）理论计算结合压靠法。占轧机弹性变形中比例最大的辊系弹性变形可以利用影响函数法或有限元法计算得到，如果将压靠法中测得的轧机弹性变形减去辊系弹性变形，就能得到牌坊和其他零件的弹性变形。在某轧制力下，牌坊和其他零件的弹性变形是相同的，差别在于辊系弹性变形的变化，而辊系弹性变形的变化可以通过理论方法得到，所以理论计算结合压靠法测定轧机刚度是一种较好的方法。

### 186. 轧机的弹跳方程是如何表示的？

轧件厚度 $h$ 可以用轧辊的辊缝 $S_0$、轧制力 $P$ 和轧机刚度系数 $K$ 之间的关系表达为：

$$h = S_0 + \frac{P}{K} = S_0 + \Delta C \qquad (3-7)$$

此方程式称为弹跳方程，$\Delta C$ 为弹跳值。此方程的意义是板材的厚度等于辊缝加轧制时的弹跳值。

### 187. 什么是轧件的塑性系数（刚度）？

轧件的塑性系数定义为：使轧件厚度发生 1mm 变化所产生的轧制力变化，用数学公式表示为：

$$K_{\mathrm{m}} = \frac{\Delta P}{\Delta h} \qquad (3-8)$$

式中　$\Delta P$——轧制力的变化；

　　　$\Delta h$——轧件厚度的变化量。

轧件塑性系数反映轧件抵抗变形的能力。一般来说，轧件厚度越小，温度越低，轧件的塑性系数越大。

### 188. 轧机的弹跳由哪几部分组成？

轧机的弹跳包括辊系的弹性压扁、辊系的挠曲、轧机牌坊的弹性变形、压下系统零部件之间存在的接触变形和间隙、轴承座的弹性变形等。在轧机的弹性变形中，辊系的弹性压扁、辊系的挠曲占弹跳的 40% ~ 60%，另外轧辊的直径、凸度以及钢板厚度的变化，都对轧机的弹跳有很大的影响。

### 189. 中厚板轧制工艺制度包括哪几方面？

中厚板轧制工艺制度包括压下制度、速度制度、温度制度、辊型制度。

（1）压下制度：在一定轧制条件下，完成从坯料到成品的压下过程称为压下制度。压下制度的主要内容是确定总的压下量（包括粗轧和精轧阶段的压下量分配）和道次压下量。压下量的分配是中厚板轧制工艺的主要参数，它对板形控制、厚度精度控制和性能控制有着非常重要的作用。

（2）速度制度：速度制度的主要内容是轧制速度的控制，包括对轧制过程中各道次轧制速度的确定和轧制速度控制方式（轧制速度图）的选择。轧制速度对轧机产量的高低有很大的影响，主要受电机能力的限制。

（3）温度制度：温度制度主要规定了轧制时的温度区间，即坯料的开轧温度、各主要轧制阶段的开轧温度和成品钢板的终轧温度。温度制度是否合理、细致对轧机的产量、设备的安全、钢板的性能等有着直接的影响，它与钢板压下制度的作用是相辅相成、共同作用的。

（4）辊型制度：辊型制度主要是在正常生产条件下，以轧件的稳定轧制、良好的板形控制为前提，充分考虑轧制负荷变化、辊温变化、轧辊磨损、辊型控制方式等因素的影响，对轧辊辊型进行合理设计、使用、调配的制度。

**190. 变形程度、变形温度对钢板的组织和性能有什么影响?**

热轧钢板的板形、组织和性能取决于轧制过程中对变形程度、变形温度和变形速度的控制。

变形程度的控制主要体现在压下规程的制定中，而变形程度与应力状态对产品的组织性能影响很大。一般来说变形程度越大，三向压应力状态就越强，对改善钢的组织就越有利。这是因为变形程度大、应力状态强有利于破碎坯料中的枝晶偏析和硫化物，有利于改善和修复坯料的铸态组织，对于某些合金钢中的莱氏体组织也能予以充分的破碎，从而得到硫化物分布均匀、晶粒细密、组织一致的钢板。因此钢板的轧制要保持一定的总变形量，即保证一定的压缩比。此外，在轧制过程中，每一道次的变形量在条件允许的情况下要尽量增大，避免最小压下量落入使晶粒粗大的临界压下量范围内。

变形温度直接关系到轧制过程的形变和组织变化，它是轧制过程实现形变和相变的首要条件，对钢板的性能和组织有着重要的影响。变形温度是轧制温度在轧制过程中各轧制道次温度控制的具体体现，轧制温度要根据钢种的特性、塑性等情况来确定。

**191. 什么是开轧温度，什么是终轧温度?**

所谓开轧温度就是坯料第一道次轧制时的温度。开轧温度应在不产生加热缺陷的情况下充分满足钢的热塑性变形要求，通常开始轧制时必须处于单向的奥氏体区范围内，一般比坯料的出炉温度低 50℃ 左右。开轧温度的上限取决于钢种的允许加热温度，开轧温度的下限主要受钢板终轧温度的限制。

所谓终轧温度是指轧制结束时钢板的温度。终轧温度因钢种不同而不同，它主要取决于钢板的组织和性能要求，尤其是轧后不进行热处理的产品，终轧温度必须以钢板的组织和性能要求为依据。终轧温度的高或低，对钢板性能控制的影响非常显著，终轧温度过高会造成钢的晶粒长大，降低钢板的力学性能；终轧温度过低，保证不了轧件在奥氏体单相区获得充分的晶粒细化，对钢板的最终性能带来不利影响，并使变形抗力增加，给轧制带来困难。终轧温度一般控制在 $A_{r3}$ 线上 50～100℃，如果采用控制轧制或进行形变热处理，其终轧温度可以低于 $A_{r3}$ 线，甚至低于 $A_{r1}$ 线，这主要视轧制钢种特性而定。

## 192. 轧制温度设定的原则是什么?

轧制温度的设定是轧制过程对产品成型、组织和性能控制的关键。轧制温度设定的原则是：一要满足产品技术条件的要求；二要结合轧制工艺对温度的控制要求；三要考虑变形量和其他变形条件对设备的要求；四要在设备条件允许的情况下，实现轧制过程稳定，操控性强。

## 193. 什么是轧制速度图，轧制速度图的特点是什么，各适用于什么情况?

轧制速度特性是指轧辊转速随时间的变化规律，而轧制速度图就是可逆式轧机一个轧制道次中轧辊的转速随时间变化规律的图形。轧制速度图分为两种类型，一种是梯形轧制速度图，另一种是三角形轧制速度图，如图 3－3 所示。

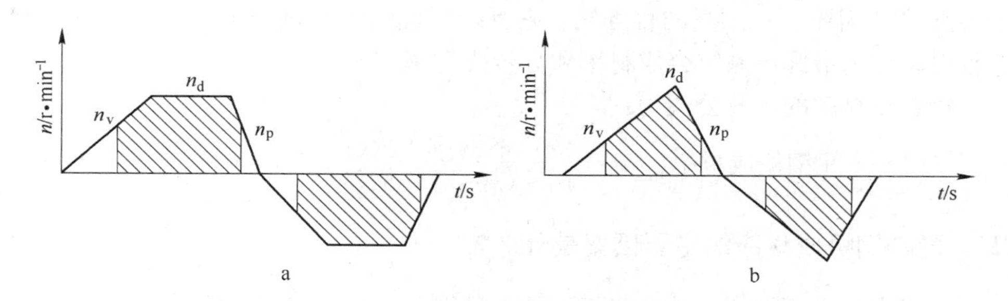


图 3－3 轧制速度图

a—梯形轧制速度图；b—三角形轧制速度图

从两种图形中可以看出，梯形速度图特点是，当速度升高到一定速度后进入一段等速轧制阶段，然后再降速轧制至轧件抛出；三角形速度图特点是，速度升高到一定速度后直接降速轧制至轧件抛出，轧制节奏时间明显短于梯形速度图。

通常在条件允许的情况下，因尽可能采用三角形速度图。当轧机轧件过长、电机能力不足、轧辊转速升至最高速轧件仍不能轧完轧件时，则采用梯形速度图。一般情况下，轧件在展宽和成型轧制道次，由于轧件较短，采用三角形速度图。在延伸阶段的轧制道次基本采用梯形速度制度。

### 194. 速度制度包括什么？

合理的速度制度主要包括确定各道次的咬入速度、抛出速度、最大速度、轧制时间、间隙时间等。

### 195. 轧辊咬入和抛出的原则是什么？

轧辊咬入和抛出的原则是：一要获得较短的道次轧制节奏时间；二要保证轧件的顺利咬入；三要便于操作和适合主电机的合理调速范围。实际上合理的咬入和抛出，应在压下调整时间内完成轧辊从抛出速度→停止→逆转（反转）到咬入速度和轧件的抛出→停止→辊道逆转→轧件回送到辊缝，这段时间越短，轧制效率就越高。

## 第二节 中厚板生产主要技术经济指标

### 196. 什么是中厚钢板的成材率？

钢板成材率是反映钢材生产过程中原料利用程度的指标，它是指合格钢板产量占钢锭（钢坯）耗用量的百分比，它反映了轧钢生产过程中金属的收得情况。它可以区分为最终产品综合成材率和分步成材率。

钢板成材率的计算公式为：

$$\text{钢板成材率}(\%)=\frac{\text{合格钢板产量}(\mathrm{t})}{\text{钢锭}(\text{铸坯})\text{耗用量}(\mathrm{t})}\times 100\% \qquad (3-9)$$

### 197. 影响钢板成材率的主要因素是什么？

成材率是一项综合性技术指标，受多种因素影响，仅就厚板生产的成材率而言，主要影响因素大致有以下几种：

（1）中厚板平面形状方面。这是影响成材率的最主要因素。钢板平面形状不良造成的损失包括切头、切尾与切边损失，主要受压下率、展宽比、轧制道次、坯料尺寸等影响。

（2）中厚板断面形状方面。断面形状方面影响主要包括板凸度和边部夹层深度等。

（3）中厚板坯料设计方面。合理的坯料设计应该考虑展宽比、压下量分配等影响因素，使设计出的坯料轧后的平面形状和横断面形状良好，这样成材率才能保持较高水平。

（4）坯料清理、加热烧损等的质量损失。

## 198. 在轧制生产中，提高成材率、降低金属消耗的主要措施有哪些？

（1）保证原料质量，及时处理缺陷。

（2）合理控制加热温度，减少氧化，防止过热、过烧等缺陷。

（3）严格遵守和执行岗位技术操作规程，减少轧废，采用合理的负公差轧制。

（4）合理控制压下道次分配，减少坯料双鼓等现象，尽可能减少切损。

（5）注意区分各类钢种的冷却制度。

（6）提高钢材的表面质量。

（7）提高操作技术水平，应用先进的板形控制技术。

## 199. 什么是中厚钢板的合格率？

钢板的合格率是反映产品质量的指标，它是钢板检验合格量占钢板检验总量的百分比。其计算公式为：

$$\text{钢板合格率}(\%)=\frac{\text{钢板检验合格量}(\mathrm{t})}{\text{钢板检验总量}(\mathrm{t})}\times 100\% \qquad (3-10)$$

式中，钢板检验合格量是指轧制的钢板经检验合格后入库的数量；钢板检验总量是指经过检验台架检验的轧制钢板的总量，包括合格品量和检验判废量，不包括判定责任归属冶炼的轧后废品量。

## 200. 钢材的一次合格率是指什么？

钢材的化学成分、力学与工艺性能、外观（形状、尺寸、表面质量）、内部质量（金相组织、夹杂物、内部缺陷）在经过冶炼和轧制等工序后，经一次判定达到指定（规定）标准、技术规范或供货协议要求的产品称为一次合格品，一次合格品量与检验量的百分比称为钢材的一次合格率。

## 201. 钢材的原品种合格率是指什么？

钢材的化学成分、力学性能经冶炼和轧制等工序后，经一次判定达到指定（规定）标准、技术规范或供货协议要求的产品称为原品种合格品，原品种合格量与检验量的百分比称为原品种合格率。

## 202. 如何提高中厚板产品的合格率？

主要应贯彻以下几点：

（1）贯彻精料方针。必须从原料开始，加强质量管理，提高原料的处理质量。

（2）认真贯彻工艺制度。中厚板品种较多，不同品种有不同的工艺制度，对各品种生产过程中的各项特殊规定必须认真执行。

（3）落实经济责任制，提高职工的质量意识。

（4）加强工序质量检查和技术监督。

## 203. 什么是中厚钢板的金属消耗，主要由哪些因素组成？

金属消耗是轧钢生产中的一项重要指标，它直接影响工厂的产品成本，降低金属消耗是降低产品成本的重要途径。金属消耗包括烧损、切损、清理缺陷损失、轧废和取样、检验等损失。金属消耗指标通常以金属消耗系数 $K$ 来表示，如下式所示：

$$K = \frac{W}{Q} \tag{3-11}$$

式中　$W$——投入的坯料重量，t；

$Q$——合格品重量，t。

## 204. 什么是钢材质量等级品率？

钢材质量等级品率 $G$ 是质量指标体系中的重要指标之一。该指标是反映钢铁产品质量水平及变化情况的指标。其计算公式为：

$$G = \frac{a_1p_1 + a_2p_2 + a_3p_3}{P} \times 100\% \tag{3-12}$$

式中　$a_1$——优等品加权系数，一般为1.5；

$p_1$——优等品产量；

$a_2$——一等品加权系数，一般为1.0；

$p_2$——一等品产量；

$a_3$——合格品加权系数，一般为0.5；

$p_3$——合格品产量；

$P$——统计期总产量。

## 205. 什么是轧机有效作业率，如何提高轧机作业率？

轧机有效作业率是指轧机实际工作时间与计划工作时间的百分比。其计算公式为：

$$\text{轧机有效作业率} = \frac{\text{轧机实际工作时间(h)}}{\text{计划工作时间(h)}} \times 100\% \tag{3-13}$$

千方百计地增加轧机工作时间是提高轧机作业率的有效途径，主要有以下几条措施：

（1）减少设备的检修时间。在保证设备安全运行的情况下，做好维护工作，延长轧机与机组零件的寿命，减少检修次数。

（2）减少换辊时间。可通过提高轧辊质量和换辊专业化程度等来实现。

（3）落实事故和工艺调整时间归户工作，减少和消除机、电设备故障，减少事故操作时间。

（4）实行连续工作制，增加轧机作业时间。

（5）加强生产管理与技术管理，减少和消除待热、待料时间。

## 206. 什么是钢板的定尺率，如何提高定尺率？

钢板厚度、宽度、长度均符合生产作业计划要求的合格产品量与总产量之比称为定尺率，是考核要求定尺交货钢板厚、宽、长生产水平的指标。

提高定尺率可以保证用定尺钢坯轧出合同要求的钢板数量，减少补轧和重复要料，提高经济效益，其主要措施有：

（1）提高轧钢技术操作水平。

（2）每块钢板都要测量宽度，对宽度不合的及时通知操作人员纠正。

（3）提高精整划线和剪切质量。

## 207. 什么是钢板的负偏差轧制？

负偏差轧制是将钢板的实际尺寸控制在允许的负偏差范围内，这样不仅能够不降低其使用功能，而且能节约大量金属，降低钢板重量，提高钢板成材率，对提高经济效益有显著的作用。

## 208. 当代宽厚板轧机的各项技术指标如何？

（1）最大成品宽度：5500mm 宽厚板轧机生产的钢板成品宽度为 5200 ~ 5350mm。

（2）钢板最大轧制长度及定尺长度：厚板轧机生产的钢板轧制长度一般为 50m，日本川崎水岛厂最长达 58m，新日铁大分厂最长达 63m，成品钢板定尺长度一般为 25m 以内，最长可以到 30m。

（3）最大成品厚度：我国最大产品厚度可以达到 400mm 以上，日本新日铁名古屋 4800mm 轧机生产的钢板最大厚度为 700mm。

（4）最大单重：德国迪林根为 60t，日本名古屋为 80t，水岛厂为 110t，可生产最大单重为 85t 的特厚钢板。

（5）钢板成材率（坯料到成品）：日本水岛厂 5500mm 宽厚板轧机钢板成材率为 94.9%，为当今世界上的最高水平。

# 第三节　轧制前的准备

### 209. 中厚板生产工艺流程分为几个工序?

中厚板生产的工艺流程基本分为原料选择、原料加热、钢板轧制、钢板精整、后续处理（探伤、热处理）等工序。

### 210. 坯—材合理匹配的原则是什么?

坯—材合理匹配主要是指坯料资源较为丰富，料型或坯料的断面尺寸有一定可选择性的条件下，坯与材的匹配。主要原则有：一是料型要有助于轧制道次的减少；二是料型的宽度要有利于展宽道次的减少，使坯料的展宽比控制在1∶1.6之内；三是坯料厚度要在满足压缩比的前提下，根据轧制钢种的性能控制要求选择；四是轧制薄宽钢板时，要充分考虑轧件降温和板形控制的要求，坯料的选用宜薄不宜厚，宜宽不宜窄。

### 211. 如何认识连铸板坯的压缩比?

压缩比是轧前钢坯厚度与轧后钢板厚度的比值。

实际上，压缩比的大小与铸坯的化学成分、钢水的冶炼水平、铸坯的内在质量、铸坯的加热质量、轧制道次与轧制温度、变形渗透和轧制钢板的厚度等因素密切相关。压缩比大小是形变是否充分的首要条件，而变形时的温度、压下率的大小则是形变能否保证坯料心部变形实现正常变形的充分条件。足够渗透的形变才能消除合格坯料内部的各种孔（缝）隙性缺陷和有害的疏松，对夹杂物的形貌与分布予以改变，实现晶粒的细化，改善厚度中心的性能。

使用连铸板坯应具有多大的压缩比才能满足钢板性能和组织的要求，对此各国有不同的看法，美国认为压缩比4～5已够，日本则要求6以上，德国提出了3.1即可。通常，对一般用途的钢板应选取6～8，重要用途的选择在8以上。铸坯质量和轧制过程中形变得到充分保证，就能使钢板获得良好的组织和性能。

### 212. 为什么要对入炉坯料进行检验?

对入炉坯料进行检验的主要目的：一是防止有缺陷的坯料入炉；二是检查入炉坯料的料型和尺寸是否与送钢单一致，防止超短、超长坯料入炉产生加热事故；三是防止原料混装。

## 213. 确定钢坯出炉温度有什么方法，要注意什么？

确定钢坯出炉温度的主要方法有：（1）采用炉头的热电偶或测温仪测定；（2）在炉门外侧设有红外测温仪对出炉钢坯进行温度测定。

确定钢坯出炉温度要注意的是：（1）以加热温度或均热温度为依据；（2）看钢坯在总加热时间内，加热段和均热段的停留时间是否充足（与钢坯厚度有很大关系）；（3）炉外测温要在坯料移送至出炉辊道时快速测定，防止生成氧化铁皮的干扰。

## 214. 什么情况下出炉坯料要做回炉处理？

坯料需要做回炉处理主要针对以下几种情况：

（1）坯料的出炉温度明显低于工艺规程要求；

（2）坯料有较显著的加热缺陷，例如加热不均、黑印明显、过热过烧等；

（3）出炉待轧的坯料因各种原因不能及时轧制，温降过大的坯料；

（4）同一炉次坯料连续出现多只有冶炼质量缺陷的剩余坯料。

## 215. 为什么要对出炉坯料进行高压水除鳞？

高压水除鳞是将加热时生成的初生氧化铁皮（一次氧化铁皮）和轧制过程中形成的二次氧化铁皮去除和清理，以免压入钢板表面形成表面缺陷（麻点、氧化铁皮压入），提高钢板的表面质量。

## 216. 高压水除鳞的原理是什么？

高压水除鳞就是利用高压管路系统，将高压水通过除鳞箱中的喷嘴喷射出来，打击在高温的坯料或轧件上，一是高压水对坯料或轧件表面急剧冷却，造成氧化铁皮与坯料或轧件产生强烈温差，使氧化铁皮与坯料或轧件收缩程度不同而产生切向剪切力，促使氧化铁皮从坯料或轧件表面脱落；二是在高压水的继续冲击下，氧化铁皮从坯料或轧件表面脱落，此时除鳞效果与高压水压力成正比；三是由于氧化铁皮厚度不均、致密度较低，有一定的裂隙和孔隙，高压水能够进入氧化铁皮内部及氧化铁皮与坯料或轧件的间隙，在几乎密闭的空间内受热骤然汽化和爆裂，使氧化铁皮松动或脱落；其后，在高压水的继续冲击下，松动、破碎及残留在坯料和轧件上的氧化铁皮就会被冲刷掉。

## 217. 高压水除鳞与其他除鳞方式相比其优点是什么？

高压水除鳞与其他除鳞方式相比，具有设备造价较低、除鳞效果好、不损伤钢坯表面、使用灵活方便、无污染物等优点。高压水除鳞系统已广泛应用于现代化的中厚板厂，基本上取代了其他的除鳞方式。

### 218. 高压水除鳞一般分几个阶段，各阶段除鳞的目的是什么？

高压水除鳞分为粗除鳞和精除鳞两个阶段。粗除鳞是在轧制之前清除原料表面在加热过程中产生的初生（一次）氧化铁皮。粗除鳞箱安装在加热炉和粗轧机或立辊轧机之间的辊道上。精除鳞是在轧制过程中清除轧件表面出现的二次氧化铁皮，精除鳞对进一步提高钢板表面质量和降低表面粗糙度有着非常大的作用。精除鳞箱设置在轧机入口或出口处，有安装在机架外的，也有安装在机架上的；有入口、出口都安装的，也有只在机架一侧安装的。

### 219. 如何提高高压水除鳞效果？

喷嘴工作压力、几何尺寸和安装尺寸等都对除鳞效果有很重要的影响。表 3－1 列出了一些关键的影响因素和因素变化时对除鳞效果的影响。

表 3－1　除鳞效果的影响因素

| 影响因素 | 喷嘴处压力 | 流量 | 喷射高度 | 喷射扇形面厚度 | 喷射角度 | 喷射雾滴尺寸 | 紊流 |
|---|---|---|---|---|---|---|---|
| 因素变化 | ↗ | ↗ | ↗ | ↗ | ↗ | ↗ | ↗ |
| 除鳞效果 | ↗ | ↗ | ↘ | ↘ | ↘ | ↗ | ↘ |

可以看出，影响因素多且复杂，准确定量地给出除鳞效果值是非常困难的，需要所有因素的共同作用，但其结果就是要保证足够的打击力。打击力的近视经验值可通过下面的经验公式计算：

$$F_{理论}(\mathrm{N}) = 0.236 \times 流量(\mathrm{L/min}) \times 喷嘴处压力 \times 10^5(\mathrm{Pa})$$

$$F_{实际} = F_{理论} \times 0.85 \qquad (3-14)$$

## 第四节　粗　轧

### 220. 粗轧阶段的主要任务是什么？

粗轧阶段的主要任务是将原料展宽到所需要的宽度并进行大压缩延伸。具体来讲，一是选择合适的轧制方法，对坯料进行形状的整定，调整坯料的长宽尺寸；二是将坯料轧制到所需要的宽度、控制平面形状和进行大的延伸。

### 221. 粗轧阶段的各过程是如何实现的？

粗轧阶段包括成型轧制、展宽轧制、延伸轧制等过程。成型轧制是将原料沿纵轴方向轧制 1 ~4 道（根据原料的长度、厚度及机前、机后旋转辊道的配置状况而定)，主要是进行原料表面的清理，消除原料的厚度不均，得到准确的轧件厚度，提高后续展宽轧制的精度；展宽轧制主要是为了得到既定的轧制宽度，将成型轧制后的轧件转动90°，沿轧件延伸方向与原料纵轴方向垂直轧制至所要求的宽度；延伸轧制是指将展宽到既定宽度的轧件，再一次旋转90°，回到原料的长度方向，轧制到要求的中间坯厚度。

在使用钢锭轧制时，在顺轧1~2道次后，要进行2或4个道次的角轧进行钢锭的消锥轧制，然后再进行正常的转钢轧制。如果有立辊轧机，立辊轧机将在定宽轧制时进行齐边和定宽控制。

### 222. 轧制时的宽展量是否可以忽略?

不能忽略。中厚板的坯料一般比较厚，在展宽阶段时，其横向流动比较大，钢板的宽展量也不小，如果忽略，会造成钢板的切变量加大，影响成材率。在延伸阶段，钢板也有一定的宽展量。

### 223. 水印对轧制过程有什么影响?

水印一般垂直于轧制中心线。有水印的地方温度偏低，所以在水印处轧制力会升高，如果对水印考虑不足，易造成轧制力超限；轧制力升高还会导致弹跳变大，造成钢板厚度沿长度方向严重波动，产品质量下降；在最初几个道次，如果水印严重，还易造成堵转，影响生产，增加轧辊磨损。水印的存在，还会严重影响该钢种的变形抗力计算精度，进而导致二级过程控制精度下降，影响产品厚度质量控制。

### 224. 轧制第一道次的压下量是否越大越好?

第一道次压下量应该适当大，但并不是越大越好。一是坯料厚度有波动、坯料温度不均、没有烧透等，容易造成轧制力超限或损坏设备；二是坯料形状不规则，易造成咬入困难。

### 225. 粗轧阶段的第一道次压下量如何控制?

粗轧阶段进行第一道次轧制时，由于受来料厚度、轧钢咬入角、加热温度波动的影响以及形状可能出现的不规则，压下量不宜太大，防止因压下量过大造成咬入困难，产生轧辊震颤，出现轧制力和力矩峰值，对设备造成损伤；因此，第一道次压下主要以坯料平整为主，压下率一般控制在15%~20%。

### 226. 影响粗轧阶段压下量的主要因素是什么?

影响粗轧阶段压下量的主要因素是：轧机刚度、轧件温度、轧制力、轧件的咬入、辊系抗弯强度、轧辊辊颈抗扭强度和电机能力等。

### 227. 粗轧阶段对坯料的展宽有什么要求?

展宽轧制主要是为了得到既定的轧制宽度，展宽时轧件的长宽比要适当，纵横轧的道次比例要合理。纵轧时，坯料的展宽比不宜超过1.6；横轧时，坯料的长度要与板宽基本接近。

### 228. 什么是全纵轧制法?

所谓纵轧就是钢板轧制延伸方向与原料（锭、坯）的纵轴方向相重合的轧制。当原料宽度不小于钢板宽度时，不用展宽而直接轧制成成品，称之为全纵轧制操作方式。这种轧制方法的特点是产量高，钢锭头部的缺陷不致扩展到钢板的长度方向上，但存在钢板横向性能低，纵、横向性能差别大的缺点。

### 229. 什么是横纵轧制法（纵横轧制法）?

所谓横轧就是钢板延伸方向与原料纵轴方向垂直的轧制，而横纵轧制法则是先进行横轧，将原料展宽至所需的宽度后，再旋转90°进行纵轧，直至完成。故此法又称综合轧制法，它是中板、中厚板最常用的操作方法。其特点是：板坯宽度和钢板的宽度可以灵活匹配，并可以提高横向性能，减少钢板的各向异性，因而更适合以连铸板坯为原料的钢板生产。

### 230. 什么是角轧法?

所谓角轧就是让轧件纵轴与轧辊轴线呈一定角度送入轧辊进行轧制的方法（见图3－4）。其送入角度$\delta$一般在15°～45°范围内。每一对角线轧制后，即更换另一对角线进行轧制，其目的是使轧件迅速展宽而又尽量保持正方形状。

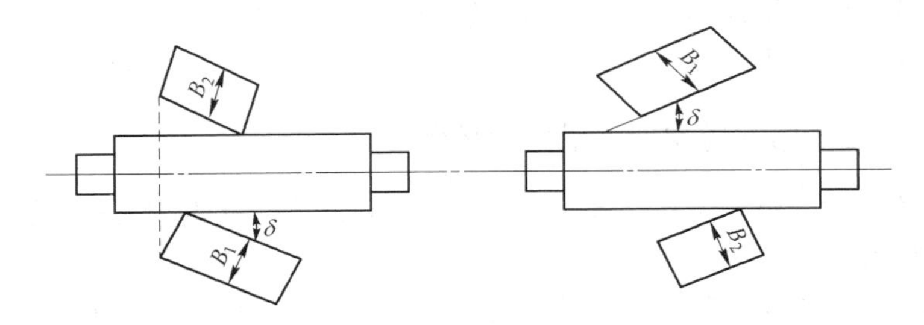


图3－4 角轧示意图

### 231. 横轧为什么能改善钢板的性能?

横轧可以减轻钢板组织和性能的各向异性，提高横向的塑性和冲击韧性，使钢板中纵向偏析带的硫化物夹杂沿横向铺开，减少钢中长条状夹杂物及片状组织，促使形成更多的等轴晶粒，从而提高钢板的性能。

### 232. 中厚板平面形状控制技术是指什么？

平面形状控制技术就是成品钢板的矩形化技术，基本思想是对轧制终了的钢板平面形状进行定量的预测，然后根据“体积不变定理”，换算成在成型轧制或展宽轧制最末道次上给予的板厚超常分布，在轧制阶段，这个超常厚度分布量将用于轧件的矩形度控制。

### 233. 什么是平面轧制法？

平面轧制法针对中厚板轧制的变形特点进行平面形状控制，如图3－5所示，即展宽轧制时形成头尾部凹入，两侧突出；成型轧制时头尾中部延伸大，两侧延伸小（或基本不延伸），头尾形成舌头，中间腰部展宽小，形成侧凹；精轧时轧件较薄，形成头尾和两侧突出的不均匀宽度和长度。

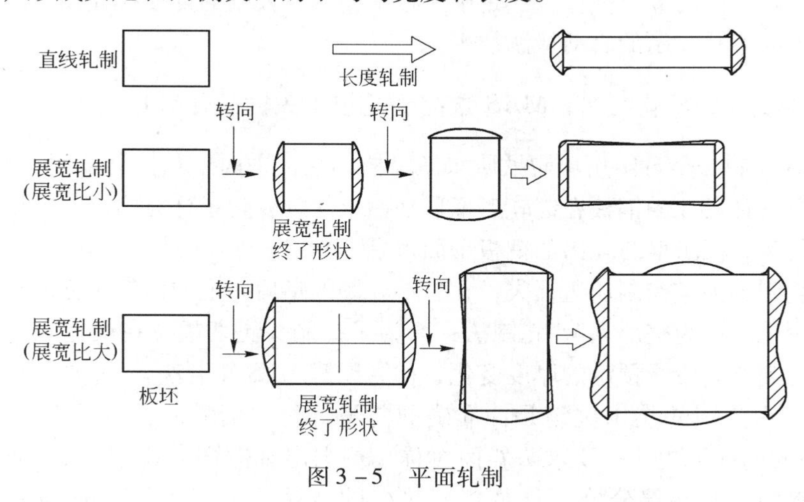


图3－5 平面轧制

### 234. 中厚板平面形状控制的目的是什么，其主要方法有哪几类？

中厚板平面形状控制的目的是减少钢板头与尾的鱼尾形与舌头形、边部的鼓肚、塌边及镰刀弯等不规整变形的损失，提高最终钢板的矩形化程度，从而减少钢板的切头、切尾、切边量。

平面形状控制方法大致分为两类：

（1）立辊轧边法：利用紧靠轧机附近立辊的短行程和尾部轻压下技术，在轧制的初始阶段，对板坯头、尾部的侧压量进行预测和控制。

(2) MAS 法、DBR 法、差厚宽展法等：预测轧制终了钢板平面形状变化量，在轧制的初始阶段对应于此项变化量对轧件轧制方向的厚度断面进行控制，给以变化的压下量，达到在轧制终了时钢板形状的矩形化。

**235. 中厚板平面形状控制是在哪个轧制阶段进行的?**

为了使钢板的平面形状为良好的矩形，关键是在成型轧制和展宽阶段进行平面形状控制。在精轧过程中钢板平面形状的变化不大，基本上是以成型轧制和展宽轧制时形成的平面形状为基础，精轧只是沿长度方向进行延伸轧制到成品厚度。

**236. 中厚板平面形状控制的技术基础是什么?**

中厚板轧制技术的发展是在控制模型、控制执行机构、传感器和计算机技术发展支撑下才得到迅速发展的。中厚板平面形状控制能否成功的关键，一是中厚板平面形状控制的数学模型；二是中厚板平面形状控制的计算机控制系统；三是中厚板平面形状控制的自动检测技术。

**237. 什么是 MAS 轧制法，MAS 法控制的技术关键是什么?**

MAS 轧制法是日本川崎制铁所水岛厚板厂钢板平面形状控制轧制法的简称，它是根据每种尺寸的钢板在终轧后桶形平面形状的变化量计算出展宽阶段坯料的厚度变化量，以求最终轧出的钢板平面形状矩形化。其过程（原理）如图 3 – 6 所示。轧制中为了控制切边损失，在整形轧制的最后一道中沿轧制方向给予预定的厚度变化，称为整形 MAS 轧制法；而为了控制头尾切损，在展宽轧制的最后道次沿轧制方向给予预定的厚度变化，称为展宽 MAS 轧制法。

MAS 法控制的技术关键是：准确的前滑计算；两种斜面（厚 – 薄、薄 – 厚）；不同的前滑规律；要求两斜面对称，否则出现侧弯（Camber）；准确估计和控制斜面，凸起部分恰好补足角部缺少的金属（考虑不同的延伸比和展宽比）。

**238. 什么是差厚展宽轧制法?**

该方法也称薄边展宽轧制法，将展宽轧制后的不均匀变形量折算成轧辊水平倾斜角度，在展宽轧制后，紧接着倾斜轧辊，追加两道次变形，对板坯的两边进行轧制，使薄边展宽轧制后的板坯形状接近矩形，以消除轧制与展宽阶段不均匀变形而形成的头尾异形；然后将轧件转动 90°，延伸轧制为四边较为平直的平面形，其过程（原理）如图 3 – 7 所示。

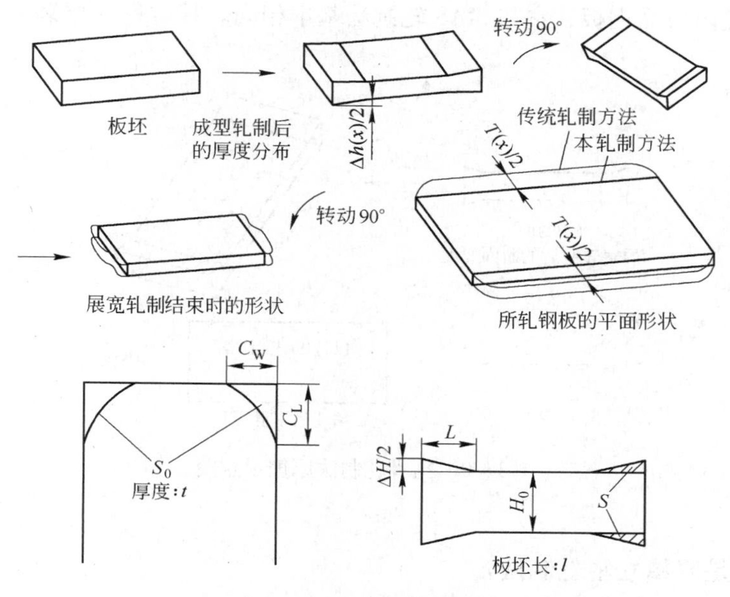


图 3－6 MAS 轧制法原理示意图

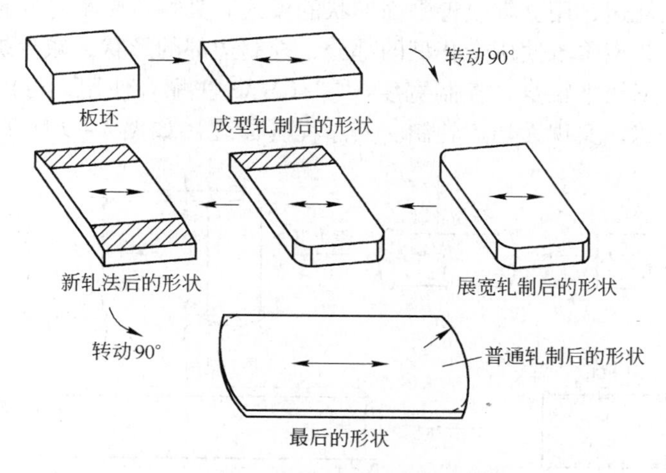


图 3－7 差厚展宽轧制法原理示意图

## 239. 什么是狗骨轧制法（DBR 法）？

该方法是日本钢管富田研究所开发的一种平面形状控制轧制技术。该技术是将预测到长度方向的平面形状变化量补偿到宽度方向的厚度截面上，将轧件先轧成两边厚、中间薄的“狗骨”形状，然后再沿坯料的宽度方向一直进行延伸轧制，直到轧出成品钢板，它与 MAS 轧制法基本相同。其过程（原理）如图 3－8 所示。

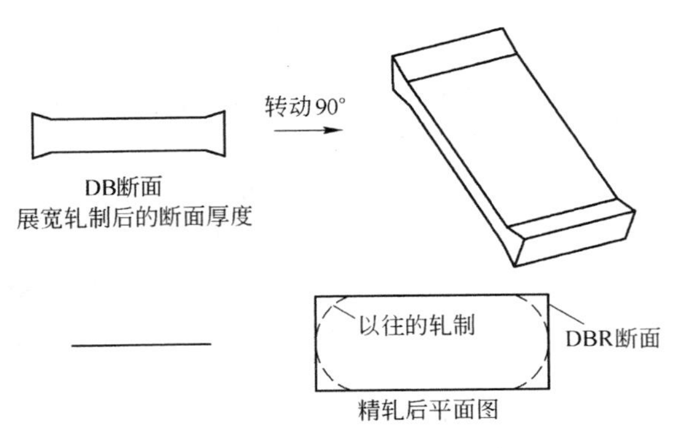


图 3－8　狗骨轧制法原理示意图

## 240. 什么是附属立辊轧制法？

该方法是日本新日铁名古屋厚板厂开发的技术，在采用 MAS 轧制法的基础上，辅之立辊轧边，用立辊改善平面形状的模式。其特点是辊身配置孔型，可以垂直升降，在成型阶段使用带孔型的部分，控制边部的形状，减少折叠；在展宽和精轧道次，采用平辊身，控制宽度。它与 MAS 法配合使用，可以很好地控制钢板的平面形状，实现无切边轧制。其过程（原理）如图 3－9 所示。

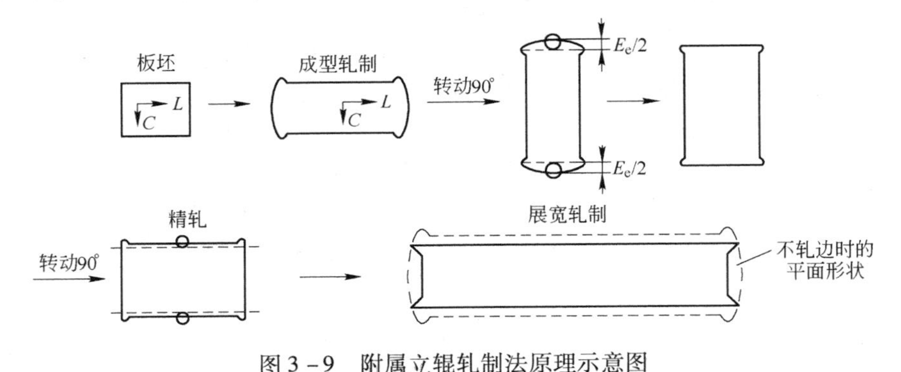


图 3－9　附属立辊轧制法原理示意图

## 241. 什么是咬边返回轧制法？

采用钢锭作为原料时，在展宽轧制完成后，如果按照正常情况转钢 90°进行终轧，容易造成最终产品的头尾产生较大的燕尾形，造成切损增加。为此在展宽阶段完成后，将钢板头尾各轧薄一定长度，即根据设定的咬边压下量确定辊缝值，将轧件一个侧边送入轧辊并咬入一定长度，轧辊反转退出轧件，然后轧件转过180°将另一侧送入轧辊并咬入相同长度，轧辊反转退出轧件，最后轧件转过90°进行纵轧，消除轧件边部凹边，得到头尾两段都是平齐的端部。其过程（原理）如图3－10所示。

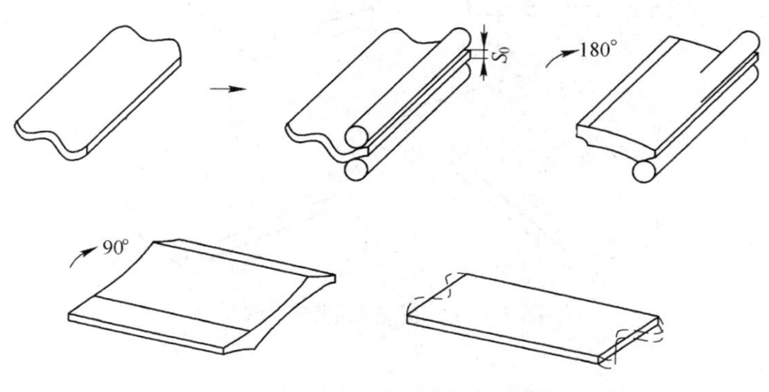


图3－10　咬边返回轧制法原理示意图

## 242. 什么是留尾轧制法？

这种方法是我国舞钢厚板厂采用的一种方法，由于原料为钢锭，锭身有锥度，尾部有圆角，所以成品钢板尾部较窄，增大了切边量。留尾轧制法如图3－11所示。在成型阶段最后一个道次，将钢锭沿长度方向轧制，快到尾部时，快速抬起轧辊，留一段尾部不轧，然后将轧件转过90°进行展宽轧制，增大尾部宽展量，使切边损失减小。舞钢厚板厂采用咬边返回轧制法和留尾轧制法可使中厚板成材率提高4%。

## 243. 粗轧过程中产生打滑的原因是什么？

产生打滑的原因是钢坯加热温度高、时间长，造成氧化铁皮严重并不易脱落，或者压下量过大。遇到这种情况，可降低轧辊转速，并启动工作辊道给轧件以推力，使之顺利通过轧槽。

## 244. 粗轧生产中改善坯料咬入有哪些办法？

（1）当压下量一定时，增大轧辊直径。

（2）当轧辊直径一定时，减小压下量。但是轧机确定后，轧辊直径一般改变不大，而减小压下量又会对提高生产率不利，为了解决这一矛盾，常采用以下几种措施：

1）降低咬入时的轧制速度，增加摩擦系数；

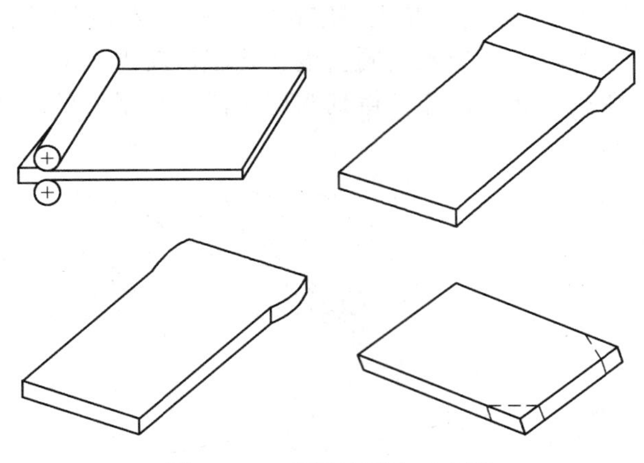

图 3－11 留尾轧制法示意图

2）增加轧辊表面粗糙度，从而增加摩擦系数；

3）利用冲击力改善咬入条件。

## 第五节 精　　轧

### 245. 精轧阶段的主要任务是什么?

精轧阶段的主要任务就是对中间坯（或中间厚度的坯料）继续进行延伸轧制。此阶段的轧制重点是保证钢板的平直度，控制钢板的性能，进一步提高钢板的表面质量（降低表面粗糙度），完成钢板尺寸的精确控制。

### 246. 精轧阶段与粗轧阶段是如何划分的，两阶段的变形量控制有什么要求?

精轧阶段与粗轧阶段的划分，通常与机架的布置有关：单机布置时，精轧阶段与粗轧阶段划分不明显，主要是以展宽和延伸两个阶段划分，即展宽阶段为粗轧阶段，延伸阶段为精轧阶段；双机架布置时，第一机架称为粗轧机，即粗轧阶段，第二机架称为精轧机，即精轧阶段。一般的经验是，粗轧阶段负荷量约为总变形（压下量）的 80%，精轧机的负荷量约为总压下量的 20%。

### 247. 精轧阶段对压下量分配的要求是什么?

精轧阶段压下量分配主要是按性能控制和钢板的平直度两个方面制定的。性能控制阶段是精轧开始阶段，压下量不受咬入条件的限制，轧制一开始宜采用大的压下量分配，随着道次的增加，轧制温度不断降低，轧制力不断上升，在保持轧制力基本稳定情况下，压下量应逐渐减小，但要保持压下率基本没有明显减小。钢板的平直度和精度控制一般在成品前的2～3个轧制道次，在这几个道次，压下量以压下率由大到小的变化方式进行分配，但成品道次的压下量控制应以压下率一般不低于10%为宜。

### 248. 精轧前轧件的控温轧制方式有哪些？

对轧制过程中的轧件控制冷却，是保证控制轧制中温度变形制度、实现不同钢板轧制方式的重要保障。通常情况下，轧制道次间轧件的降温采用机前或机后辊道轧件游动降温、旁通辊道移出游动降温，粗轧机与精轧机之间设置轧件的冷却装置，还有的采用多坯交叉轧制、多块钢交叉轧制工艺及中间喷水冷却。

### 249. 什么是交叉轧制？

多坯交叉轧制就是利用轧线的长度或在轧机后旁侧增设待温辊道方式进行钢板的待温。方法是利用某钢板第一阶段轧制结束后待温的时间，进行后序钢坯的第一阶段轧制；当后续钢坯开始待温时，再轧制前序钢板的第二阶段。根据坯料尺寸和成品规格不同，采用交叉轧制的具体形式有：一待一轧、两待一轧、三待一轧等。在确定合理的钢坯出炉时刻（或相邻两块钢坯出炉时间间隔）后，利用交叉轧制可以在保证钢板性能要求的前提下，显著提高轧机的利用率。

### 250. 轧制过程中钢材为什么会出现翘头或叩头现象？

在轧制过程中，轧件的头部或尾部（主要是指轧件咬入的一端）出现向上弯曲或向下弯曲的现象称为翘头或叩头。

发生翘头或叩头的主要原因一是轧件的头或尾在轧制过程中由于距离轧机较近，受轧辊冷却水的影响较大，加之头尾本身的温降较大，造成头尾与板身温度差别明显加大，上、下面温度不均现象严重；二是上、下工作辊的辊径或转速有较大差别。

翘头明显时会与护板、卫板发生刮碰，严重时会顶撞轧辊水冷管路和检测仪器，甚至发生缠辊事故。叩头造成头部与机架辊和机后辊道刮碰，在厚度较厚时出现严重叩头会对机架辊产生严重撞击，对设备危害较大；在厚度较薄时，出现严重叩头会出现钻辊道的事故。

### 251. 什么是控制雪橇轧制？

雪橇轧制就是为防止轧制过程中轧件叩头（下扣）对轧制和设备的不利影响，而采取的一种短距离微翘头轧制方法。其技术原理是，在轧件咬入轧辊的过程中，通过电控的手段，适当加大上下辊的转差率，使轧件产生一定量的“雪橇”，当轧件的头部经过轧辊后，上下辊的转速转入正常转差控制，使轧件保持平直轧制状态。

### 252. 如何避免钢板出现头尾斜角？

钢板出现头尾斜角的主要原因是钢板在轧制过程轧件没有较好地对中，尤其是轧件转钢后，角度控制不当即送钢轧制，使轧件产生“角轧”。避免钢板出现头尾斜角的主要方法是，轧件进入轧机前稍作停顿，由机前、机后推床夹钢对中，然后送入轧机轧制，必要时，可以采用夹持送钢轧制，在轧件被轧辊咬入后松开推床。

### 253. 钢材产生镰刀弯的原因是什么？

钢材产生镰刀弯的原因主要有以下几方面：

（1）坯料的两侧厚度偏差较大；

（2）坯料在延伸方向两侧温差较大；

（3）轧制时辊缝不平行，过钢时产生一定的厚差；

（4）坯料中心线偏离轧制中心线；

（5）轧机两侧的刚度差别较大；

（6）辊型不合理或轧辊磨损不均。

### 254. 什么是平整道次，起什么作用？

中厚板平整道次一般只针对精轧最后一个道次而言，其特征是最后一个轧制道次辊缝值与前一道次辊缝值基本相同。主要作用是减小压下量，保证板形，防止钢板翘头尾。因为平整道次与前道次轧制力存在一定差值，所以这两道次的弹跳值也不一样，因此平整道次的压下率不是0，一般情况下大于0.5%。

## 第六节 其他钢板的轧制

### 255. 异型钢板的轧制方法是什么？

异型钢板轧制方法的主要轧制思想是在成型阶段最后一个道次将钢板轧成阶梯厚度，然后转钢进行展宽轧制，显然展宽完成后，钢板前部和后部宽度存在明显差异，在精轧阶段，这种宽度差异始终存在，从而使得成品道次得到阶梯宽度板。

### 256. 抛物线形钢板的轧制方法是什么？

抛物线形钢板的轧制方法，其主要轧制思想是在成型阶段最后一个道次将钢板轧成抛物线形的变厚度钢板，然后转钢进行展宽轧制，显然展宽完成后，钢板前部和后部呈抛物线形状，在精轧阶段，这种抛物线形状始终存在，从而使得成品道次得到抛物线形宽度板。如果抛物线形状控制合理，可能得到椭圆形或圆形钢板。

**257. 连续变宽钢板的轧制方法是什么？**

连续变宽钢板的轧制方法，其主要轧制思想是在成型阶段最后一个道次将钢板轧成连续变宽度板，然后转钢进行展宽轧制，显然展宽完成后，钢板沿长度方向宽度连续变化，在精轧阶段，这种宽度变化始终存在，从而使得成品道次得到连续变宽度板。

**258. 什么是 LP 板，如何通过轧制实现？**

LP 钢板为纵向变截面钢板，也称作楔形钢板。在轧制过程中通常使用液压缸按照预先设定的曲线动作，连续增大或者减小辊缝，改变轧辊的开口度，从而获得纵向变厚度产品。轧制 LP 钢板有三种典型过程：趋薄轧制、平轧、趋厚轧制。

**259. 差厚 LP 钢板的优点是什么？**

由于 LP 钢板可根据承受载荷的情况来改变其厚度，因而可优化桥梁、船体、建筑等结构断面的设计，不仅可减少钢材用量、减少焊接次数，而且可通过连接处的等厚化改善操作性，如省略垫板和锥度加工等，是一种减量化、节约型钢板。17 万吨船，使用 LP 钢材 2500t；减少焊缝 700m，节省钢材 218t（约 9%）；卢森堡申根 Mosel Bridge 用 1100t LP 钢板，节约钢材达到 46.2%。另外，差厚 LP 钢板还有以下一些优点：

（1）减少焊缝和焊缝区域应力；

（2）减少制造时间与费用；

（3）避免连接件；

（4）减少维护费用；

（5）优化截面形状。

**260. 差厚（变截面）钢板的轧制方法是什么？**

差厚钢板的轧制方法，其主要技术是采用液压板厚控制技术，采用诸如“狗骨型”轧制法等技术，在轧制过程中通过液压压下控制板厚变化，生产出板厚沿长度按一定形状变化、厚度差别大且精度高的纵向变截面钢板，也称为 LP 钢板，如图 3－12 所示。

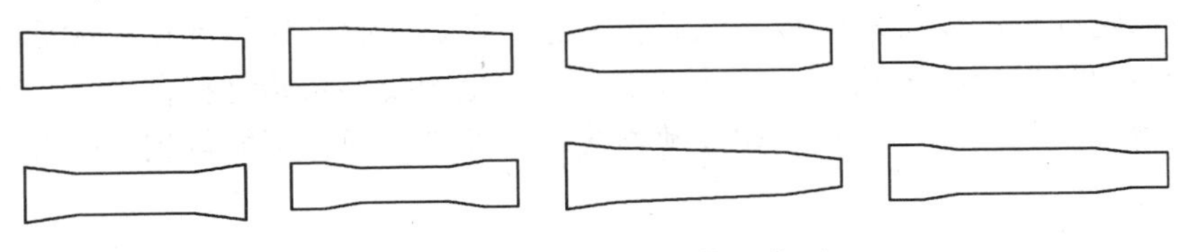

图 3 - 12 变截面钢板截面类型

### 261. 什么是轧制复合钢板，它的生产方法是什么?

轧制复合钢板是一种经轧制将两种钢铁材料复合在一起，两种金属之间的结合面形成冶金黏结，结合成强度高的钢板。目前轧制复合钢板基本上是使用碳钢为基材与不锈钢为覆层结合而成的碳钢与不锈钢板的复合，覆层厚度和基板厚度可根据用户需要任意组合。

轧制复合钢板的生产方法是将一定厚度的基板与覆层板的结合面上氧化铁皮等杂物清除干净后，叠制成一对板料，按同样的方法将另一对覆板和基板叠在一起，将一对板料覆层涂刷防黏涂层后，基板在外、覆板在内将两对板料叠放在一起，再对两对板料的周边用宽度与两对板料厚度相等带钢进行包边焊接和抽真空，然后进行加热和轧制，将轧制后的钢板切边分离后，形成两张复合钢板。轧制法生产的复合钢板具有表面质量好、尺寸精度高、覆层结合率高、生产效率高的优点。

由于不锈复合钢板实现了两种材料的优势互补，兼具两种材料的性能，既满足工程结构所需的力学性能，又具有耐腐蚀的优良性能，可广泛用于石油、化工、水利、市政建设等行业。

## 第七节 轧制规程的编制

### 262. 轧制的实质是什么?

轧制的实质就是在设备能力许可的条件下，通过制订合理的轧制工艺，有效地修复坯料内部的各种孔隙性缺陷，对夹杂物形貌和分布加以控制，抑制和消除轧制裂纹的萌生与扩展，并同步地获得合格的组织性能；通过改进后处理工艺获得良好的力学性能、较小的残余应力、板形平直和尺寸精度符合标准规定的钢板。

### 263. 轧制过程中裂纹愈合机理是什么?

轧制过程中内部裂纹愈合经历了紧密贴合、间断性局部愈合、愈合区扩展及完全愈合4个阶段，实现愈合的条件是当裂纹贴合深度随着塑性变形过程的进行被压缩到小于某一临界值时，塑性变形中的滑移和位错运动等大范围穿越裂纹表面，导致裂纹表面两侧的大量原子发生相互作用，重新排列成为统一的晶格点阵，形成新的晶粒，实现裂纹愈合。

**264. 改善钢板内部缺陷压合的条件有哪些？**

（1）提高轧制温度，可增加原子扩散能力，有利于压合；

（2）降低轧制速度，可增加扩散时间，有利于压合；

（3）增大道次变形量，可获得更强的压应力，有利于压合；

（4）加大辊径，可增加接触弧长和压应力作用区，有利于压合。

针对厚规格钢板经常遇到的探伤不合格问题，要把 $l/h_m > 0.518$ 作为优化轧制规程的判据，在关键道次检验其压下量是否能够满足 $l/h_m > 0.518$。

**265. 道次压下量的分配方法有几种？**

道次压下量的分配方法有两种，第一种方法是等强度（等轧制压力）分配法，即压下量的分配基本上可使各道次的轧制压力均匀分配，充分利用轧辊的强度；第二种方法是等能耗分配法，即压下量的分配基本上可使各道次轧制时电机的能耗均匀分配或者各道次轧制负荷均匀分配，充分利用电机能力。

**266. 一般道次压下量的分配规律是什么？**

一般道次压下量的分配规律是：根据咬入条件和坯料氧化铁皮清除情况，开始道次的压下量较小，然后利用坯料高温塑性好、变形抗力低的条件，给予尽可能大的压下量，随着轧制温度的降低压下量逐步减小。最后1~2各道次的压下量主要从保持板形和厚度精度的角度来确定，不能太大。

**267. 什么是轧制规程？**

轧制规程就是根据设备条件和所要生产产品的尺寸与技术标准要求，确定所用原料的尺寸、轧制方法，计算总变形量，确定轧制道次，合理分配各道次的压下量等。在完成上述工作后，还必须根据工艺设备条件，进行设备强度验算和电机能力校核，并检查工艺参数是否合理。

**268. 轧制规程编制的原则是什么？**

负荷优化的原则就是要充分、深入地分析和掌握各种因素在不同条件下对各机架轧制规程编排的影响，尽量地做到双机架轧制负荷均衡化及轧制节奏的紧凑化，使双机架的能力得到充分的发挥。

(1) 把整个轧制过程分为三个阶段，即展宽阶段、延伸阶段、成型阶段。延伸阶段考虑性能控制对压下量分配的要求，尽量采用大的轧制力；成型阶段考虑板形与厚度精度，采用等比例法进行力能参数的分配。

(2) 料型的选择要有助于轧制道次的减少，尤其是展宽道次的减少，并以较适宜的坯料厚度进行横轧以减少对轧机的冲击，确保控宽轧制的稳定性和准确性。

(3) 在轧制专用钢和品种板时，要根据双机架变形率分配及四辊轧机控温轧制的要求，给出控温方式和控轧工艺。

(4) 利用动态规划法进行单机的规程优化。比较两个轧机轧制周期的长短，通过迭代计算使轧制周期尽量相等，然后对各道次的力能参数进行平衡。

(5) 在编排双机架轧制规程时，要均衡各道次负荷，避免和减少尖峰负荷的出现，同时留有一定的余量确保主机设备的安全运行。

轧制规程的编制要在设备能力允许和能稳定操作的前提下，尽可能地减少道次、提高质量、提高产量。

**269. 轧制规程的设计方法有哪些?**

轧制规程的设计方法很多，一般可以概括为理论方法和经验方法两大类。理论方法就是从充分满足上述制定轧制规程的原则要求出发，按预设的条件、目标值的要求，通过不同的理论（各种先决条件的数学计算方法）计算或图标方法制定出优化的轧制规程。由于在人工操作的条件下，理论计算方法比较复杂，应用起来较为困难，因此生产中往往多参照类似轧机行之有效的实际压下规程，也就是根据经验资料进行压下分配即能力校核计算，这就是经验方法。

**270. 轧制规程的设计条件是什么?**

轧制规程的设计基本上是受原料条件、产品要求、设备条件、工艺制度（生产方式）四个方面的限制。设备条件主要指轧制电机的能力（最大功率、最大力矩）、轧机的最大轧制力、轧辊的强度。产品条件主要指钢板性能和尺寸精度的要求。在这些限制条件下，确定压下规程并计算出轧机的辊缝及轧辊转速的设定值，缩短轧制周期，提高板形的矩形度，确保成品钢板的尺寸精度。

**271. 轧制规程的设计步骤是什么?**

通常中厚板轧制规程的设计步骤如下：

(1) 根据原料尺寸和生产的钢板品种规格，在满足轧件顺利咬入的条件下，确定轧制道次，分配各道次的压下量，并得出各道次压下量分配率。

(2) 制定速度制度，计算轧制时间，并确定各道次的轧制温度。

（3）按上述确定的参数，计算轧制压力、轧制力矩和主电机传动力矩。

（4）校核轧辊以及传动系统强度，验算主电机能力。

（5）对于不合适的某些部分进行修正，从而得到比较理想可行的压下规程。

### 272. 轧制规程的设计内容是什么？

中厚板轧制规程主要包括压下制度、速度制度、温度制度和辊型制度。轧制规程设计就是根据钢板的技术要求、原料条件、温度条件和生产设备的实际情况，运用数学公式或图表进行人工计算或计算机计算，以此来确定各道次的实际压下量、空载辊缝、轧制速度等参数，并在轧制过程中根据实际轧制工况进行适应性修正和处理，达到确保设备安全、充分发挥设备潜力、保证质量、提高产量、方便操作的目的。

### 273. 什么是等负荷轧制规程分配？

中厚板轧制过程的负荷主要有轧制力和轧制力矩两个。等负荷轧制规程分配的概念就是合理调整各道次压下量，从而使各道次轧制压力和轧制力矩的变化基本上保持在一定的范围内（基本相等），这样使轧制力和轧制力矩都能得到充分的利用。若是单一地使轧制力或轧制力矩保持基本相等，这样会出现轧制力基本相等而轧制力矩有可能超限，或出现轧制力矩基本相等而轧制力有可能超限的现象。

### 274. 什么是等比例凸度轧制规程分配？

等比例凸度轧制规程分配就是在充分考虑发挥轧机能力，满足轧制压力、轧制扭矩和咬入条件的情况下，以保持各道次钢板凸度保持不变为前提，合理调整各道次的压下量，有效地控制各道次轧制压力的变化对板凸度的影响。

### 275. 粗轧阶段轧制规程的特点是什么？

由于粗轧阶段轧件较厚，温度较高，轧件断面的不均匀压塑可能通过金属的横向流动转移而得到补偿，而且对不均匀变形的自我补偿能力较强。因此粗轧阶段的压下应主要从充分发挥设备能力出发，在确保设备负荷不超限的前提下，尽可能地实现允许的大压下量，减少轧制道次，提高轧机产量，不必过多地考虑板形问题。

### 276. 精轧阶段轧制规程的特点是什么？

在精轧阶段的前几个道次利用温度较高的特点，可采用较大的道次压下量，通过强化轧制充分地细化奥氏体晶粒度，以此提高钢材的综合性能。随着轧制温度的降低，为了保证钢材板形的良好，在最后 1 ~2 道次宜采用较小的压下量，如有必要可增加一个平整道次，压下率根据成品钢材的厚度情况一般控制在 0.5% ~1%。为防止再结晶的发生，除平整道次外道次压下率通常控制在 10% 左右，最小不低于 8%。

## 277. 中厚板轧机轧制规程优化的主要内容有哪些？

中厚板轧机轧制规程的优化有单机架和双机架之分，但主要内容基本上可以概括成以下几个方面：

（1）根据实际生产条件，确定轧制变形规程的目标函数；

（2）根据实际生产条件，确定约束条件；

（3）选择合适的优化方法；

（4）寻求目标的极值，并得到目标函数达极值时的工艺参数。

## 278. 为什么轧制规程制定要考虑钢板有一定的中厚量？

为了在轧制时能使轧件保持稳定不与轧制中心线产生偏移，或者轧件偏移时具有自动定心的力量，使小的偶然偏移能得到纠正，不朝着扩大而向缩小的方向发展，因此在制定压下规程和辊型设计时，要使轧制时的实际辊缝形状呈凹透镜状，从而使轧出的钢板横断面中部比边部厚一些，这就是国内中厚板厂所经常采用的操作方法，即所谓的“中厚法”或“中高法”。钢板的中厚量计算公式为：

$$\Delta H \geqslant \frac{PB^2}{KA^2} = y - y_t - W \tag{3-15}$$

或

$$\Delta H \geqslant PB^2/(KA^2) = 4Pa(A + B/2)/(A^2K)$$

式中 $P$——总轧制力，N；

$B$——钢板宽度，mm；

$K$——轧机刚度（不包括轧辊刚度），N/m；

$A$——两压下螺丝的中心距离，mm；

$a$——钢板由轧制中心线偏移的距离，mm；

$y$——工作辊在轧件宽度上的挠度值，mm；

$y_t$——轧辊的热凸度值，mm；

$W$——原始辊型凸度值，mm。

由上式可以看出，中厚量与轧制力及钢板宽度成正比，而与机架的刚度及压下螺丝中心线间距离的平方成反比。这说明为了提高钢板的厚度精度而又使操作稳便，就必须努力提高轧机的刚度。

## 279. 制定轧制规程时需要考虑哪些因素？

在制定轧制规程时需要考虑以下几点：

（1）保证板形良好。保证板形良好的主要条件是轧制力要达到要求，因为在精轧过程中使板形良好，也就是使钢板在轧制时沿横向延伸均匀。

（2）钢板性能好。要保证钢板的力学性能、工艺性能和某些特殊的物理化学性能，则需要合理确定工艺制度，以保证轧制后的钢板组织达到要求。

（3）保证轧机的产量高。轧制中厚板要提高产量，一是减少轧制道次，加大道次压下量；二是缩短轧制周期，确定合理的咬入和抛出速度。

**280. 如何确定中间坯的厚度？**

中间坯厚度也是中厚板轧制规程中的一个重要参数，对钢板的常温组织和力学性能有较大的影响。中间坯厚度的选择与轧制的钢种、控轧方式、成品钢板的厚度和中间坯的控温方式直接相关。如果中间坯厚度过大，虽然增加了精轧过程的变形量，但同时会导致温降速度减慢，如果没有中间坯水冷工艺相配合，则不仅增加了待温时间，降低了生产效率，同时过大的变形量对最终组织和性能的影响也会显著降低；如果中间坯厚度过小，粗轧阶段变形程度增大，精轧阶段的温降加快但变形程度略小，便会导致双机（或粗、精轧两阶段）的负荷分配不均衡，可能降低精轧阶段对细化再结晶奥氏体晶粒、提高有效晶界面积、促进向铁素体转变的影响。因此，中间坯的厚度选择要在满足所采取的控轧方式要求的变形量前提下，尽量降低中间坯的厚度，尽可能地接近精轧开轧温度要求，减少坯料的待温时间，使精轧开轧时中间坯能在较小的压下时就产生足够的变形渗透。目前，各厂的中间坯厚度原则上选择为成品钢板厚度的1.5~2.0倍，厚度大小具体视轧机能力、控温条件等综合情况而定。

**281. 与碳素结构钢相比，合金钢及优质钢的轧制有何特点？**

钢中碳含量及各种合金元素含量不同，导致各种钢不同的轧制工艺特点。

（1）普碳钢的导热性比合金钢的导热性好，所以碳钢的装炉温度、加热速度和极限加热温度的范围都较宽，而合金钢有较严格的具体要求。有的合金钢加热到相变温度时还要有一定的保温时间。

（2）普碳钢的热塑性好，变形抗力小，热轧温度范围较大，一般可采用较大的变形量轧制，而合金钢塑性规律不一，一般变形抗力较大，咬入困难，只能采用较小的变形量，以确保均匀变形不致产生应力裂纹。

（3）相同的轧制条件下，一般合金钢比碳素钢的宽展系数大。

（4）由于某些合金钢的热轧范围很窄，所以轧制速度更快，间隙时间更短，有的还需进行二次加热、三次加热。

**282. 特厚钢板轧制有什么要求?**

在轧制特厚钢板时首先要注意消除坯料内部组织的不连续性，如缩孔、气孔、疏松等。一般在轧制厚度大于120mm厚板时，为保证获得良好的低倍组织，在总压下率不小于40%的情况下，轧制变形时轧件表面与中心温度梯度要控制在300℃左右，变形系数不得小于0.37。

粗轧机与精轧机之间的压下再分配，对改善钢板的低倍组织有着重要的作用。粗轧机开坯的压下率越大，越有利于消除坯料中的组织不连续；以大压下进行缓慢轧制有利于消除钢中的气泡，改善钢板质量。

**283. 特厚钢板对压缩比有什么要求?**

特厚钢板广泛用于60万千瓦以上汽轮发电机组、海洋石油平台、军舰和坦克装甲、核能发电站外壳以及大型模具钢等特殊用途部件等方面。因此特厚钢板对产品质量和性能有严格要求，为保证内在质量，特厚钢板轧制时有严格的压缩比要求，如果压缩比偏小，轧制时可能出现钢板内部疏松、偏析清除不够等问题。压缩比主要应考虑气孔压实、铸造组织破坏、力学性能和钢板内氢气分散等因素。目前，考虑气孔压实因素时压缩比需要达到2以上，考虑韧性和压延力学性能等因素时压缩比要达到1.5～3.0。此外，如果对其横向性能有特殊要求时，还应严格设计坯料尺寸和展宽量。

**284. 特厚钢板生产对轧制速度有什么要求?**

轧制特厚钢板时，要采用低速轧制，一般要求轧辊转速控制在10～20r/min，而常规的轧辊转速为40～60r/min。

低速大压下工艺是能够使厚板中心部位发生变形、充分压合孔隙、防止产生各种缺陷的一种有效的轧制方法，而孔隙的存在是特厚板的主要缺陷之一。孔隙的压合需要一定的条件，其主要影响因素有应力、时间（轧制速度）、温度（轧制时厚板中心部位的温度）等，其中应力是关键因素。对特厚板，主要是板厚中心部位的孔隙难以压合，而对中心孔隙压合起决定性作用的是板厚中心处位的最大压应力。

低的轧制速度能促进孔隙扩散、接合，有利于孔隙的削减。因此，低速大压下能有效地压合孔隙，改善和消除宏观及微观缺陷，提高钢板的致密度，可生产压缩比小、质量性能优良的特厚板。

**285. 特厚钢板轧后为什么需要进行缓冷处理，缓冷方式有几种?**

特厚钢板轧后必须进行缓冷处理，主要是为了防止钢板表面和中心的温度差引起裂纹，使轧制组织均匀化，脱除钢板中的氢，防止因针状铁素体的存在而影响探伤检查等。

特厚钢板轧后缓冷方式有堆垛缓冷、缓冷坑缓冷和缓冷罩缓冷等。缓冷坑的保温效果较好，通常为了监视钢板在坑中的缓冷状况，还装有温度检测、烧嘴等装置；缓冷罩缓冷是将钢板放在隔热的平台上，然后在其上面盖上罩子，缓冷罩一般用钢板制造，内涂可铸不定型耐火材料等来保温。

### 286. 特厚钢板切割方式是什么？

特厚钢板一般通过火焰切割装置进行切边、定尺以及取样。目前，已有部分厂家引入等离子切割新技术切割钢板，具有切割速度快、切割变形小、断面质量好等优点。

### 287. 特厚钢板对热处理设施有什么要求？

对力学性能有特殊要求的特厚钢板，需进行热处理，热处理方式有正火、回火以及调质处理等。正火、回火处理通常在辊式炉、车底式炉或外部机械化室式炉中进行；淬火采用浸淬方式，将特厚钢板浸入淬火池中进行淬火。但大单重特厚钢板淬火或调质后的变形问题，一直是提高特厚钢板质量的难题，需配置大压力的矫平机进行处理。

# 第四章　中厚板轧机与控制技术

## 第一节　轧　　机

### 288. 目前用于中厚板生产的轧机主要有哪几种类型?

目前用于中厚板生产的轧机主要有二辊可逆式轧机、四辊可逆式轧机、万能式轧机，三辊劳特式轧机在国内已基本淘汰。

### 289. 什么是二辊可逆式轧机，其特点是什么?

二辊可逆式轧机如图4－1所示，是指采用可逆调速电机传动轧辊，轧件在上、下轧辊之间往复轧制，利用上辊的上下移动进行每道次压下量调整的轧机。

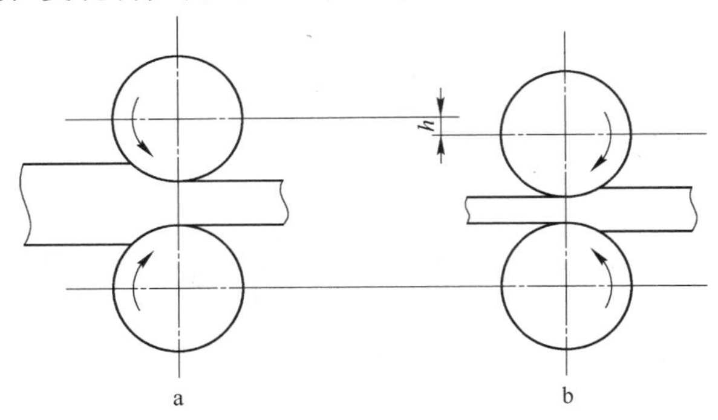


图4－1　二辊可逆式轧机轧制过程示意图
a—第一道次轧制；b—第二道次轧制

其特点是：具有低速咬钢、高速轧钢、咬入角度大、压下量大、产量高等优点。此外还有上辊抬起高度大，轧件重量不受限制，原料的适应性强，既可以轧制钢锭也可以轧制钢坯等特点。但是二辊轧机的辊系刚度差，钢板的厚度公差大，板凸度大。

### 290. 通常二辊轧机的尺寸范围是多少?

二辊轧机的尺寸范围：$D=800\sim1300$mm，$L=3000\sim5000$mm。轧辊的转速

为 30 ~ 60r/min。我国的二辊轧机 $D = 1100 \sim 1150$mm，$L = 2300 \sim 2800$mm，都布置为双机架中的粗轧机。

## 291. 什么是四辊可逆式轧机，其特点是什么？

四辊可逆式轧机如图 4－2 所示，是指上、下各由一支小直径的工作辊和一支大直径的支撑辊构成的可逆式轧机。轧件在两工作辊之间往复轧制，利用上辊系的上下移动进行每道次压下量的调整，由可逆调速电机驱动工作辊。

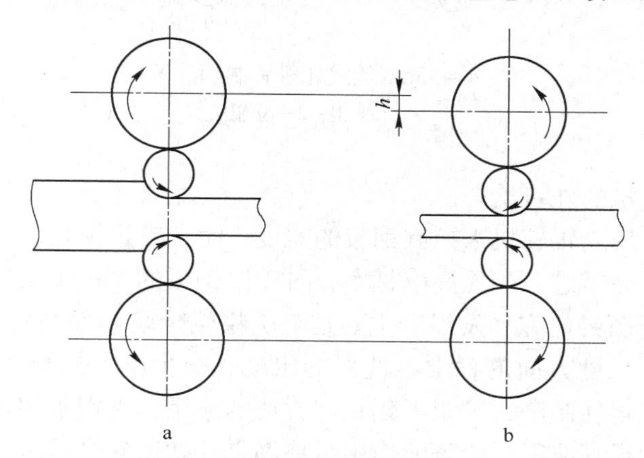


图 4－2 四辊可逆式轧机轧制过程示意图
a—第一道次轧制；b—第二道次轧制

其特点是：四辊可逆式轧机轧制过程与二辊可逆式轧机相同，它既具有二辊可逆式轧机生产灵活的优点，同时支撑辊使轧机辊系的刚度增大，因此产品的精度提高。工作辊直径较小，所以在相同轧制压力下能得到更大的压下量，有利于钢板的组织性能控制和产量的提高。轧制驱动电机现基本上为交－交变频或交－直－交变频供电的同步电机。交流变频电机较直流电机转动惯量小，具有良好的正反转及加、减速性能，而且传动效率高，维护量小。缺点是轧机设备复杂，与二辊轧机相比，如果开口度相同，四辊可逆式轧机将要求更高的厂房高度。

## 292. 通常四辊轧机的尺寸范围是多少？

四辊可逆式轧机用 $d/D \times L$ 表示，或简单用 $L$ 表示。$D$ 为支撑辊直径（mm），$d$ 为工作辊直径（mm），$L$ 为工作辊辊身长度（mm）。四辊可逆式轧机的轧辊尺寸范围为：$D = 1300 \sim 2400$mm，$d = 800 \sim 1400$mm，$L = 2200 \sim 5500$mm。

## 293. 什么是万能式轧机，其特点是什么？

万能式轧机（见图 4－3）是指一种在四辊（或二辊）可逆式轧机的一侧或

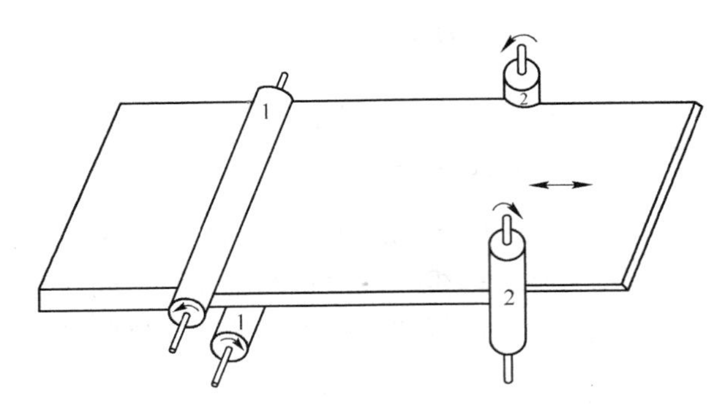


图4－3 万能式轧机轧制示意图
1—水平辊；2—立辊

两侧带有立辊轧机的轧机组合。

其特点是：用立辊轧机来控制钢板的宽度，生产齐边钢板，以提高钢板的成材率。近年来，为了进一步提高成材率，对于厚钢板的V－H轧制（即立辊加平辊轧制）又有了新的研究和发展，主要是解决粗轧阶段轧件的矩形化轧制问题，从而控制了钢板长度方向的桶形、枕形的出现，减少了头尾异形长度，如MAS轧制法、附属立辊轧制法、等矩形化轧制方法的应用，对钢板切边和头尾切损的减少、成材率的提高取得了显著的作用，特别是无切边轧制技术的开发，使单边的切边量控制在20mm以内，因而在中厚板生产行业受到高度重视。

### 294. 轧机的主机列由哪些设备组成？

轧机主机列是指驱动轧辊转动的系统构成，它包括：主传动、万向接轴及平衡装置、联轴节（或称联轴器）几个部分。图4－4是四辊轧机主机列构成示意图。

### 295. 四辊轧机传动方式有几种？

近年来新建的四辊轧机主传动已取消了减速机及齿轮机座，上、下工作辊分别采用各自的直流电动机或交流变频供电的同步电动机直接驱动。两台电机的布置形式为一前一后，一上一下，多数情况下采取上电机在后、下电机在前的布置形式，但也有上电机在前、下电机在后的布置形式，但都共同遵守的一个原则，即上、下电机输出轴的中心距越小越好。

### 296. 为什么中厚板轧机多采用万向接轴传动？

用电机或人字齿轮座将力矩传递给轧辊的部件称为接轴，或称作接手。图4－5为万向接轴简图。中厚板轧机上工作辊的上、下移动量一般在300～

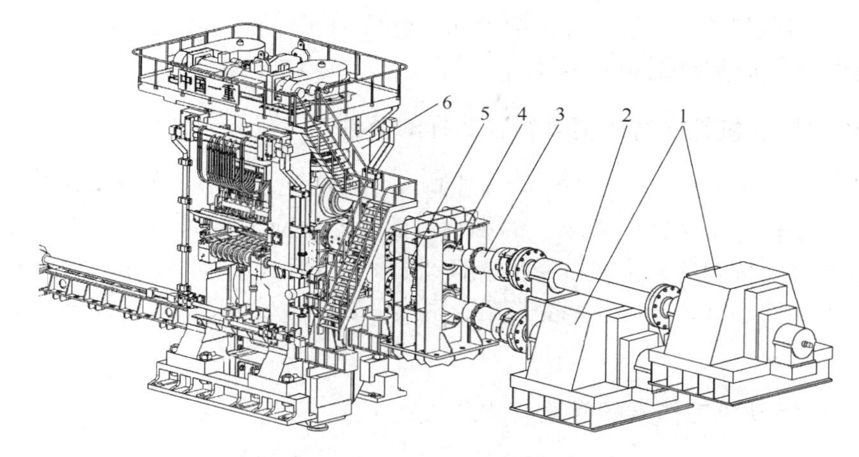


图4－4 四辊轧机主机列构成示意图

1—电动机；2—传动系统；3—接轴移出缸；4—万向接轴；5—接轴平衡装置；6—工作机座

500mm，要承担传递数百至上千 kN · m 的扭矩，并且受传动轴刚度、重量等制约，限制了接轴长度。万向接轴由于具有传递扭矩大、倾角大、效率高、维护量小、噪声小、润滑条件好等优势而被广泛应用于中厚板轧机的传动。目前万向接轴允许最大倾斜角度可达 8°～10°，长径比为 10～15，扭矩 500～2000kN · m。

图4－5 万向接轴

## 297. 轧辊平衡装置的作用是什么？

（1）保证上轧辊（或支撑辊）轴承座紧贴着压下螺丝，即当压下螺丝向下移动时，轴承座也向下同步移动；当压下螺丝向上移动时，轴承座也随着向上同步移动。消除压下螺丝与轴承座之间的间隙，避免轧制时两者间产生冲击载荷。

（2）保证消除压下螺丝与螺母之间的有害间隙，也就是将压下螺丝因自重产生的上间隙转化为托起压下螺丝时压下螺丝与螺母之间产生的下间隙。

（3）对四辊轧机来说，还包括消除工作辊与支撑辊之间的有害间隙，即将轴承副中的上间隙转化为下间隙。

**298. 中厚板轧机轧辊材质要具有什么样的条件？**

中厚板轧机的轧辊承受着巨大的轧制压力和弯辊力作用，在高温、高接触压力下长期工作，又受到“激冷”的影响，而且产生应力做周期性变化，对其硬度、耐磨性、抗剥落、接触强度及芯部弯扭强度等都提出苛刻要求，因此要求轧辊应具有耐磨、抵抗冲击、承受高温、耐热龟裂以及足够的强度和刚度等几个基本条件。

**299. 中厚板轧机工作辊的材质有哪几类？**

中厚板轧机工作辊应具有耐磨、抵抗冲击、承受高温、耐热龟裂以及足够的强度和刚度等几个基本条件。一般来说工作辊的材质有三大类，即离心铸造的无限冷硬铸铁轧辊，离心复合铸造的合金铸铁轧辊，高铬（Cr）、高镍铬（NiCr）、高铬铁（CrTe）铸钢轧辊。

**300. 中厚板轧机支撑辊应具备什么条件？**

中厚板轧机支撑辊应具备以下条件：

（1）具有较高的强度，低的弹性压扁和不易产生挠曲。

（2）辊身表面具有高的耐疲劳性能，耐剥落掉皮性能好。

（3）耐磨性能好。

**301. 中厚板轧机支撑辊材质有哪几类？**

支撑辊有三种基本类型，即整体锻钢辊、复合铸钢辊、镶套辊。支撑辊多采用复合铸钢轧辊和整体合金锻钢轧辊，合金轧辊中添加有镍、铬、钼等合金元素，常用的材质为70Cr3Mo、45Cr4NiMoV和Cr5合金锻钢等。

**302. 现代化中厚板轧机的主要特征是什么？**

（1）为了获得良好的厚度精度，现代化中厚板轧机必须具有高压下速度、高响应性、高压力的液压压下系统。一般油源压力达到32MPa，响应频率达到20Hz。

（2）为了实现平面形状控制，一般压下速度应该达到20～30mm/s。

（3）大的轧制力要求巨大的液压缸，其结构设计、加工制造、密封等都有一系列难题等待解决。

（4）轧机具有板凸度和板平直度控制系统。

（5）实现平面形状控制，除了液压压下速度有一定的要求外，还需要安装立辊轧机，以进一步控制侧边的形状和提高宽度控制精度。

（6）轧机传动系统的精度，对平面形状系统的控制精度也有重要影响，必须采用交流传动系统和全数字控制。

### 303. 何谓中厚板强力轧机？

所谓强力轧机就是指具有高刚度、大轧制力、大轧制力矩和大传动电机，以此保证可以实现低温大压下轧制（立辊轧机的配置）的轧机。强力轧机的主要技术参数为：单位辊面宽轧制力达到20kN/mm；单位辊面宽轧制力矩达到15kN·m/mm；单位辊面宽轧制功率达到4kW/mm；轧机刚度达到10MN/mm。

## 第二节　板厚与板形的控制

### 一、钢板的厚度控制

### 304. 影响钢板厚度的因素有哪些？

轧制中影响钢板厚度的因素主要有轧机的机械及液压装置、轧机的控制系统、入口轧件的尺寸与性能。

（1）轧机的机械及液压装置因素：轧机的机械及液压装置本身的原因以及装置某些参数的变化将会使轧机的刚度和空载辊缝产生非预定的变化，其中空载辊缝的变化是以下因素的作用结果：轧辊偏心、轧辊椭圆度、轧辊的磨损、轧辊的热胀与冷缩、轧机的振动、轧辊表面润滑膜层厚度的变化。

（2）轧机的控制系统因素：轧机的控制系统因素主要是由于轧机控制本身的不完善或发生变化引起的轧制速度的变化、辊缝的变化、轧制力的变化、弯辊的变化、轧辊平衡的变化、轧辊冷却与润滑的变化、厚度监控的变化。

（3）入口轧件的因素：轧件轧制时的厚度会受到入口轧件断面（几何形状）形状变化、厚度变化、宽度变化、平直度变化、硬度变化（化学成分变化）、温度变化的影响。

### 305. 影响轧机刚度的主要因素有哪些？

影响轧机刚度的主要因素有：

（1）轧辊的变化，包括轧辊直径的变化、轧辊凸度的变化、轧辊的弹性压扁。

（2）压下系统的变化，包括压下螺丝及附件的变化、液压缸及附件的变化。

（3）轧辊轴承油膜厚度的变化。

（4）轧件宽度的变化。

## 306. 钢板厚度的控制原理是什么？

钢板厚度的控制原理是：以轧制力为纵坐标，轧件厚度为横坐标，将轧机的弹性曲线 A 和轧件的塑性曲线 B 放在同一坐标系构成的图称为 $P-H$ 图，如图 4－6 所示。曲线 A 和曲线 Ь 的交点为 n，该点轧制力为 $P$，轧件的出口厚度为 $h_2$。利用弹跳方程式来调整轧件出口厚度。用 $P-H$ 图建立起来料厚度 $h_1$、轧出厚度 $h_2$、轧制时压下量 $\Delta h$、轧制力 $P$、辊缝 $S_0$、轧机弹跳 $\Delta C$ 之间的关系。

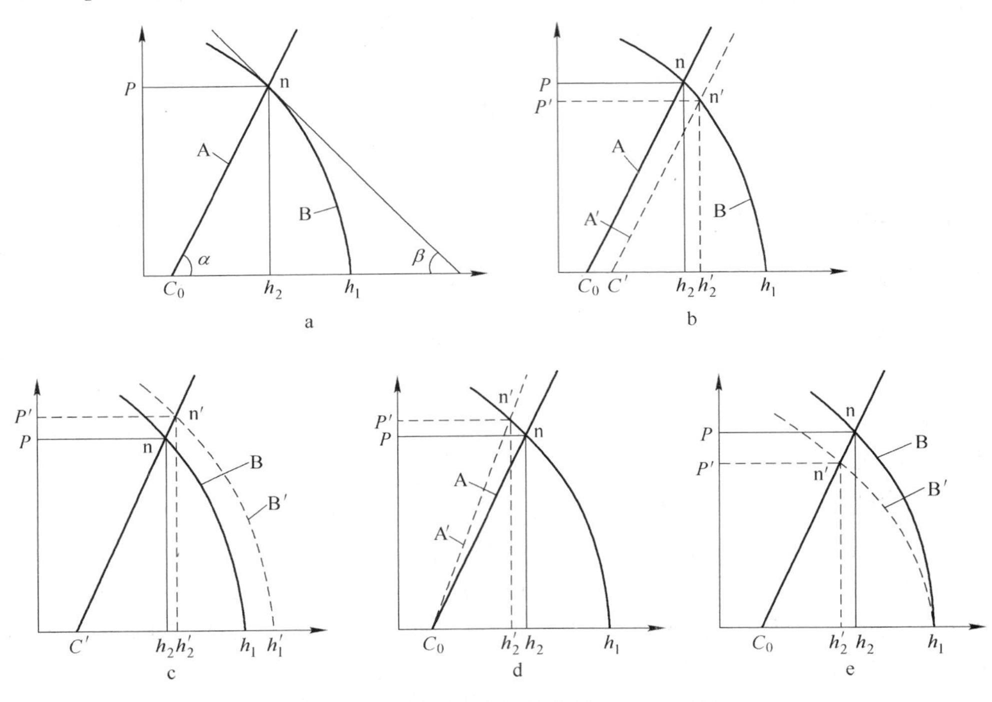


图 4－6 轧制过程弹塑性曲线（$P-H$ 图）

a—初始辊缝设定；b—改变轧辊辊缝；c—改变轧件入口厚度；d—改变轧机刚度；e—改变轧件塑性系数

（1）初始辊缝设定：辊缝增加，来料厚度不变，曲线 A 向右平移（图 4－6b），导致轧制力下降到 $P'$，轧件出口厚度增加到 $h_2'$。根据弹跳方程或图 4－6b 中的几何关系可以得到厚度的改变量 $\Delta h_2$，即：

$$\Delta h_2 = \frac{K_w}{K_w - K_m}\Delta S_0 \tag{4-1}$$

式中 $K_w$——轧机刚度；

$K_m$——轧件刚度（塑性系数）；

$\Delta S_0$——辊缝增加量。

（2）来料厚度：来料厚度增加，辊缝不变，曲线 B 向右平移（图 4－6c），导致轧制力增加到 $P'$，轧件出口厚度增加到 $h_2'$。

（3）轧机刚度：轧机刚度增加，辊缝和来料厚度不变，相当于曲线 A 的斜率增加（图 4－6d），导致轧制力增加到 $P'$，轧件出口厚度降低到 $h_2'$。

（4）轧件变形抗力：轧件变形抗力减小相当于曲线 B 的斜率减小（图 4－6e），导致轧制力降低到 $P'$，轧件出口厚度也降低到 $h_2'$。

因此，凡是影响到上述四个方面的工艺条件都可以对轧件出口厚度产生影响，如轧件的温度，进而影响到轧件的出口厚度。

### 307. 板厚自动控制（AGC）系统是指什么？

板厚自动控制 AGC（automatic gauge control）系统是指为使钢板厚度达到设定目标偏差范围而对轧机进行在线调节的一种控制系统。AGC 系统的基本功能是采用测厚仪直接或间接的测厚手段对轧制过程中钢板的厚度进行检测，判断出实测值与设定值的偏差；根据偏差的大小计算出调节量，向执行机构发出调节信号。通常 AGC 主要包括：辊缝控制系统、轧制速度控制系统。

### 308. 中厚板自动控制 AGC 系统主要有哪几种？

中厚板自动控制 AGC 系统主要有：压力 AGC、绝对值 AGC（或称 HAGC）、目标可变更 AGC、γ 射线监控 AGC（测厚仪式 AGC）和前馈 AGC。AGC 的主要作用就是动态控制钢板的同板差，消除水印和其他因素对厚度的干扰。

### 309. 绝对值 AGC（或称 HAGC）的作用有哪些？

绝对值 AGC 除了具有轧前辊缝设定、控制纵向板厚变化、黑印修正及头部锁定等功能以外，还用于 MAC、ATLAS、DBR 及返回咬入法等板形控制和锥形、梯形、圆形，异宽、异厚、带肋及防挠等异形板轧制。因此，要求绝对值 AGC 应具有较高的性能，可将响应性高的直动型伺服阀直接安置在液压缸上，以提高响应性。而压下系统由直接数字控制负责，液压缸位置控制由数字信息处理机来执行，大大提高其控制精度。

### 310. 钢板厚度调节技术的发展过程是怎样的？

同其他技术发展一样，钢板厚度调节技术也经历了由粗到精、由简单到复杂的发展过程。

第一种是手动压下调节板厚。最早的轧机是靠手动调节压下螺丝来进行辊缝调节的，目前这种方式已不在板带轧机上采用。

第二种是电动压下调节板厚。这种调节方式只能进行辊缝的摆定，而不能用于钢板的动态厚度控制。目前是中厚板轧机中采用较多的一种方式，多用于粗轧机的压下控制。

第三种是双电动压下系统调节板厚。为了进一步提高板厚控制能力，一些轧机的板厚调节装置分为粗调和精调两个部分，其中粗调用于设定原始辊缝，精调用于轧制过程的动态微调。它由高速和低速两套电动压下系统组成，但由于精调响应较慢，调节滞后较为严重，所以应用性不强。

第四种是电－液双压下系统调节板厚。电－液双压下系统也是由粗调和精调两部分组成的。点动粗调用于辊缝的摆定，液压压下精调用于轧制过程的动态微调。这种调节方式目前被广泛用于中厚板轧机的厚度控制技术改造。

第五种是全部液压压下调节装置。全部液压压下系统取消了传统的压下螺丝，用液压缸直接压下，这种调节方式结构简单、响应快、控制精度高。这种方式多用于现代化的板带轧机，不适于中厚板轧机大行程的压下工作方式。但中厚板轧机有加大液压缸压下行程的趋势，当轧件厚度达到一定厚度时，辊缝的摆定与厚度调节全部由液压缸承担。

目前还有弯曲支撑辊的厚度调节方式和工作辊轴向移动的厚度调节方式。

### 311. 钢板在轧机加速轧制时轧件变薄的原因是什么？

轧机加速时，产品厚度减薄，该现象主要归结于两个因素：轧制速度变化引起轧辊与轧件之间摩擦系数的变化；轧制速度变化引起支撑辊油膜轴承油膜厚度变化。由于这两个原因，通过轧机加速，摩擦系数减小，同时油膜轴承油膜厚度变厚，辊缝减小，板厚出现减薄。

## 二、轧辊辊型控制

### 312. 何为原始辊型？

原始辊型是指轧辊通过车削或磨削在辊身上加工出来的具有一定形状的辊身外形，通常用辊身的凸度 $C$ 来表示，见图 4－7。$C$ 为正值时为凸形辊型；$C$ 为负值时为凹形辊型。

### 313. 辊型在轧制力作用和温差影响下如何变化？

轧辊在轧制力 $P$ 的作用下将导致辊身中间点与边缘点间产生挠度差 $y$，其作用是使工作辊辊缝变为凸形。另外，辊身中央与辊身边部存在着一定的温度差 $\Delta T$，若 $\Delta T$ 为正值，则其作用将与轧制力相反而使辊缝变凹；若 $\Delta T$ 为负值，则

形成辊径热膨胀差 $y_t$，将与轧辊的弹性挠度差 $y$ 作用相同而使工作辊缝变得更凸。由此可知，在轧制力与辊身热膨胀的综合作用下，辊身的形状可能是凸的、凹的或者是平的，视轧辊弹性变形与热膨胀互相消长的情况而定。实际辊缝的凸度或凹度值 $t$ 在不计入轧辊磨削的前提下可表示为 $y$ 与 $y_t$ 二者的代数和。

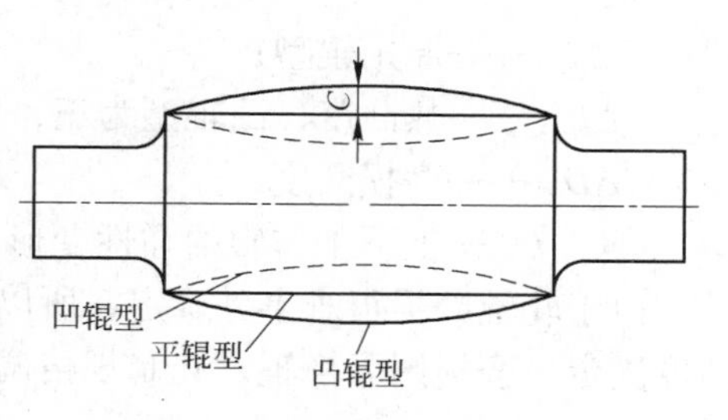


图 4－7　原始辊型示意图

**314. 何谓辊型曲线？**

为使钢板沿整个宽度上厚度均匀，除需正确计算出轧辊凸度外，还需要确定出距辊身中点任意距离辊面凸出或凹入的数值，即表示沿辊身长度辊面形状的数学方程式。通常认为，辊面形状可以为抛物线、双曲线或圆弧线，其中以抛弧物辊型应用较为普遍。

**315. 什么是辊型设计？**

在轧制中为了保持钢板的平直以及厚度均匀，就必须要在轧制过程中保持辊缝的形状均匀和对称，尽可能的平行。因此必须根据轧辊弹性变形等有关情况，预先将轧辊设计为一定的形状，以保证轧制过程中辊缝的形状均匀、对称和尽可能的平行。这种轧辊形状称为辊型，设计轧辊形状的过程称为辊型设计。

**316. 辊型设计的任务是什么？**

原始辊型的合理确定或设计是以正常生产条件下相对稳定的轧制负荷、辊身温度及辊身磨损特点为依据而进行的。它在本质上起到了抵消和补偿各种因素相互影响的作用，以保证钢板横向厚差（断面凸度）最小。

**317. 辊型设计的主要步骤是什么？**

辊型设计的主要步骤分四步：第一步是求出弥补轧辊变形造成钢板厚度不均所需要的辊型值（凸度或凹度）；第二步是选择合理的辊型形式，并分配总凸度值；第三步是合理地设计辊型曲线；第四步是根据轧辊的磨损状况，制定合理的换辊制度。

**318. 原始辊型的设计依据是什么？**

原始辊型的设计依据是：

$$\Delta D_0 = f - \Delta D_{热} + \Delta D_{磨} \tag{4-2}$$

式中　$\Delta D_0$——原始辊型；

$\Delta D_{热}$——热凸度，凸辊型为正，凹辊型为负；

$\Delta D_{磨}$——磨损凸度；

$f$——上下工作辊的弹性变形（挠度）之和，$f=f_{1s}+f_{1x}$。

由于轧辊磨损很难事先确定，所以工作辊的原始辊型只由轧辊弹性变形和热凸度决定，磨损则靠换辊、轧制规格调整等方式来补偿。

### 319. 四辊轧机的辊型值如何分配?

在四辊轧机上辊型的配置形式有两种：第一种是工作辊带辊型，支撑辊为平辊，并且上、下工作辊各带有1/2总凸度值的辊型，也可将总凸度值集中到上或下一个工作辊上；第二种是支撑辊带辊型，工作辊为平辊，总凸度值分配可是上、下支撑辊各带有1/2总凸度值的辊型，也可将总凸度值集中到上或下一个支撑辊上。由于支撑辊直径大，更换不变，加工难度大，因此目前中厚板轧机基本上是工作辊带辊型，采用较频繁的工作辊换辊的方法，进行辊型的修复。

### 320. 原始辊型设计与辊型控制是什么关系?

原始辊型的合理确定或设计本质上起到抵消和补偿各种因素相互影响的作用。在适应围绕平均值作上下波动的实际影响方面它是无能为力的，这部分的任务应交由辊型控制去完成。但辊型的控制与调整又是在原始辊型的基础上施行的，或者说是以原始辊型为基础的。因此，原始辊型选择的合理与否对辊型的控制有着非常大的影响，合理的辊型设计与辊型控制两者是相辅相成的。

### 321. 工作辊磨损的主要形式有哪几种?

轧制时工作辊与带钢之间以及与支撑辊之间的相互接触摩擦，导致了轧辊的磨损。其磨损形式主要有：

（1）高温轧件（850℃以上）表面再生的氧化铁皮在轧制压力作用下破碎，其碎片作为磨粒不断磨削轧辊辊面，形成磨粒磨损。

（2）轧辊在周期性的承载、卸载、加热、冷却过程中承受着接触疲劳和热疲劳，当循环应力超过轧辊材料的疲劳强度时，表面层将引发裂纹并逐渐扩展，最后使裂纹区的材料断裂剥落，即发生疲劳磨损。

（3）轧件的塑性变形使氧化铁皮不可能完整地包围住轧辊表面，当高温轧件与辊面在压力下紧密接触时，轧件对辊面产生黏着磨损。

（4）与高温轧件接触及摩擦使得工作辊表面温度升高，促使辊面氧化加快，在载荷作用下，氧化层破裂发生氧化磨损。

（5）在与支撑辊的接触摩擦中，工作辊也同样承受着磨粒磨损、疲劳磨损、黏着磨损等。

### 322. 影响轧辊辊缝形状的主要因素有哪些？

轧辊辊缝形状的变化将直接引起钢板断面形状和平面形状变化。影响轧辊辊缝形状的主要因素有：

（1）轧辊的原始辊型。轧辊的原始辊型基本上决定了轧辊辊缝形状。

（2）轧辊热凸度的控制。轧辊的冷却方式、冷却强度对轧辊的影响较大。

（3）辊型的控制。各种液压弯辊方式、轧辊轴向窜动、轧辊交叉等辊型控制方法，能明显改变辊缝形状。

（4）轧辊的磨损。轧辊的磨损是辊型变化的最主要因素，在一个轧制周期内，随着轧辊磨损程度的增加，任何轧辊辊型补偿方法的作用都将逐步弱化。

（5）辊系的弹性弯曲变形。辊系的弹性弯曲变形与轧辊的直径、轧辊的刚度、轧件的宽度、轧制力的大小有很大的关系。

### 323. 目前控制辊型的主要方法是什么？

目前控制辊型的主要方法是：

（1）进行合理的辊型设计。根据经验或计算，按给定板材的规格求出工作辊原始凸度 $\Delta D_0$，使其保持板材所需的板形及横向板厚偏差。

（2）通过人为地调温控制对轧辊的某些部位供热或吸热，改变辊温分布，以达到控制辊型的目的。

（3）改变轧制规程。通过改变压下规程、调节轧制压力、控制轧制过程中轧辊的挠度来实现辊型控制。

（4）采用液压弯辊装置，控制和调节轧辊的挠度来控制辊型。

## 三、钢板的板形控制

### 324. 轧辊辊缝的执行机构是如何分类的？

辊缝执行机构可以分为机械执行结构和液压执行机构两大类，其中机械执行机构通常是由电器驱动安装在牌坊上固定螺母中的压下螺丝；液压执行机构称为轧制力液压缸，通常安装在上支撑辊轴承箱上方与压下螺丝之间或下支撑辊轴承座下方与下横梁之间。

### 325. 什么是同板差，什么是异板差？

所谓同板差是指同一张钢板沿长度方向上各个测量点的厚度差别；所谓异板差是指同一轧机轧制同一规格前后两张钢板的厚度差别。

## 326. 板形形成的原因是什么?

在轧制过程中，轧件的塑性延伸（或加工率）若沿横向处处相等则产生平坦板形；反之，则产生不同形状的板形。其原因是由于延伸不均而在轧件横断面上纵向纤维之间产生内拉或压应力，在轧制较薄钢板时，应力作用较为明显，使轧件失稳而形成瓢曲或波浪。

坯料的厚度不均、料型不规则、轧制过程中变形区辊缝形状不平直，都会造成轧件塑性延伸不均而产生瓢曲或波浪。

## 327. 板内应力与板形的表现形式有哪些?

板内应力与板形的表现形式有：

（1）理想板形：钢板横向内应力相等，切条后仍保持平直。

（2）潜在板形：钢板横向内应力不相等，但由于轧件较“厚”，刚度较大，在张力作用下保持平直，但在切条后内应力释放，造成形状参差不齐。

（3）表观板形：钢板横向内应力的差值较大，且轧件又较“薄”，导致钢板局部瓢曲或波浪。

（4）双重板形：钢板既存在潜在板形，又同时存在表观板形。

## 328. 影响板形的因素有哪些?

除来料的原始形状外，工作辊的辊缝断面形状是决定板形的首要因素。它取决于三方面情况：

（1）工作辊、支撑辊的弯曲挠度和剪切挠度。

（2）支撑辊、工作辊和钢板的压扁。

（3）工作辊空载凸度。

凡是能影响上述三方面情况的因素均会影响板形，其中主要影响因素有：

（1）设备因素：包括工作辊直径、工作辊原始凸度以及支撑辊直径和原始凸度。

（2）工艺因素：包括钢板宽度、轧制压力、轧制速度、轧辊热凸度、轧辊磨损、轧辊轴承油膜厚度、轧辊椭圆度、轧机振动、轧辊平衡力、轧辊偏心等。

## 329. 钢材的横向厚差与板形有何区别?

钢板沿宽度方向的厚度偏差，即钢板中部与边部厚度之差称为厚度偏差。它决定了钢板的横截面形状。板形是钢板平直度的简称。两者是不同的概念，但是横向厚差与板形有着内在的关系，横向厚差大小是影响板形好坏的直接因素，通过辊缝形状的控制，减少横向厚差就能有效地改善板形。

### 330. 板形控制的目标是什么？

板形控制也是一项钢板主体三维形状的控制技术，最佳目标是生产出尺寸偏差非常小，切头、切尾和切边极少，矩形、近似矩形及齐边（不切边或铣边）的平直钢板，并借此技术可以扩大产品，生产出锥形（长度方向上不同厚度倾斜）、梯形（宽度方向上不同厚度倾斜）、圆形、异厚、异宽、防挠及带肋等各种异形钢板。

### 331. 板形良好的保证条件是什么？

为保持板形良好，必须遵守均匀延伸或所谓的“板凸度一定”的原则，即必须使钢板沿宽度方向上各点的伸长率或压下率基本相等。板形良好的保证条件有：满足宽度方向上的均匀变形；使轧制压力逐道次减小，保持板凸度不变。

### 332. 辊型控制的方法有哪些？

目前控制辊型的主要方法有两大类：

（1）通过调温控制辊型。人为地对轧辊的某些部位供热或吸热，改变辊温分布，以达到控制辊型的目的；

（2）通过改变轧制过程中的弹性变形来控制辊型。

### 333. 板形控制的工艺方法有哪几种？

板形控制的工艺方法有多种，应用较早的方法有：

（1）合理地设定轧辊凸度；

（2）合理地安排不同规格产品的轧制顺序；

（3）合理地制定轧制规程；

（4）对轧辊进行局部加热以改变轧辊的热凸度。

上述这些方法目前在板形控制中仍起着一定的作用。

### 334. 板形控制的主要内容是什么？

钢板板形控制的主要内容一般划分为纵向板形控制、横向板形控制及平面板形控制三项。三者互相配合、相互影响，只有统一运筹板形控制技术，才能生产出最佳板形和最经济的钢板。

### 335. 进行板形控制需要哪些设备配置？

需要的设备配置主要有：（1）板形调整的执行机构；（2）可靠的板形检测装置，能够得到准确的在线检测信号；（3）计算机控制系统，对检测系统传输的信号进行比较和计算，确定执行机构的合理调整量，向执行机构发出指令。检测、信号处理、执行机构三者互为一体，对板形的控制是动态的。

## 336. 板形控制系统的构成是什么?

板形控制硬件系统构成见图4－8，其中板形仪是核心。目前采用的板形仪主要有接触式和非接触式两种，用于中厚板的为非接触式。

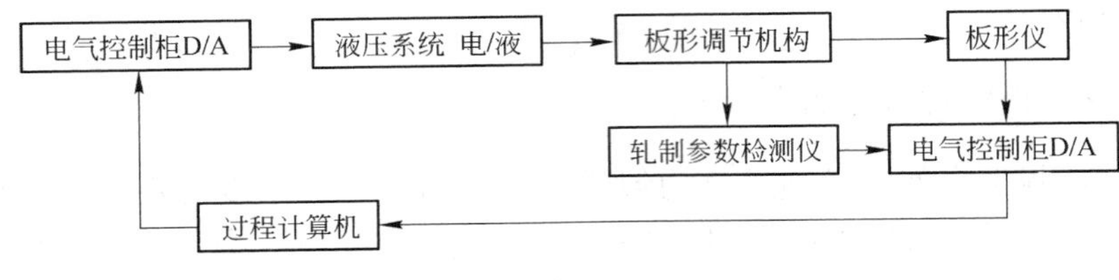


图4－8 板形控制硬件系统构成示意图

整个板形控制模型包括：预设定模型、轧制力－弯辊力前馈控制模型、闭环反馈控制模型。

## 337. 进行板形控制的技术手段有哪些?

目前用于中厚板轧机板形控制的技术手段主要有：

（1）液压弯辊技术。液压弯辊技术是改善板形最基本、最有用的方法。液压弯辊的基本原理是通过向工作辊或支撑辊辊颈施加液压弯辊力，使轧辊产生人为的附加弯曲来瞬时改变轧辊的有效凸度，从而调整轧件的横向厚度。液压弯辊有两种基本方式：弯曲工作辊和弯曲支撑辊。弯曲工作辊有正弯辊法和负弯辊法两种。

（2）HC轧机。轧辊轴向移动技术是继液压弯辊技术之后板形控制技术史上的又一大突破。这种技术的板形控制原理在上、下支撑辊和工作辊之间增加一对可以轴向窜动的中间辊，通过中间辊的窜动进行辊型的控制。这种轧机是在四辊辊系上增加两个可做轴向移动的中间辊，能很好地控制板形，被称之为高性能辊型凸度控制轧机。轧辊轴向移动技术还具有改善边部减薄、使轧辊磨损均匀化等许多优点，且支撑宽度可以很方便地连续改变，因而得到了广泛的应用。

（3）CVC轧机。CVC轧机是将上、下工作辊均磨成S形，上、下辊形状完全相同，将其中一根辊子旋转180°布置，辊缝可以形成对称的厚度断面形状。当上、下辊沿轴向相对移动时，辊缝的凸度也是正反变化，辊缝轮廓也相应发生变化。因轧辊移动量是可以无级设定的，辊缝的凸度也是连续可变的，CVC轧机因此而得名。

（4）PC轧机。PC轧机是利用支撑辊或工作辊的单独交叉来改变辊缝形状的。其工作原理是通过交叉上、下成对的工作辊和支撑辊的轴线形成上、下工作辊间辊缝的抛物线，并与工作辊的凸度等效。与现有的其他板形控制方式相比，轧辊交叉有一个突出的优点，就是其板形控制能力强，特别是在轧制宽带时，其凸度可控范围远远大于其他任何一种板形控制方式。

## 338. 中厚板轧机基本采用的是何种液压弯辊方式和方法？

中厚板轧机基本采用弯曲工作辊和弯曲支撑辊两种方式。弯曲工作辊有正弯辊法和负弯辊法两种，宽度较小的轧机采用弯曲工作辊的装置。在辊身长度 $L$ 与工作辊直径 $D_1$ 的比值 $L/D_1<4\sim5$ 的中厚板轧机上，一般多采用弯曲工作辊法。几种弯辊方式原理见图 4－9。

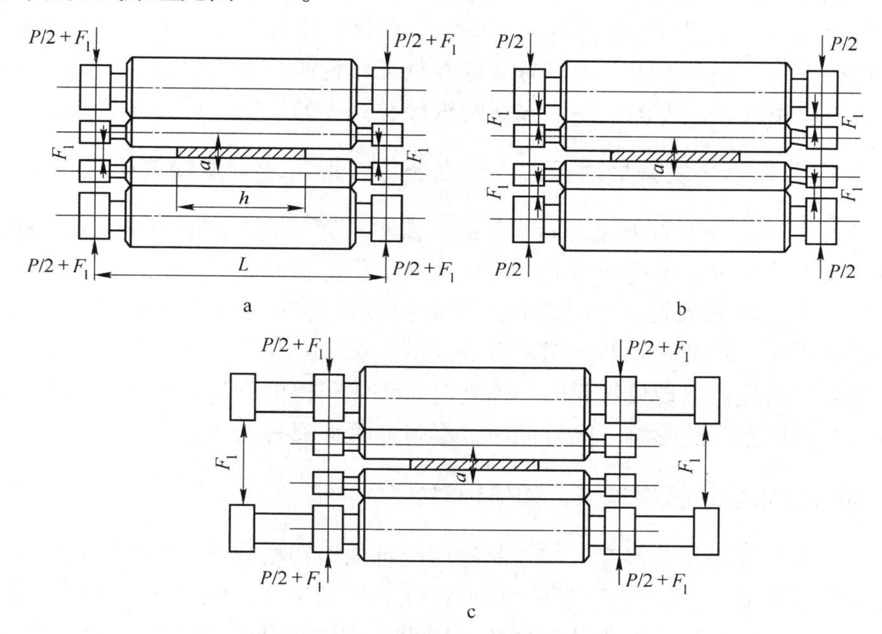


图 4－9 液压弯辊方法

a—正弯工作辊；b—负弯工作辊；c—弯曲支撑辊

正弯辊和负弯辊的实际效果基本相同，但正弯辊的设备简单，可与工作辊平衡缸合为一体，且当轧件咬入或抛出时，液压系统不需切换。

弯曲支撑辊装置一般用于宽度较大的中厚板轧机，即辊身长度 $L$ 与工作辊直径 $D_1$ 之比 $L/D_1>4\sim5$，或支撑辊辊身长度与直径之比大于 2 时使用。目前常用的是支撑辊正弯辊法，以减小支撑辊挠度，但会增加支撑辊辊颈轴承、压下装置和机架负荷。其缺点是为了安装弯辊液压缸需将支撑辊辊颈外延，使轧机结构复杂，同时所需的弯辊力也比弯曲工作辊大。一般最大弯辊力为轧制力的 20%～30%。

### 339. 没有板形控制手段的情况下如何进行控制板形?

如果轧机没有液压弯辊、轴向窜辊等板形控制手段，那么压下规程板形控制主要是根据等比例凸度的原则，通过对道次压下量进行合理分配，使后几道次的压下量和轧制压力呈线性降低，尤其是轧制薄规格钢板时，后几道次的轧制力减小趋势尤为明显。

### 340. 什么是中厚板的自由轧制?

一般情况下，为了减少钢板轧制过程中的轧辊磨损，保持钢板良好的板形，通常采取轧制板宽依次由宽向窄的顺序进行控制，对此，钢坯也按此顺序进行排序，因而使生产计划灵活变更受到了限制。所谓自由轧制就是采取上下相对移动工作辊技术及弯辊技术等，可以有效地控制工作辊的凸度，进行轧辊磨损的动态补偿，可以不受辊凸度的限制，实现钢板任意宽度的轧制，即自由轧制。

### 341. 停机后轧第一块钢板时板形为什么不好控制，应采取哪些措施?

（1）由于轧辊随着停机时间的延续，温度逐渐下降，热凸度减小，再轧时，热凸度又在轧制过程中逐渐增大，造成轧制不稳定状态。

（2）第一块钢板处于炉门位置，靠炉门侧长时间受冷空气的影响，造成两侧的温度不均，轧制时必然往温度低的一侧跑偏。

采取的措施：出现较长时间的停轧时，将炉门口的钢坯尽量向炉内退，以减少冷气对钢坯温度的影响。在轧制时，尽量以保证通板为主。

### 342. 为什么首块钢板厚差大，如何预防?

厚板轧制过程复杂多变，涉及品种广泛且规格切换频繁。在生产过程中，当进行规格切换时，由于设备状态、物料特性、产品尺寸、轧制方式等因素发生变化对轧制过程稳定性产生扰动，会造成同批次中第一块钢板的厚度命中率降低，而后续钢板随着自学习功能的作用，厚度精度会逐步提高。因此，换规格后首块钢板厚度精度不足是一个普遍存在的现象，国外一些大公司（如 SIEMENS 等）在这方面也不得不作出质量让步，在最终性能考核时，同一批次钢板的前两块通常不计入考核，或者降低考核指标。

由于换规格（换钢种）后首块钢板的问题是轧板厂普遍存在的现象，因此先进的控制模型都专门设计有针对首块钢板的解决方案，以提高首块钢板的厚度精度。九江中板厂 L2 系统设计有长期自学习和辊缝自学习等专门针对首块钢板的控制功能。

轧制完 60mm 钢板后，立即进行 8mm 钢板轧制，这会导致压下螺丝大范围上下移动，形成设备误差累计，最终使得变规格后首块钢板厚差扩大，大大降低了命中率。从生产上说，为了减小换规格、换钢种后首块钢板的精度误差，通常轧板厂都有生产计划编排上的规定，限制厚度过渡、宽度过渡的范围，增大批次轧制量，采取逐步过渡和减少切换次数等措施，从管理上控制好首块钢板的厚度精度，提升整体水平。

## 第三节　中厚板轧机的布置

### 343. 中厚板轧机的布置如何划分？

中厚板轧机布置形式不一，从轧机结构来说，有二辊可逆式、三辊劳特式、四辊可逆式、万能式、复合式等；从机架的布置形式来说，有单机布置、双机布置，以及顺列式多机架的连续布置（3/4 连轧）、半连续布置等。

### 344. 中厚板生产轧机的配置形式是什么？

目前我国已有的中厚板生产轧机的配置形式主要以双机架的配置形式为主，机架的配置形式有：二（二辊可逆式轧机）+四（四辊可逆式轧机）双机架的配置形式、四+四双机架的配置形式、双机架炉卷轧机的配置形式。近年来新建的中厚板厂也有采用四辊轧机单机架配置，如鞍钢厚板厂、首钢中厚板厂、韶钢中厚板厂等。

### 345. 单机架布置中厚板轧机的生产特点是什么？

单机架布置生产就是在一架轧机上完成由原料到成品的轧制。单机架中厚板轧机的特点是：轧制线较短，轧制有较大的灵活性，由于开坯轧制或精轧在同一机架完成，轧辊的配置受到限制，钢板的轧制最小厚度和轧制精度受到一定影响。单机布置多出现在 3000mm 以上宽厚板轧机中。

### 346. 双机架布置中厚板轧机的生产特点是什么？

双机架布置的轧机是现代化中厚板轧机的主要形式。双机架中厚板轧机的特点是：粗轧和精轧两个阶段的任务和工艺分别由两架轧机完成。双机架布置的优点是：产量高、轧制规格范围宽，而且板形好、轧制精度高、表面质量高，并延长了轧机的使用寿命，减少了换辊次数。缺点是：工艺线长、造价高。

### 347. 炉卷轧机生产中厚板的特点是什么，轧机的布置方式有几种？

炉卷轧机与传统工艺中厚板生产相比具有以下特点：

（1）可以采用不同模式生产种类广泛的产品，既可以像传统中厚板轧机那样轧制中厚板，也可以采用卷轧工艺生产中板（生产中板的厚度为4.5mm），亦可以生产热轧钢卷；

（2）可以实现控制轧制和热机轧制；

（3）采用最大厚度的超重板坯（厚度150mm，最大重量67t），减少了轧制道次，并可提高轧制速度，提高轧机的作业率，产品的收得率（成材率）也大幅提高（94%以上）；

（4）由于采用超重板坯和卷取炉，稳定的轧制长度和温度均匀性都得到有效保证，成品钢板的尺寸精度有显著提高；

（5）采用超重板坯，板材质量好，性能稳定，生产成本低。

炉卷轧机的布置方式有：（1）双机布置，粗轧开坯在前，精轧卷取在后；（2）炉卷单机布置；（3）两机架串联，机架两侧卷曲；（4）双机布置，精轧卷取在前，开平轧机在后，如图4－10所示。这几种布置方式都有自己的特点，方式（1）与双机布置的中厚板轧机相似，方式（2）与单机布置的中厚板轧机相

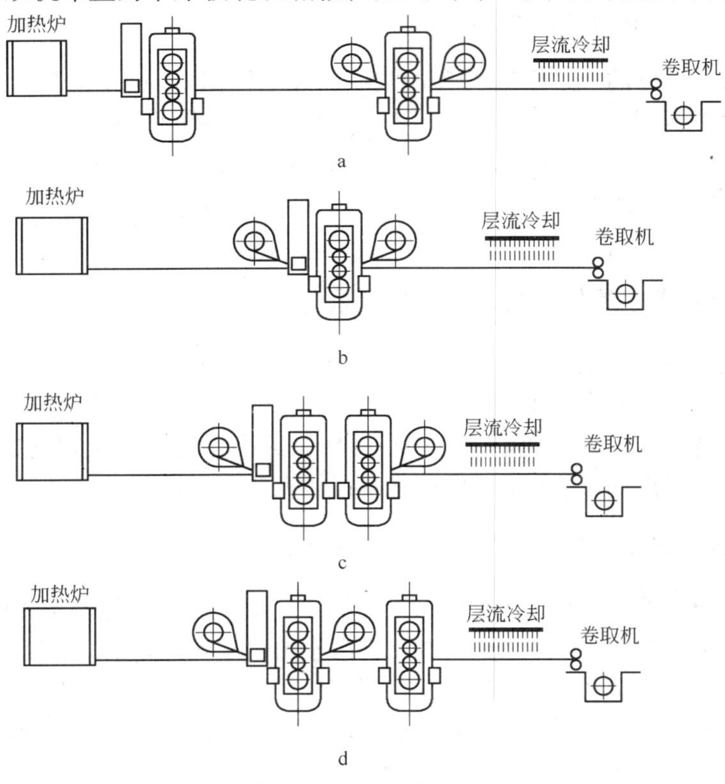


图4－10 炉卷轧机的布置方式

a—方式（1）；b—方式（2）；c—方式（3）；d—方式（4）

似，两者生产方式和产品规格具有较大的灵活性；方式（3）、方式（4）则是突出了炉卷轧机的特点，注重于薄规格钢板的生产。这几种布置方式在地下卷取机后部都可以接续配置矫直机、冷床、双边剪切机、切分机、钢板收集台等精整设施，以适应较厚规格钢板生产以及钢板精整的要求。

### 348. 中厚板厂工艺线上主要设备的布置原则是什么？

工艺线上主要设备之间位置和它们之间距离的确定是轧钢车间平面布置的重要问题。在确定主要设备之间间距时，需全面考虑各主要设备之间的相互关系，充分满足产品大纲、设备操作条件、产能规模、厂房占地面积、发展空间以及满足生产组织的灵活性等方面的要求。总的原则是，主体设备的布置要充分满足产品大纲需求、提高新产品开发能力、适应控轧控冷等先进轧制技术和检测技术的应用要求，做到设备布置合理、工艺线流畅、设备间距适度，工序与工序之间的生产能力比较均衡，而且潜力大，预留出将来发展的余地，并协调好与前工序和后续部门的密切关系。

### 349. 中厚板剪切线的主要设备有哪些，剪切线的长度取决于什么？

目前，现代化剪切线的主要设备包括有轮廓仪、划线仪、切头剪、切边剪（有左右布置的斜刃剪、圆盘剪、双边滚切剪）、剖分剪、定尺剪、采试样及废边集中装置、标记机及成品板收集装置等。另外，线中还配置有对正装置、激光对线机及定尺装置等。这些设备对剪切线生产能力和钢板剪切质量有很大的影响。

剪切线长度主要取决于剪机之间距离，而剪机之间距离并不取决于待剪切钢板的最大长度。距离太小，剪机互相等钢和干扰，增长剪机的剪切周期。

### 350. 现代化宽厚板厂计算机管理及控制的构成是怎样的？

现代化宽厚板厂的计算机管理及控制的构成分成四级，它们是：

（1）L1 基础自动化控制级。L1 级是全厂整个计算机控制系统的第一级，它主要完成对生产过程的时序逻辑控制和精度控制，并直接对各个生产设备进行监控操作。

（2）L2 过程控制级。L2 级主要负责从板坯进加热炉直到成品入库全过程不同工艺阶段的控制参数设定、物流跟踪、数据采集和处理、数据通信、人机对话、打印生产报表等。

（3）L3 生产控制级。L3 级计算机系统的主要功能是板坯库管理、冷热装炉管理、二次板坯切割计划管理、轧制计划管理、轧制作业管理、磨辊管理、精整计划管理、精整作业管理、发货计划管理、发货作业管理、中间库管理、成品库管理、质量管理、通讯管理和吊车管理。

（4）L4 整体产销系统。L4 级计算机系统主要功能是接受中厚板订货、建立产品规范和制造规范、质量设计和生产设计、合同组合、板坯设计、材料申请、编制生产计划、收集生产实绩、检化验信息处理、质量保证书制作、编制出厂计划、合同跟踪、结算、结案、货款、账务管理、编制点检计划、检修计划等。

### 351. 模型在轧制过程中的作用是什么?

现代化中厚板轧机具有板形控制水平高、轧制精度高、组织性能控制方式多、生产效率高等特点，目前基本上都采用了计算机控制系统（所谓计算机控制系统是指由被控对象、测量装置、计算机和执行机构组成的闭环系统，它由硬件和软件两大部分组成)。传统的人工操作方式基本上被硬件以工业计算机为核心、软件（软件是各种程序的统称，分为系统软件和应用软件两大类）以数学模型为核心的自动控制系统所取代。模型（控制程序）是控制系统的大脑，模型在轧制过程中的作用体现在以下几方面：

（1）轧制过程基本参数的计算，如轧件温度的计算、轧制力能参数的计算、轧件变形的计算、轧辊和机架变形的计算等。

（2）执行机构动作参数的设定计算，如辊缝的设定、轧制速度的设定、液压缸位置的设定、轧辊冷却水阀门开关组态的设定。

（3）动态调整控制量的给定，如 AGC 系统的辊缝调节量、板形控制系统的弯辊力调节量、控制冷却系统的阀门开关组态调节等。

（4）根据反映轧制过程控制效果的在线数据，对模型系数进行自学习，使模型能够工作在最佳状态。

### 352. 中厚板生产过程中增设预矫直机的作用是什么?

通常情况下，冷却过程中对于来料板形存在一定的不平度是允许的，但对于较大的翘头翘尾钢板而言，由于钢板翘曲对冷却残留水的影响，无论采用何种冷却系统都难以实现对钢板的均匀冷却。因此对于冷却系统作业而言，来料的板形很重要。如高强板生产过程中轧件的变形抗力很高，对板形有影响，往往轧后会出现各种各样的板形问题，最终会影响到后续冷却后钢板的均匀性。为此，预矫直机应运而生。预矫直机可以安装在精轧机和钢板冷却装置之间。此预矫直机的用途是减轻钢板头或尾翘曲，并修正钢板中间段的平直度缺陷。矫直作业将避免在钢板上蓄积有害的水并改善冷却均匀性，从而获得最终良好板形的产品。预矫直机要与辊道同步，并且具有与冷却技术完美结合的速度精度。在正常作业中，矫直机根据来料钢板厚度被预设定，以便获得钢板产生塑性变形需要的足够咬合力，并使上出口辊获得一个水平曲率。如果需要，预矫直机可以设定为大开口度以便过钢。此时下辊只用作支撑钢板的辊道。预矫直机通常为全自动作业，也可以实现手动控制。

# 第五章　控制轧制与控制冷却

## 第一节　合金元素在钢中的作用与影响

### 353. 合金化的物理本质是什么?

合金化与“冶炼”反应及结晶过程中元素参与形成（或影响）夹杂物或生成有害的共晶相等的产物和作用机理是不同的。从存在形态、组织结构、性能三方面来描述，合金化的物理本质是：通过元素的固溶及其固态反应，影响微结构乃至结构、组织和组分，从而使金属获得所要求的性能。

### 354. 钢的微合金化概念是什么?

“微合金化”是指这些元素在钢中的含量较低，一般微合金化元素在钢中含量在0.015% ~0.12%，单独添加时低于0.1%（质量分数），复合加入时总量不超过0.15%。钢中添加的主要微合金化元素有铌（Nb）、钒（V）、钛（Ti）、钼（Mo）、硼（B）、铝（Al）及稀土（RE）等。与钢中不需要的残余元素不同，微合金化元素是为了改善钢材性能而有目的地加入到钢中的。微合金元素在钢中能形成碳化物、氮化物及碳氮复合化合物，有溶解析出行为，通过细化晶粒和脱溶析出对钢的力学性能产生显著的影响。微合金化与热机械处理相结合，实现形变和相变的耦合，是充分挖掘钢的强韧性潜力的有效手段。

### 355. 合金化元素与微合金化元素的区别是什么?

合金化元素与微合金化元素不仅在含量上有区别，而且其冶金效应也各有特点。合金化元素主要是影响钢的基体，而微合金化元素除了溶质原子的拖曳作用外，几乎都是通过第二相的析出而影响钢的显微结构。

### 356. 微合金化技术的理论研究内容是什么?

微合金化技术的理论研究内容有：（1）微合金化元素的细晶化机制；（2）微合金化元素的碳氮化物的溶解－析出行为；（3）合金设计新概念，两种基本的控轧工艺；（4）轧后加速冷却工艺对微合金化钢组织性能的影响及组织性能的在线控制；（5）微合金化钢变形过程的力学冶金特性；（6）微合金化元素在钢中的存在形式及原因分析；（7）碳氮化物的萃取及颗粒度。

**357. 微合金元素在钢中是怎样析出的?**

钢中的微合金元素不仅能够在相变为铁素体之后析出，而且还能够在奥氏体→铁素体相变过程中在相界面形成相间析出，这些相间析出的粒子尺寸更小。根据 Orowan 公式可以知道，析出强化作用的大小决定于析出物的尺寸和析出粒子间距，析出物尺寸和其间距越小，析出强化作用越大。

**358. 微合金元素为什么会延迟再结晶的效果，这种效果对轧制有什么影响?**

热变形过程中或热变形之后，合金元素对恢复过程的影响是很重要的。添加微量元素铌和钛会因为抑制了晶界迁移而对再结晶具有显著的延迟效果。合金元素对晶界迁移的抑制是由于：（1）合金元素偏析于晶粒边界而引起的溶质原子的拖拉作用；（2）合金元素的碳氮化物在晶界沉淀而引起的钉扎作用。例如，钼偏析于 $\gamma$ 晶界，会引起晶界迁移的抑制；铌和钛以细小的碳氮化物粒子形态发生沉淀，这些沉淀物具有钉扎作用而抑制晶界的迁移。

利用微合金元素的这些作用，可以钝化相变过程对某些工艺过程参数的敏感性，从而可以放松对这些工艺参数控制精度的要求。这样一来，新产品生产的可操作性便大为加强，产品质量也易于保证。在利用层流冷却与后部超快速冷却技术配合进行高强复相钢的开发中，添加微量的 Nb、Ti、Cr 等，可以减缓两种冷却方式之间的中间温度对轧制过程的敏感性，大大降低过程控制的难度，提高生产过程的稳定性。

**359. 钢中常加入的合金化元素有哪些，它们在钢中以什么形式存在?**

钢中常加入的合金化元素有 Si、Mn、Cr、Mo、Ni、W、V、Ti、Nb、Al、B、RE 等，在某种情况下 P、S、N 等也可以起合金化元素的作用。

概括来讲，它们在钢中有以下四种存在形式：

（1）溶入铁素体、奥氏体和马氏体中，以固溶体的溶质形式存在；

（2）形成强化相，如溶入渗碳体形成合金渗碳体、形成特殊碳化物或金属间化合物等；

（3）形成非金属夹杂物，如合金元素与 O、N、S 作用形成氧化物、氮化物和硫化物等；

（4）如 Pb、Cu 等既不溶于铁，也不形成化合物，而是在钢中以游离状态存在，在高碳钢中碳有时也以自由状态（石墨）存在。

## 360. 置换型合金元素是如何影响钢的微观组织的？

锰或钼等置换型合金元素对钢微观组织的影响是：

（1）可通过固溶强化方式强化钢；

（2）可通过降低奥氏体向铁素体转变的相变温度而引起晶粒细化；

（3）可改变相变微观组织。

一般说来，与影响（1）、（2）相比，影响（3）的强化作用更加显著。控轧生产的高强度低合金钢的主要微观组织是多边形的铁素体－珠光体，而降低碳含量可以生产出少珠光体或无珠光体钢。当碳含量降低时，锰含量与碳含量的比值（Mn/C）上升，会引起针状铁素体或超低碳贝氏体组织的出现。

## 361. 锰在钢中的作用是什么？

在控制轧制中锰（Mn）主要起细化晶粒的作用，从而提高强度、增加韧性。钢中的锰降低了相变温度（$A_{r3}$），因此：

（1）扩大了加工温度范围，增大了奥氏体变形区总变形量，充分细化了奥氏体晶粒；

（2）由于铁原子在铁素体区比在奥氏体区中的自扩散系数大一个数量级，所以在相同温度条件下，铁素体晶粒比奥氏体晶粒容易长大，但因钢中锰降低了$A_{r3}$温度，使铁素体晶粒长大的机会大为较少。

锰是良好的脱氧剂和脱硫剂，也能与钢中的S形成MnS取代低熔点的FeS，它能消除或减弱由于硫所引起的钢的热脆性，从而改善钢的热加工性能，因此，钢中含0.30%～0.50%的锰是常见的。锰和铁形成固溶强化铁素体，提高钢中铁素体和奥氏体的硬度和强度；同时又是碳化物形成元素，进入渗碳体中取代一部分铁原子。锰在钢中由于降低临界转变温度，起到细化珠光体的作用，也间接地起到提高珠光体钢强度的作用；锰稳定奥氏体组织的能力仅次于镍，也强烈增加钢的淬透性。在碳素钢中加入0.7%～1.8%或以上的锰时，就算是特殊钢“锰钢”了。这种锰含量较高的碳素钢的力学性能，要比一般锰含量的好得多，不但有足够的韧性（在适当的热处理条件之下），且有较高的强度和硬度，能提高钢的淬透性，改善钢的热加工性能。在低合金结构钢中，含锰钢种发展十分迅速。锰与硫形成熔点较高的MnS。可防止因FeS而导致的热脆现象，利用锰和硫化合所生成的硫化锰（MnS）夹杂，有使切屑易于碎断的作用。所以在钢中可加适量的锰和硫来生产易切削钢。此外，锰在合金结构钢、弹簧钢、轴承钢、工具钢、耐磨钢、无磁钢、不锈钢、耐热钢中，也获得广泛的应用。但锰能使钢的抗腐蚀性能减弱，对钢的焊接性能也有不利的影响；另外，锰有增加钢晶粒粗化的倾向和回火脆性敏感性。若冶炼浇铸和锻轧后冷却不当，容易使钢产生白点。

## 362. 铌在钢中的作用是什么?

铌（Nb）在钢中可以形成 NbC 或 NbN 等间隙中间相。在再结晶过程中，因 NbC、NbN 对位错的钉扎及抑制晶粒长大等作用，从而大大增加了再结晶时间。在高于临界温度时，铌元素对再结晶的作用表现为溶质拖曳机制，而在低于临界温度时，则表现为析出钉扎机制。即当晶界在运动过程中遇到一个质点时，一部分晶界就会被切断，如果晶界要挣脱质点的钉扎，就必然产生新的界面面积，进而增加新的界面能，因此，只有提供更大的驱动力才能使晶粒粗化。铌在钢中的特点就是提高奥氏体的再结晶温度，扩大未再结晶区温度范围，促进奥氏体晶粒形变和缺陷的“累积”，最终达到细化铁素体晶粒的目的。

铌是非常重要的微合金化元素之一，是控制轧制钢材的首选元素。它是细化晶粒最有效的合金化元素，强化效果显著。在控轧和正火等热处理过程中，它对延缓奥氏体再结晶和细化晶粒的作用极其强烈，这是铌的重要优点之一。在控轧和正火钢中采用比较低的铌含量，即现在常用的 0.03% 左右即能起到显著的作用。在轧制温度低于 950℃时，每道次标准变形量轧制后不会发生再结晶，这样得到的伸长奥氏体晶粒由于形核的晶界及亚晶界面积增加，就能相变成细小的晶粒。因此，对于低碳锰钢来说，通过加入少量的铌，就可以在普通轧机上实现控轧而达到晶粒细化的目的。

## 363. 铌在钢中是以什么形式存在的?

铌作为微合金元素添加到钢中时，由于其强烈的固溶强化、细晶强化和析出强化效果，在钢中起着不可替代的作用。大量研究结果表明，铌在奥氏体区具有较好的应变诱导沉淀析出动力性。由于铌元素自身的特性及受外界条件的影响，它常以以下两种方式存在于钢中：

（1）形成化合物。铌与碳、氮亲和能力强，因此铌易于与钢中的碳、氮结合成碳、氮化物，这是铌在钢中的主要存在形式。

（2）溶于固溶体。尽管铌的碳、氮化物比较稳定，但在高温下会发生分解，铌将以原子的形式溶解到奥氏体中。

## 364. 钒在钢中的作用是什么?

钒（V）是我国富有元素之一，也是目前发展新钢种最常用的合金元素之一。在钢中它和碳、氮、氧都有极强的亲和力，与之形成相应的极为稳定的化合物 V（C，N）。少量的不到 0.5% 的钒能影响钢的组织和性能，它是一种既可以在奥氏体向铁素体转变过程中相间析出（主要在奥氏体晶界的铁素体中沉淀析出），又可以在铁素体中随机析出的元素。它在轧制过程中能抑制奥氏体的再结晶并阻止晶粒长大，从而细化铁素体晶粒，提高钢的强度和韧性，改善钢的焊接性能，也能增加钢的热强性和蠕变的抗力。此外钒对碳的固定作用，还可以提高钢在高温下的抗氢侵蚀能力。但是，钒总是和其他合金元素如锰、铬、钨、钼等配合使用。常用于低温用钢、高压抗氢钢、高级优质弹簧钢、新型轴承钢、合金工具钢、高速工具钢、耐热钢等。但钒含量不宜过高，过高则降低钢的韧性，不利于钢的蠕变性能。

## 365. 钛在钢中的作用是什么？

钛（Ti）是化学上极为活泼的金属元素之一，它和氮、氧、碳都有极强的亲和力。因此，钛也是一种良好的脱氧去气剂和固定氮和碳的有效元素。另外，钛和硫的亲和力大于铁和硫的亲和力，因此在含钛钢中优先生成硫化钛，降低了生成硫化铁的几率，可以减少钢的热脆性。钛还能与铁和碳生成难溶的碳化物质点，富集于奥氏体晶界处，阻止晶粒粗化；钛也能溶入奥氏体相中，形成固溶体，使钢产生强化。钛能使钢的内部组织致密，提高钢的强度，钛含量为0.06%～0.12%的低合金结构钢，具有良好的力学性能和工艺性能，但主要缺点是淬透性稍差。在含钼锅炉钢中，钛可以阻止在高温（大于500℃）下长期使用时出现的石墨化现象；在含铬4%～6%的耐热钢中，加入大于4倍碳含量的钛，可以避免钢的淬硬倾向，还可以显著提高钢的焊接性能。钛还能提高钢在高温高压下抗氢、氮、氨腐蚀的能力。与其他元素配合使用，能提高钢的抗大气、海水及抗硫化氢（$H_2S$）腐蚀的能力。此外，一定量的钛加入到Cr18Ni9型奥氏体不锈钢中，可完全避免晶间腐蚀，从而被广泛地应用。目前钛越来越多地被应用于尖端工业材料，成为重要的战略物资。

## 366. 铜在钢中的作用是什么？

铜（Cu）可以提高钢的抗大气腐蚀能力。如果钢中的铜含量大于0.75%，通过固溶和时效处理，可以取得沉淀强化效果，显著增加钢的强度。铜和碳不能互溶，即不生成碳化物，因此在低碳钢中所有的铜将在铁素体中溶解或沉淀，产生轻微的强化作用。钢中含铜0.15%～1.5%，能够使钢的淬透性稍加改善。在钢中加入0.20%～0.50%的铜，特别是和磷配合使用时，可以使低合金结构钢和钢轨钢获得优良的抗大气腐蚀性能，并且也有利于提高钢的强度、耐磨性和屈强比，而对钢的焊接性并没有不良的影响，是目前建造桥梁、船舶、汽车、机车车辆、化工石油设备及高压容器等的主要钢类。在奥氏体不锈钢中加入2%～3%的铜，可以提高其在酸性介质中的抗蚀性。

### 367. 铜在低合金耐大气腐蚀钢中的耐蚀机理是什么

铜（Cu）是提高耐大气腐蚀性能最有效的合金元素之一。铜在低合金耐大气腐蚀钢中的耐蚀机理有两种学说。一是 Tomashov 提出的阳极钝化理论，认为铜在大气腐蚀过程中起着活化阴极的作用，在一定条件下，可以促进低合金钢产生阳极钝化，而降低钢的腐蚀速率。另一理论是表面富集学说，在含铜、磷等合金元素的耐大气腐蚀钢的锈层中，有铜、磷等耐蚀元素富集在锈层内表面处，即富集于靠近基体金属的锈层中，从而改善了锈层的保护作用，提高了钢的耐大气腐蚀性能。以上两种学说是互不排斥的，阴极性合金元素促进合金基体钝化也往往需要阴极性合金元素在合金表面的富集。另外，合金元素铜可以抵消钢中硫的有害作用，钢中硫含量越高，铜降低腐蚀速率的相对效果越明显。这是由于合金元素铜和钢中的硫生成难溶的硫化物，抵消了硫对钢的腐蚀作用。

### 368. 铝在钢中的作用是什么?

铝（Al）是炼钢时的脱氧定氮剂，一般是作为脱氧剂加入钢中的。铝也能起到一定的晶粒细化作用。铝也非常容易与氮化合，工业中利用氮化铝的稳定性来生产铝镇静深冲钢。在有些低合金高强度钢中，铝是重要的添加剂，用于消除钢液中的氮，并且使晶粒细化，这两种作用都有助于提高韧性，特别是提高低温韧性。

对于某些热轧生产的高强度钢，如 DP 钢和 TRIP 钢，要求焊接性能，常用铝来代替硅，因为铝和硅一样，都能促进先共析铁素体的形成，在贝氏体转变期间，抑制碳化物的形成。

含铝钢渗氮后，在钢表面牢固地形成一层薄而硬的弥散分布的氮化铝层，从而提高含铝钢硬度和疲劳强度，并改善其耐磨性。铝还具有耐腐蚀性和抗氧化性，可作为不锈耐酸钢的主要合金元素。

在钢的表面镀铝或渗铝，可提高其抗氧化性。铝和铬、硅复合应用，可以显著提高钢的高温不起皮性和耐高温腐蚀能力。铝还适用于作电热合金材料和磁性材料。但是，铝会影响钢的热加工性能、焊接性能和切削加工性能。

### 369. 镍在钢中的作用是什么?

镍（Ni）在钢中是一种固溶强化剂，也是较好的淬透性添加剂，最重要的是镍能够有效地改善钢的低温性能，特别是低温韧性。镍还用于渗碳钢和渗氮钢，以得到抗磨损和疲劳的硬度高、韧性好的表面层，同时具有良好的心部性能。镍钢的抗锈性也很强，具有较高的对酸、碱和海水的耐腐蚀能力，但在高温高压下对氧介质的抗腐蚀能力无明显效果，反会造成脱碳促使钢腐蚀破裂。镍在高含量时，可显著改变钢和合金的一些物理性能，譬如需要在高强度时具有高韧性的重要用途的结构钢，在低温工作条件下具有高韧性的钢，高合金铬镍奥氏体不锈耐热钢，以及要求具有特殊物理性能的钢等。

### 370. 铬在钢中的作用是什么？

铬（Cr）是钢中功能最多、应用最广泛的合金元素之一。铬具有显著提高钢的抗腐蚀能力和抗氧化能力的作用，钢中加入一定量的铬能改善钢的力学性能及物理和化学性能，并有助于提高耐磨性和保持高温强度。在各种不锈钢中，铬是一种必不可少的成分。

（1）铬能增加钢的淬透性并有二次硬化作用。可提高高碳钢的硬度和耐磨性而不使钢变脆；含量超过12%时，使钢具有良好的高温抗氧化性和耐氧化性介质腐蚀的作用；还可增加钢的热强性。铬为不锈耐酸钢及耐热钢的主要合金元素。

（2）铬能提高碳素钢轧制状态的强度和硬度，降低伸长率和断面收缩率。当铬含量超过15%时，强度和硬度将下降，伸长率和断面收缩率则相应地有所提高。含铬钢的零件经研磨容易获得较高的表面加工质量。

（3）铬在调质结构钢中的主要作用是提高淬透性，使钢经淬火回火后具有较好的综合力学性能；在渗碳钢中还可以形成含铬的碳化物，从而提高材料表面的耐磨性。

（4）铬促使钢的表面形成钝化膜，当达到一定含量时，可显著提高钢的耐腐蚀性能（特别是硝酸）。若有铬的碳化物析出，使钢的耐腐蚀性能下降。

（5）铬钢中易形成树枝状偏析，降低钢的塑性。

（6）由于铬使钢的热导率下降，热加工时要缓慢升温，锻、轧后要缓冷。

### 371. 钼在钢中的作用是什么？

钼（Mo）是一种贵重的合金元素，钼在钢中的作用可归纳为：

（1）提高淬透性和热强性，防止回火脆性，提高剩磁和矫顽力，提高在某些介质（如硫化氢、氨、一氧化碳、水等）中的抗蚀性与防止点蚀倾向等。

（2）钼对铁素体有固溶强化作用，同时也提高碳化物的稳定性，从而提高钢的强度。

（3）钼对改善钢的延展性和韧性以及耐磨性起到有利作用。

（4）由于钼使形变强化后的软化和恢复温度以及再结晶温度提高，并强烈提高铁素体的蠕变抗力，有效抑制渗碳体在450～600℃下的聚集，促进特殊碳化物的析出，因而成为提高钢的热强性最有效的合金元素。

在调质钢中，钼能使较大断面的零件淬深、淬透，提高钢的抗回火性或回火稳定性，使零件可以在较高温度下回火，从而更有效地消除（或降低）残余应力，提高塑性。在渗碳钢中钼除具有上述作用外，还能在渗碳层中降低碳化物在晶界上形成连续网状的倾向，减少渗碳层中残留奥氏体，相对地增加了表面层的耐磨性。

钼在结构钢、弹簧钢、轴承钢、工具钢、不锈耐酸钢、耐热钢（也称热强钢）、磁钢等一系列钢种中得到广泛的应用。钼能改善不锈钢的抗腐蚀性能。在低合金高强度钢中，促进针状铁素体组织的形成。钼常常可以与铬、钒互换使用，但在许多情况下，钼所具有的性能更好。铬钼钢在很多情况下，可以代替较贵重的铬镍钢来制造各种重要的机件。由于钼增加钢的热强性，所以钼含量较高时，也会增加热加工的困难。

## 372. 钙在钢中的作用是什么？

微量钙（Ca）在钢中可以作为脱氧、去硫的净化剂，改善非金属夹杂物的形态，被广泛用于钙处理洁净钢。钙在晶界偏聚及对 C、Cr、S、Si 等元素在晶界偏聚的影响，对钢的淬透性、冲击韧性的影响等合金化作用也开始引起人们的注意。

通过向碳素钢中添加微量钙元素，在钢中形成弥散的热稳定的第二相含钙的氧化物粒子。有关研究结果表明，弥散分布的含钙的氧化物粒子，钉扎了焊接热循环过程中 CGHAZ 的奥氏体晶界迁移，限制了奥氏体晶粒的长大，获得较细的焊接 CGHAZ 晶粒度，进而改善了微钙钢焊接 CGHAZ 的强韧度。

近年研究表明，微量钙加入耐候钢中不仅可以显著改善钢的整体耐大气腐蚀性能，而且可以有效避免耐候钢使用时出现的锈液流挂现象。

在耐候钢中加入微量钙，可以形成 CaO 和 CaS 溶解于钢表面薄电解液膜中，使腐蚀界面的碱性增大，降低其侵蚀性，促进锈层转化为致密、保护性好的 α - FeOOH。

钙、硅的联合使用效果更佳。

## 373. 钨在钢中的作用是什么？

钨（W）具有熔点高、密度大的特点，和钼相似，也是一种贵重的金属元素。钨在钢中主要以简单的碳化物（如 WC、$W_2C$、$W_3C$），或者与碳化铁形成复式碳化物（如 WC · $Fe_2C$、3WC · $Fe_3C$ 或 $3W_2C$ · 2FeC）以及钨化铁形式存在，也有部分钨成固溶体状态存在。钨在钢中能促使钢的晶粒细化，增加钢的回火稳定性、热硬性和热强性，以及由于形成特殊碳化物而增加钢的耐磨性，这主要是由于钨在钢中的碳化物十分坚硬的缘故。当钨加入高碳钢中时，可以显著提高其耐磨性和切削性。因此，它主要用于工具钢，如高速钢、热锻模具等，而只在个别特殊情况下，才用于机械制造用的渗碳和调质结构钢中。但这时必须和其他元素如硅、锰、铝、钼、钒、铬、镍等同时加入，单一含钨的结构钢，在力学性能上与碳素钢相比，得不到多少改善，故很少采用。钨能耐高压氧气的侵入，还能提高钢在高温下的蠕变抗力，当与钼复合应用时，效果更加显著。

### 374. 锆在钢中的作用是什么？

锆（Zr）是稀有金属，为碳化物形态元素。在炼钢过程中，锆是强有力的脱氧和脱氮元素，是除去氧、氮、硫、磷的净化剂，能形成碳化物。锆能细化钢的奥氏体晶粒，它和硫能化合成硫化锆，因此能防止钢的热脆性。锆还能改善钢的蓝脆现象，降低钢的回火脆性，在低合金结构钢中改善钢的低温韧性，作用比钒好。但由于锆在钢中的溶解度很小，且价格昂贵，因此很少在一般钢中应用，而多用于特殊用途。目前，锆主要用于原子能工业，广泛用作核反应堆的包套材料和结构材料。此外，在化工方面，锆和铪一起用于制造耐腐蚀性很高的设备。因此锆成为现代低合金高强度钢中重要合金元素之一。

### 375. 钴在钢中的作用是什么？

钴（Co）是世界上稀有的贵重金属，因此多用于特殊钢和合金中。如在高速钢中加入钴，可以提高它的高温硬度。钴加入含镍（18% ~25%）的马氏体时效钢中，可以获得很高的硬度和强度，很好的综合力学性能。尤其是随着钴和钼含量的增多，时效后硬度和强度的增高就更为显著。而与此同时，如再加入适量的钛、铝、硼，则时效后的性能更好。此外，钴在热强钢和磁性材料中，也是重要的合金元素。

### 376. 铍在钢中的作用是什么？

铍（Be）是稀有轻金属之一，和氧、硫都有极强的亲和力，是一种理想的脱氧去硫剂。铍是极强的铁素体固溶强化元素之一，钢中加铍，能增加钢的淬透性，也可以使钢具有较高的温度强度和蠕变性能。但由于铍供给困难，价格昂贵，目前除了特殊用途（如原子能工业、导弹等）外，在一般合金钢中尚难普遍使用。

### 377. 非金属元素碳在钢中的作用是什么？

碳（C）能扩大 $\gamma$ 相区，但因渗碳体的形成，不能无限固溶。在 $\alpha$ 铁及 $\gamma$ 铁中碳的最大溶解度分别为 0.02% 及 2.1%。碳含量增加，可提高钢的硬度和强度，但降低其塑性和韧性。

### 378. 非金属元素硼在钢中的作用是什么？

硼（B）能缩小 γ 相区，但因形成 $Fe_2B$，不形成 γ 相圈。在 α 铁及 γ 铁中硼的最大溶解度分别为不大于 0.008% ~0.02% 微量硼在晶界上阻抑铁素体晶核的形成，从而延长奥氏体的孕育期，提高钢的淬透性。但随着钢中碳含量的增加，此种作用逐渐减弱以至完全消失。

硼和氮及氧都有很强的亲和力，它在钢中突出的作用是微量（0.001%）的硼就可以成倍地增加钢的淬透性，从而节约其他较稀缺、贵重的合金元素，如镍、铬、钼等。在珠光体耐热钢中，微量硼可以提高钢的高温强度，并提高钢的抗硫化氢（$H_2S$）腐蚀能力；在奥氏体钢中加入 0.025% 的硼，可以提高其蠕变强度。至于硼含量较高（大于 1%）的钢，在原子能方面的应用，则是近十几年的事。

### 379. 硼在高强钢中的作用是什么？

目前硼在高强钢种开发与生产中的作用越来越重要，这是因为硼作为表面活性元素，吸附在奥氏体晶界上，可显著抑制多边形铁素体在奥氏体晶界上的形核，从而提高钢的淬透性。另外，硼的加入也会对钢的热加工过程产生影响，可明显推迟奥氏体再结晶的发生。

### 380. 非金属元素磷在钢中的作用是什么？

磷（P）常和硫元素一起，被称为钢中应除去的杂质。但有些时候，为了提高钢的强度，改善其切削加工性能和抗大气腐蚀性能，也特意在钢中添加磷，这类钢磷含量通常在 0.07% ~0.12% 之间。当钢中的碳含量低于 0.10% 时，磷含量可控制在 0.04% ~0.09%。磷（P）、砷（As）、锑（Sb）是属于元素周期表中同一族的元素，因此这三种元素在钢中有一些类似的作用，它们在钢中的存在都会增加钢的脆性，尤其是低温脆性。此外，磷和砷都是造成钢中产生较严重偏析的有害元素。

### 381. 非金属元素硅在钢中的作用是什么？

硅（Si）是钢中常见元素之一，在炼钢过程中用作还原剂和脱氧剂。所以钢中常含有 0.20% ~0.30% 的硅。如果钢中硅含量超过 0.50% ~0.60% 时，硅就算作特殊的合金元素，这种钢就称为“硅钢”。硅能显著提高钢的弹性极限、屈服强度和抗拉强度，故可广泛用于制造重负的弹簧钢。硅能增加钢的硬度、抗拉强度、弹性、耐酸性和耐热性。但是，超过 2% 的硅将促使钢的韧性显著降低。硅在钢内主要以固溶体 FeSi、MnSi、FeMnSi 等形态存在，也有很少部分硅以

$2FeO \cdot SiO_2$、$2MnO \cdot SiO_2$、$Al_2O_3 \cdot SiO_2$ 等硅酸盐以及游离的 $SiO_2$ 形态存在。硅与氮生成稳定的化合物（氮化硅），能够阻碍钢中氮气在钢锭冷凝过程中的排析。在调质结构钢中，硅不仅能增加钢的淬透性，还增加钢淬火后的抗回火性，因此常被用作调质结构钢的合金元素，并可用于制造承受重负荷的较大截面零件的无镍铬、高强度、高韧性的高级调质钢。硅和其他合金元素如钼、钨、铬等结合，有提高钢抗腐蚀和抗高温氧化的作用，可用于制造无镍低铬的不锈耐热钢。钢中硅含量较高时，在焊接时喷溅较严重，有损焊缝质量，并易导致冷脆，会增加镀锌时锌对铁的破坏作用。

### 382. 非金属元素氧在钢中的作用是什么？

钢中的氧（O）对钢的力学性能有不利的影响，是作为有害元素来看待的。但氧在冶炼过程中却是不可缺少的主要因素之一，特别是在吹氧炼钢中，它起着主要的作用。另外，在炼制沸腾钢和半镇静钢时，钢液中还必须保留适量的氧，以便钢液在钢锭模中发生适度的沸腾作用，使钢锭有一个较纯净坚实的外壳层，使轧成的钢板和钢材具有光滑优良的表面层。同时，沸腾过程中产生的一氧化碳（CO）气泡在钢锭中占有一定体积，起到压缩或消除钢锭中缩孔的作用，这样可以增加钢的收得率和成材率。这些也可以说是氧在钢中的有利作用。

### 383. 非金属元素氮在钢中的作用是什么？

氮（N）在钢中的作用主要是：（1）固溶强化及时效沉淀强化；（2）形成和稳定奥氏体组织；（3）改善高铬和高铬镍钢的宏观组织，使之致密坚实，并提高其强度；（4）借渗入方法与钢表面层中的铬、铝等合金元素化合形成氮化物，增加钢表面层的硬度、强度、耐磨性及抗蚀性等；（5）氮能扩大 $\gamma$ 相区，但由于形成氮化铁而不能无限固溶，在 $\alpha$ 铁及 $\gamma$ 铁中的最大溶解度分别为0.4%及2.8%；（6）不形成碳化物，但与钢中其他元素形成氮化物，如 TiN、VN、AlN 等，有固溶强化和提高淬透性的作用，但均不太显著；（7）由于氮化物在晶界上析出，提高晶界高温强度，从而增加钢的蠕变强度，在奥氏体钢中，可以取代一部分镍；（8）与钢中其他元素化合，有沉淀硬化作用；（9）对钢抗腐蚀性能的影响不显著，但钢表面渗氮后，不仅增加其硬度和耐磨性能，而且可显著改善其抗蚀性。

但氮在钢中的作用，也有其不利的一面，如对低碳钢，由于氮化铁（$Fe_4N$）的析出，导致时效和蓝脆现象；含量超过一定限度时，易在钢中形成气泡和疏松，与钢中的钛、铝等元素形成带棱角而性脆的夹杂群等。氮的使用，不受资源的限制，如能用其所长，避其所短，充分发挥其作用，含氮钢是有其广泛发展前途的。

## 384. 非金属元素氢在钢中的作用是什么?

氢(H)以原子或离子形式溶于钢中，形成间隙固溶体，因而也起到某些合金化的作用。氢能扩大 γ 相区，在奥氏体中的溶解度远大于在铁素体中的溶解度，有稳定奥氏体、增加钢淬透性的好处。但它在钢中会造成很多严重的缺陷，如产生白点、点状偏析、氢脆，以及焊缝热影响区内的裂缝等。这些缺陷的危害性，远远超过它作为合金化元素所带来的好处，所以一般把它看做是一种有害的元素，而采取种种措施，以降低其在钢中的含量。

## 385. 硫在钢中的作用是什么?

硫(S)在钢中一般认为它是残存在钢中的有害元素之一。它降低钢的延展性及韧性，损害钢的抗蚀性，对焊接也有不利影响等。所以在优质钢中，其含量控制在 0.045% 以下，就是在普通钢中也不得大于 0.055%(在侧吹碱性转炉钢中，放宽为不大于 0.065%)。

硫在钢中形成 MnS 后，在低温轧制时，MnS 会沿轧制方向拉伸延长，使钢的各向异性加大，对横向冲击影响严重，对塑性也有较大的影响，特别是对钢板的 Z 向性能影响很大，严重时导致钢板出现分层。含硫高时，钢板抗 $H_2S$ 晶间腐蚀能力大大降低，容易出现氢致裂纹。但在某种条件下，害处可以转化为益处，如在含硫易切钢中，就是提高其硫和锰的含量，形成较多的硫化锰(MnS)微粒，以改善钢的切削加工性。硒和碲在周期表中和硫同族，性能颇为相似，在钢中的作用也相似。

为克服钢中硫的危害，必须严格控制钢中硫含量，实现超低硫冶炼，才能满足高品质中厚板的质量要求。各种用途钢板对硫含量的要求见表 5-1。

**表 5-1 各种用途钢板对硫含量的要求**

| 钢板种类 | | 硫含量/% |
|---|---|---|
| 造船板、桥梁板等 | | ≤0.0050 |
| 低温容器(LNG 储罐) | | ≤0.0010 |
| 管线钢板 | 高强度厚壁管 | ≤0.0020 |
| | 低温管线 | ≤0.0020 |
| | 抗 HC 管线 | ≤0.0005 |
| 海洋平台 | | ≤0.0020 |
| 抗层状撕裂厚板 | | ≤0.0010 |

### 386. 稀土在钢中的作用是什么？

稀土（RE）在钢中有净化和明显的变质作用。钢的洁净度不断提高，稀土元素的微合金化作用日益突出。稀土的微合金化包括微量稀土元素的固溶强化、稀土元素与其他溶质元素和化合物的交互作用、稀土元素的存在状态（原子、夹杂物或化合物）、大小、形态和分布，特别是在晶界的偏聚以及稀土对钢表面和基体组织结构的影响。稀土是很好的钢中脱硫去气剂，可用于清除其他如砷、锑、铋等有害杂质，净化钢质，可以改变钢中夹杂物的形态和分布情况，从而改善钢的质量。在低合金结构钢中加入适量的稀土，有良好的脱氧、脱硫作用，可以提高冲击韧性（特别是低温韧性），耐大气腐蚀，并有良好的焊接性能和冷加工性能。在高合金的不锈耐热钢和电热合金中加入稀土，既可以提高钢的抗氧化性和抗蚀性，也可以改善钢和合金的铸态组织，从而改善其热加工性能并提高其使用寿命。一般所说的稀土元素，是指镧、铈、镨、钕、钷、钐、铕、钆、铽、镝、钬、铒、铥、镱、镥、钇、钪共 17 种元素。

## 第二节　合金元素对钢组织的影响

### 387. 合金元素对铁碳相图的影响是什么？

（1）对单一奥氏体区的影响：

扩大奥氏体区，主要元素有锰、镍、氮；

缩小奥氏体区，主要元素有铬、钼、钛、硅。

（2）对共析成分的影响：

减少共析点碳含量，主要元素有镍、硅、钴；铬、锰；

增加共析点碳含量，主要元素有钛、铌、钒等。

（3）对相变点的影响：

降低相变点，主要元素有锰、镍、铜、氮等；

提高相变点，主要元素有铝、硅、磷等。

### 388. 合金元素与铁的相互作用关系是什么？

第一类：能够扩大 $\gamma$ 相区的元素：

（1）镍、锰、钴、铂、铱——无限互溶。

（2）碳、氮、铜、锌、金、氢——有限溶解。

第二类：能够缩小 $\gamma$ 相区的元素：

（1）铬、钒、钼、钨、钛、硅、铝、磷——能完全封闭 $\gamma$ 相区。

（2）铌、锆、锶。

### 389. 合金元素与碳的相互作用关系是什么？

（1）不能与碳相结合的元素：铜、硅、镍、铝、钴。

（2）能够与碳结合形成碳化物的元素：铁、锰、铬、钼、钨、钒、钽、铌、锆、钛。

1）碳原子半径与金属原子半径之比小于0.59时，形成间隙相，如TiC、WC；

2）碳原子半径与金属原子半径之比大于0.59时，形成具有复杂结构的碳化物；

3）当钢中含有几种碳化物形成元素时，碳含量较低时强碳化物元素优先与碳结合；碳含量逐渐增加时，弱碳化物形成元素也将生成碳化物。

### 390. 合金元素与铁的相互作用是什么？

合金元素对铁的同素异构转变有很大影响，这一影响主要通过合金元素在$\alpha-Fe$和$\gamma-Fe$中的固溶度，以及对$\gamma-Fe$存在温度区间的影响表现出来，而这两者又取决于合金元素与铁构成的二元合金相图的基本类型。

### 391. 合金元素按与碳相互作用情况是怎样划分的？

按照与碳相互作用的情况，可将合金元素分为两大类：

（1）非碳化物形成元素。这一类元素包括Ni、Si、Co、Al、Cu等，以溶入奥氏体和铁素体中的形式存在，有的可形成非金属夹杂物和金属间化合物，如$Al_2O_3$、AlN、$SiO_2$、FeSi、$Ni_3Al$等。另外，硅含量高时，可能使渗碳体分解，使碳游离呈石墨状态存在，即有所谓石墨化作用。

（2）碳化物形成元素。这一类元素包括Ti、Nb、Zr、V、Mo、W、Cr、Mn等，它们中的一部分可以溶于奥氏体和铁素体中，另一部分与碳形成碳化物，各元素在这两者之间的分配，取决于它们形成碳化物倾向的强弱程度及含量。

### 392. 合金元素对C曲线的影响是什么？

除了钴之外，常用合金元素都会增加奥氏体的稳定性。但也有以下几个特殊性：

（1）铬：随着铬含量增加，珠光体转变和贝氏体转变曲线分开。

（2）钼、钨：使两种转变曲线分离，但钨的作用小一些。

（3）硼：微量的硼（0.002%～0.005%）就足以显著推迟铁素体、珠光体转变，碳含量低时更为明显；对贝氏体转变的影响较小，取决于硼在奥氏体晶界的偏聚程度。

### 393. 合金元素对钢加热转变的影响是什么？

合金钢热处理时的加热目的通常有两点：一是为了获得成分均匀的奥氏体，希望有尽可能多的合金元素溶解于奥氏体中，只有溶入奥氏体，合金元素才能发挥其提高淬透性的作用；二是为了获得细小晶粒的奥氏体组织，因为奥氏体的晶粒大小决定着冷却转变生成物的实际晶粒大小。

### 394. 合金元素对奥氏体冷却转变的影响是什么？

除钴之外，所有的合金元素均使 C 曲线右移，其中碳化物形成元素还使 C 曲线的形状发生变化，提高了奥氏体的稳定性，从而提高奥氏体淬透性，而提高钢的淬透性往往是合金化的主要目的之一。

### 395. 合金元素对珠光体转变的影响是什么？

合金元素（钴、铝除外）均显著推迟奥氏体向珠光体转变，其原因是：

（1）珠光体转变时，碳及合金元素需要在铁素体和渗碳体间进行重新分配，由于合金元素的自扩散慢，并且使碳的扩散减慢，因此使珠光体的形核困难，降低转变速度。

（2）扩大 $\gamma$ 相区的元素如镍、锰等均降低奥氏体的转变温度，从而影响到碳与合金元素的扩散速度，阻止奥氏体向珠光体的转变。

（3）微量元素硼在晶界上内吸附并形成共格硼相（$M_{23}C_3B_3$），可显著阻止铁素体的形核，从而增加了奥氏体的稳定性。

### 396. 合金元素对碳化物形成、聚集和长大的影响是什么？

合金元素对 $\varepsilon$ 碳化物的形成没有影响。随着回火温度的升高，碳钢中的 $\varepsilon$ 碳化物于260℃转变为渗碳体，合金元素中唯有硅和铝强烈推迟这一转变，使转变温度升高到350℃。此外，铬也有使转变温度升高的作用，不过比硅和铝要弱得多。

### 397. 合金元素对回火脆性的影响是什么？

合金元素对回火脆性的影响是不可能用热处理和合金化的方法来消除第一类回火脆性，但硅、锰等元素可将脆性化温度提高至350～370℃。镍、铬、锰增加了第二类回火脆性的倾向，而钼和钨则有抑制和减轻回火脆性的倾向。

### 398. 合金元素在低合金结构钢中的作用是什么?

（1）铁素体的固溶强化，主要元素有锰、硅、镍、铬、铜、钴、磷。

（2）增加珠光体量，主要元素有碳、锰。

（3）细化晶粒，主要元素有铌、钒、钛。

（4）对耐大气腐蚀性能的影响：

1）提高耐大气腐蚀性能，主要元素有铜、磷、铬、钼、铝；

2）与含量有关，主要元素有锰、硅、钒；

3）降低耐大气腐蚀性能，主要元素有碳、硫。

### 399. 合金元素是如何影响钢材性能的?

合金元素对钢材性能的影响是通过对组织的影响而起作用的,因此必须根据合金元素对相平衡和相变的影响规律来掌握对力学性能的影响。了解合金元素对钢强韧性的影响是制定合金元素合理添加量、使材料获得良好强韧性匹配的必要条件。

### 400. 对钢质有害的元素有哪些，其有害性是什么?

在钢中对钢质有害的元素主要有：铅（Pb）、锡（Sn）、砷（As）、锑（Sb）、铋（Bi）、铟（In）、镉（Cd）、碲（Te）、铊（Ta）。

（1）铅在钢中的残余极微,绝大部分铅在冶炼过程中以蒸气形式逸出钢液。由于铅和铁不生成固溶体,一般它是以微小的球状形态而存在于钢中,易发生偏析,对钢的性质有一定不良影响,铅能使钢的塑性略有降低,使钢的冲击值有较大降低。如因特殊用途可在浇铸过程中加入,钢中含少量铅可改善钢的切削加工性能。

（2）锡可大大降低钢及合金的高温力学性能，对钢的加工性能也十分有害。在钢中加入少量锡时能提高钢的耐腐蚀性，其强度也有一定提高，而对塑性却影响不大。

（3）砷的熔点为800℃左右，砷降低铜在γ铁中的溶解度和熔融相熔点，使富集相熔点较单纯含铜钢的950~1150℃范围低，使熔融相向晶界渗透，破坏晶界的连续性。国外资料表明，砷对钢的热脆性能影响相当于铜的1/4。砷在钢中常以$Fe_2As$、$Fe_3As_2$、FeAs及固溶体形式存在，易发生偏析现象。砷与磷、锑同族，对钢性能影响有类似之处，砷能提高钢的抗拉强度和屈服点，增强抗腐蚀和抗氧化性能，但砷含量较高时（如大于0.2%），则使钢的脆性增加，伸长率、断面收缩率及冲击韧性降低，并影响焊接性能。

（4）锑对钢的性能有恶劣影响，一般使钢的强度降低，脆性增加，但如在钢中加入一定量的锑，会不同程度地提高钢的抗腐蚀能力及耐磨性。

（5）铋在钢中几乎不溶，在冶炼过程中，绝大部分以蒸气形式逸出，故铋在钢中含量极微。它易偏析于晶间、相间，它在晶间的浓度甚至可为在合金整体中浓度的8100倍，因而它的存在易引起钢的脆性，能使不锈钢热态韧性降低，如铋含量较多，还会降低钢的塑性，影响钢的高温强度，致使不锈钢挤压材产生裂纹。如作特殊用途钢中加入少量铋，则可显著改善钢的切削加工性能。

（6）铟在钢铁及合金中系有害元素，易偏聚于晶界，影响钢的强度和韧性，对钢及合金的力学性能可产生较大的危害。

（7）镉除特殊需要外，在钢铁及合金中系有害元素，它能使钢铁的力学性能受到严重危害，如发生镉脆现象。

（8）碲在钢铁及合金中系有害微量元素，其危害性是能造成晶间脆化，使其持久强度及塑性降低。因此，作航空材料的高温合金一般要求碲含量小于0.001%，目前不少资料提出必须控制碲含量小于（1～0.5）$\times10^{-4}$%。

（9）铊对钢及合金力学性能会产生较大危害。

## 第三节　合金元素对钢的强化

### 401. 合金元素强化钢材的实质是什么？

（1）从金属晶体完整的概念出发：消除晶体中存在的缺陷，制成无缺陷的完整晶体，使金属的晶体强度接近理论强度，如晶须、非晶态等。

（2）从金属晶体缺陷理论出发：金属材料在外力作用下产生塑性变形的过程实质上是位错的不断运动和增殖。位错间的弹性交互作用是位错运动的阻力，宏观表现为金属强度增高。通过热处理和冷塑性形变增加晶体中的位错密度，可以有效地提高金属强度。在有缺陷的金属晶体中引入缺陷，设法阻止位错的运动是目前最常用的金属强化方法。

### 402. 材料强化的方式有几种？

在控制轧制中主要利用的强化方式有析出强化、细晶强化、相变强化、固溶强化（置换强化和间隙强化）、位错强化及亚晶强化等。这些因素对钢的强化也可用 Hall－Petch 公式表示为：

$$\sigma_s=(\sigma_0+\Delta\sigma_m+\Delta\sigma_t+\Delta\sigma_u)+K_1D^{-\frac{1}{2}} \qquad (5-1)$$

式中　$\sigma_0$——铁素体屈服强度；

$\Delta\sigma_m$——固溶强化的作用；

$\Delta\sigma_t$——沉淀强化的作用；

$\Delta\sigma_u$——位错强化的作用；

$D$——晶粒直径；

$K_1$——晶粒尺寸系数。

在控制轧制工艺中不同的工艺制度下可以利用一种或几种强化机制，对于不同种类的钢，其强化方式各有特色，既可以是单一的强化方式，也可以是多种强化方式的复合。

## 403. 晶粒大小对金属力学性能的影响是什么?

金属的晶粒越细，其强度和硬度越高。原因是金属的晶粒越细，晶界总面积越大，位错障碍越多，需要协调的具有不同位向的晶粒越多，金属塑性变形的抗力越高。图 5－1 所示为方形金属受压力作用变为条形后境界晶界面积扩大示意图。

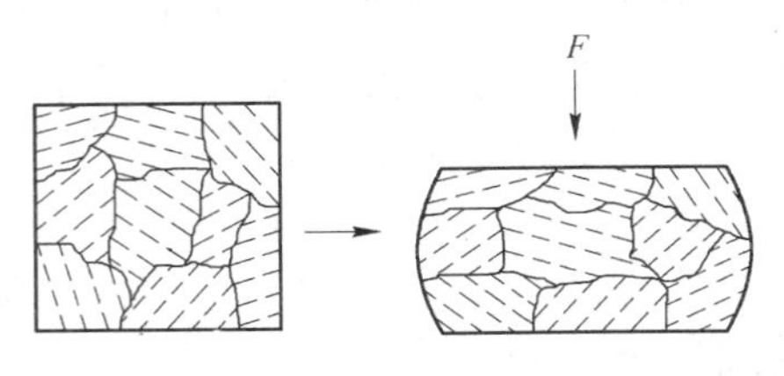


图 5－1 方形金属受压力作用变为条形后境界晶界面积的扩大

金属的晶粒越细，其塑性和韧性也就越好。这是因为晶粒越细，单位体积内晶粒数目越多，同时参与变形的晶粒数目也越多，变形越均匀，推迟了裂纹的形成和扩展，使得在断裂前发生较大的塑性变形。在强度和塑性同时增加的情况下，金属在断裂前消耗的功也大，因而其韧性也比较好。

通过细化晶粒来同时提高金属的强度、硬度、塑性和韧性的方法称为细晶强化。细晶强化是金属的重要强化手段之一。

## 404. 晶粒大小对钢材屈服强度有什么影响?

影响钢材屈服强度最重要的一个因素是晶粒尺寸。以拉伸过程为例，在相同应变的条件下，对于具有小晶粒尺寸的试样，每个晶粒内部均匀分配的应变越小，则位错密度越小。因此，具有较小晶粒尺寸的试样达到屈服需要施加更大的应变，即屈服强度更大。由此，屈服现象可以理解为位错源在不同晶粒间传播的一个过程。

Hall 和 Petch 首先独立研究出晶粒细化的 Hall－Petch 公式，晶粒细化对屈服强度（$\sigma_s$）的贡献可用下式表示：

$$\sigma_s = \sigma_0 + k_y d^{-1/2} \tag{5-2}$$

式中 $\sigma_0$——位错在晶粒内运动为克服内摩擦力所需的应力；

$k_y$——与材料有关的常数，室温下的取值范围是 14.0～23.4N/mm$^{3/2}$；

$d$——有效晶粒尺寸，对于铁素体－珠光体钢，即为体素体晶粒尺寸；对于板条马氏体组织，系指板条马氏体束的尺寸；对于孪晶马氏体组织，则为奥氏体晶粒尺寸。

## 405. 晶粒大小对钢材的强度与韧性有什么影响?

晶粒细化是同时提高钢材强度与韧性的唯一手段。晶界是具有不同取向的相邻晶粒间的界面。当位错滑移至晶界处时，受到晶界的阻碍而产生位错塞积，并在相邻晶粒一侧产生应力集中，最终激发一个新位错源的开动。

晶粒细化在提高钢强度的同时还能提高韧性。当微裂纹由一个晶粒穿过晶界进入另一个晶粒时，由于晶粒取向的变化，位错的滑移方向和裂纹扩展方向均需要改变。因此，晶粒越细小，裂纹扩展路径中需要改变方向的次数越多，能量消耗越大，即材料的韧性越高。

细化奥氏体晶粒，进而增加了相变前奥氏体的有效晶界面积，即增加了铁素体相变的形核点，可以促进铁素体晶粒的细化，实现材料的高强韧性。

## 406. 晶粒尺寸与强化、韧化的关系是什么?

Hall 和 Petch 首先独立研究出晶粒细化的 Hall - Petch 公式，晶粒细化对屈服强度的贡献可用下式表示：

$$\sigma = \sigma_0 + k_y d^{-\frac{1}{2}} \tag{5-3}$$

式中　$k_y$——常数；

$d$——有效晶粒尺寸，对于铁素体 - 珠光体钢，即为体素体晶粒尺寸；对于板条马氏体组织，系指板条马氏体束的尺寸；对于孪晶马氏体组织，则为奥氏体晶粒尺寸。

Petch 推导出晶粒尺寸与韧脆转变温度 $T_c$ 的关系式：

$$T_c = A + B\ln d^{\frac{1}{2}} \tag{5-4}$$

式中　$A$，$B$——常数；

$d$——有效晶粒尺寸。

可以看到，随着晶粒的细化，其韧性也是增加的。细晶强化是唯一能够提高强度的同时增加韧性的强化方式。

## 407. 微合金元素为何会产生延迟再结晶效果，这种效果对轧制有何影响?

热变形过程中或热变形之后，合金元素对回复过程的影响是很重要的。添加微量元素铌和钛会因为抑制了晶界迁移而对再结晶具有显著的延迟效果。合金元素对晶界迁移的抑制是由于：

（1）合金元素偏析于晶粒边界而引起的溶质原子的拖曳作用。

（2）合金元素的碳氮化物在晶界沉淀而引起的钉扎作用。

例如，钼偏析于 γ 晶界，会引起晶界迁移的抑制；铌和钛以细小的碳氮化物粒子形态发生沉淀，这些沉淀物具有钉扎作用而抑制晶界的迁移。

利用微合金元素的这些作用，可以钝化相变过程对某些工艺过程参数的敏感性，从而可以放松对这些工艺参数控制精度的要求。这样一来，新产品生产的可操作性便大为加强，产品质量也易于保证。在利用层流冷却与后部超快速冷却技术配合进行高强复相钢的开发中，添加微量的 Nb、Ti、Cr 等，可以减缓两种冷却方式之间的中间温度对轧制过程的敏感性，大大降低过程控制的难度，提高生产过程的稳定性。

## 408. 什么是固溶强化，基本类型有几种，强化的基本规律是什么？

固溶强化可以看作是很小的可变形质点引起的强化，是通过在固溶体中添加溶质元素使强度升高的方法，它强化的金属学基础是运动位错与异质原子之间的相互作用。固溶强化可以分为间隙式和置换式。

置换式溶质原子造成的晶格畸变较小，且大多球面对称，所以置换式原子的强化作用较小，属于弱强化，对韧性的影响不明显。间隙式固溶强化会造成晶格的强烈畸变，因而对强度的提高十分有效，但同时由于间隙原子在铁素体晶格中造成的畸变不对称，所以随着间隙原子浓度的增加，塑性和韧性明显降低。

固溶强化只能在一定的成分范围内存在，因此将金属基体对溶质原子的溶解度称为最大固溶度。固溶强化的机理大体上可以分为三类，即：

（1）位错钉扎机制。位错可被运动的溶质原子钉扎，从而造成强化，这种钉扎主要在合金发生屈服时产生作用。

（2）摩擦机制。运动的位错受到相对不动的原子所引起的应力场的阻碍，从而增加位错运动的阻力。

（3）结构机制。溶质原子通过影响合金中的位错结构，而间接地影响使位错运动所需要的应力大小。

固溶强化的基本规律如下：

（1）固溶体的强度总比基体金属高，且强度随成分变化呈连续变化。

（2）固溶度越有限，单位浓度溶质原子所引起的强化效果越显著。

（3）当溶质浓度不大时，其屈服强度的增加与溶质浓度的变化大体呈线性关系。

（4）间隙式固溶体对铁素体的强化效能大，但对塑、韧性的削弱显著；置换式固溶体强化效能较弱，但基本不削弱基体的塑性和韧性。

## 409. 间隙固溶强化的三种综合作用效果是什么？

（1）溶质原子气团强化（非均匀强化）：间隙固溶原子运动而聚集于位错周围，形成“原子气团”并对位错产生钉扎作用，阻碍位错运动而产生强化。这种钉扎主要在金属开始屈服时起作用，如屈服效应、形变时效等。

（2）均匀强化：位错在溶质原子均匀分布的晶体点阵中运动时，受到溶质原子内应力场的阻碍而增加位错运动阻力所引起的强化。

（3）间隙固溶原子通过影响合金中的位错结构，从而间接地影响位错运动。

## 410. 什么是晶界强化？

晶界强化的本质在于晶界对位错运动的阻碍作用，晶粒越细小，晶界越多，阻碍作用也越大，强化的效果越好。晶粒越细小，晶界越多，晶界可以把塑性变形限定在一定范围内，使塑性变形均匀化，因此细化晶粒可以提高钢的塑性。晶界又是裂纹扩展的阻碍，所以晶粒细化可以改善钢的韧性，晶界强化是唯一能在提高钢强度的同时，不损害其韧性的方法。

晶界对屈服强度的影响不只来自晶界本身，而且与晶界连接的两个晶粒的过渡区有关，即位错运动的障碍。

在相同体积内，晶粒越细小，即晶粒数越多，相对来说晶界所占的体积就越大，金属强度也就越高。

## 411. 细化晶粒的方法是什么？

（1）细化铸态结晶组织：改善结晶凝固条件、加入变质剂、外加磁场等。

（2）细化奥氏体：形变热处理、再结晶。

（3）细化铁素体：细化奥氏体、控轧控冷。

## 412. 什么是相变强化？

在钢的热处理过程中，随着温度的降低，钢中的相逐渐由平衡态（铁素体、珠光体）过渡至非平衡态（贝氏体、马氏体及残余奥氏体），热力学稳定性依次降低。但更为重要的是，晶体结构、形态和尺度上的差异赋予了各相独特的强度、塑性和韧性组合。

通过钢板的组织变化来提高强度的方式称为相变强化，相变强化主要是马氏体强化和贝氏体强化。

马氏体强化：位错密度大、固溶强化、细晶强化。

贝氏体强化：铁素体板条细小、位错密度增加。

因此，从本质上来说，相变强化是通过实现钢中相及其形态、尺度的控制，以达到提高钢的力学性能的目的。

## 413. 什么是析出强化（沉淀强化）？

沉淀是指某些合金的过饱和固溶体在一定的温度下停留一段时间后，溶质原子会在固溶体点阵中的一定区域内聚集或组成第二相的现象，通常也称为析出。沉淀实质上是固溶处理的一种逆过程。由于过饱和固溶体在热力学上是不稳定的，因此沉淀是一种自发的过程，为区别于基体相（饱和固溶体），常将沉淀物称为第二相。

在沉淀过程中，合金的硬度或强度会逐渐增高，这种现象称为沉淀强化，也可称为时效强化或析出强化。

沉淀强化是一种非常有效的很重要的强化方式，添加微量的合金元素，就可以获得成百兆帕的强度增量，而且微合金碳、氮化物还有相当重要的晶粒细化作用。因此，微合金碳、氮化物的沉淀强化是钢中最重要的强化方式之一。

微合金元素的碳、氮化物在控制轧制时的析出可以分为三个阶段：均热未溶的微合金碳、氮化物质点通过钉扎晶界机制，阻止均热时奥氏体晶粒的粗化，保证细小的均热奥氏体晶粒得以生成；在控轧过程中应变诱导析出相钉扎晶界和亚晶界的作用显著地阻止奥氏体再结晶和晶粒长大，如果这部分组织在冷却时能保留到室温，将会产生一定的强化效果；残留在奥氏体中的微合金元素进一步在铁素体中析出，产生显著的析出强化效果。

一般来说，微合金碳、氮化物的析出强化效果随着微合金元素在奥氏体中溶解度的提高而增强。在其他的条件相同时，析出强化的强度随着析出物体积分数增加和质点尺寸减小而增高。

## 414. 什么是位错强化？

金属中位错密度高，则位错运动时易于发生相互交割，形成割阶，引起位错缠结，因此造成位错运动的障碍，给继续塑性变形造成困难，从而提高了钢的强度。

所谓位错，是晶体中的一条管状区域，在此区域内原子的排列很不规则，也就是说形成了缺陷。由于这个管道的直径很小（只有几个原子间距），可以将它看成是一条线，所以位错是一种线性缺陷。

塑性变形时，位错的运动是比较复杂的，位错之间相互反应，位错受到阻碍不断塞积，材料中的溶质原子、第二相等都会阻碍位错运动，从而使材料出现加工硬化现象。

晶体中位错分布较均匀时，流变应力和位错密度间存在如下 Bailey - Hirsch 关系式：

$$\tau = \tau_0 + \alpha\mu b\rho^{1/2} \tag{5-5}$$

式中　$\tau_0$——没有加工时的切应力；

$\alpha$——常数，其数值为 1/2；

$\mu$——剪切模量；

$b$——柏氏矢量；

$\rho$——位错的平均密度。

由式 5－5 可知 $\Delta\tau=\tau-\tau_0=\alpha\mu b\rho^{1/2}$，即表示位错密度引起的切（流）变应力越大，位错密度越大，金属抵抗塑性变形的能力就越大。

位错强化本身对金属材料强度有很高的贡献。同时，位错的运动也是造成固溶强化、晶界强化和第二相强化及弥散强化的主要原因。

## 415. 位错强化理论提出有什么意义？

位错理论的提出及证实是人们认识金属内部结构的重要进展，使人们对塑性变形的本质有了更深刻的认识。当今的高分辨率电子显微镜已经能够清晰地观察到位错和位错密度，如图 5－2 所示。通过对位错形貌的分析来研究热变形及热处理过程中位错的运动、聚集而导致晶粒内部产生一些子结构，如小角度晶界、亚晶等，这对钢材组织性能的控制具有指导意义。

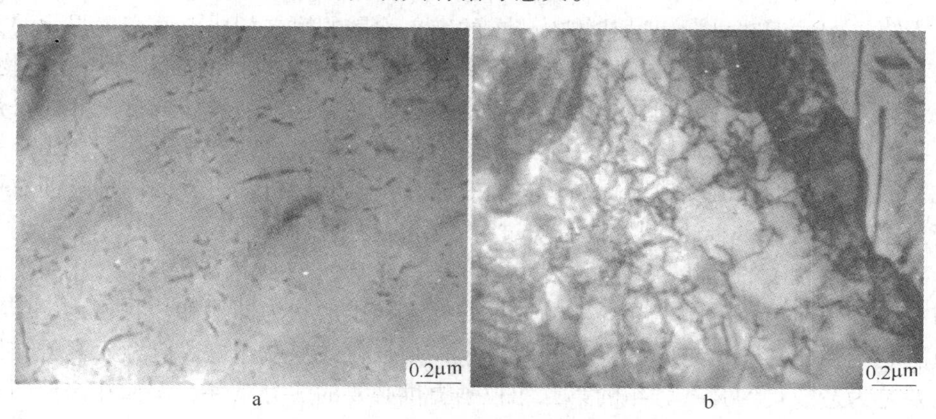


图 5－2　微合金钢变形后铁素体中的位错

a—变形量 1.2，冷却速率 5℃/s；b—变形量 1.4，冷却速率 2℃/s

## 416. 位错强化与塑性、韧性的关系是怎样的？

位错对金属材料的塑性和韧性具有双重作用。一方面，位错的合并以及在障碍处的塞积会使裂纹形核，可以使塑性和韧性降低；另一方面，由于位错在裂纹尖端塑性区内的移动可解缓尖端的应力集中，又可以使塑性、韧性提高。因此，在讨论位错强化和塑性、韧性的关系时，必须考虑这两方面的关系。

## 417. 影响位错强化的主要因素有哪些？

（1）位错交滑移（或高温下攀移）的能力。其中：

1）层错能低的金属：位错不易交滑移和攀移，滑移面上出现列阵位错和位错塞积群，加工硬化率高；

2）层错能高的金属：螺位错难于分解，出现交滑移，滑移迅速发展，倾向于构成亚晶（胞状亚结构），使加工硬化率明显降低。

透射电镜下看不到位错塞积群，多为位错缠结和胞状亚结构。

（2）位错密度与塑性变形量有正比变化关系，细晶材料具有较高的加工硬化率。

（3）冷变形、淬火应力或较低温度下的相变造成的应变、第二相沉淀粒子与基体间线膨胀系数的差异、伴随沉淀物的形成而引起比热容改变、在局部区域出现位错增多等都会加强位错强化。

## 418. 什么是第二相强化，第二相的类型有几种？

材料中以非连续状态分布于基体相中的且在其中不可能包围有其他相的相统称为第二相。钢铁材料通过基体中分布的细小弥散的第二相质点而产生强化的方法称为第二相强化。第二相质点是指除基体外的所有其他相的质点，如碳化物、氮化物、氧化物、金属间化合物、亚稳中间相，甚至包括与基体成分一样而仅是点阵类型不同的同素形构相等。第二相质点与运动位错之间产生的相互作用是导致钢的屈服强度和流变应力提高的主要原因。按其作用机制可分为两种，即位错绕过第二相的 Orowan 机制、位错切过第二相的切过机制。

第二相粒子的形状、析出位置对强度都有影响，一般情况下，第二相粒子分布在整个基体上比分布在晶界上的效果要好。粒子形状为球形和片状相比，球状更有利于强化。粒子越弥散，其间距越小，则强化效果就越好。合金元素的作用主要是为造成均匀弥散分布的第二相粒子提供必要的成分条件，例如在高温回火时，为使碳化物呈细小均匀弥散的分布，并防止其聚集长大，需要往钢中加入碳化物形成元素 Ti、V、Z、Nb、Mo、W 等。

产生第二相质点的方法可以是微合金元素的碳、氮化物从固溶体中析出，也可以通过其他方法加入，后者一般称为弥散强化，而前者称为沉淀强化（见前 312 题）。在钢中主要采用比较经济的沉淀强化来得到第二相质点，第二相质点沉淀析出的必要条件是固溶体合金的溶解度随温度的降低而减小。

概括来说，提高第二相强化的效果有三种途径：增加材料中第二相量，如在浇铸时的熔融状态下加的异相颗粒；获得高度弥散分布第二相，如微合金化使得冷却过程中有第二相析出；选用阻力高的硬质点。

## 419. 第二相粒子对钢的塑性的影响是什么？

第二相粒子对钢的塑性有危害作用。首先，在断裂过程中，孔坑的萌生与第二相质点有关，在外力的作用下，第二相粒子折断或沿其界面开裂，就形成了孔坑。第二相数量越多，则孔坑生成的可能性就越大。其次，钢的塑性与第二相质点的分布状态有关，当第二相均匀分布时，对塑性危害较小，若沿晶界分布，则对塑性危害较大。最后，钢的塑性还与第二相的形状有关，若为针状或片状，则对塑性危害很大，若为球状，则危害很小。

### 420. 当采用第二相粒子强化时，用什么方法改善钢的塑性？

当用第二相强化时，可采用下述方法改善钢的塑性：

（1）控制碳化物的尺寸、数量、形状及分布，如用强碳化物形成元素，采用淬火+高温回火等；

（2）尽可能减少钢中的夹杂物，如减少硫、氧的含量，并往钢中加入Ca、Zr、RE等，与硫形成难溶的球状硫化物；

（3）将片状珠光体改变为粒状珠光体；

（4）位错强化。

### 421. 第二相粒子对再结晶有什么影响？

第二相粒子（质点）可以对再结晶产生不同的影响。尺寸大于100nm的第二相粒子，如渗碳体、硫化锰、硅酸盐夹杂物等，将由于增大形变储能及提供再结晶形核位置的作用而使再结晶过程易于进行，从而在一定程度上增加再结晶速度；尺寸在20～100nm之间的第二相粒子，增大形变储能的作用与钉扎境界的作用大致相等，因而对再结晶过程基本没有明显影响；而尺寸小于20nm的第二相粒子，特别是5～10nm的应变诱导沉淀的微合金碳氮化合物，将有效地钉扎热形变奥氏体中的大角度晶界及亚晶界，从而显著地阻止再结晶的发生。可见，第二相粒子是通过钉扎机制抑制再结晶的发生。

### 422. 钢板的强韧性机理是什么？

塑性变形的微观机制就是大量位错在滑移面上的滑移过程，任何阻止位错运动的因素必定增加金属的强度，高温下则主要是晶界强化。所以，涉及耐火耐候钢的强韧化，除固溶强化、第二相强化（沉淀析出强化和弥散相强化）外，更重要的是晶界强化。

### 423. 第二相对钢的韧性断裂影响是什么？

钢的韧性断裂过程是显微空洞的发生、发展和连接的过程。第二相如夹杂物和碳化物是这些显微空洞的发源地。材料韧性断裂前所发生的变形、材料韧性断裂的抗力主要取决于第二相的数量、性质、尺寸、形状和分布。需特别指出的是，钢的纯净度是影响钢的韧性的关键因素，钢中硫化物，氧化物等夹杂物危害性很大，大块的、条片状的、集中分布的第二相质点比小颗粒的、球状的、分散分布的危害性大。随着钢的强度水平的提高，提高钢的纯净度就更为重要。现代微合金钢发展的趋势是钢中碳含量下降的同时尽可能降低 S、P、O、N、H 等含量。

## 424. 碳化物强化及质点弥散强化作用的特点是什么？

由于碳化物硬而脆的本质及其非共格析出的特点，其强化作用有以下特点：

（1）低温下位错以 Orowan 绕过方式通过碳化物第二相，高温蠕变条件下，位错攀移机制起重要作用，位错切割碳化物是非常困难的。

（2）并非所有碳化物都具有强的时效强化能力，作为主要时效强化相的碳化物，必须具备以下条件：1）具有高温下可以溶解和低温下析出的可能性，极稳定的碳化物高温下难于溶解，低温下就不能有效析出；2）碳化物的结构与奥氏体基体相似，具有均匀析出的条件，晶界碳化物只对晶界行为产生有利或不利的影响；3）作为主要强化相的碳化物必须有一定的稳定性，高温下容易长大的碳化物将失去强化效果。

（3）增加碳化物数量及弥散度有利于提高强化效果，但过分高的碳饱和度，往往会导致大块碳化物（共晶及二次析出）的形成，从而引起脆性。一般碳化物总量不宜太大，因此其强化程度也是有限的。

（4）强化基体，减小元素的扩散能力，这对于较易聚集长大的碳化物相来说是至关重要的。基体固溶体中的位错和层错处是碳化物形核处。时效析出前，固溶体结构状态对碳化物的析出以及碳化物与位错的交互作用有重要影响。碳化物在使用过程中发生的应变时效有强的强化效果。

弥散强化既能提高金属材料的使用温度，也能阻止位错攀移使高温强度增加。常用的弥散相有 $Al_2O_3$、TiN、TiC 等，它们的熔点高、硬度高、颗粒小、间距小，显然弥散度越高对提高强度越有利。

## 425. 钢的脆性断裂主要形式是什么？

钢的脆性断裂主要有解理断裂和晶界断裂两种形式。

（1）解理断裂是金属沿着一定的结晶学平面断裂。这种断裂发生的判据主要是应力条件，当应力达到一定数值时，裂纹就突然发生和发展，而导致脆性断裂。

（2）当材料受到的屈服应力小于断裂应力时，材料发生屈服变形；随着变形量的增加材料产生加工硬化，当流变应力增加到断裂应力时，材料发生破断。若钢的强度（$R_{eL}$、$R_m$）提高，材料经少量变形就会产生脆性断裂。有些合金元素或夹杂物或二者联合偏聚于晶界，降低晶界结合力，从而导致材料沿晶界断裂。

## 426. 钢的韧性断裂的主要影响因素是什么？

钢的韧性断裂过程是显微空洞发生、发展和连接的过程，这是由于钢材在熔炼过程中混入氧化物、硫化物等夹杂物粒子以及某些难变形的第二相粒子造成的。第二相如夹杂物和碳化物是这些显微空洞的发源地，当钢材基体变形时，在夹杂物或二相粒子的相界面上产生强烈的附加拉应力，若界面的结合力弱，则很容易产生剥离，于是就在相界面上产生空洞，夹杂物周围空洞的形成如图5－3所示。

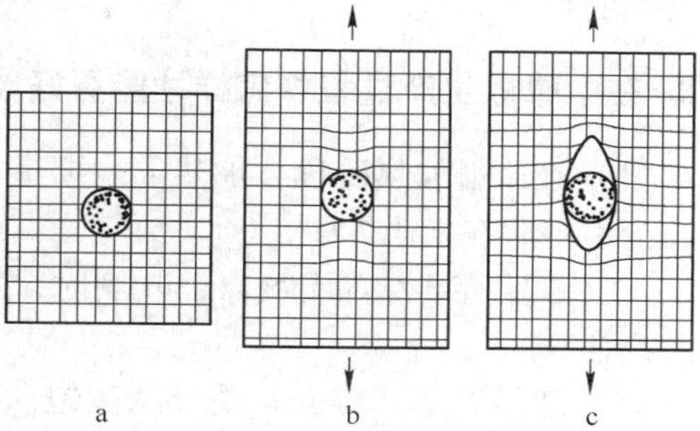

图5－3 夹杂物周围空洞的形成
a—变形前；b—基体变形引起界面处强烈的拉应力作用；c—界面剥离，空洞发生

材料韧性断裂前所发生的变形、材料韧性断裂的抗力主要取决于第二相的数量、性质、尺寸、形状和分布。需特别指出的是，钢中硫化物、氧化物等夹杂物危害性很大，大块的、条片状的、集中分布的第二相质点比小颗粒的、球状的、分散分布的危害性大。

## 427. 合金元素改善钢材韧性的途径是什么？

（1）提高微孔聚集型断裂抗力的途径：

1）尽量减少钢中第二相数量。减少硫化物、氧化物等夹杂和碳化物、氮化物的数量。可以加入一些稀土元素，使硫化物呈球形，这样可显著提高钢的韧性。

2）提高基体组织塑性。为了提高基体组织的塑性，应当控制钢中固溶强化元素的含量，其中首先是间隙原子碳的含量，其次是强化效果较大的置换原子Si、Mn、P的含量。

3）提高组织均匀性。提高组织均匀性的目的在于防止塑性变形的不均匀性，减少应力集中。为此希望强化相，其中主要是碳化物，呈细小弥散均匀分布，而不要沿晶界连续分布。

（2）提高解理断裂抗力的途径：解理断裂的一个重要特征就是冷脆性，常用冷脆转折温度 $t_c$ 来表示。根据解理断裂的微观机理可知，晶粒越细，裂纹形成和扩展的阻力就越大。因此，加入合金元素细化晶粒是一个十分重要的强韧化方法。

（3）提高沿晶断裂抗力的途径：造成沿晶断裂的原因主要有两点：一是溶

质原子如 P、As、Sb、Sn 等在晶界偏聚，降低原子间的结合力，导致晶界弱化，使裂纹易于在晶界形成并扩展；二是第二相如 MnS、$Fe_3C$ 等沿晶界分布，使裂纹易于在晶界形成。为此，要提高沿晶断裂抗力，就要防止溶质原子沿晶界分布与第二相沿晶界析出，如对第二类回火脆性来说，加入 Mo、W 等元素对晶界偏聚有抑制作用。

### 428. 在中厚板生产过程中怎样才能更好地实现合金强化作用？

（1）在原料加热阶段，加热温度要适当、加热时间要充足，确保合金元素能充分地溶解在奥氏体中；

（2）在临界再结晶温度以下轧制时，要有较大的变形量，以产生未再结晶的奥氏体；

（3）通过形变（应变）诱导从过饱和的奥氏体中析出极其微小的微合金元素的碳、氮化合物，使再结晶过程推迟；

（4）使变形程度很大的没有再结晶的奥氏体转变为铁素体或其他产物；

（5）通过分段冷却控制和调整冷却速度，谋求不同的沉淀强化效果。

### 429. 铌微合金化钢与钒微合金化钢控制轧制工艺有何特点及不同？

添加铌和钒，均使材料的屈服强度和抗拉强度升高。但是添加钒，对韧性的改进不大。对两者而言，一般是析出强化起主要作用，细晶强化居次要地位。

不同之处是：铌钢在变形量很小时，细晶强化对强度不起作用，完全是析出强化的作用。当变形量很大时，细晶强化大大超过析出强化的作用。而对钒钢而言，变形量很小时，细晶强化也起作用，当变形量很大时，两者的作用差不多。

### 430. 铌、钒、钛在控轧控冷钢中的特点是什么？

在控轧控冷钢中，铌、钒、钛是被广泛使用的合金元素，它们的共同特点是能与碳、氮结合形成碳化物、氮化物和碳氮化物，这些化合物在高温下能够溶解，在低温下能析出。其作用表现为：

（1）加热时阻止原始奥氏体晶粒长大；

（2）轧制过程中抑制变形奥氏体的再结晶及再结晶后的晶粒长大；

（3）在低温时起到析出强化的作用。在所有微合金元素中，铌的效果最为显著。但在中厚板生产过程中，经过层流冷却后的热轧板不经过高温卷取而是直接空冷到室温，由于热轧板在高温阶段停留时间短，冷却速度较快，微合金碳氮化物在铁素体中的沉淀析出会受到抑制，会影响到合金元素强化作用的充分发挥。

### 431. 铌、钒、钛对提高钢的强韧性有什么影响？

铌、钒、钛与氮、碳有极强的亲和力，可与之形成极其稳定的碳氮化物。弥散分布的铌的碳氮化物第二相质点沿奥氏体晶界的分布，可大大提高原始奥氏体晶粒粗化温度，在轧制过程中的奥氏体再结晶温度区域内，铌的碳氮化析出物可以作为奥氏体晶粒的形核核心，而在非再结晶温度范围内，弥散分布的铌的碳氮化析出物可以有效钉扎奥氏体晶界，阻止奥氏体晶粒进一步长大，从而细化铁素体晶粒，达到提高强度和冲击韧性的目的；微合金元素钒在钢中的主要作用是沉淀强化，其细晶强化相对铌的作用要小；钛的氮化物能有效地钉扎奥氏体晶界，有助于控制奥氏体晶粒的长大，大大改善焊接热影响区的低温韧性。因此，充分利用铌、钒、钛等微合金元素的细晶强化和沉淀强化作用，是保证钢板具有优良强韧性的重要手段。

## 第四节　控制轧制与控制冷却

### 一、控制轧制

### 432. 什么是控制轧制？

控制轧制 CR（controlled rolling）是在调整钢的化学成分的基础上，通过控制加热温度、轧制温度、变形制度等工艺参数，控制奥氏体状态和相变产物的组织状态，从而达到控制钢材组织性能的轧制方式。控制轧制也可以更广泛地理解为对从轧前的加热到最终轧制道次结束为止的整个轧制过程进行最佳控制，以使钢材获得预期良好的性能。

### 433. 控轧轧制的任务是什么？

控制轧制的任务是通过加热温度、轧制过程中各个道次的轧制温度、压下量等轧制参数的控制与优化来进行奥氏体状态的控制，为后面冷却过程中得到细小的相变组织等积累条件。控制轧制的要点是奥氏体状态的控制，主要包括奥氏体晶粒尺寸的大小，内含能量的高低、内部缺陷的多少等。

### 434. 控制轧制的主要特征是什么？

（1）变形带的形成是控制轧制的基本特征之一。在常规的热轧中，α 晶粒仅聚集在 γ 晶界，而在控制轧制中，α 晶粒既在晶粒内聚集也在晶界上形核。

（2）控制轧制的第二个重要特征是在两相区变形过程中亚结构的形成。亚结构尺寸越小，它的强化效果越强。

（3）控制轧制的另一个特征是铁素体晶体织构的形成。

### 435. 控制轧制的基本手段是什么？

控制轧制的基本手段就是“低温大压下”和添加微合金元素。所谓“低温”是在接近相变点的温度进行变形，由于变形温度低，可以抑制奥氏体的再结晶，保持其硬化状态。“大压下”是指施加超出常规的大压下量，这样可以增加奥氏体内部储存的变形能，提高硬化奥氏体程度。

添加铌等微合金元素，是为了提高奥氏体的再结晶温度，使奥氏体在比较高的温度即处于未再结晶区，因而可以增大奥氏体在未再结晶区的变形量，实现奥氏体的硬化。

### 436. 控制轧制的优点是什么？

控制轧制和一般热轧工艺相比，优点有：

（1）通过控制轧制细化晶粒，使钢材的强度和低温韧性有较大幅度的提高。

（2）控制轧制工艺为防止原始奥氏体晶粒长大而降低了坯料的加热温度，并通过控制冷却替代（或部分替代）了轧后的调质处理，这样既可以节省能源又简化了生产工艺。

（3）可以充分发挥微量合金元素铌、钒、钛的作用，不仅起到沉淀强化的作用，而且细化了晶粒，同时使轧后钢材的韧性得到了改善。

### 437. 控制轧制的技术要点是什么？

控轧轧制是一项人为地使奥氏体中尽可能多地形成铁素体相变核的晶格异质（heterogeneity），并有效地将铁素体晶粒细化的技术。控制轧制的技术要点具体归纳为：

（1）尽可能降低加热温度，即将开始轧制前的奥氏体晶粒微细化。

（2）使中间温度区（例如900℃以上）的轧制道次程序（道次压下量）最佳化，通过反复再结晶使奥氏体晶粒微细化。

（3）加大奥氏体未再结晶区的累计压下量，增加奥氏体每单位体积的晶粒面积和变形带面积。

从机理上考虑，关于铁素体晶粒的微细化，上述（1）、（2）、（3）的效果可以认为是叠加的。

### 438. 控制轧制的分类方法是什么？

控制轧制是通过控制热轧时的温度、压下量等条件使其最佳化，人为地调整奥氏体相变状态的一种技术。控制轧制可以分为以下三个类型；奥氏体再结晶区控制轧制（又称为Ⅰ型控制轧制或一阶段控轧）、奥氏体未再结晶区控制轧制（又称为Ⅱ型控制轧制或二阶段控轧）和（$\gamma+\alpha$）两相区控制轧制（又称Ⅲ型控制轧制或三阶段控轧）。应用广泛和典型的控制轧制是Ⅱ型控制轧制，其一般工艺参数为：板坯出炉温度控制在1050～1150℃之间，高温段（奥氏体再结晶区）的累计压下量占总压下量的60%～80%。

## 439. 什么是临界变形量？

在一定温度下，不论发生动态再结晶还是静态再结晶，都有一个临界变形量的要求。进行静态再结晶所必需的临界变形量与温度有关，温度越低，所需要的变形量就越大。临界变形量还受初期晶粒度的影响，初期晶粒度越细，所需要的变形量就越小，再结晶后的晶粒也越细。变形量越大，再结晶后的晶粒越细。

## 440. 什么是奥氏体再结晶区控轧（Ⅰ型控制轧制），再结晶型控制轧制的变形特点是什么？

奥氏体再结晶区控轧是指轧制温度在奥氏体再结晶温度（$T_R$）之上（大约950℃）的轧制。通过再结晶控制使奥氏体晶粒细化，导致最终组织细化。

再结晶型控制轧制的变形特点是：钢在变形的同时发生动态回复和不完全动态再结晶，在轧制后或两道次之间发生静态回复和静态再结晶。随着变形和再结晶的交替进行，钢的温度不断下降，奥氏体晶粒逐步细化，奥氏体晶界面积增大，为奥氏体向铁素体相变形核提供更多的位置。相变后铁素体晶粒细化，铁素体晶粒度可达8～9级。为了达到完全再结晶，应保证轧制温度在再结晶温度以上，而且要有足够的变形量。

## 441. 在奥氏体再结晶区控轧的原则是什么？

控制轧制粗轧过程一般通过奥氏体不断再结晶细化晶粒，在此阶段，道次变形量必须大于再结晶临界变形量，以确保发生完全再结晶，防止出现异常粗大的奥氏体晶粒。与普碳钢相比，含铌钢的临界形变量与初始奥氏体晶粒大小和形变温度有更大的相关性。

（1）要尽量减少道次间停留时间，要连续轧制，不要间歇，尤其在$\gamma$区的高温侧（动态再结晶区），使道次间的再结晶晶粒来不及长大。

（2）道次变形量应大于临界变形量，使全部晶粒都能进行再结晶。总之，Ⅰ型控制轧制时每道次的变形量应尽可能大于临界变形量。这样就能使奥氏体晶粒逐道细化，最后得到充分细小的奥氏体晶粒。

## 442. 什么是奥氏体未再结晶区控轧（Ⅱ型控制轧制）?

未再结晶型控制轧制是在奥氏体区的温度下限范围内进行轧制，不发生再结晶的温度范围一般在 $A_{r3}$ ~950℃之间，其温度的变化取决于钢的化学成分和变形量的大小。在形变奥氏体内产生的大量晶体学缺陷提供了铁素体相变的形核地点，导致铁素体晶粒细化。

未再结晶型控制轧制的变形特点是：轧后变形的奥氏体不发生再结晶，奥氏体晶粒被压扁和拉长，形成了位错、变形带和胞状组织等形式的应变积累奥氏体。应变积累不仅可以增加铁素体形核位置和形核率，而且可以产生形变诱导铁素体和铁素体的动态再结晶，使晶粒细化。由于形核位置增多和分散，所以铁素体晶粒细小，也使珠光体细小和分散，铁素体晶粒度可达 11 ~12 级。但是如果在未再结晶区变形量不足，就会得到粗细不均的铁素体晶粒。对于含铌、钒、钛的钢，在未结晶区的变形量应控制在 40% ~50% 或更大。同时含有这些微量合金元素的钢，由于再结晶温度升高，奥氏体未再结晶区扩大，因而有利于实现未再结晶区的轧制。

## 443. 对含铌、钒、钛的钢在未结晶区变形量应以多少为宜?

对于含铌、钒、钛的钢，不同轧制道次和不同道次变形量对奥氏体晶粒具有变形带的晶粒比例和晶界密度有明显影响。随着道次数减少，道次变形量加大，具有变形带的晶粒比例增大，晶界密度也增大，这有利于形成细小分散的铁素体组织。将在未结晶区的变形量控制在 40% ~50% 或更大时，由于钢中含有这些微量合金元素，会使再结晶温度升高，奥氏体未再结晶区扩大，因而有利于实现未再结晶区的轧制。

## 444. 奥氏体晶粒大小和变形量对铁素体晶粒细化有什么影响?

奥氏体晶粒大小和变形量对铁素体晶粒细化有很大影响。在 $\gamma \rightarrow \alpha$ 相变温度区冷却时，奥氏体中铁素体相的形核率越大，则铁素体晶粒细化程度越高。铁素体形核率与相变时奥氏体晶界面积和形变带的数量有关。在低于再结晶温度区域轧制时变形程度越高，奥氏体晶界面积和形变带数量越高。

## 445. 什么是两相区控轧（或Ⅲ型控轧轧制）?

两相区轧制是指在 $A_{r3}$ 温度以下的（$\gamma+\alpha$）两相区轧制。轧制时，未相变的 $\gamma$ 晶粒更加伸长，在晶内形成更多的变形带。另外，已相变后 $\alpha$ 晶粒受到压下时，于晶粒内部形成亚结构。在轧后的冷却过程中，前两者发生相变形成微细的多边形铁素体晶粒，而后者则因回复变成内部含有亚晶粒的 $\alpha$ 晶粒。因此，两相区控轧钢材的组织为大倾斜角晶粒和亚晶粒的混合组织。

在两相区轧制的钢板强度和韧性变化取决于轧制温度和压下量相互影响的结果。在两相区的高温区进行轧制，韧性比在单相奥氏体区轧制时好，达到最佳。但是随着两相区终轧温度的降低，钢的韧性恶化。

## 446. 什么是亚动态再结晶?

热变形过程中已经形成、但尚未长大的动态再结晶晶核，当变形停止且变形温度足够高时，这些晶核不需要孕育期而继续长大，此过程称为亚动态再结晶。

亚动态再结晶的驱动力是形变奥氏体晶粒内不均匀的位错密度。

## 447. 再结晶行为对组织性能的影响是什么?

（1）热变形后的再结晶行为因变形量和轧制温度的变化可分为再结晶区、部分再结晶区和回复区三个区域。

（2）采用再结晶区轧制时，整个体积发生再结晶，形成均匀的细晶粒组织。

（3）在部分再结晶区轧制时，形成部分再结晶和未再结晶的混合组织。

（4）在回复区域轧制时，多数晶粒产生回复，部分晶粒生成粗大晶粒。

## 448. 控制轧制工艺主要取决于什么?

控制轧制的操作如图 5 -4 所示，关键在于轧制是在比通常轧制温度低的范围内进行。对低温韧性要求高时，须将加热温度降低到正火温度。通过低温轧制能够实现铁素体的大幅度晶粒细化，这样即使成分相同，也能得到比正火或淬火、回火更好的强度和韧性。

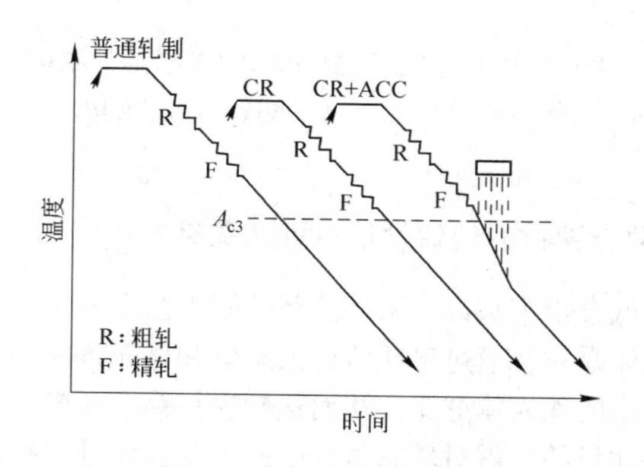


图 5 -4　各种轧制程序的模式图

CR—控制轧制；ACC—控制冷却

## 449. 什么是层状撕裂，影响层状撕裂的因素有哪些？

层状撕裂是一种发生在热影响区或平行于板表面的热影响区附近的阶梯状裂纹，它最容易沿着脆化区和拉长的硫化锰等区域发生。当钢发生分层的敏感性很大时，很可能发生层状撕裂。

在硫含量偏高、终轧温度较低的情况下，控轧钢板容易出现分层现象，特别是当终轧温度低于 $A_{r3}$ 温度时钢板出现分层的倾向较强。图 5－5 描述了高于或低于 $A_{r3}$ 温度终轧的钢板 $Z$ 方向上横断面积收缩率和硫含量的关系。断面收缩率随硫含量的增加而显著降低。当硫含量低于 0.008% 时，无论是否采用控制轧制，断面收缩率均会足够大，这就意味着断面收缩率主要取决于硫含量，也就是锰的硫化物数量，而不是分层程度。

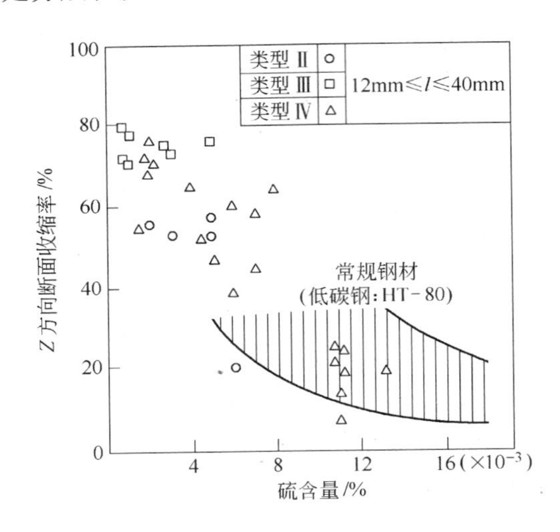


图 5－5　高于或低于 $A_{r3}$ 温度下终轧钢板的 $Z$ 向断面收缩率和硫含量的关系

Ⅱ—普通轧制；Ⅲ—控冷；Ⅳ—控冷＋水冷（见图 5－4）

## 450. 控轧工艺参数与钢材的组织性能有什么关系？

对于低碳钢、低合金钢来说，采用控制轧制工艺主要是通过控制轧制工艺参数，细化变形奥氏体晶粒，通过奥氏体向铁素体和珠光体的相变，形成细化的铁素体晶粒和较为细小的珠光体球团，从而达到提高钢的强度、韧性和焊接性能的目的。为了达到上述目的，需对轧制过程中的工艺参数进行有效的控制，其中主要是再加热温度、变形量和变形温度的控制。控轧过程中这些参数的作用机制如图 5－6 所示。

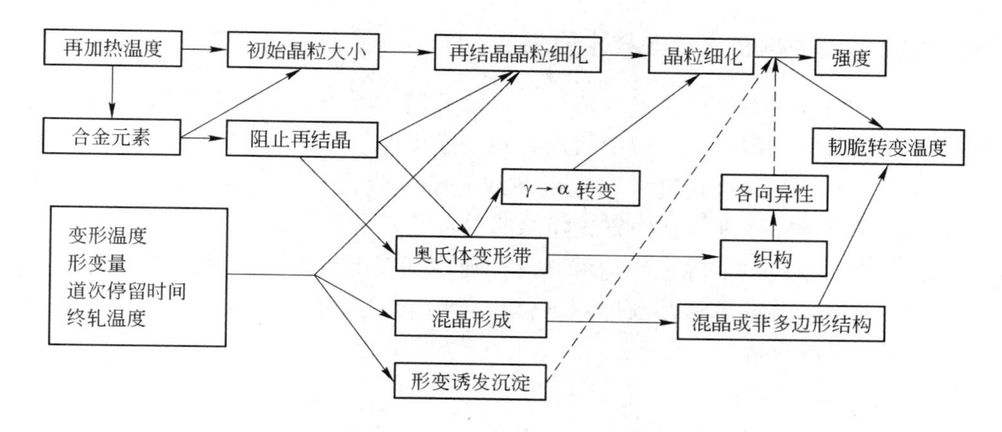


图 5－6　控轧工艺参数的作用机制示意图

## 451. 控制轧制对道次变形量和终轧温度的要求是什么？

在再结晶区控轧，道次变形量必须大于再结晶临界变形量的上限，以确保发生完全再结晶；在未再结晶区控轧，应加大结晶临界变形量的上限，以确保发生完全再结晶。

在未再结晶区控轧，加大道次变形量，可增加奥氏体晶粒中变形带和位错密度，增大有效晶界面积，为铁素体相变形核创造条件。含铌钢在未再结晶区总压下率为55%时，不同轧制道次数和不同道次变形量对奥氏体晶粒具有变形带的晶粒比例和晶界密度有较明显影响。随着道次数减少，道次变形量加大，具有变形带的晶粒比例增大，晶界密度也增大，这有利于形成细小分散的铁素体组织。

在两相区控轧时，在压下量较小阶段增大变形量，钢的强度提高很快，当变形量大于30%时，再加大压下量，强度提高平稳（即强度提高较为平缓），韧性得到明显改善（即韧性的改善较为显著）。

一般经验表明，在奥氏体再结晶区每道次变形量为10%，总变形量为60%；在非再结晶区大于45%～50%的总变形量有利于晶粒细化。在两相区10%的变形量可提高强度，而且形成弱的（100）织构，分离现象不明显。总之，大的变形量和低的终轧温度都是必不可少的（改善钢材力学性能的必要条件）。

## 452. 终轧温度过高及冷却速度过快会产生什么有害组织？

终轧温度过高（$A_{r3}$以上），其奥氏体晶粒粗大，在快速冷却时，就容易产生晶粒粗大、带状组织和混晶组织，严重降低钢板的延伸性能。冷却速度过快，容易产生魏氏组织或表面马氏体、伪珠光体等急冷组织，加工性能变坏。

### 453. 控制轧制对轧机有哪些技术要求？

（1）轧机要具有高的强度和刚度，通常轧制力不小于沿辊长 2kN/mm，单辊轧制力矩不小于 300N · m，单电机功率不小于 1kW。

（2）具有待温时能使轧件在轧机前或轧机后辊道、旁侧辊道进行游动降温的功能，或者对轧件进行其他方式降温的设备。

（3）有足够的轧后输出辊道和轧后加速冷却系统（ACC、DQ + ACC）。

（4）具有在轧机前、后实时对轧件进行温度、宽度、厚度和轧机轧制压力、轧制力矩测量的仪表。

## 二、控制冷却

### 454. 什么是控制冷却？

控制冷却（control cooling）通常是指加速冷却（accelerated cooling）或间断加速冷却（interrupted accelerated cooling），它是控制轧制技术的发展和完善。通过控制轧制之后的控制冷却，可以对冷却过程的相变进行控制，实现相变强化、细晶强化以及沉淀强化等多种强化方式的有效结合，可以在降低合金元素含量或碳含量的条件下，进一步提高钢材的强度而不牺牲韧性。

### 455. 控制冷却的本质是什么，其研究分析的主要手段是什么？

控制冷却的本质是通过对组织结构的控制来获得所希望的产品性能。掌握组织的演变过程，揭示组织结构的变化规律，进而建立组织与性能之间的定量关系，这对控制冷却来说是至关重要的。

目前利用现代化的检测手段观察钢材组织形貌，已成为研究和判断控制冷却的重要环节。其主要手段有：分析金相组织、观察 X 射线衍射图像、获得扫描电镜（transmission electron microscope，TEM）形貌、积累图像分析的数据，以便深入地了解晶粒、晶界、位错、织构、析出等各种物理现象，这些都是与组织、结构及形貌的观察分析分不开的。

### 456. 加速冷却工艺的应用条件是什么？

加速冷却工艺应是在控制轧制后从高于相变温度 $A_{r3}$、尽量接近终轧温度时开始加速冷却，在相变温度区域（760 ~ 780℃至 600 ~ 500℃）以 3 ~ 15℃/s 的冷速冷却，之后进行空冷，最终获得提高强度、焊接性，保持韧性的优质钢板。实验证明，钢板强度随冷却终止温度降低而提高。终冷温度在 500 ~ 600℃，强度变化较小；在 450℃以上钢的韧性变化不大，与控轧基本相同，而在 450℃以下韧性则急剧恶化。以海上平台用含铌微合金钢为例，经从800℃强冷到550℃（冷却速度15℃/s），比一般控温轧制钢板的屈服强度可提高50MPa，与正火处理的相比，约可提高150MPa。

## 457. 控制冷却的任务是什么？

控制冷却的任务是：对开始冷却温度、终了冷却温度、冷却速度、冷却模式等冷却参数的控制与优化，对钢的相变过程进行控制，从而获得最终需要的组织，如铁素体、珠光体、贝氏体、马氏体或其他两相及多相组织。其控制的关键点是对奥氏体相变条件的控制（开始温度、冷却速率、终了温度等），以及如何保持钢板各个部位的均匀冷却。

## 458. 控制冷却是通过控制轧后哪三个阶段的工艺参数得到不同组织的？

控制冷却过程是通过控制轧制后三个不同冷却阶段的工艺参数来得到不同的相变组织，这三个阶段分别称为一次冷却、二次冷却和三次冷却。

一次冷却是指从终轧温度到$A_{r3}$温度范围内的冷却，其目的是控制热形变后的奥氏体晶粒状态，阻止奥氏体晶粒长大和碳化物析出，固定由于形变引起的位错，增大过冷度，降低相变温度，为$\gamma \rightarrow \alpha$相变做准备。一次冷却的起始温度越接近终轧温度，细化奥氏体晶粒和增大有效晶界面积的效果越明显。

二次冷却是指钢材经一次冷却后进入由奥氏体向铁素体相变和碳化物析出的相变阶段，通过控制相变开始冷却温度、冷却速度和终止温度等参数，达到控制相变产物的目的。

三次冷却或空冷是指对相变结束到室温这一温度区间的冷却参数的控制。

## 459. 钢材进行控制冷却对冷却系统有什么要求？

（1）具有由低到高的宽范围冷却调节能力，调节响应速度快；

（2）具有对冷却温度高精度控制的手段，保证各规格、各品种钢板的冷却温度控制要求；

（3）具有对冷却钢板厚度、宽度、长度冷却均匀性的保证措施；

（4）冷却效率高，能满足一定规格钢板的小水量也能达到冷却目标温度的要求；

（5）系统可靠性高，能满足多批量、调节频繁的冷却要求，或同一规格钢板长时间、大批量冷却温度稳定的要求；

（6）冷却系统的内外装置易于清理、维护和检修；

（7）具有加速冷却、直接淬火等控制冷却功能。

## 460. 层流的定义是什么?

层流是指水流的任意横截面上任意点的流速平行、相等。管道中层流判断条件是雷诺数 <2000（2320）。

## 461. 为什么要了解层流的含义?

了解层流的含义在于明确加速冷却的换热机理。实质上，层流不层流并无太大意义，关键在于是不是连续流。所谓连续流就是水流不断、不散，垂直作用于钢板，其作用就是依靠持续重力（动量）连续打破汽膜，提高换热效率。层流水与汽膜对钢板的冷却原理如图 5 －7 所示。

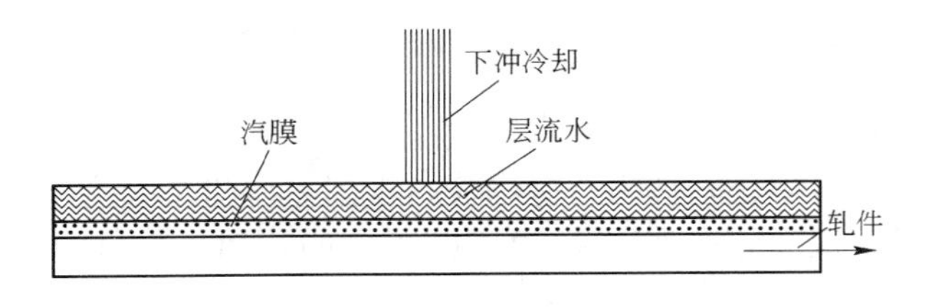


图 5 －7　层流水与汽膜对钢板的冷却示意图

## 462. 控制冷却要把握的重点是什么?

一是对加速冷却冷却速度的要求（满足一些特殊钢种开发的要求）；二是对冷却路径的控制（进入相变的时刻和停留时间，获得希望的组织）；三是冷却均匀性的控制（板形、产品性能的均匀性）。

## 463. 中厚板轧机在线加速冷却控制方式有几种?

目前轧后加速冷却已成为一种成熟的处理工艺，主要的控制冷却方式有层流冷却、雾化冷却、水幕冷却、直接淬火冷却等。如日本住友开发的 DAC 技术，日本 NKK 开发的 OLAC 技术，日本神户制钢开发的 CONTCOOL 技术，法国 BERTIN 和 Cie 公司开的 ADCO 技术等。

## 464. 控制冷却的强韧化机理是什么?

控制冷却对控轧后的钢板进行水冷，降低相变温度，进一步细化铁素体及珠光体组织，同时使 Nb、Ti、V 微合金元素的碳氮化合物更加弥散析出，进一步提高析出强化效应，可以明显提高强度，保持韧性不变。当冷却速度达到一定值时，轧后加速冷却得到的相变组织从铁素体和珠光体组织变成更细小的铁素体和贝氏体组织，贝氏体量随着冷却速度加快而增加，且生成的贝氏体组织极细，从而使钢板强度进一步提高。同样的压下率，微细的贝氏体强度至少可以提高60～70MPa。

体现钢韧性指标的脆性转变温度受多种因素影响。晶粒细化使脆性转变温度降低，而析出强化效应增强，珠光体和贝氏体的体积分数增加，使脆性转变温度升高。加速冷却后最终脆性转变温度是降低还是升高，取决于上述两方面因素的综合作用。只要选取合理的加速冷却工艺，就能在提高钢的强度的同时，维持高的韧性指标。

### 465. 加速冷却的优点是什么？

（1）采用加速冷却可以实现晶粒细化，减少合金含量（尤其是微合金元素的含量），降低制造成本。

（2）由于减少合金含量而降低了碳当量，从而改善了钢材的焊接性能。

（3）因不增加合金含量而提高钢的强度和韧性，提供了在现有轧机条件限制下进入新市场的途径。

（4）热机械轧制工艺具有较大的弹性，具备较强的柔性化生产能力，适合同一种不同级别钢的生产需求。

在加速冷却条件下，产生细小的铁素体和珠光体组织；在强加速冷却条件下，产生针状铁素体和贝氏体组织结构。

### 466. 什么是在线直接淬火，它的优点是什么？

在线直接淬火是利用轧后余热实现淬火的一种技术，一般用于生产抗拉强度大于600MPa的钢板。它的冷却终止温度小于300℃，而且采用高的冷却速度，获得的金相组织必须是贝氏体加马氏体。而控制冷却一般用于生产抗拉强度低于600MPa、含铁素体加珠光体加贝氏体的钢板，它的冷却终止温度一般在300℃以上。

在线直接淬火的优点是：

（1）避免了钢板离线二次加热和淬火，简化了热处理工艺，缩短了生产周期，提高了生产效率，降低了加工成本。

（2）与离线二次加热、淬火、回火钢板相比，韧性更高。

（3）根据合金含量和终冷温度，直接淬火产品通常具有贝氏体或马氏体组织结构。

### 467. 加速冷却系统有哪几种冷却方式？

加速冷却系统冷却方式可以归纳为三种类型：

(1) 同时冷却方式，即钢板进入冷却装置后，同时向钢板全长喷水使钢板达到规定的温度。为了避免因辊道与钢板下表面的长时间接触造成冷却不均（出现黑印），冷却装置所在的辊道具有摆动功能。冷却装置的长度比最大的控冷轧件长度略长。采用这种冷却方式可以减小钢板头尾温差。

(2) 连续冷却方式（通过式冷却方式），即钢板在通过控制冷却装置的过程中，边前进、边冷却，使之从头到尾渐次达到规定的总冷温度，控制原理如图5－8所示。这是目前世界上采用最多的冷却方式。

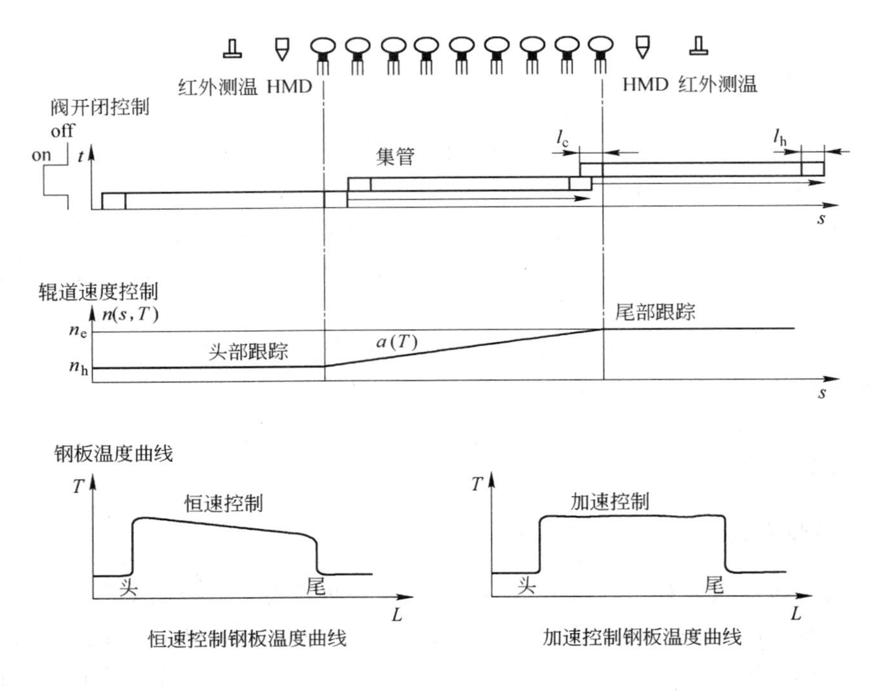


图5－8 通过式冷却方式控制原理图

(3) 兼容冷却方式，即当钢板较厚较短时，可采用同时冷却方式；当钢板较长时，可采用连续冷却方式。

## 468. 冷却状态是什么？

冷却状态是指钢板在控制冷却时是否处于压力约束状态。钢板在辊压状态下称为约束型冷却，反之称为非约束型冷却。约束型冷却装置主要用于直接淬火处理。

通过改善冷却均匀性，一些新建的控制冷却装置实现了在非约束型冷却方式下对钢板的直接淬火处理。

### 469. 什么是集管层流冷却？

所谓层流，就是使低水压的水从水箱或集水管中通过曲管的作用形成无旋和无脉动的流股，也就是当喷射的出口速度比较低时形成这种流股。这种流股从外观上看如同透明的棒一样，液体质点间无任何混杂现象。这样的流股在一定的高度范围内降落到钢板表面上会平稳地向四周流去（当钢板不动时），从而扩大了冷却水同板材的有效接触，大大提高了冷却效率。

冷却水是以较低的压力从管状水嘴自然连续流出，形成平滑的柱状水流，水流落到钢板表面后在一段距离内仍保持平滑层流状态，有效击破水在钢板表面形成的稳定蒸汽膜（即所谓的稳定薄膜沸腾），可获得较强的冷却能力。集管层流水嘴有U形集管和直形集管两种设计，按集管的排布又有高密集管层流和低密集管层流两种方式。

### 470. 集管层流冷却有什么特点？

（1）高密集管层流冷却使管层流的不足得以克服，冷却能力接近水幕层流能力，同时又保持了管层流的优点。

（2）分散布置的冷却集管不像水幕冷却那样冲击区集中，相对来说使板厚方向的冷却较为均匀，冷却较为缓和，不易发生钢板表面的过度冷却，对厚钢板的冷却尤为重要。

（3）可以通过冷却集管上U形管或直形管沿宽度上间距的变化、管径的变化、各排U形管或直形管交叉布置等设计，较为容易地改变宽度方向上的冷却均匀性。

（4）可以采用连续冷却或同时冷却两种方式。采用同时冷却方式有利于提高钢板纵向冷却均匀性，特别适合钢板冷却厚度的扩大要求。

（5）能够灵活调节冷却能力。由于高密集管层流在保证喷射水流呈层流状态下的流量调节范围宽，可以灵活选择开闭集管数，能适应不同钢种和规格差别较大钢板的冷却精度要求。

（6）响应速度快，对控制信号有较高的响应速度，能够在线快速开启和进行水流量的调节、控制。

（7）耗水量大，在四种冷却方式中耗水量最大。

（8）横向冷却均匀性不理想，是点状水冲击钢板，不如水幕和气雾。

### 471. 水幕层流冷却有什么特点？

冷却水以较低的压力从直缝条形状水嘴中自然连续流出，形成平滑连续的幕状水流。由于水幕冷却不存在集管层流冷却各水流之间对钢板冲刷时形成的缝隙和互相干扰，在宽度方向上水幕层流冷却更为均匀和有效。水幕冷却与虹吸管层流冷却相比具有以下特点：

（1）在冷却效果方面，冷却速度快，冷却能力高，能充分发挥冷却水的冷却效率，从而缩短冷却区长度，节约冷却水，与虹吸管层流冷却相比，可节约冷却水 20% ~30% 。

（2）冷却均匀，提高钢板上、下面的纵、横向冷却均匀性，从而可提高产品质量及合格率。

（3）根据产品工艺要求，每个水幕均可改变水流幅宽和流量。

（4）在装置和系统方面，每个水幕之间的间距大，便于处理事故和设备检修，由于设备简化，占地面积较小，故投资相应较少。

（5）水幕间有较大间距，形成的冷却系统为间歇冷却，使钢板在冷却区多次反复的淬火－回火，有利于晶粒细化，性能强化，可进一步挖掘钢材的内在潜力，提高经济效益。

（6）设备结构简单，坚固耐用，出水口缝隙大，不易堵塞。对水质要求不严，一般活循环水都可使用，简化了循环水净化系统。这种方式适合于老厂改造，对新厂的建设也可缩短输出辊道长度。

（7）水幕冷却系统中，水幕装置的大流量与小流量配合使用，可以保证冷却速度和冷却能力的要求，控制灵活，达到钢板控温的准确要求。

## 472. 什么是气雾冷却？

用加压的空气使水雾化，水和高速空气流一起从喷嘴中喷射出来的冷却方法称作气雾冷却。气雾冷却有两种作用：一是为了提高冷却能力用空气加速液滴；二是为了控制冷却能力用空气使液滴极微细化，而不需给太大的动量。气雾冷却适用于从空气冷却到强制水冷极宽的冷却能力范围。

该技术具有如下特点：

（1）具有理想的冷却均匀性。

（2）具有较宽的冷却流量调节范围。

（3）维修成本低，轧制线作业率高。

（4）易于实现高精度的全过程自动控制，适用于不同钢种的快冷控制软件的开发，从而可与其他控制工艺获得最佳配合。

## 473. 控制中厚板长度方向冷却均匀性的方法是什么？

为了实现钢板长度方向温度的均匀性，冷却系统在钢板通过时，对钢板的全长进行物理分区，通过热金属检测仪表和对辊道速度检测对钢板的全长进行跟踪。根据钢板头部、尾部和中部区段的温度，对各区段冷却参数（冷却数量）

进行控制处理（通常采取头部、尾部过钢时的开闭时间减少或遮蔽冷却水开启组数），可以消除钢板长度头、中、尾的温度偏差和钢板上温度的异常波动。对于钢板纵向上的整体温度梯度，通过辊道的微加速控制来减小或消除。控制原理如图 5 –9 所示。

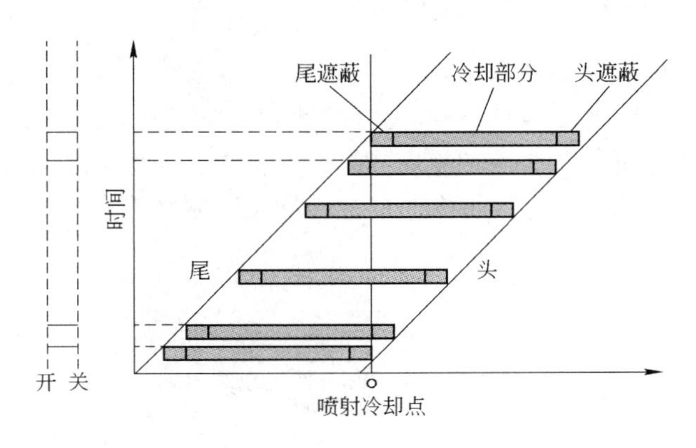


图 5 –9 长度方向冷却均匀性的控制

## 474. 控制中厚板宽度方向冷却均匀性的方法是什么？

钢板宽度方向上温度均匀性的控制主要是通过冷却系统在宽度方向水冷量凸形分布设计和边部遮蔽的调整来实现的，如图 5 – 10、图 5 – 11 所示。

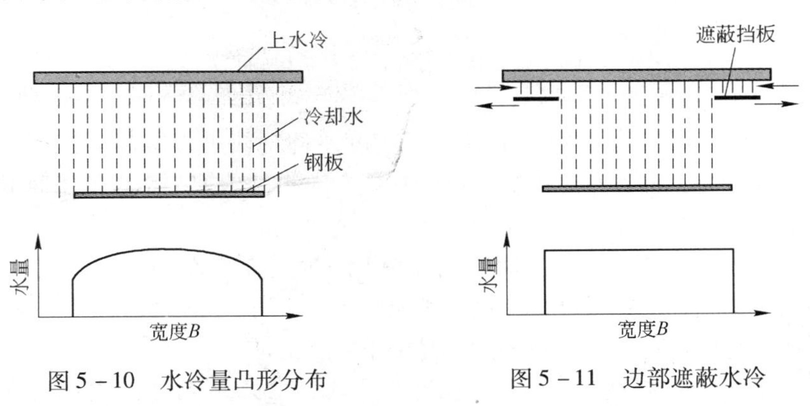


图 5 – 10 水冷量凸形分布　　图 5 – 11 边部遮蔽水冷

（1）中部与边部的出水量不同：宽度温度均匀性主要靠上部层流冷却水采用横向凸形曲线的变流量分布。有资料介绍，当钢板边部的水流速度为中心的 75% 时，可近似达到横向均匀冷却的要求。

（2）边部遮挡：对钢边部的冷却既要保证水流量的适度减少，又要防止边部过冷。为了达到这两个目的，对钢板边部的冷却进行一定宽度的遮蔽，遮蔽的宽度与钢板的厚度有关，每个上水冷的遮蔽挡板为前后交错布置。通常3000mm以上宽板冷却时，采用边部遮蔽冷却水的效果比较明显。

### 475. 影响冷却系统的主要参数是什么？

影响冷却系统的主要参数是：

（1）冷却速度。图5－12为最大冷却速度与钢板厚度的关系，冷却速度随着板厚的增加而降低。如果冷却速度过高，厚板中心与表面之间会出现较大的温差。对于厚钢板而言，沿厚度方向上的热传导是限制性因素；对于薄钢板，表面热传递则是关键因素。

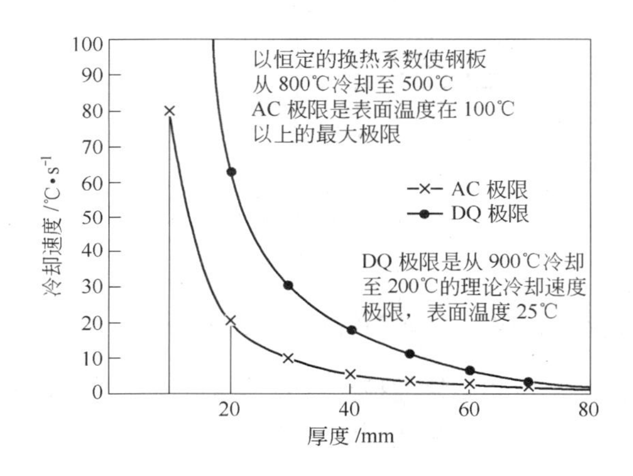


图5－12 最大冷却速度与板厚的关系

（2）钢板的平直度。众所周知，平直度差的钢板进入冷却系统后，会引起冷却不均和恶化钢板的平直度。因此，在轧制时很好地控制钢板的平直度对冷却来说是非常重要的。

（3）表面质量。钢板表面附着的厚氧化铁皮会导致钢板的冷却不均。氧化铁皮的热导率与钢相比较低，抑制了表面温度的上升，从而破坏了稳定的膜态沸腾。因此，在轧制过程中有效地除鳞是必不可少的。

（4）温度的均匀性。设计和定位冷却系统时必须从两个方面考虑温度的均匀性。为了保证钢板在冷却过程中温度均匀，必须使用钢板边部的遮蔽，以防止钢板边部的过冷。为了防止头部和尾部出现过冷，还必须对钢板头、尾冷却水流量进行控制。钢板上、下表面的水流量也必须控制，以防止上、下表面冷却不均造成的瓢曲。

### 476. 冷却系统的冷却段长度如何确定?

连续冷却方式冷却系统的长度主要取决于所要求的冷却速度 $C_R$ 和钢板的移动速度 $v$。$C_R$ 可由钢板厚度方向的硬度梯度 $\Delta H$、碳当量 $C_{eq}$、钢板厚度 $h$ 等参数确定。冷却段长度和冷却速度的计算公式如下:

$$L = (T_{始} - T_{终})v/C_R \tag{5-6}$$

式中　$T_{始}$——钢板开始冷却温度,℃;

$T_{终}$——钢板冷却后温度,℃;

$v$——辊道输送速度, m/s;

$C_R$——冷却速度,℃/s。

$$C_R = \frac{\Delta H + K_0 C_{eq}}{aech^2} \tag{5-7}$$

式中　$a$——常数, $a = 2.86 \times 10^{-3}$ m/W;

$K_0$——常数, $K_0 = 4.63$;

$e$——密度;

$c$——比热容。

### 477. 加速冷却的布置要求有哪几方面?

冷却系统的布置原则上要兼顾以下几方面: 一是要靠近轧机, 轧件在轧机结束变形后, 将产生晶粒组织的回复和再结晶, 因此要对轧后的钢板尽快进行加速冷却; 二是使工艺检测仪表避开冷却水及蒸汽的干扰, 为测厚仪、侧宽仪、板形仪、钢板平面形状测量仪等测量钢板的仪器留出安装位置; 三是留出控制轧制的待 (控) 温交叉轧制、旁通外移辊道游动降温需要的辊道长度, 不少中厚板厂采用延长机前及机后辊道的方式进行钢板的待 (控) 温轧制, 一般停留控温的轧件不少于 3 块, 从而加长轧机前后作业线的长度; 四是要考虑矫直机对控制冷却系统位置的影响。

### 478. 中厚板轧后冷却不当会产生哪些缺陷, 如何预防?

(1) 残余应力缺陷。冷却不均会造成钢板内部应力加剧, 在钢板加工切条后会出现瓢曲或波浪现象。消除的方法是对冷却不均匀的钢板进行堆垛缓冷或者进行回火处理。

(2) 组织缺陷。冷却速度过小, 钢板易出现粗晶粒组织; 冷却速度过快, 钢板易出现混晶的魏氏组织或在钢板表面产生马氏体、伪珠光体等激冷组织, 这会使钢板的加工性能大大降低。消除过冷钢板组织缺陷的方法是对钢板进行回火处理。

（3）波浪缺陷。这主要是终冷温度过高，导致矫直温度过高，造成钢板在辊道及冷床冷却过程中停顿，产生波浪。

（4）瓢曲缺陷。主要是冷区相同的上下水量匹配不当造成钢板上表面和下表面的冷却不一致，钢板沿长度方向产生向下或向上的弯曲；钢板的横向冷却不均，钢板沿宽度方向产生船形或拱形弯曲。

**479. 控轧控冷关键工艺参数有哪些？**

控轧控冷关键工艺参数有：坯料的加热温度、开轧温度、中间坯料的一次或二次待温温度、待温阶段（或各道次）坯料厚度、终轧温度、终轧后加速冷却过程中的开冷温度、终冷温度和冷却速度。

**480. 什么是钢板的常化控冷工艺？**

常化控冷是指对热处理后钢板在高温下按一定的冷却速度进行冷却，在一定程度上改善组织和性能，同时细化铁素体和珠光体，提高钢板的韧性、强度。减少钢中合金元素的添加，可降低生产成本并提高了钢的焊接性能，这也是低碳成分系列特别是低碳贝氏体类钢进行常化处理的一种不可缺少的条件。

采用常化后加速冷却可以降低相变温度，也可抑制微合金元素碳氮化物的长大，使其低温弥散析出，从而保证钢板强度。对于低碳贝氏体类钢，采用常化空冷无法得到需要的低碳贝氏体组织，性能无法保证；采用常化加速冷却则可控制相变温度，保证得到所需的低碳贝氏体组织。部分薄规格或中等厚度规格产品可以采取常化后加速冷却实现淬火，生产调质钢板。

**481. 在线直接淬火（DQ）和淬火+自回火（QST）的特点是什么？**

与再加热淬火钢相比，直接淬火钢由于省去再加热工序，节省能源，提高了热处理设备的利用率，且降低了成本。此外直接淬火钢的性能也优于再加热淬火钢。

对在奥氏体再结晶区终轧的控制轧制钢进行淬火时，合金元素尤其是碳氮化合物因轧制温度高而均匀地固溶于奥氏体中，使淬透性提高，因此淬火后能增加钢材的强度和韧性。

对在奥氏体未再结晶区终轧的控制轧制钢进行淬火时，钢材本身由合金元素决定的固有的淬火能力对直接淬火后的钢材性能有决定性的影响。对于高淬火性能钢，淬火后由于加工热处理（TMT）效果，改善了马氏体的形貌，而使强度和韧性都得到提高。对于低淬火性能钢，淬火后由于奥氏体未再结晶区的变形促进了铁素体的析出，降低了淬火性能，使强度下降，韧性将视钢种情况有所改善或稍有下降。

## 482. 什么是 Super – OLAC 冷却工艺？

Super – OLAC 冷却工艺是日本 JFE 公司开发的一种钢板在线超快速冷却工艺，利用新的水流控制技术使冷却速度达到理论极限速度，提高水冷能力，实现板材上、下表面和宽度、长度方向的冷却一致，并在高的冷却速度下保持冷却终了温度的精确度。

Super – OLAC 冷却工艺在开始冷却时在中厚板整个表面同时出现核胞沸腾。基于对中厚板上侧冷却的研究，采取了喷嘴尽可能靠近中厚板，使冷却水朝一个方向即中厚板移动的方向流动的方法，而中厚板下侧的冷却是利用密集排列在水槽中的喷嘴进行喷淋冷却，即带走水流冷却中厚板。这种冷却方法实现了在中厚板上下两侧具有高冷却能力的核胞沸腾。对于中厚板厚度在 30mm 或以上的冷却，这一方法实现了非常高的冷却速率，相当于冷却速率的理论极限。这种冷却方法比传统加速冷却方法快 2 ~ 5 倍。此外，在经过超级 – 在线加速冷却处理后，中厚板表面温度分布非常均匀。

## 483. 什么是 MULPIC 冷却工艺，有何特点？

MULPIC 冷却工艺即多功能间歇在线冷却系统，是由比利时冶金研究所（CRM）首先提出的，如今由西门子奥钢联（SVAI）负责市场推广。该技术采用模块化设计，分区进行冷却，每一个区均有一个独立的供水系统，可以根据需要实现在线加速冷却和淬火工艺要求。该技术的关键特征是能实现非常宽的冷却水流量，最大和最小水量比可以达到 20 : 1。这保证了沿钢板整个厚度方向冷却速率和温度的精确控制，实现的最大冷却速率接近冷却钢时由导热确定的理论最大值。按钢板来料条件可实现对头尾遮蔽、边部遮蔽以及水凸度控制，实现各种规格钢板冷却后的温度精度。

## 484. 钢板淬火冷却的导热原理及理论冷却极限是什么？

钢板在淬火时一般经历膜沸腾、核沸腾和对流冷却三个阶段，如图 5 – 13 所示。由于不同的传热机理，导致了它们表现出完全不同的冷却特性。

膜沸腾出现在钢板淬火高温阶段，由于表面液体沸腾产生的蒸汽压与外部液体压力相互作用，在钢板表面形成一层稳定的过热蒸汽膜。此时，表面向外部散热是通过热辐射和水蒸气的对流来实现的，其中，热辐射的作用最大。因为蒸汽膜的热导率很小，冷却受到了大大的限制，所以这个阶段的冷却速度比较慢。随着钢板温度的降低，当放出的热量不能满足蒸汽膜形成所需要的热量时，蒸汽膜发生破裂，工件表面就与淬火介质直接接触，这样就进入了核沸腾阶段。此时淬火介质剧烈沸腾，不断逸出气泡而迅速带走大量热量，使工件温度急剧下降，冷却速度

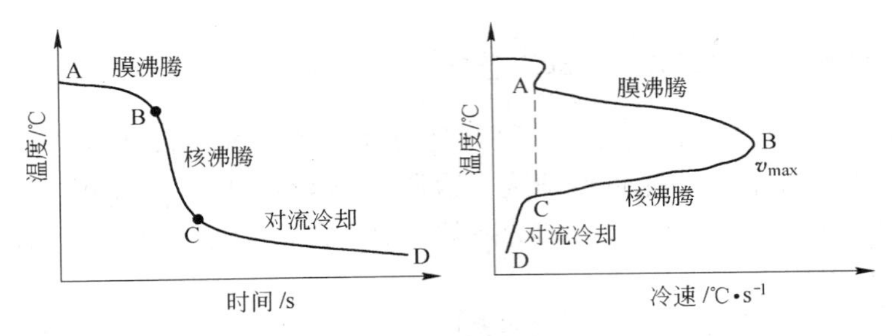


图 5－13　典型钢板冷却过程中的三个冷却阶段

AB 段—膜沸腾阶段；BC 段—核沸腾阶段；CD 段—对流冷却阶段

剧增。当钢板温度下降到淬火介质的沸点附近时，就进入了对流冷却阶段，这是一个单相的自然对流过程，并不存在蒸汽膜或气泡，工件表面的温度与近工件表面的液体温度相差不大，工件表面的热量通过简单的自然对流传递给液体，此时的对流换热强度较核沸腾阶段大大减小，比膜沸腾阶段还要小，冷却速度显著降低。

在实际的淬火冷却过程中根据淬火介质和冷却方式的不同，有时膜沸腾阶段并不十分明显，各个阶段的长度和冷却性能也会随着淬火介质的压力、钢板表面状况、液体纯度以及工件的放置等因素的变化而改变。

随着板厚增加，钢板导热量降低，造成冷却强度下降。不同板厚的极限冷却强度可按下式计算：

$$\frac{\alpha T(x,t)-T_0}{T_1-T_0}=\frac{4}{\pi}\sum_{i=1}^{\infty}\frac{1}{2i-1}\sin\left[\frac{(2i-1)\pi x}{s}\right]\exp\left[-\frac{(2i-1)^2\pi^2\alpha t}{s^2}\right] \quad (5-8)$$

式中　$T$——温度；

$T_0$——冷却液温度；

$T_1$——初始温度；

$s$——厚度；

$\alpha$——热导率。

### 485. 加速冷却的发展趋势是什么？

一是冷却控制精细化，包括组织控制精细化、冷却路径精准化；二是冷却目标多样化，包括强韧性、成型性、可焊性、耐蚀性等；三是冷却速度差异化，包括超快冷（UFC）、加速冷却（ACC）、常冷、缓冷、深冷等。

## 三、控轧控冷

### 486. TMCP 工艺是什么？

将控制轧制和控制冷却技术结合起来，能够进一步提高钢材的强韧性和获得合理的综合性能，并能够降低合金元素含量和碳含量，节约贵重的合金元素，降低生产成本，这种生产方式称为 TMCP（Thermo - Mechanical Control Process）。采用 TMCP 工艺，产品组织结构为细晶铁素体或铁素体 + 贝氏体组织，与普通生产工艺相比，通过控轧控冷生产工艺可以使钢板的抗拉强度和屈服强度平均提高 40 ~ 60MPa，在低温韧性、焊接性能、节能、降低碳当量、节省合金元素以及冷却均匀性、保持良好板形方面都有无可比拟的优越性。采用 TMCP 技术生产的钢板占 30% ~ 50%，生产的钢板厚度最大已达 120mm，日本、美国、欧洲等广泛采用控轧与控冷生产工艺生产各种高强结构板、船用钢板、压力容器钢板、管线用钢板等。

具有代表性的 TMCP 轧制工艺如图 5 - 14 所示，可分为四个阶段，即奥氏体再结晶区轧制、未再结晶区轧制、两相区轧制及轧后快速冷却。

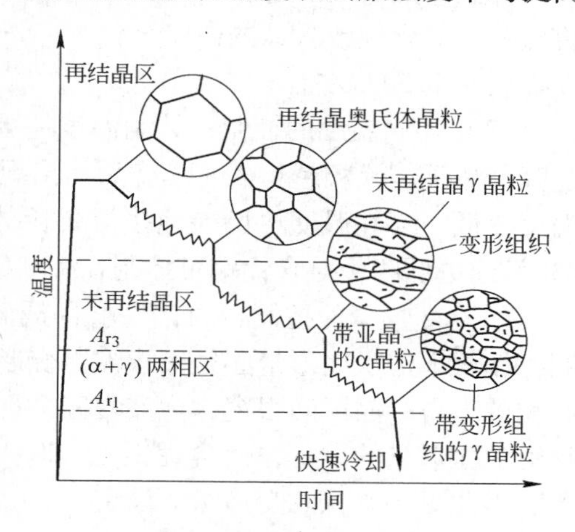


图 5 - 14　控制轧制和快速冷却的四个阶段及各阶段的结晶组织

## 487. TMCP 工艺技术的核心是什么？

TMCP 工艺是由控制轧制和控制冷却两部分构成的。控制轧制的核心思想是对奥氏体硬化状态的控制，即通过变形在奥氏体中积累大量的能量，力图在轧制过程中获得处于硬化状态的奥氏体，为后续的相变过程中实现晶粒细化做准备。控制冷却的核心思想是对处于硬化状态奥氏体相变过程进行控制，以进一步细化铁素体晶粒，甚至通过相变强化得到贝氏体等强化相，相变组织比单纯控制轧制更加细微化，促使钢材获得更高的强度，同时又不降低其韧性，从而进一步改善材料的性能。

## 488. TMCP 工艺技术的基本原理是什么？

控制轧制与控制冷却（TMCP）工艺是保证钢材强韧性的核心技术。它的基本冶金学原理是，在再结晶温度以下进行大压下量变形，促进微合金元素的应变诱导析出，并实现奥氏体晶粒的细化和加工硬化；轧后采用加速冷却，实现对处于加工硬化状态的奥氏体相变进程的控制，获得晶粒细小的最终组织。为了提高再结晶温度，利于保持奥氏体的硬化状态，同时也为了对硬化状态下奥氏体的相变过程进行控制，控制轧制和控制冷却始终紧密联系在一起。实现这种工艺的前提是提高钢中微合金元素含量或进一步提高轧机能力。

## 489. TMCP 工艺参数的控制原则是什么？

（1）加热温度的控制：在钢材加热温度超过1000℃以后，随着加热温度的升高奥氏体晶粒呈显著增大趋势。因此，对普碳钢加热温度宜控制在1050℃或更低些；对含铌或含钛的微合金化钢，考虑到合金元素的充分固溶，可将加热温度控制在1150℃左右。

（2）轧制温度的控制：轧制温度主要是强调对终轧温度的控制，终轧温度越高，奥氏体晶粒越粗大，相变后易出现魏氏组织，一般要求最后几道次的轧制温度要低，终轧温度尽可能地接近奥氏体开始转变的温度，对低碳结构钢约为830℃或更低些，对含铌钢可控制在730℃左右。

（3）变形量的控制：通常要求在低温区保证足够的变形量，在再结晶区轧制时，要求道次变形量必须大于临界变形量，并采用不间断的连续轧制。由于普碳钢的未再结晶区间很窄，为实现完全再结晶、避免混晶组织出现，必须充分重视道次变形量的设定，而含铌钢在720～950℃的较宽温度区间内应变均可以累积，因此更要重视总变形量的设定。

（4）冷却速度的控制：

1）“水是钢的最有效合金化添加剂”高度概括了加速冷却在钢材生产中的作用；

2）加速冷却可提高相变驱动力，降低 $A_{r3}$ 温度，使铁素体细化；

3）促使强韧的低碳贝氏体形成并呈小岛状弥散分布，提高钢材强度；

4）铁素体细化的同时，珠光体也得到细化，珠光体片层间距减小，带状组织基本消失；

5）在不降低强度的前提下，可减少钢中碳当量，有利于改善焊接性能。

（5）冷却制度的控制：冷却制度的控制主要包括冷却开始温度、冷却速度和冷却终了温度的合理控制：

1）当奥氏体的有效晶界面积较小，即终轧温度较高、奥氏体晶粒比较粗大时，冷却速度过快，会使钢中的贝氏体含量显著增多，虽然强度指标会明显提高，但塑、韧性会相对降低，因此应针对具体钢种和具体的力学性能要求将冷却速度控制在合理的范围内；

2）对微合金化热轧钢板的冷却终了温度或卷取温度的控制，应结合具体钢种，在充分把握不同终冷温度下，沉淀相的数量、大小和分布状态对相关力学性能的影响规律后，精确控制终冷温度。

## 490. TMCP 技术的要点是什么？

（1）尽可能降低加热温度，即将开始轧制前奥氏体晶粒微细化。

（2）使中间温度区的轧制道次最优化，通过反复轧制、反复再结晶使奥氏体晶粒微细化。

（3）加大奥氏体未再结晶区的压下量积累，增加奥氏体每单位体积内的晶界面积和形变带面积。

（4）通过冷却路径的控制，对奥氏体相变条件进行控制，从而达到需要的组织性能，同时要保持钢板各个冷却部位的均匀性和板形良好。

## 491. TMCP 工艺的优点有哪些？

目前，钢的控轧控冷工艺，即 TMCP 工艺，作为提高钢材强韧综合性能的重要手段，越来越被广泛地应用于各种类型的轧钢工业生产中。它之所以被国内外许多轧钢厂所采用，是因为它具有如下优点：

（1）代替常化、节约能源、能直接生产综合性能优良的许多专用板，如造船、容器、锅炉、桥梁、汽车大梁板等，降低生产成本。

（2）有效改善一般热轧钢板的强度和韧性，充分挖掘普通钢种的性能潜力。

（3）与正火的同等强度级别钢相比，能降低钢的合金含量，并且可以降低碳当量，提高焊接性能。

（4）可以简化传统的生产工序，减少人力、物力的消耗，降低生产成本，提高产品竞争力。

（5）在保持同等性能的前提下，可以适当地提高钢板的终轧温度，或者采用轧制道次和机架之间的冷却工序来加快中间坯冷却，以减少待温时间，提高生产效率，在控轧的基础上提高产量。

## 492. TMCP 对轧制设备的要求是什么？

为了适应 TMCP 对控温轧制的要求，尤其是后几道次低温大压下量的轧制要求，实现在特定道次变形渗透的需求，并减小轧制时的弹跳，得到厚度更为精确的钢板，厚板轧机有向高刚度、大轧制力、大轧制力矩和大功率传动电机即强力化和大型化方向发展趋势。国内新建的沙钢 5000mm 轧机，轧制力为 100000kN，主电机功率为 2 × AC10000kW，最大轧制力矩为 2 × 4925kN · m，轧机刚度为 10000kN/mm。济钢 4300mm 轧机，轧制力为 90000kN，电机功率为 2 × AC9000kW，轧机刚度不小于 9000kN/mm。

据有关资料统计，2005 年以来国内新建的宽厚板轧机的力能参数基本上达到了以下先进水平：

（1）单位辊面宽轧制力达到 20kN/mm。

（2）单位辊面宽轧制力矩达到 15kN · m/mm。

（3）单位辊面宽的轧制功率达到 4kW/mm。

（4）轧机刚度（轧机模数）达到10MN/mm。

（5）具有在轧机前、后对轧件温度、宽度、厚度和轧机轧制压力、轧制力矩进行实时测量的仪表。

## 493. TMCP对矫直设备的要求是什么？

TMCP技术使得矫直前的温度大大降低，从而使钢板的屈服强度提高很多，而且由于水冷不均匀性等，钢板的板形在热矫前也很难保证，因而要求热矫直机能够在低温区对厚板进行大应变量的矫直工作，这就促进了热矫直机向高负荷能力和高刚度结构发展。为了保证钢板热矫直后具有良好平直度，国外出现了最大矫直力达40000kN等级的强力热矫直机，矫直辊辊缝调节采用全液压方式且具有动态调整功能，上辊组具有整体前后、左右倾斜功能及整体正弯、负弯功能，以消除钢板的单边浪、双边浪及中浪。

## 494. 实现TMCP工艺的中间坯控冷方式有几种？

为了实现TMCP工艺，需要在轧制过程中对轧件进行有效的控制冷却，以保证控制轧制中温度变形制度、实现不同钢板轧制方式的需求。通常情况下，轧制道次间轧件的冷却采用机前或机后辊道轧件游动冷却、旁通辊道移出游动冷却、粗轧机与精轧机之间设置轧件冷却装置三种方式，如图5－15所示。还有的采用多坯交叉轧制，双机架的分阶段的多坯交叉轧制。

## 495. 控轧控冷在钢材生产中的重要作用是什么？

控轧控冷在钢材生产的发展过程中起着不可替代的作用，其作用可以归纳为以下几点：

（1）控轧控冷技术能够通过细晶强化、相变强化等方式，使钢材的强度提高50～300MPa，韧性得以改善，钢材的性能等级提高了档次，促进了钢材品种结构的升级换代。

（2）控轧控冷能够部分替代或者完全替代添加（微）合金元素来改善钢的性能。利用控轧控冷可以在不添加或者少添加合金元素的前提下，通过优化轧制工艺和冷却工艺达到同样的效果。

（3）控轧控冷技术促进了金属物理学、物理冶金学、塑性加工金属学的理论研究和学科发展。经过控轧控冷的钢材，其组织形貌要比普通钢材更加丰富多样，需要探讨的现象和机理问题更加深奥。

## 496. 控轧控冷钢的显微组织是什么？

目前，控轧控冷钢的显微组织已不再是传统的多边形铁素体（polyonal fer-

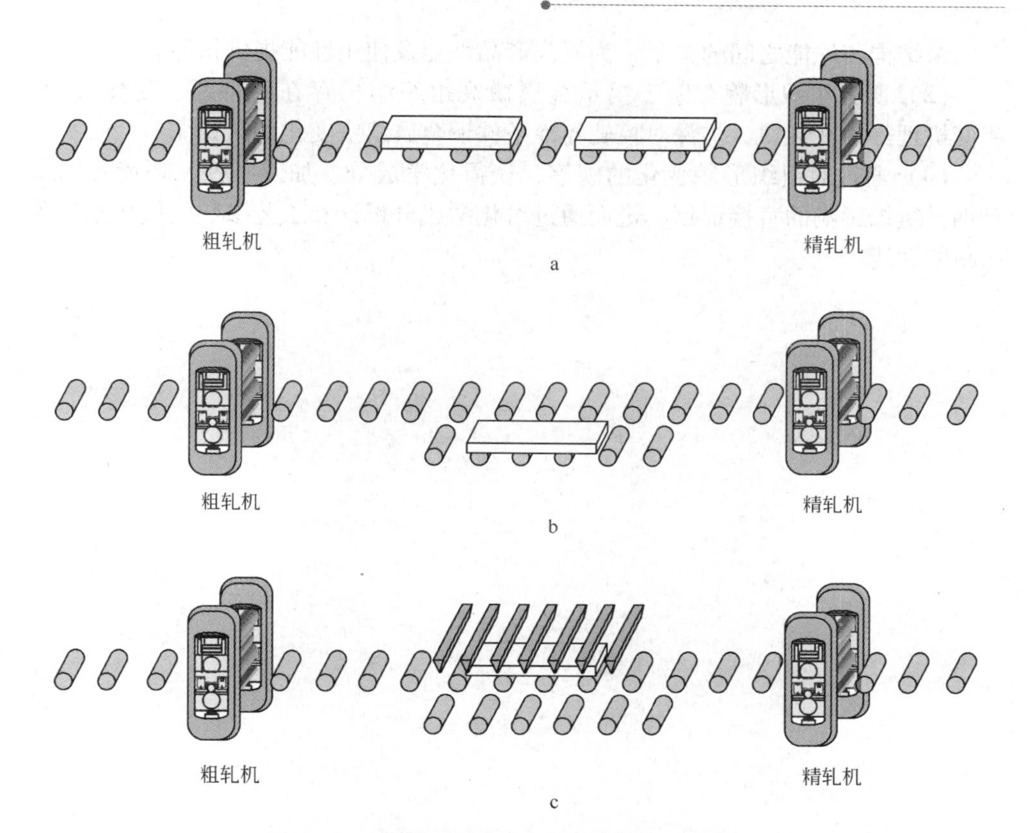


图 5－15 轧制过程中轧件的几种控制冷却方式
a—机前或机后轧件游动冷却；b—旁通辊道移出游动冷却；c—粗轧机与精轧机之间设置轧件冷却装置

rite）和珠光体（pearlite）平衡组织，转而出现了准多边形铁素体（quasi－polyonal ferrte）、退化珠光体（degenerate pearlite）、粒状贝氏体（granular bainite）、板条贝氏体（lathe bainite），以及针状铁素体（acicular ferrite）、马氏体（martennsite）和残余奥氏体（retained austenite）、马奥岛（M/A island）等一些非平衡组织和结构。这些新的组织结构的出现不仅使金属家族更加丰富多彩，更重要的是为钢材的性能大幅度提高开拓了广阔的前景。

**497. 研究控轧控冷钢材组织形貌的意义是什么？**

观察、测量、分析和研究组织形貌是材料研发过程中最基本、最重要的手段，积累钢材组织形貌的数据库、图形库、知识库是品种钢材开发和性能优化的重要资源。因此，研究钢材的组织形貌具有以下重要意义：

（1）组织与形貌直接影响到钢材的性能，对组织形貌的透彻理解有助于建立组织结构与性能之间的关系，为提高产品性能及使用性能提供指导。

（2）研究组织形貌有助于揭示金属微观组织结构存在的特征、变化过程、演变机理等内在规律，加深对控轧控冷条件下金属组织变化的认识。

（3）通过对组织形貌变化的观察，获得化学成分、加工条件、环境等因素对钢材组织影响的直接证据，进而通过对化学成分设计和工艺参数的优化来改善产品的性能。

# 第六章　钢材的精整

## 第一节　钢材的矫直

### 498. 为什么要对钢材进行矫直？

钢材在热轧制时，加热后的原料存在一定的内外温度差、上下表面温度差，以及轧制过程降温的不均匀性、压下控制的不尽合理等，会造成轧件延伸不均匀，其后在辊道停留产生的黑印和冷却等因素的影响下，钢材往往会产生形状缺陷。图 6 - 1a 为纵向弯曲，图 6 - 1b 为横向弯曲，图 6 - 1c 为边缘浪形，图 6 - 1d 为中间浪形。为了保证钢材的平直度符合产品规定，对热轧后的钢材必须进行矫直。

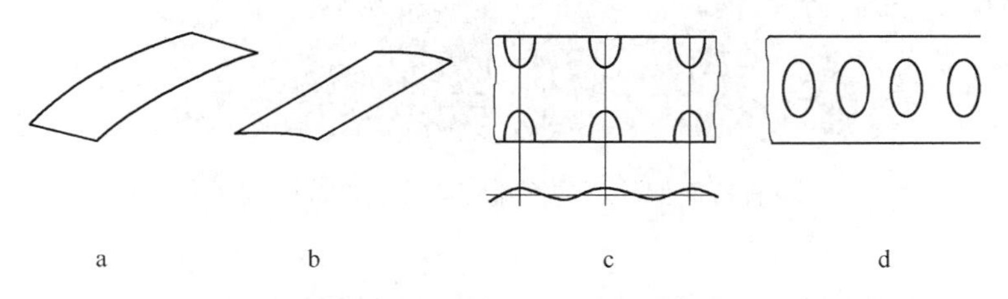


图 6 - 1　钢材的形状缺陷

### 499. 矫直过程中易产生哪些缺陷，如何预防？

矫直过程中易产生矫直浪形和矫直辊压印等缺陷。

（1）矫直浪形：矫直浪形是沿钢板长度方向，在整个宽度范围内呈现规则性起伏的小浪形。主要是由钢板的矫直温度过高，矫直辊压下量调整不当等因素造成的。主要应通过严格控制矫直温度，正确调整矫直压下量来预防。

（2）矫直辊压印：矫直辊压印是在钢板表面上有周期性“指甲状”和“条形”压痕，其周期为矫直辊周长。主要原因有两方面：一是由于矫直辊冷却不均匀，辊面温度过高，使矫直辊面软化，在喂冷钢板时，钢板端部将矫直辊辊面撞出伤痕，反压印在钢板表面上，见图 6 - 2；二是由于矫直辊面热处理不当（或材质不当），造成辊面偏软，使用初期容易在辊面发生周向不均匀性流变，出现沿矫直辊周向或轴向的条状沟纹，后经加工硬化形成硬度较高的连续或不连续的“条状”凸起，见图6－3，反压印在钢板表面上，形成条状压痕，见图6－4。应主要通过加强辊身维护，并保证辊身有足够的冷却水，保持辊面硬度来预防。

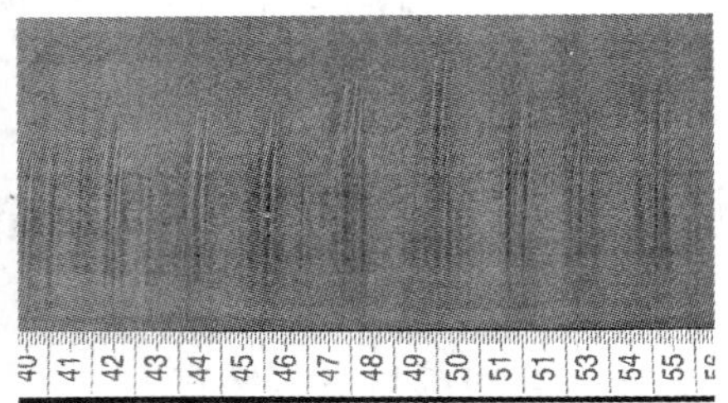


图6－2 矫直辊造成的“指甲状”压痕

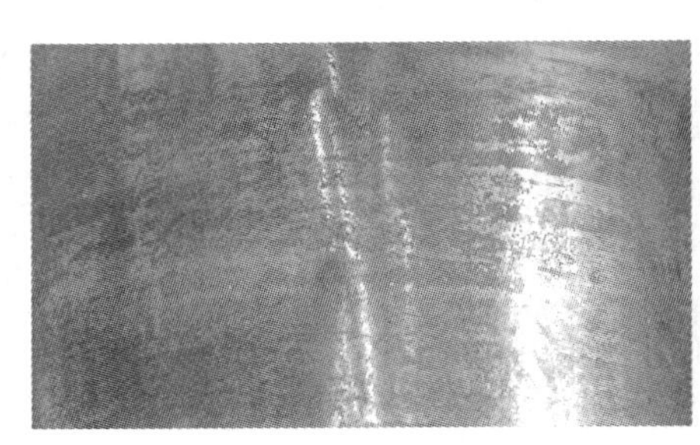

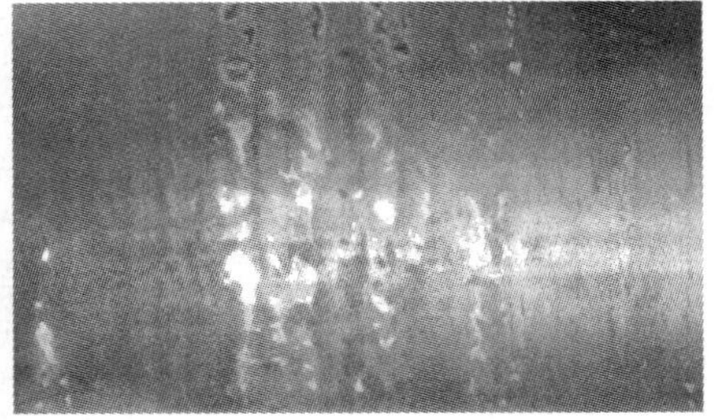

图6－3 矫直辊面偏软不均性流变硬化后形成的“条状”凸起

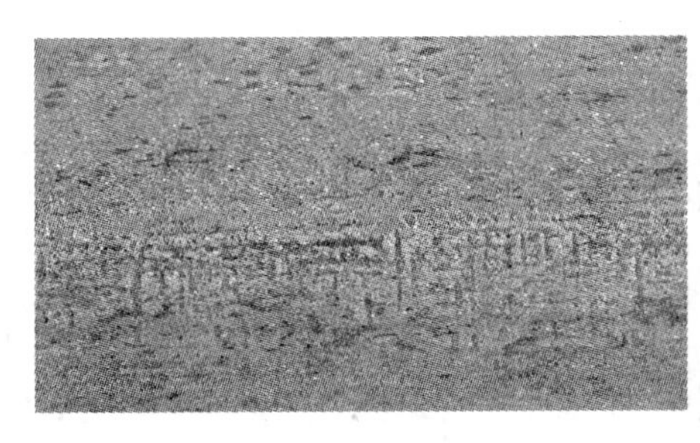

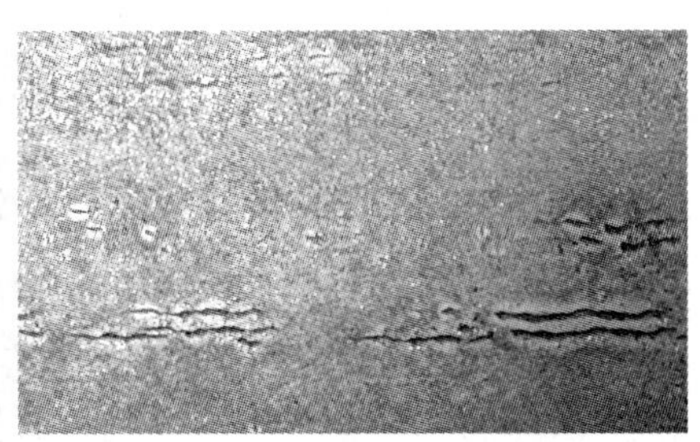

图6－4 矫直辊面偏软不均性流变硬化后造成的“条状”压痕

## 500. 钢材矫直机分为几种类型？

钢材矫直机按结构可分为压力矫直机和辊式矫直机两种，见图6－5；按矫直钢材的温度可分为热矫直机和冷矫直机；多辊式矫直机按有无支撑辊可分为二重式矫直机与四重式矫直机；四重式矫直机又可分为十五辊伸缩式、十六辊大小辊组合式、十一辊全液压式等；按安装位置可分为在线与离线矫直机。

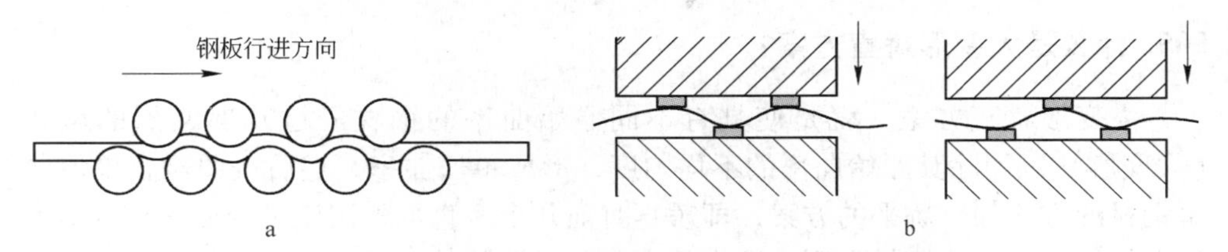


图 6-5　矫直机
a—辊式矫直机；b—压力矫直机

### 501. 什么是弹性变形和塑性变形?

某一物体受到外力作用以后，其形状或多或少要发生一些变化，这种情况就叫变形。变形按其实质来说有两种：一种称作弹性变形；一种称作塑性变形。弹性变形就是当外力消失后，物体能自动恢复原有形状和尺寸的变形。塑性变形就是当外力消失后，物体仍不能恢复原有形状和尺寸的变形。

### 502. 钢材矫直的必要条件是什么?

当钢材进入矫直机时，矫直辊给予钢材一定的压力，上排辊的压力和下排辊的压力方向相反，因而使钢材产生反复的弯曲，然后逐渐地平直。钢材出矫直机后，即取消了压力，被矫直的钢材由弯曲变为平直。因此辊式矫直的整个矫直过程就是弹、塑性变形过程，要把钢材变得平直，就必须使钢材在矫直过程中产生弹性变形和塑性变形。

### 503. 钢材通常采用的矫直方案有几种?

辊式矫直机按照每个辊子使轧件产生的变形程度和最终消除残余曲率的方法不同，可以有多种矫直方案。通常中厚板矫直采用小变形矫直方案、大变形矫直方案或大变形矫直方案与小变形矫直方案相结合的方案。

### 504. 什么是小矫直方案?

小变形矫直方案，即矫直机每个矫直辊采用的压下量都可以单独调节的假想方案。各个矫直辊反复曲率的选择只是消除钢材在前一矫直辊上产生的最大残余曲率（即进入本辊时的最大原始曲率），即每个矫直辊采用的压下量刚好能矫直前面相邻矫直辊产生的最大残余弯曲，而使残余弯曲逐渐减小，使之矫平。由于钢材的最大原始曲率难以预先确定与测量，因而小变形矫直方案只能在某些辊式矫直机上部分实施。这种矫直方案的优点是钢材的总变形曲率较小，矫直钢材时所需的能量也少。

## 505. 什么是大变形矫直方案?

大变形矫直方案，就是使具有不同原始曲率的钢材经过几次剧烈的反弯（大变形）以消除其原始曲率的不均匀度，形成单值曲率，然后按照矫直单值曲率钢材的方法加以矫平的方案，即矫直时前几个矫直辊采用比小变形矫直方案大得多的压下量，使钢材得到足够大的弯曲，以消除其原始曲率的不均度，形成单值曲率，然后采用小变形方案。对于有加工硬化材质的钢材，在采用大变形矫直方案时，由于材料硬化后的弹性恢复率较大，故反复弯曲的次数应增多（多增加矫直辊的数量）或加大反弯曲率值。

## 506. 什么是四重矫直机?

所谓四重矫直机是指上下工作辊带有支撑辊辊系的钢材矫直机。支撑辊的作用有两种，一种是矫直宽板时矫直辊较长，刚度不够，用支撑辊来保持工作辊的刚度；第二种的作用是矫直薄规格钢材时要消除波浪，需要用支撑辊来改变工作辊的辊型（凸度）。四重矫直机辊系布置有一对一支撑和二对一支撑两种类型，布置如图 6－6 所示。

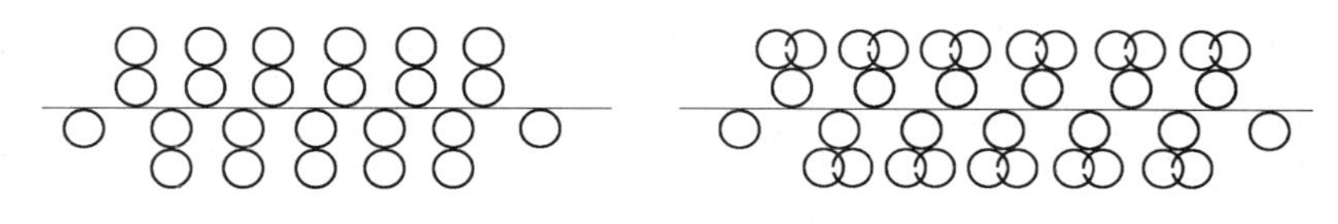


图 6－6 四重矫直机辊系布置示意图

a—一对一支撑；b—二对一支撑

## 507. 矫直机工作辊辊型为什么要调整?

工作辊需要进行辊型调整的原因是工作辊的正常矫直作用并不能完全消除被矫板材上由轧制和热处理或其他因素所造成的瓢曲、浪形等缺陷。工作辊的辊型调整是靠支撑辊来实现的。因此，沿工作辊的辊身长度方向上布置有五排支撑辊，由于板材缺陷在板材的纵向（长度方向）和横向上都可能出现，而缺陷的形状也各不相同，如浪形就有单边浪形、双边浪形和中间浪形之分，它们都严重影响板形质量。为了消除这些缺陷，工作辊往往要呈特定的辊型（见图 6－7）。

矫直中厚板时，工作辊在矫直过程中要保持平直，因此必须对每一段支撑辊

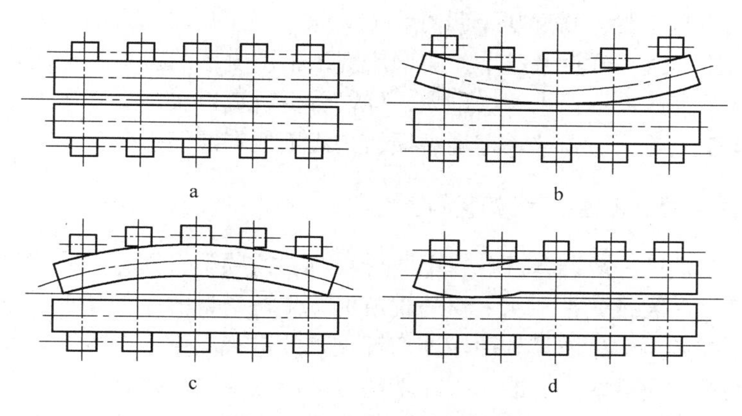


图6－7　五段式支撑辊的矫直形式

进行预调，使工作辊的辊身为一直线（见图6－7a）。矫直中薄板和薄板时，工作辊在矫直过程中不仅要保持平直，而且还应根据钢材瓢曲和浪形的具体情况来确定辊型。如果板材两端瓢曲，应使工作辊中间挠度压下，只能调整上工作辊弯辊（见图6－7b）；如果板材为中间瓢曲和浪弯，应使工作辊两端挠度压下（见图6－7c）；如果板材一端瓢曲或浪弯，应使工作辊相应的一端挠度压下（见图6－7d）。

## 508. 辊式矫直机的基本参数有哪些？

辊式矫直机的基本参数包括：矫直辊的直径 $D$、辊距 $t$、辊身长度 $L$、辊数 $n$、矫直速度 $v$。其中最主要的是辊径 $D$ 与辊距 $t$。矫直机基本参数的正确选择对轧件的矫直质量、设备的结构尺寸和能量消耗等都有重要的影响。在JB1465—75标准中，规定板材矫直机的标注方法是：辊数－辊径/辊距×辊身有效长度。

## 509. 钢材热矫直的工艺制度是什么？

钢板的热矫直工艺制度主要是根据矫直钢板的钢种、规格、性能以及钢板的平直度要求来确定矫直工艺参数。

（1）矫直温度。一般情况下钢板的矫直温度在600～750℃之间，矫直温度过高，钢板会在辊道和冷床停留时产生波浪或瓢曲；矫直温度过低，钢板的塑性大大降低，矫直力显著上升，矫直效果不好，甚至出现不能矫直的现象，而且导致矫直后的钢板产生残余应力，影响钢板的弯曲加工。

（2）矫直道次。矫直道次取决于钢板每一道次的矫直效果，它与钢板的矫直温度密切相关。矫直时，可根据钢板的矫直效果、轧制周期进行矫直道次的控制，一般采取一道次或三道次矫直。

（3）矫直压下量。矫直压下量亦即过矫量，它的大小直接影响钢板的矫直弯曲变形的曲率值。矫直量过小，曲率值满足不了变形的要求，即使增加矫直道次，也不能矫直钢板；若压下量过大，可以减少矫直道次，提高矫直效果，但矫直力会大幅度上升，易导致矫直辊磨损加快或钢板端部发生啃辊、粘辊事故。

### 510. 中厚板矫直机在生产线如何配置？

现代中厚板厂一般装备两台以上的矫直机，按照矫直钢材的温度进行合理分工。热矫直机一般布置在冷床入口的辊道上，热矫钢材的厚度和长度范围一般较大，其矫直质量为产品质量和后序剪切等过程的进行提供了平直度的保证。冷矫直机的位置相对灵活些，有的布置在精整区域内在线或离线，有的则布置在热处理线后，一般直接进行冷态矫直（非压力矫直）的钢材厚度相对薄些。

### 511. 新型中厚板矫直机具有哪些特点？

钢材控轧控冷和TMCP轧制技术的广泛应用，矫直钢材厚度范围的扩大，钢材热矫温度的降低及热矫钢材强度的提高，促进了热矫直机向高刚性结构和高负荷能力方向发展。

为了使钢材得到更好的平直度和更快的矫直效率，在结构设计上作出了改进，新型矫直机的共同特点有：矫直机机架采用预应力机架，刚性系数约10000kN/mm，最大矫直力不低于30000kN；采用矫直辊不同方向的预弯以消除钢材边部或中心瓢曲；采用上矫直辊倾斜以消除单边波浪；矫直辊沿矫直方向倾动以调整辊缝；入、出口辊单独调节辊缝以利于钢材的输送；设有过载保护、快速换辊装置；采用不同辊径与辊距的组合方式以扩大矫直范围。

此外，还通过自动控制、计算机模型设定和液压AGC动态调整辊缝等先进技术来提高中厚钢板的矫直质量。

## 第二节 钢材的冷却

### 512. 冷床的作用是什么？

在中厚板生产中，钢材出矫直机后，温度仍旧很高，通常在550℃以上。为了防止矫直后的热态钢材在冷却过程中发生变形，保持钢材平直和满足钢材剪切的要求，需要在冷床上将钢材尽可能冷却至规定的温度，一般要求经冷床冷却后钢材温度在150℃以下。冷床的作用除了冷却钢材外，还可均衡和缓冲轧制作业区与剪切等后部作业区在某一时间内的产能不平衡问题。

## 513. 冷床的布置形式有几种？

冷床的布置形式共有三种：连续流程、平行流程和混合流程，如图6－8所示。

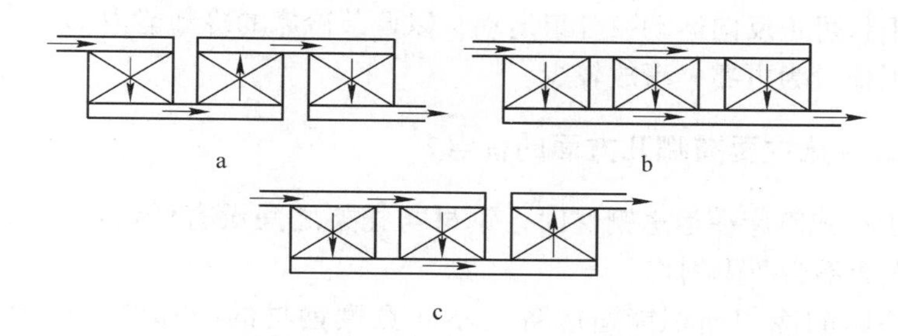


图6－8　冷床的布置形式

a—连续流程；b—平行流程；c—混合流程

## 514. 冷床的结构形式有几种？

冷床的结构形式有滑轨式冷床、运载链式冷床、辊盘式冷床、步进式冷床和离线冷床五种结构。几种冷床的结构形式分别如图6－9a～d所示。

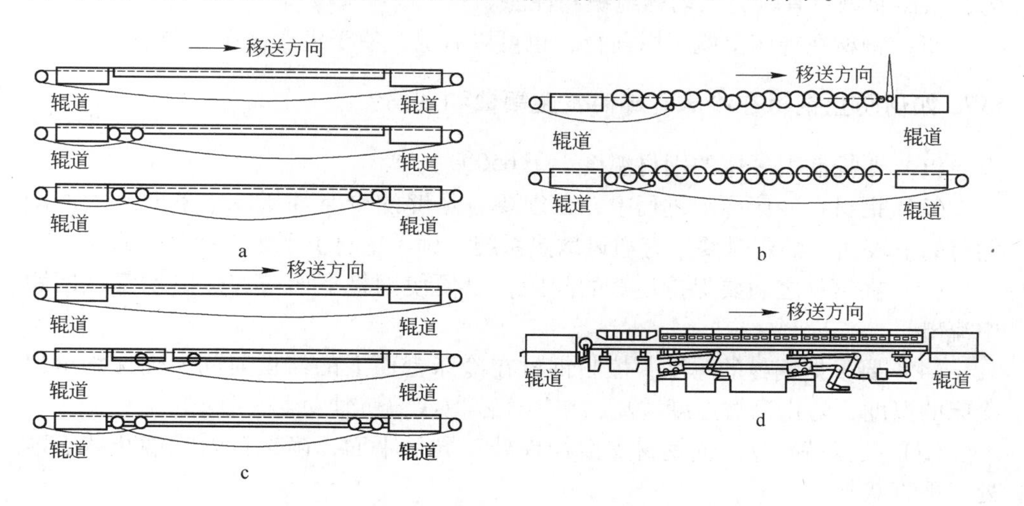


图6－9　几种冷床的结构形式

## 515. 辊盘式冷床与拔爪式冷床、运载链式冷床相比有什么优点？

（1）钢材与辊盘之间没有相对滑动，正常情况下钢材表面不会划伤。

（2）钢材和辊盘的接触线很短，辐射散热面积大，因而钢材的冷却速度快，冷床本身的冷却散热也快。

（3）钢材之间可不留间隙，因而冷床面积的利用率高；钢材冷却均匀，内应力小。

（4）钢材可正反向运动、分组运动，以调节冷床的冷却能力。

（5）工作较为可靠，事故较少。

### 516. 步进式冷床主要有哪几方面的优点？

（1）步进式冷床在运送钢材时，钢材与托架之间没有任何形式的摩擦，因而钢材下表面不会产生划伤。

（2）冷床的冷却面积能适应各种不同宽度钢材的冷却要求，能得到充分利用。

（3）冷床平面是一个结构布置良好的机械平面，因此，钢材冷却后平直度较好，对钢材的剪切非常有利。

（4）不论是步进式冷床的固定梁条，还是活动梁条，在与钢材的接触面上，都有大量均匀密布的孔眼，冷空气能够通过这些孔眼冷却钢材的下表面；钢材与固定梁条和活动梁条的接触时间相同，所以钢材不但冷却快，而且冷却较为均匀，从而使钢材有较为均匀的组织和性能。

（5）钢材在冷床上既可以前行，也可以后退，便于生产操作和调整。

### 517. 如何防止钢材在冷床冷却时发生瓢曲和划伤？

（1）要控制上冷床的钢材温度小于650℃。

（2）钢材在冷床冷却过程中，必须要有足够的冷空气从冷床下面进入冷却钢材的下表面，必要时要设有通风散热系统，确保钢材上下表面冷却一致。

（3）在钢材之间要保持足够的间距，以便使钢材下面被加热的空气从间距中流出。

（4）要根据钢材的厚度，控制钢材在冷床台面上的停留时间，确保钢材出冷床的温度，防止钢材温度过高，在辊道停留或剪切时发生变形。

（5）要保持冷床台面钢材支撑构件处于同一平面，确保钢材在静止状态时处于平直状态。

（6）要保持冷床床体各机构、输入提升机构、输出提升机构等冷床区域所有设备处于运转良好状态。

（7）要及时检查冷床区域各构件运行和表面磨损情况，对运行不畅、磨损严重和变形明显的构件要及时更换。

### 518. 什么是离线冷床？

所谓离线冷床就是不像在线冷床那样边传送边冷却钢材，而是固定在一个地方将钢材架或滑轨排列成一个平台进行钢材冷却。钢材用天车和专用吊具吊入、吊出。这种冷床主要用于特厚钢材的冷却。

## 第三节　钢材的剪切

### 519. 为什么要对钢材进行剪切？

轧制后的钢材由于温度的分布不均匀，延展和宽展不均匀，在头部、尾部和边部出现的不规则的变形部分需要被切除。同时轧制后的钢材长度需要按用户的要求进行分段定尺剪切。

### 520. 钢材的剪切状态和方式有几种？

按钢材的剪切方向有横剪和纵剪之分，按钢材的剪切状态分为热态剪切和冷态剪切，剪切方式有机械切割、火焰切割、等离子切割。机械切割有斜刃式剪（或称铡刀剪）、圆盘式剪、辊切式剪。

### 521. 斜刀片剪切机的种类如何划分？

斜刀片剪切机的种类比较多，按刀片在机架上的位置可分为开式和闭式；按剪刃运动特点又可分为上切式和下切式；按上刀片运动轨迹，又可分为垂直剪切和摆动剪切。上切式斜刀片剪切机主要是单独设置或组成独立的剪切机组，一般是下刀片水平，上刀片具有一定的倾斜角。斜刀片剪切机采用电动机驱动的较多，根据齿轮传动系统的特点，可分为单面传动、双面传动、下传动等形式。

### 522. 斜刀片剪切机的结构组成有哪些？

斜刀片剪切机一般由传动部分，离合部分，机架部分，曲轴或偏心轴部分，上、下刀架（剪床）等组成。用带飞轮的异步电动机驱动，经减速机或皮带轮以及开式齿轮传动，曲轴（或偏心轴）使上剪床沿着机架的滑道做垂直往复运动来完成剪切过程。刀架动作由离合器控制，离合器分为牙嵌式、摩擦片式，用脚踏杆、汽缸或电磁阀操纵。下剪床固定在机架上。上剪床除与曲轴连接外，上有平衡装置（负重平衡臂），平衡方式有重锤和汽缸两种。

### 523. 斜刀片剪切机的主要参数有哪些?

斜刀片剪切机的主要参数为刀片倾斜角 $\alpha$、刀片尺寸、刀片行程和理论空程次数（剪切次数）。

### 524. 斜刀片剪切机的特点有哪些?

（1）适应性强。对钢材的温度适应性强，既适用于热状态也适用于冷态钢材的剪切；对钢材厚度的适应性强，40mm 以下的钢材均能剪切。

（2）剪切力与平行剪刃相比相对减少，能耗低。主要是因为上刀片具有一定倾斜角，使刀片与钢材接触时间和接触线短，对于同样厚度的钢材，其剪切力大大低于平行刃的剪切力。

（3）适用性强，使用寿命较长，剪刃安装方便，对钢材的头部、尾部和边部都适用。

（4）斜刀片剪切机的缺点有：剪切精度不高；由于间断剪切，空程时间长，剪切效率低；剪切速度慢，产量低。

### 525. 圆盘式剪切机的适用范围是多少?

圆盘式剪切机广泛用于剪切厚度小于 20 ~ 30mm 的钢材。由于刀片是旋转的圆盘，因而可连续纵向剪切运动着的钢材或带钢。对于长度大、厚度在 25mm 以下的钢材，它最适合于切边，切口质量好，平直整齐。圆盘剪本身的生产能力很高，但由于受碎边剪的剪切速度的限制，一般圆盘剪的剪切速度仅为 0.4 ~ 0.8mm/s。圆盘剪与碎边剪由于采取了紧凑式布置，占地面积小，受到国内中厚板厂家的瞩目。

### 526. 圆盘剪切机的主要参数有哪些?

圆盘剪切机的主要结构参数为圆盘刀片的尺寸、侧向间隙和剪切速度。

（1）圆盘刀片的尺寸：圆盘刀片的尺寸包括圆盘刀片直径 $D$ 及其厚度 $\delta$。圆盘刀片直径 $D$ 主要取决于钢材的厚度 $h$，其最小允许值与刀片的重叠量 $S$ 和最大咬入角 $\alpha_1$ 有下列关系：

$$D = \frac{h + s}{1 - \cos\alpha_1} \tag{6-1}$$

（2）圆盘刀片侧向间隙 $\Delta$：在剪切热钢材时，侧向间隙 $\Delta$ 可取为钢材厚度 $h$ 的 12% ~16%。在冷剪时，$\Delta$ 值可取为钢材厚度 $h$ 的 9% ~11%。

（3）剪切速度：剪切速度 $v$ 要根据生产率、被剪切钢材的厚度和力学性能来确定。剪切速度太大，会影响剪切质量，太小又会影响生产率。常用的剪切速度可按表6－1来选取。

表6－1　圆盘剪常用的剪切速度

| 钢材厚度/mm | 2～5 | 5～10 | 10～20 | 20～30 |
| --- | --- | --- | --- | --- |
| 剪切速度/$m \cdot s^{-1}$ | 1.0～2.0 | 0.5～1.0 | 0.25～0.5 | 0.2～0.3 |

## 527. 圆盘剪的结构特点是什么？

（1）利用电动丝杠式的移动机构进行剪切宽度调整，有利于对不同宽度的钢材进行剪切。剪切中厚板时，一般只移动一侧机架即可。

（2）补偿刀盘磨损和重车，可根据被切板厚对重叠量进行调节选择。调节机构一般为电动蜗轮蜗杆偏心机构，为保证良好的剪切效果设有电动刀盘间隙调节机构。

（3）主传动多采用直流双电机经中间同步轴传动两对刀盘（也有采用两台交流变频电机传动的例子），优点是：能够根据不同的钢材厚度和不同的钢材强度极限来灵活选择剪切速度，同时还可以低速爬行处理剪切事故，保证了电机功率的充分利用。

（4）采用螺旋刀刃的滚筒式碎边剪，可提高剪切速度，最高可达76m/min。碎边剪与圆盘剪采用紧凑布置，与圆盘剪共用一套调宽机构，碎边剪的主传动用两台直流电机驱动（也有采用两台交流变频电机传动的例子）。

## 528. 滚切式双边剪的传动形式有几种？

滚切式双边剪的传动形式有三轴三偏心和单轴三偏心两种。所谓三轴三偏心是指传动轴为上剪刃的两个传动偏心轴和碎边机的一个偏心轴，三个轴的偏心度不同，三轴三偏心可使剪切力分配到三个轴上，且互不干扰。另一种形式称为单轴三偏心传动，在一根轴上加工出三段不同的偏心，两个偏心传动上剪刃，一个偏心传动碎边剪。这种单轴三偏心传动形式结构简单，造价低，单传动负荷大。

## 529. 滚切式剪切机的剪切原理是什么？

如图6－10所示，滚切式剪切机的机构由两根曲柄、连杆、弧形上刀片、平直下刀片以及导向杆组成。由于两根曲柄轴之间存在相位差，曲柄轴旋转后，使上刀片产生滚动运动。

这种剪切机的剪切过程如图6－11所示。图6－11a为处于最大开口度的起始位置。单曲柄轴等速同向转动时，上刀片左端首先下降开始剪切（图6－11b）。当上刀片与下刀片之间达到一定的重叠量后，上刀片将沿下刀片滚动。图6－11c、d和e分别为刀片滚动式左端剪切、中部剪切和右端剪切的简图。

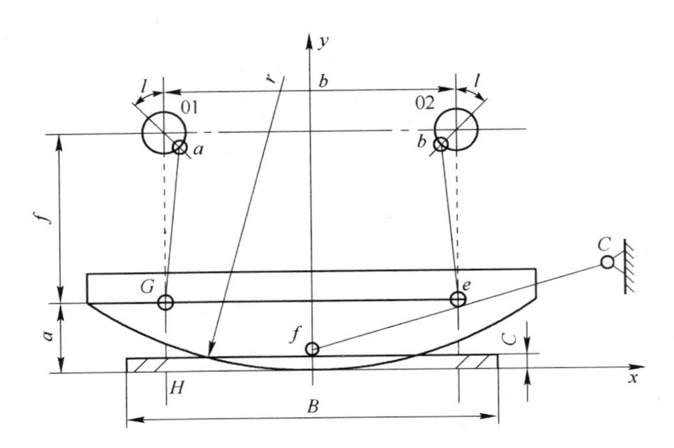


图 6-10 带导向拉杆的滚切式剪切机机构示意图

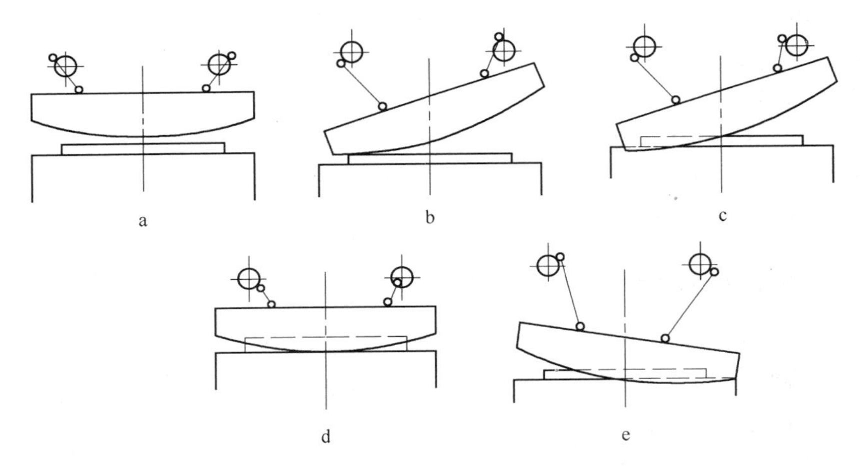


图 6-11 滚切式剪切机的剪切过程

a—起始位置；b—开始剪切；c—左端剪切；d—中部剪切；e—右端剪切

## 530. 滚切式双边剪的主要部件组成和结构有哪些？

滚切式双边剪本身是由一台固定剪和一台移动剪组成的，以适应不同宽度钢材的切边，每台剪各带有一台碎边剪用于碎断料边。主要部件组成和结构有：（1）机架；（2）主传动和主传动箱；（3）同步轴装置；（4）剪切装置；（5）导向台；（6）退刀机构；（7）拉紧缸；（8）剪刃间隙调整；（9）压紧装置；（10）废边导向装置；（11）碎边剪；（12）调宽移动装置；（13）静压润滑系统；（14）夹送辊；（15）辊台；（16）换剪刃机构。

## 531. 滚切式双边剪的基本参数有哪些?

基本参数有：上刀刃圆弧半径；上剪刃行程和剪切开口度；剪刃的重叠量和侧向间隙（mm）；剪刃间隙（mm）；剪切厚度（mm）；剪切宽度（mm）；剪切温度（℃）；剪切钢材的抗拉强度极限（MPa）；剪切力（kN）；剪刃长度（mm）；剪切次数（次/min）；最大切边长度（mm）；剪切精度（mm）；钢材送进速度（m/s）；夹送辊对钢材的夹持力（kN）；压板压紧力（kN）；调宽移动速度（mm/s）。

## 532. 滚切式剪切机与一般的斜刃剪相比有什么优点?

（1）弧形的上剪刃和水平的下剪刃之间在整个剪切过程中剪刃全长上有一个数值较小（约 5mm）但比较平均的重叠量，因此被切钢材产生的弯曲较小，切入后的撕裂也不剧烈，因此钢材切口处整齐平正、无毛边，料边形状也较规矩，这不仅保证了切边质量较高，也使料边易于收集。

（2）上、下剪刃的重叠量可以根据剪切厚度选择，而且在剪刃全长度上其值一样，保证了钢材的平直度，被切下的头尾弯曲也很小，容易处理。

（3）由于弧形的上剪刃在直的下剪刃上滚动剪切，上剪刃相对钢材的滑动量小，剪刃划伤和磨损小。

（4）上、下剪刃在起始和停止位置时，其开口度大约能达到板厚的三倍，显著地大于斜刃剪的开口度，因而能使钢材顺利地通过剪子。

（5）上剪刃开口度较大有利于钢材的送进，但上剪刃的总行程却不大，比普通斜刃剪还减少了 30% ~40%，可以缩短剪切时间，有充足的时间运送钢材。

（6）属于渐进式剪切，剪切面积小，因此所需要的剪切力不大，不仅有利于保证好的切边质量，而且所需的电机功率也较小，因此运行耗费少。

（7）在保证生产能力的前提下，实现了钢材的高质量和高效率剪切。

（8）与旧式剪切线相比，占地少，总的设备质量轻，剪切质量好，生产过程可全部自动化。

（9）滚切式双边剪是轧钢设备中结构比较复杂，制造精度要求很高的一类设备，其制造和使用维护的难度也是较大的。

## 533. 为什么要采用火焰切割?

目前在中厚板生产线上使用的各种剪切机的最大允许剪切厚度小于 50mm，因此对厚度大于 50mm 的钢材采取离线切割，通常采用火焰切割的方式进行钢材的头尾剪切、边部剪切。中厚板厂的火焰切割机主要有移动式自动火焰切割机和固定台架式火焰切割机，其基本装置是氧气切割器，以及安装切割器的电动小车或电动台车。

**534. 影响火焰切割质量的因素有哪些?**

影响火焰切割质量的因素有割嘴的大小及形状，使用气体的种类（常用气体主要是乙炔，目前有的厂使用煤气、天然气、石油液化气代替乙炔，还有的在各种气体中配比了一定的添加剂，如所谓的金火焰等），气体的纯度及压力，切割钢材的材质和厚度，切割钢材的表面质量（裂纹、结疤、折叠、夹杂）和内部质量（大型夹杂物、气泡、分层），切割速度，预热火焰的强度，切割钢材的温度，割嘴与钢材之间的距离，割嘴的角度等。

**535. 火焰切割的基本操作步骤是什么?**

（1）根据被切割钢材的厚度选用适当型号的割嘴（主要是割嘴的孔径和形成火焰的长度）。

（2）将氧气和燃气压力调至规定值。

（3）用切割点火器点燃预热火焰（注意先点火后放气），然后缓慢地旋转打开预热氧气阀，调节火焰的白心长度，使火焰成中性焰，预热切割点。注意观察火焰的形状和颜色。

（4）在切割点上只用预热焰加热，割嘴垂直于钢材表面，火焰白心距离钢材表面 1.5 ~2.5mm。

（5）当切割点达到燃烧温度（暗红色）时，打开切割氧气阀，瞬间就可以进行切割。

（6）在确认已割至钢材的下表面后，就沿着切割线以适当速度移动割嘴进行钢材的切割。

（7）切割终了时，先关闭切割氧气阀，再关闭预热火焰的氧气阀，最后关闭燃气阀。

## 第四节 钢材的无损检验

**536. 常规的无损检测方法有哪些，中厚板无损检测常用的有哪几种?**

无损探伤用于对钢板内部及其表面存在的缺陷的严重性及分布位置，按有关技术标准进行判定和分级。

常规的无损检测方法有射线检测、超声检测、磁粉检测、渗透检测和涡流检测五种。射线检测、超声检测用于钢材内部缺陷的检测。磁粉检测、渗透检测和涡流检测都属于表面缺陷检测，但其各自的方法原理和适用范围区别很大，并且有各自独特的优点和局限性。所以无损检测人员应熟悉掌握这三种检测方法，并能根据工件材料、状态和检测要求，选择合理的方法进行检测。如磁粉检测对铁磁性材料工件的表面和近表面缺陷具有很高的检测灵敏度，可发现微米级宽度的小缺陷，所以对铁磁性材料工件表面和近表面缺陷的检测宜优先选择磁粉检测，确因工件结构形状等不能使用磁粉检测时，方可使用渗透检测和涡流检测。

目前，对中厚板进行无损检测的方法主要有超声检测和磁粉检测两种，其中超声检测主要用于在线或离线检测中厚板的内部缺陷；磁粉检测主要用于检测中厚板表面和近表面缺陷，是肉眼辅助检测的一种重要手段。

### 537. 钢材超声检测的原理是什么？

检测过程是通过使用一种压电晶片性材料内部发射超声波进行的，这种压电晶片被称为探头或传感器。根据不同条件，可以方便地选择使用不同的探头。在材料超声探伤中，使用的探头主要为单晶和双晶两种。

基于脉冲反射原理，超声波进入材料中遇到缺陷或界面时，声波将被反射回探头，通过观察回波波形中反射回的能量多少就可以知道缺陷的大小。大的缺陷反射回的能量比小缺陷的多。

超声波进入材料中产生机械振动，返回波将产生电子脉冲。电子脉冲随后被电子系统放大和存储，从缺陷反射过来的总能量与吸收到的电子脉冲成正比。

遵照测定标准测定钢材，必须以脉冲方式进行工作。检测过程是通过纵波和横波两种波形完成的。

纵波是用来测定钢材内部缺陷的。这种波适合于检测钢材内部的分层、夹杂（渣）和球状裂纹。

横波用来检测钢材表面和内部纵向线状缺陷。

### 538. 为什么要对钢材进行超声检测？

随着现代工业和科学技术的发展，对钢铁产品的质量检验提出了越来越多的要求，从质量、安全、使用等方面来看，产品检测的全面性、可靠性、准确性都是十分重要和必要的。在中厚板的应用中，有些涉及安全要求及有重要用途的钢材，如压力容器用钢材、锅炉用钢材、电站用钢材、化工用钢材等，不仅对钢材的力学性能、外观质量有严格的规定，而且对内部质量也有严格的要求。因此，对钢材的无损探伤（对钢材内部的无损检测）与钢材的力学检测、外观检测已是中厚板生产的重要组成部分。

### 539. 钢材的超声检测的基本要求是什么？

在线超声波检测系统的基本结构是一组阵列的超声波探头，它从钢材的上表面或下表面检测钢材。为了提高检测精度，探头必须尽可能地与被测钢材贴近，以便探头与钢材能够很好地接触，为了消除探头与钢材之间产生的气隙，实现探头与钢材的完全耦合，便于超声波进入钢材和从钢材中反射，探头与钢材之间超声波的传递必须要在无气泡的水中进行。

## 540. 钢板探伤时引起底波消失的可能原因有哪些？

（1）探伤灵敏度调得太低。

（2）探头耦合不好（钢板表面有氧化皮和浮锈，钢板表面太粗糙等）。

（3）探头损坏。

（4）探头线断路。

（5）仪器接收电路有故障。

（6）钢板晶粒粗大。

（7）钢板中有严重的密集缺陷。

（8）钢板中存在大于声束截面的缺陷。

（9）钢板底面太粗糙或锈蚀严重。

## 541. 钢板探伤时常采用哪几种方法进行扫查，各适用于什么情况？

根据钢板的用途和标准等技术要求不同，采用的主要检查方法分为全面扫查、列线扫查、边缘扫查和格子扫查等几种。

（1）全面扫查：对钢板作100%的检查，每相邻再次检查应有10%的重复扫查面，探头移动方向垂直于压延方向，全面检查用于要求高的钢板检测。

（2）列线扫查：在钢板上划出等距离的平行列线，探头沿列线检查，一般列线间距为100mm，并垂直于压延方向。

（3）边缘扫查：在钢板边缘的一定范围内作全面扫查。

（4）格子扫查：在钢板边缘50mm范围内作全面扫查，其余按200mm×200mm的格子线扫查。

## 542. 对钢板进行超声波无损探伤时，为什么有时不能准确反映缺陷的尺寸或大小？

主要是因为进行超声波无损探伤时，缺陷定量的依据是缺陷反射声压的高低。影响缺陷波高的最大因素在于缺陷自身：

（1）光滑平面缺陷可以形成镜面反射，缺陷回波高。

（2）粗糙表面则产生漫反射和波的干涉现象，缺陷回波低。

（3）声波垂直入射缺陷表面时缺陷回波最高，随入射角的增大缺陷波急剧下降，如倾斜2.5°时，波幅下降1/10，倾斜12°时，下降至1/1000，此时仪器已不能检出缺陷；同尺寸、同位置、不同形状的缺陷回波不同，相同条件下球孔的回波声压比平底孔小 $\lambda/4$dB。

（4）缺陷性质的影响取决于界面两侧介质的声阻抗，当两侧介质的声阻抗差异较大时，近似地认为是全反射，反射声波强；当差异较小时，就有一部分声波透射，反射声波变弱。

目前的检测技术还难以反映缺陷的真实状况，故缺陷定量常采用当量评定法。当量评定法是将缺陷的回波与规则形状人工反射体的回波幅度进行比较，如果两者的埋深相同、反射波高相等，则称该人工反射体的反射尺寸为缺陷的当量尺寸。而对于有一定尺寸的缺陷，边界界定又分为绝对灵敏度法和相对灵敏度法，所以测定的缺陷指示长度、指示面积，并不是缺陷的实际长度和实际面积，当量尺寸与缺陷实际尺寸会存在一定的误差。

### 543. 中厚板超声波检测装置有几种布置方式，各种布置形式的特点是什么？

目前中厚板超声波检测装置布置有在线布置、旁通布置和离线布置三种形式：

（1）在线布置。检测装置设置在冷床和检查台之间的钢板输送辊道上或剪切线的辊道上，可以对所有通过的钢板（厚度允许范围）进行全面超声探伤。其优点是有利于在定尺剪切前检查出钢板的缺陷，提高成材率。但要求冷床有较强的冷却能力，使被检测钢板的温度符合检测要求，并且多是一次通过式检测。

（2）旁通布置。检测装置设置在剪切线平行的旁通辊道上，由钢板横移装置把需要探伤的钢板从剪切线横移到旁通辊道上进行全面检测，也有通过检查台架的输出辊道将钢板横移到超声检测装置前的辊道上进行全面检测。其特点是保证生产线物流顺畅，可以是一次通过式或三次通过式检测，用于探伤钢板交货量不高的产线。

（3）离线布置。检测装置设置在精整跨或成品收集跨，多用于特厚钢板或需要重新补探钢板的检测，其基本上为人工作业，检验效率较低。

### 544. 在线超声波测试器的主要技术参数有哪些？

在线超声波测试器的主要技术参数有：探头数量（纵向＋横向）；灵敏度（mm）；钢材缺陷尺寸检测精度（mm）；探伤温度（℃）；探伤速度（m/s）；探伤钢材尺寸（mm）；重复正确率（%）；盲区长度（mm）；两边部盲区（mm）。

### 545. 磁粉检测的原理是什么？

磁粉检测是一种应用较早的物理检测方法，它利用磁粉的特性来发现铁磁材料表面或近表面的缺陷。当铁磁材料被强烈磁化后，如在材料表面或近表面存在着与磁化方向垂直（或成一定的角度）的缺陷时，就会使磁力线发生畸变，形成磁漏场。若在有缺陷的钢板表面涂刷磁粉，漏磁场就会吸引磁粉，聚集在缺陷区，形成在合适光照下目视可见的磁痕（缺陷痕迹），显示出缺陷的位置、形状、大小和不连续性。这就是磁粉探伤的基本原理。与超声探伤和射线探伤相比，其灵敏度高、操作简单、结果可靠、重复性好、缺陷容易辨认。

磁场的强度是决定磁粉检测灵敏度的重要因素，要获得满意的磁粉痕迹显示，施加在被测工件的磁场就必须达到一定的强度。若磁场强度的太小，就难以显示细微的缺陷，反之，若磁场强度过大，就会显示不当，出现缺陷假象。

由于钢板的表面或近表面的缺陷长度方向存在着不确定性，测量时要不断地调整两个磁极的位置，变换磁场方向，尽可能地使磁场的方向垂直于缺陷的长度方向，以使缺陷最大程度地显示出来。

**546. 磁粉探伤设备的分类有几种？**

磁粉探伤设备，按设备质量和可移动性分为固定式、移动式和便携式三种。按设备的组合方式分为一体型和分立型两种。一体型磁粉探伤机，是将磁化电源、螺管线圈、工件夹持装置、磁悬液喷洒装置、照明装置和退磁装置等部分，按功能制成单独分立的装置，在探伤时组合成系统使用的探伤机。固定式探伤机属于一体型的，使用操作方便。移动式和便携式探伤仪属于分立型的，便于移动和在现场组合使用。

（1）固定式磁粉探伤机：固定式磁粉探伤机的体积和质量大，额定周向磁化电流一般为1000～10000A。能进行通电法、中心导体法、感应电流法、线圈法、磁轨法整体磁化或复合磁化等，带有照明装置，退磁装置和磁悬液搅拌、喷洒装置，有夹持工件的磁化夹头和放至工件的工作台及格栅，适用于对中小工件进行探伤。还常常备有触头和电缆，以便对搬上工作台有困难的大型工件进行探伤。

（2）移动式磁粉探伤仪：移动式磁粉探伤仪的额定周向磁化电流一般为500～800A。主体是磁化电源，可提供交流和单向半波整流电的磁化电流，附件有触头、夹钳、开合和闭合式磁化线圈及软电缆等，能进行触头法、夹钳通电法和线圈法磁化。这类设备一般装有滚轮，可推动，或吊装在车上拉到检验现场，用于对大型工件进行探伤。

（3）便携式探伤仪：便携式探伤仪具有体积小、质量轻和携带方便的特点，额定周向磁化电流一般为500～2000A。适用于现场、高空和野外探伤，一般用于检验锅炉压力容器和压力管道的焊接情况，以及对飞机、火车、轮船进行原位探伤或对大型工件进行局部探伤。常用的仪器有带触头的小型磁粉探伤机、电磁轨、交叉磁轨或永久磁铁等。仪器手柄上装有微型电流开关，控制通、断电和制动衰减退磁。带触头的小型磁粉探伤机（见图6－12）配有A、E、D、O四种探头，分别用于不同部位和形状断面的材料缺陷检测，如图6－13所示。

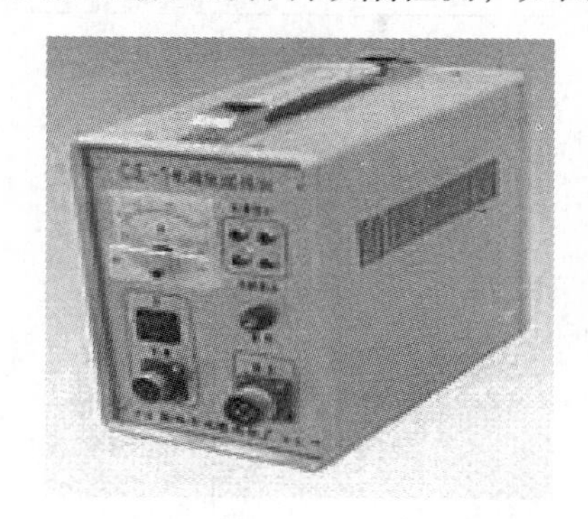

图6－12　带触头的小型磁粉探伤机

A型探头

E型探头

D型探头

O型探头

图6－13　四种不同用途的探头

## 547. 钢板探伤主要采用的标准和等级有哪些？

钢板探伤主要采用的标准和等级如表6－2所示。

**表6－2　钢板探伤主要采用的标准和等级**

| 序号 | 标 准 号 | 级　别 | 标识说明 | 备　注 |
|---|---|---|---|---|
| 1 | GB/T 2970—2004 | Ⅰ、Ⅱ、Ⅲ、Ⅳ |  | 超声波检测 |
| 2 | JB/T 4730.3—2005 | Ⅰ、Ⅱ、Ⅲ、Ⅳ、Ⅴ |  |  |
| 3 | ASTM A435/A435M—90(2001) | UT 435 | UT 435 |  |
| 4 | ASME SA—435/SA—435M | UT 435 | UT 435 | 与ASTM A435/435M—90等同 |
| 5 | ASTM A578/A578M—96(2001) | A、B、C | UTA578—A/B/C |  |
| 6 | ASME SA—578/SA—578M | A、B、C | UTA578—A/B/C | 与ASTM A578/A578M—96等同 |

续表 6-2

| 序号 | 标准号 | 级别 | 标识说明 | 备注 |
|---|---|---|---|---|
| 7 | SEL 072—1977 | 0、1、2、3、4、5、6 | | 不明确等级则认为3级；边部探伤等级为：0、1、2、3、4；全钢板探伤时边部等级与板面探伤等级一致，板面探伤等级为5或6级时，边部探伤等级为4级 |
| 8 | EN 10160—1999 | $S_0$、$S_1$、$S_2$、$S_3$ | En10160 $S_xE_x$ | 对边部探伤等级有要求时探伤为：$E_0$、$E_1$、$E_2$、$E_3$ 或 $E_4$ |
| 9 | NF A04—305 | | | 与 BS EN 10160—1999 等同 |
| 10 | ISO 12094—1994 | $B_1$、$B_2$、$B_3$ | ISO 12094 $S_xE_x$ | 对边部探伤等级有要求时探伤为：$E_1$、$E_2$ 或 $E_3$ |

## 548. 钢板压缩比与探伤合格率有什么关系？

从整体来看，一般钢板压缩比与探伤合格率的关系如图 6-14、图 6-15 所示，这是因为：超声波探伤对缺陷的检测能力为不小于 $\phi$2.0mm；当缺陷不小于 $\phi$5.0mm 时，就要依据探伤标准对缺陷的数量和单个缺陷的大小进行判定，而存在于钢锭、钢坯中的正常状态的疏松、夹杂、偏析等组织缺陷，其原始颗粒均小于 $\phi$1.5mm，当钢锭的压缩比达到 4~8，钢坯的压缩比达到 5~7 时，钢锭、钢坯中的原始缺陷随着钢板的展宽伸长而扩大。但是在这样的压缩比时，缺陷又不能充分地闭合并焊合，其单个面积已扩展到 $\phi$2~10mm，正处在探伤标准的判定范围内。当压缩比小于 4~5 时，缺陷虽被轧制闭合，但是其个体扩展有限，均不大于 $\phi$2mm，探伤标准允许其存在。当压缩比大于 7~8 后，缺陷经充分压缩焊合而消失。

## 549. 钢锭成材中厚钢板探伤缺陷的种类有哪些？

钢锭成材钢板的厚度范围为 40~410mm，个别品种应用户要求可达到 500~600mm，厚板的组织从铸态一直延伸到控轧和正火后的细晶组织，晶粒度从 2 级分布到 10 级。从某钢厂 80 万探伤钢板的统计结果看：由单个大面积分层、夹杂类缺陷造成探伤不合格量占 3% 左右；由点状及长条状密集缺陷造成探伤不合格量占 97% 左右。

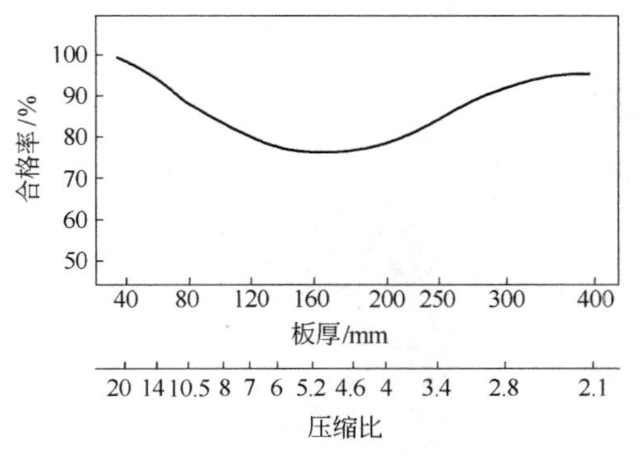


图6－14　压缩比对钢锭成材板探伤合格率的影响

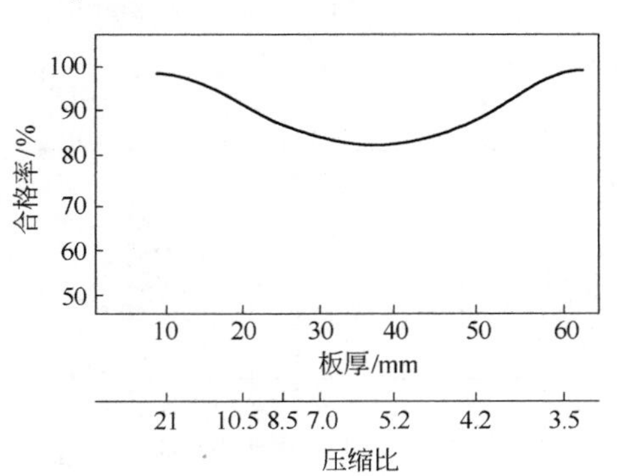


图6－15　压缩比对连铸坯成材板探伤合格率的影响

（1）缩孔类缺陷。因钢水浇铸过热度过高，钢中气体含量高产生的钢锭缩孔，一般分布在钢锭头部、帽口线以下区域，在钢板中形成大面积缩孔性分层，如图6－16所示。

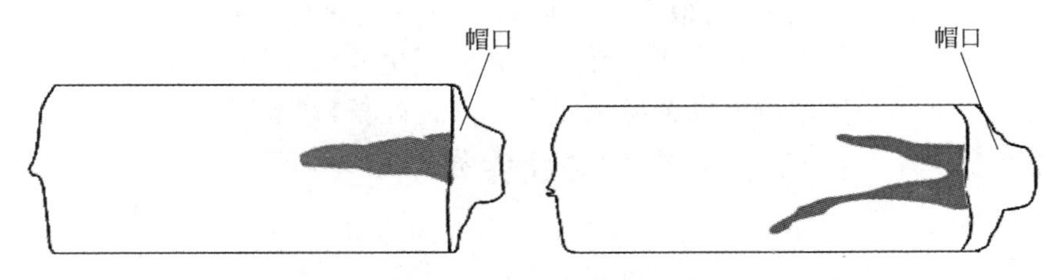


图6－16　缩孔类缺陷在钢板上的分布图

（2）边部折叠分层。此类缺陷的形成主要是轧制过程中初期压下道次的压下率小，造成钢锭表层延展过大，钢锭芯部延展不足，加上立辊的齐边压下道次又配合不当，形成钢板双边折叠分层（俗称重边），此类缺陷往往造成钢板的宽度定尺不合，如图6－17所示。

图6－17　边部折叠分层缺陷分布图

（3）密集点状及长条状缺陷。此类缺陷主要是由钢锭中疏松、偏析、夹杂缺陷形成的，缺陷集中在板厚的中间1/3区域，缺陷相邻较近，平均为10～20mm。密集缺陷的分布在头部最严重，从头至尾，密集度逐渐减少。缺陷严重时，只有尾部1～2m区域合格，缺陷对底波的影响在3～8dB左右，严重时达20dB。从缺陷的波形反射和对底波的影响特性可判定为$\phi$2～12mm的分层、夹杂和偏析，如图6－18、图6－19所示。

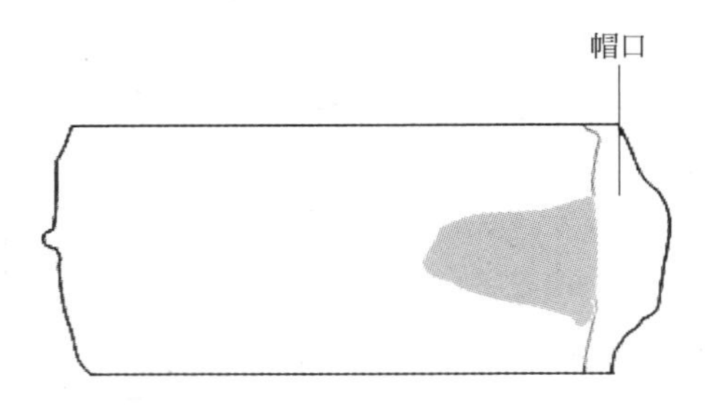


图6－18 头部密集型缺陷分布图

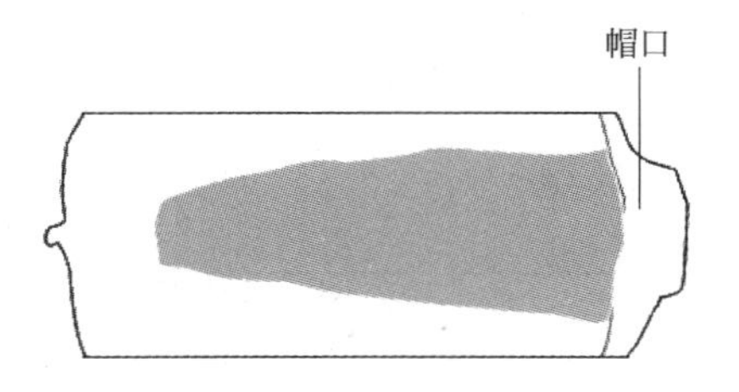


图6－19 整版密集型缺陷分布图

## 550. 连铸坯成材中厚钢板探伤缺陷种类有哪些？

连铸坯生产钢板的厚度范围是一般为8～120mm，主要探伤缺陷的种类有：

（1）双边区域的长条状分层缺陷。此类缺陷的反射波为典型的分层缺陷波，反射波高达100%，底波下降8～20dB，缺陷宽度在5～10mm之间变动，长度20～1000mm不等，如图6－20所示。此缺陷形成的机理为：因连铸坯工艺参数异常，连铸坯的冷却三角区由于存在三个方向产生柱状晶的搭桥现象，柱状晶过度发达，以至造成明显的柱状晶穿晶现象，并伴随偏析物的较多聚集，使带有沉淀物的偏析带经轧制后，成为条状分层、夹杂缺陷，如图6－21所示。

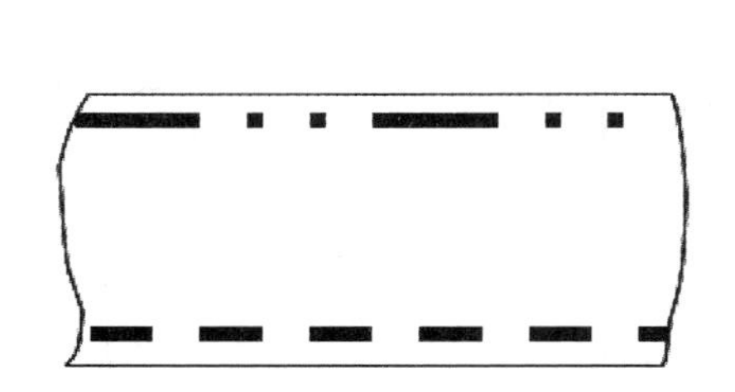

图6－20 双边区域长条状分层缺陷典型分布图

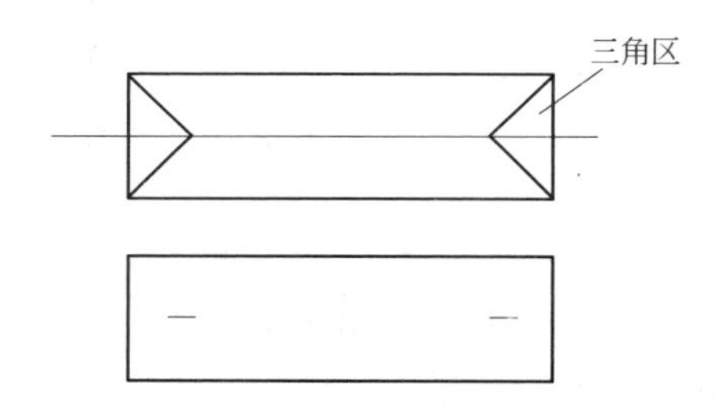


图6－21 连铸坯和钢板板宽方向剖面图

（2）钢板中部区域的点状密集缺陷。此类缺陷表现为钢板中部成片或连续分布着点状、长条状密集分层夹杂缺陷，以分层类缺陷为主。主要是由连铸坯中心裂纹引发的，中心裂纹是钢液厚度在6mm以下的凝固前沿封入的钢液在凝固时产生的疏松、偏析，如图6－22所示。造成连铸坯中心裂纹的主要原因是：铸速在“危险铸速范围”，连铸机导辊偏心不对称，导辊的磨损超标等，造成在矫直点附近的导辊发生了钢液的封入，凝固后形成严重的疏松、偏析，经轧制后又扩展为点状密集型分层缺陷，如图6－23所示。

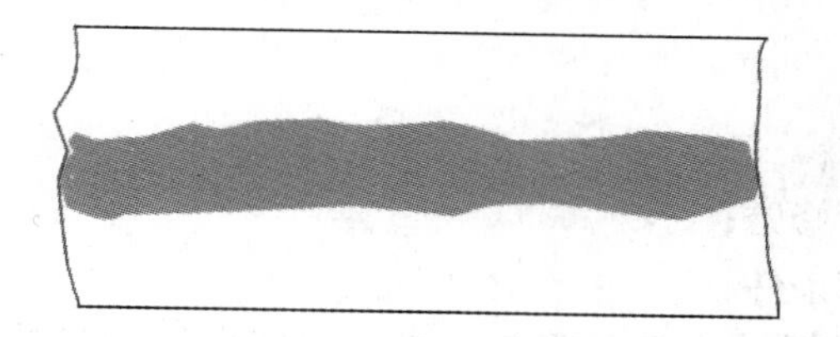

图6－22　分片严重的钢板中部区域的点状密集缺陷

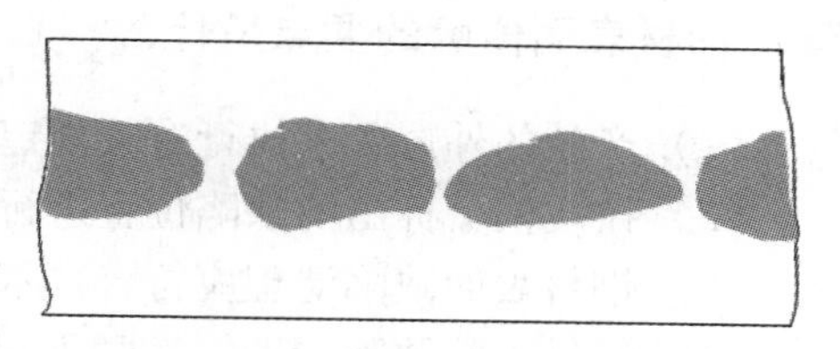

图6－23　钢板整个中部区域的点状密集缺陷

（3）全板面区域的点状密集缺陷。此类缺陷为典型的点状夹杂、偏析。此类缺陷从探伤图形分析为夹杂、偏析，如图6－24所示。形成原因主要是：铸坯过程中钢液被二次氧化、钢液卷渣，或在精炼真空脱气工序中，钢液中的夹杂物去除不净。

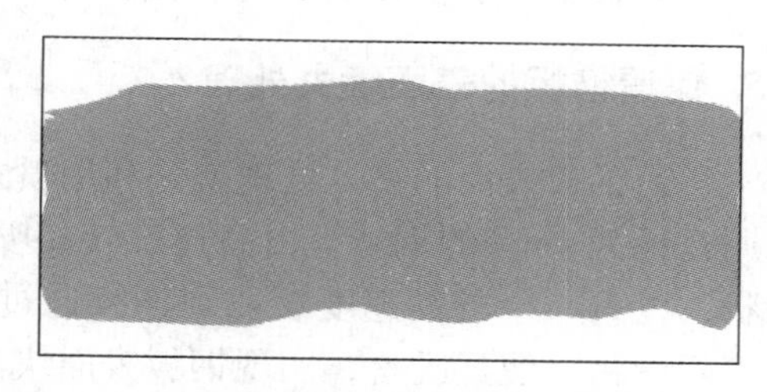

图6－24　全板面区域的点状密集缺陷分布图

## 第五节　钢材的表面清理

### 551. 钢材表面清理是指什么？

钢材表面清理是指对钢材表面（上、下表面）存在的各种缺陷，如麻点、氧化铁皮压入、网纹、轻微裂纹、划伤、压痕、夹杂、重皮、结疤、折叠等用砂轮机进行磨削去除。

### 552. 钢材表面清理的要求是什么？

国家标准GB/T 14977—2008《热轧钢材表面质量的一般规定》规定了热轧钢材表面缺陷（以下简称缺陷）的深度、影响面积、限度、修整的要求及钢材厚度的限制，对修磨、修磨程度的限制、焊补进行了定义，要求缺陷应完全修磨干净，修磨面应光滑过渡到钢材表面，且宽、深比不小于6∶1。

### 553. 修磨钢材表面的砂轮机有几种？

用于中厚板修磨的砂轮机有以下几种：手推式砂轮机、自动砂轮机、圆盘砂轮机、手提式砂轮机、砂带修磨机、不摆头砂带修磨机、自动修磨机。

## 554. 钢材表面修磨的要点是什么?

(1) 产品的外形要求执行有关规定;

(2) 按质检员标出的缺陷位置进行修磨;

(3) 钢材表面缺陷清理应符合技术条件;

(4) 钢材表面缺陷清理的深度不得超过板厚偏差的一半,并应保证钢材的最小厚度,缺陷清理处应平滑无棱角;

(5) 检查砂轮机的电线及砂轮等情况,若有问题及时处理;

(6) 修磨时,要用力均匀,接触力不应过大,以免砂轮片破裂。

## 555. 何谓钢板的表面喷丸处理?

所谓钢板表面的喷丸处理就是利用喷丸设备将切碎的钢丝以及钢球等,通常采用直径为1mm的钢球,由高速旋转的喷射机叶轮的尖端抛射出去,轨迹呈旋涡状,以60m/s的高速度喷射到连续通过的钢板表面,击打钢板表面的氧化铁皮等附着物,使其脱落,实现钢板表面快速的清理和净化。另外,钢板表面会也会因击打产生微小的凹凸不平,产生轻微的加工硬化,有利于消除和减轻一些细小的缺陷的影响。

## 556. 钢板的表面喷丸处理的重要目的是什么?

船舶、桥梁、容器、高层建筑、大型油罐等用中厚板作原材料的大型钢结构物,在使用前都必须先对材料的表面进行处理后再进行加工使用。喷丸处理是表面处理的首要工序,其主要目的就是把生产过程中在钢板表面形成的氧化铁皮或其他附着物清除干净,以进一步确认钢板表面质量,并进行首次防锈处理。钢板的喷丸处理以往都是在造船、桥梁等钢构件厂进行的,后逐渐应用到中厚板的后续制造工序(如钢板的深加工)。钢板在热处理前,必须清除表面的氧化铁皮,防止加热时氧化铁皮粘连在钢板表面或钢板的输送辊上,影响钢板表面质量。

## 557. 中厚板抛丸涂漆生产线有几种布置形式,流程是怎样的?

中厚板抛丸涂漆生产线有单面和双面两种布置形式,如图6-25、图6-26所示。前者由预热炉、抛丸机、涂漆机、干燥炉、翻板机、涂漆机及干燥炉组成;后者由预热炉、抛丸机、清理台架、涂漆机及干燥炉组成,用一台涂漆机对两面进行同时涂漆,布置紧凑,但下表面的涂层容易被辊道和移板机损坏,需要进行修补。前者有两台涂漆机,解决了后者的问题,但建造费用较高。

两种生产线的流程为:

(1) 单面涂漆的生产流程为:

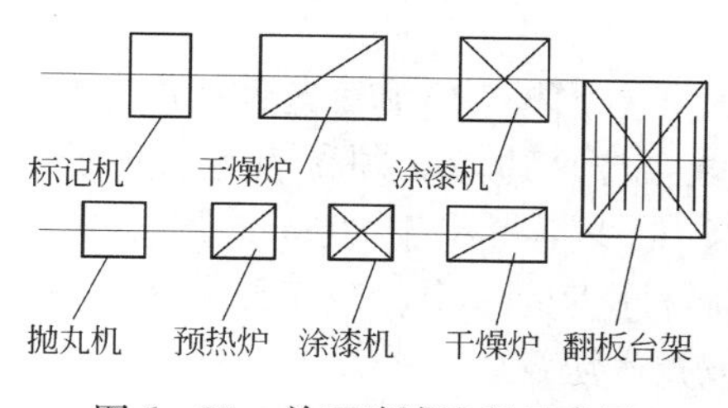


图 6－25　单面喷漆流程示意图

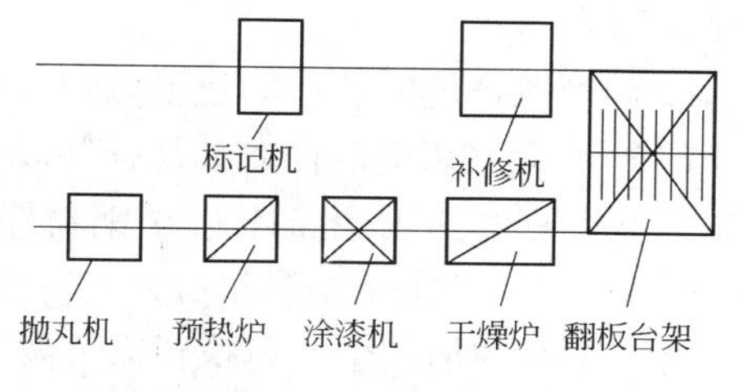


图 6－26　双面喷漆流程示意图

钢板→抛丸→预热→上面涂漆→干燥→翻板→下面涂漆→干燥→标识→检查→收集

（2）双面涂漆的生产流程为：

钢板→抛丸→预热→双面涂漆→干燥→翻板→补修→干燥→标识检查→收集

## 第六节　钢材的表面标识

### 558. 钢材标识的作用是什么？

在钢材入成品库或钢材进行工艺转移前，钢材表面（有的包括侧面）必须标有明显的标识。标识的内容为：供方名称（或商标）、标准号、牌号、规格、炉号（批号）、专用钢材的认证标记或许可证号、能够跟踪从钢材到冶炼的标识号码等。

### 559. 钢材标识的形式有哪些，主要内容是什么？

标识的形式有：喷印、钢字打印、贴标签。标识的方法有：人工喷印、钢字辊压、钢针打印、激光刻印、自动喷印。

有关标识的具体内容，均可按供货时客户的要求，执行国标 GB/T 247—2008 等相应的标准、协议、合同等，主要内容是商标、钢种、炉批号、尺寸、认证代号或标志。

## 第七节　钢材的试样的切取

### 560. 钢材的试样用样料切取的技术要求是什么？

（1）试样表面、侧面不得有肉眼可见的铁皮、折叠、结疤、麻点、裂纹、气泡及分层等缺陷存在，试样要平直，所取试样不准用水激冷，不准用锤打，必须保证尺寸。

（2）切取样坯时，应防止受热及变形硬化对钢材力学和工艺性能的影响。

（3）用火焰切割取样时，从样坯切割线至样坯边缘必须留有足够的加工余量，一般留有的加工余量不小于钢材厚度，最少不得小于20mm。厚度在40～60mm时，留有的加工余量最少不得小于钢材厚度的一半。对于厚度大于60mm的钢材，留有的加工余量可执行需方要求或技术协议。

（4）冷剪切切取的样坯所留的加工余量可按表6－3选取。

**表6－3 冷剪切样坯边部加工余量的选取**

| 厚度/mm | 加工余量/mm | 厚度/mm | 加工余量/mm |
| --- | --- | --- | --- |
| ≤4 | 4 | >20～35 | >15 |
| >4～10 | 为钢材厚度 | >35 | >20 |
| >10～20 | >10 | | |

## 561. 钢材取样部位的规定是什么？

（1）应在钢材端部垂直于轧钢方向切取拉力、冷弯、冲击样坯。对于纵轧钢材，应在距边缘至宽度1/4处截取。对于横轧钢材则可在宽度的任意位置截取。

（2）从厚度小于或等于25mm的钢材取下的样坯应加工成保留原表面的矩形拉力试样。当试验机能力不能满足要求（全厚度试样拉伸）时，应加工成一个表层的矩形试样。当厚度大于25mm时，应根据钢材的厚度，加工成符合国标GB/T 228—2010《金属拉伸试验方法》中要求的相应的圆形比例试样，试样中心线应尽可能接近钢材表面。

（3）在钢材上切取冲击样坯时，应在一侧保留表面层，冲击试样缺口轴线应垂直于表面层。

（4）测定应变时效冲击时，切取样坯的位置应与一般冲击样坯的位置相同。

（5）钢材厚度小于或等于30mm时，弯曲样坯的厚度应为钢材厚度；大于30mm时，样坯应加工成厚度为20mm的试样，并保留一个表层。

（6）硬度样坯在与拉力样坯相同的位置同时切取。

## 562. 钢材试样有哪些要求？

（1）取样数量。每批钢材（含回炉品）取初验试样一组，再验试样两组，以备复验，再验试样从每批中除切取初验试样的那张钢材以外的任意两张钢材上各取一组。

（2）所取试样应立即用钢字头在试样上打上批号，应打在宽度方向上的

1/2、长度的端部。

（3）试样委托单要填写清楚钢号、炉号、批号、厚度、试验项目、初验或复验、班别、送样者、日期等，并与试样一起送检验部门。

（4）初验不合格的钢材要及时送交复验样。

（5）在未接到初验样合格的报告单之前，要妥善保存复验样。

（6）取样工序严格执行按炉送钢制度，对试样的准确性负责。

（7）需要缓冷和热处理后取样的钢材直接通过，待缓冷到规定温度后和热处理后再取样。

## 第八节　钢材的收集与垛放

### 563. 钢材为什么要进行分类和收集？

凡经尺寸、表面质量、质量、标识检验并判定合格的钢材，都必须按照钢质、炉罐号、批号、规格、每吊钢材允许的最大质量等要求，进行分类和收集。其目的在于防止钢号和规格的混乱，便于钢材的调运和管理。

### 564. 钢材收集的原则是什么？

（1）同一吊的钢材必须是同一批号、同一牌号、同一规格、同一尺寸的钢材。

（2）定尺板与非定尺板应放在不同台架上，分别吊运。

（3）非定尺板（同一宽度）吊运时，长板在下，短板在上。

（4）每吊钢板的质量或数量要符合吊运设备的规定或满足用户的要求。

（5）针对吊运钢板的具体情况，应选用不同的吊具，防止吊运时钢板产生损伤。

### 565. 钢材如何垛放？

钢材应垛放在清洁、干燥、通风的地方，要放置在高于地平面200mm的专用的垛放台架上。

（1）钢材应根据钢种和规格的不同分区垛放，应确保平直地垛放钢材，各垛位之间的距离设置要便于机具的使用和人员安全行走。具体应满足以下几点：垛放时应将同钢种、同批号的钢材尽量放置在同一区域（货位），必须保证每垛钢材是同一种钢，同一尺寸。垛放高度一般不超过2m，垛距不小于1.5m。

（2）钢材应排列整齐，纵要成行，横要成列，上下要垂直。在吊具限制的情况下，允许每吊钢材上下之间交错放置，但错开的距离不得大于200mm。

（3）每垛钢材中每吊钢材的高度一般控制在 100～200mm，质量不得大于天车允许起吊质量和铁路装车的规定。

（4）每吊钢材之间应放置足够的垫块，避免钢材压弯、翘头；所有垫块应四面平滑，角部圆滑，每层垫块的厚度应一致；应双排放置每吊钢材之间的垫块，并视钢材长度确定垫块的数量；每吊钢材之间的垫块须保持同一垂线，垫块的间距应均匀，不得有明显错位。

（5）垫块有木质和铁质等。铁质的垫块应光滑无毛刺及异物，放置时不允许摔落、丢落、抛落，以防止压伤、击伤钢材表面。

（6）长度为 8～10m 的钢材，放置 6 行垫块；长度为 10～12m 的钢材，放置 7 行垫块；长度为 12～15m 的钢材，放置 8 行垫块。

（7）要求垫块与钢材边部的距离应在 150～200mm 之间；头、尾垫块与钢材端部的距离应在 200～300mm 之间。

# 第七章　钢材的热处理

## 第一节　钢材的热处理设施

### 566. 钢板热处理工序的作用是什么?

近年来，在钢的精炼水平不断提高，微合金化应用日益深入的情况下，中厚板生产中钢板的控制轧制、控制冷却、晶粒细化轧制等新工艺取得了越来越突出的作用，显著提高或改善了钢板的性能，并使部分产品生产取代或减弱了对常化等热处理工序的依赖，降低了钢板的生产成本。但是，随着交货钢板的厚度增加，强度等性能的提高，钢板以组织状态交货的要求及使用条件的苛刻等需求的不断出现，热处理工序仍然是中厚板生产后续调质、均质和改性处理不可或缺的重要工序。热处理后的钢板具有性能稳定，组织连续、均匀，一致，无残余应力的优点。因此，现代化的中厚板厂一般都配置有设施完善的热处理工序。

### 567. 中厚板热处理炉如何分类?

中厚板热处理炉按钢材的运送方式分为辊底式炉、步进式炉、大滚盘式炉、车底式炉、外部机械化室式炉、罩式炉六种。按加热方式分为直焰式和无氧化式（辐射管式）两种。淬火处理用的淬火机有压力式和辊压两种，淬火的介质有水和油两种，中厚板在线淬火的大多是压力喷水式淬火机。

### 568. 中厚板连续热处理炉的炉型有几种?

目前用在中厚板连续热处理炉的炉型主要有两种可供选择，一种是辊底式炉（分明火加热及氮气保护和辐射管加热），另一种炉型是双步进梁式炉。

### 569. 双步进梁式炉的特点是什么?

双步进梁式炉的优点是不像辊底炉那样，钢材的宽度和厚度受炉底支撑辊荷载的限制，而且耐热钢用量较少；但缺点是不能采用氮气保护加热，炉子下部有步进梁支撑柱，难以设置加热装置。实际上是单面加热的步进炉的步进机构复杂，受炉底步进执行机构的限制，很难与淬火装置要求的出炉速度相匹配；在操作的灵活性与处理钢材温度的均匀性方面，也不如辊底式热处理炉。

**570. 为什么辊底式炉不宜采用明火加热?**

明火加热的辊底式炉，氧化铁皮易粘在炉辊表面上，致使钢材在高温状态下在炉底辊上运行时，易产生压痕和麻点，影响钢材表面的质量。当处理表面质量要求较高的钢材时，难以满足要求。现在中厚板厂新建的辊底式热处理炉基本采用氮气保护和辐射管加热炉。

**571. 中厚板厂热处理炉的基本配置有哪些?**

中厚板厂热处理炉的配置是1~2座炉后带有辊压式淬火机的氮气保护、辐射管加热的辊底式热处理炉，1座车底式常化炉，1座明火加热的双步进梁式炉，可满足热处理量及不同工艺和规格的热处理质量要求。

**572. 辊底式热处理炉的特点是什么?**

(1) 依据不同热处理要求，钢材在热处理炉内经过加热、保温和出炉冷却，完成钢材常化、高温回火、低温回火以及调质等热处理要求，以改善钢材的性能。依据不同热处理工艺和钢材规格参数，钢材在炉内采用连续运行或摆动运行，以满足钢材热处理加热和保温时间的要求。

(2) 辊底式热处理炉采用无氧化辐射管加热、炉内通保护气体技术。入炉侧和出炉侧设有密封室，炉口设有保护气体气封装置，确保钢材的加热质量，增加产品的市场竞争力。

辊底式热处理炉采用先进的ON-OFF即脉冲式燃烧技术，同时配有各种控制检测装置，达到准确及均匀控制炉温的目的。采用良好的炉衬绝热材料，确保低能耗，低$NO_x$排放。

**573. 辊底式热处理炉由哪几部分结构组成?**

辊底式热处理炉的结构由入口密封段及出口密封段、炉体钢结构、炉内辊道、辐射管加热器、混合煤气管道、助燃空气管道、排烟系统、炉子砌体及保护气体系统等组成。

**574. 辊底式热处理炉的主要技术参数有哪些?**

辊底式热处理炉的主要技术参数有：炉子最大产量（t/h）；用途（钢材的常化、高温回火和低温回火）；钢材装料温度（℃）；燃烧方式；钢材规格（厚×宽×长，mm×mm×mm）；热处理温度（常化、高温回火、低温回火,℃）；炉温（℃）；热处理能力（常化、高温回火、低温回火，t/h）；燃料种类；燃料低发热值（$kJ/m^3$）；燃气耗量（正常、接点负荷，$m^3/h$）；助燃空气耗量（$m^3/h$）；传输速度（连续、摆动，m/min）。

### 575. 钢材在辊底式热处理炉内的运行制度是什么？

钢材在炉内加热的时间随钢材厚度的增加而延长。在炉长有限的条件下，为了使不同厚度的钢材能得到不同的在炉加热时间，炉内辊道必须采取不同的运行制度。炉区 PLC 根据装炉系统提供的钢材数据（长度、厚度、质量等），自动选择钢材在炉内是连续还是摆动的运行制度。

（1）连续运行：炉辊的传动速度保持在 0.25 ~ 20m/min，在此速度范围内，对较薄的钢材或一定厚度的钢材都尽可能采用连续运行制度，即：在炉钢材以规定的速度（根据厚度选择）向前运行。根据计算，当钢材即将运行到出炉端时，钢材已达到工艺要求温度，此时这块钢材快速出炉，最高出炉速度为 20m/min。

（2）摆动运行：对于较厚的钢材，因其在炉加热时间较长，这时必须采取摆动运行制度，即在炉钢材以 3m/min 的速度（根据厚度选择）向前运行一段距离后停止数秒钟，再向后运行一段距离后停止数秒钟，如此反复进行前后摆动，待钢材达到工艺要求温度时，离出料端最近的一块钢材快速出炉，最高出炉速度为 20m/min。

### 576. 车底式室状炉与连续式炉的热处理工作方式有什么不同？

车底式室状热处理炉的工作方式与连续式炉不同之处：一是钢材在炉内一个是静止，一个是纵向移动（可以往复移动）；二是钢材的受热过程由低到高，一个是在静止中完成的，温度变化是由燃烧系统按一定的加热曲线控制的，一个是在连续运动中完成的，通过各段不同温度区间的运行时间控制的；三是一个主要适用于高强钢材、瓢曲严重的厚度大于 40mm 的厚规格钢材、特厚钢材的热处理，一个是适用于大规模处理厚度小于 40mm 的较长钢材（主要考虑钢材在炉中保持一定的速度，尽量不作往复移动，确保较高的生产效率）。

### 577. 辊底式热处理炉的主要设施有哪些？

中厚板厂辊底式热处理炉等相关设备的布置主要是指钢板的上、下料的吊装，钢板承接台架，输送辊道，表面清理设施（对钢板上下表面进行抛丸清理，对机后工作辊道及上、下表面进行检查），热处理炉上料辊道，对正机构，入炉辊道，热处理炉，压力淬火机，矫直机，输送辊道，冷床，翻板机（钢表下表面的检查），试样切取、标识，钢板下料、收集、吊装等设备的布置，图 7 - 1 为某厂 3500mm 中厚板厂的热处理工艺流程图。

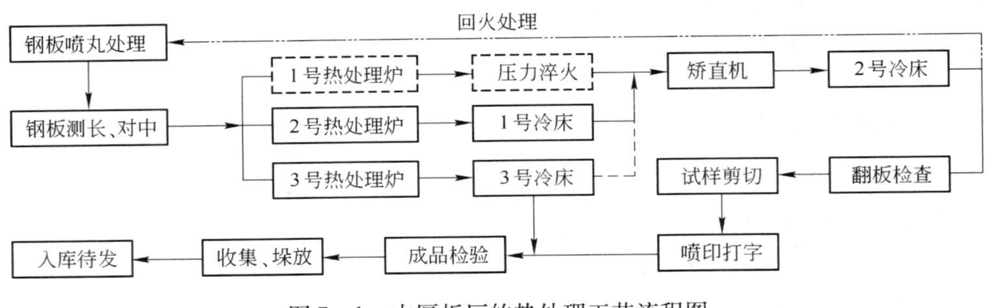


图7－1 中厚板厂的热处理工艺流程图

## 578. 辊底式热处理炉系统的工艺布置形式有几种，各种形式的特点是什么？

目前钢板辊底式热处理炉系统基本是布置在精整线后单独的钢板热处理跨内的，各条热处理线呈平行布置，热处理炉或压力淬火机以后的设施及热处理前的钢板表面处理基本上为几线共用，布置方式主要有以下几种。

图7－2所示为一座辊底式热处理炉与矫直机等设备的布置。这是在中厚板厂一种较常见的布置形式，主要用于钢板的正火处理，钢板正火加回火的调质处理，也可以用于对钢板进行单独的回火处理。某厂3500mm中厚板厂热处理跨设有三条热处理线，其中2号热处理炉、3号热处理为钢板的正火处理，钢板正火加回火的调质处理，热处理前部的钢板调运和钢板表面清理设施及在矫直机等后部配置的冷床、标记、收集、调运设施，为几条热处理线共用。

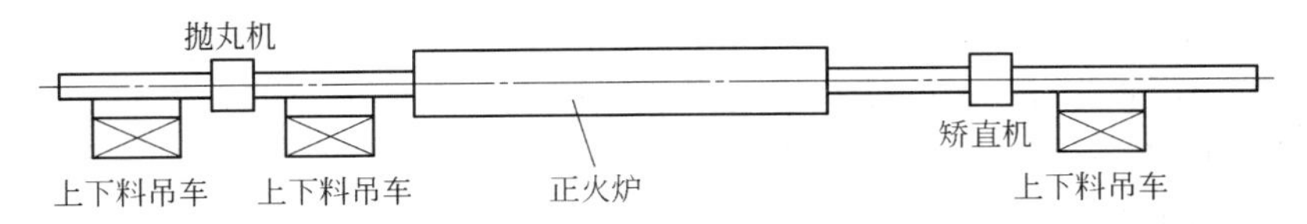


图7－2 辊底式热处理炉与矫直机等设备的布置示意图

图7－3所示为一座辊底式热处理炉、压力淬火机与矫直机等的布置示意图。这在中厚板厂中也是较常见的布置形式，功能与图7－2的布置相似，但由于增加了一台淬火机，可以对钢板进行淬火处理，生产淬火加回火的调制钢板。在这种布置中，为了避免钢板降温对淬火的影响，热处理炉与辊式压力淬火机为近接式布置，济钢中厚板厂的三号热处理线上的1号热处理炉的出口炉门与淬火机的第一根辊道中心线的距离为1156mm（热处理炉最后一根炉底辊距离淬火机第一根辊道中心线1476mm）。

图7－4所示为一条由淬火炉、压力淬火机、矫直机组成的热处理线与另一线由正火炉等组成的热处理线呈平行布置形式的具有回火、淬火、正火功能的钢

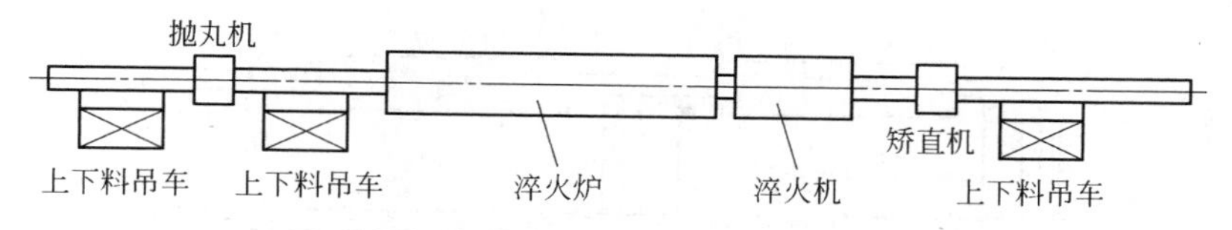


图7-3 辊底式热处理炉、压力淬火机与矫直机等的布置示意图

板热处理布置方式，两线之间由辊道和横移装置连接。可以对钢板进行淬火加回火的调制处理，以消除淬火脆性（不良组织）。这种布置形式可以一炉多用，共用不少设备，生产方式较为灵活，德国的迪林根厚板厂采用这种布置方式。

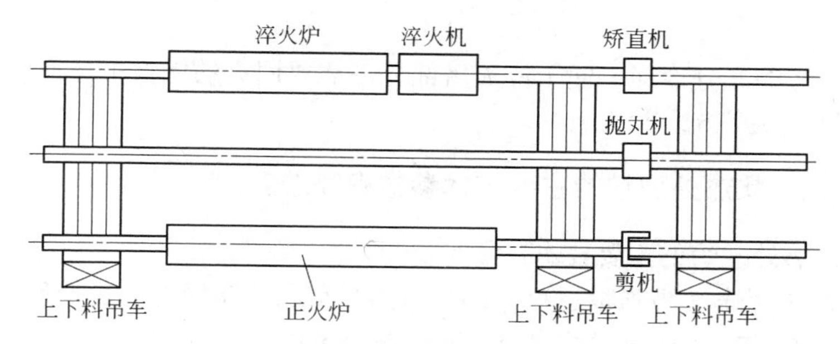


图7-4 淬火线、正火线平行的热处理布置方式示意图

图7-5所示为一条由一座淬火炉、压力淬火机、回火炉组成的热处理线与另一条由正火炉、矫直机等组成的热处理线呈平行布置形式的钢板热处理布置方式，舞阳厚板厂采用此种布置形式。这种布置为钢板正火与钢板调质处理分开处理，调质钢板的处理量比较大，投资较大，对一些特殊钢板的生产较为有利。

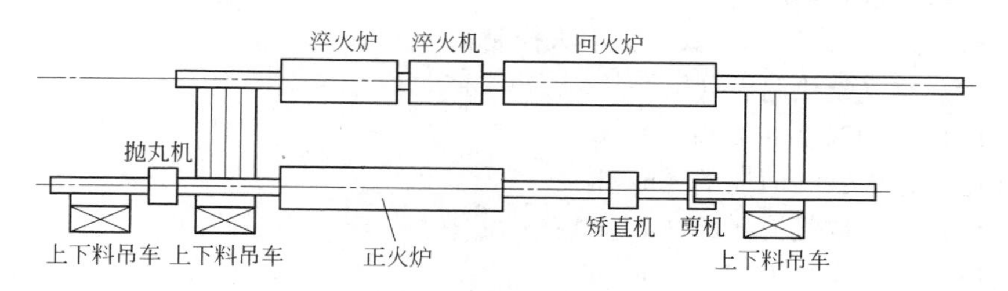


图7-5 淬火回火线、正火线平行的热处理布置方式示意图

图7-6所示为一条由一座淬火炉、压力淬火机、回火炉组成的热处理线与另一线由正火炉、矫直机、剪切机等组成的热处理线呈平行布置形式的钢板热处理布置方式，两线之间由辊道和横移装置连接，生产特点与图7-5所述的布置形式相似。将钢板表面喷丸清理放在两线中间，延长了正火钢板的冷却路线，有

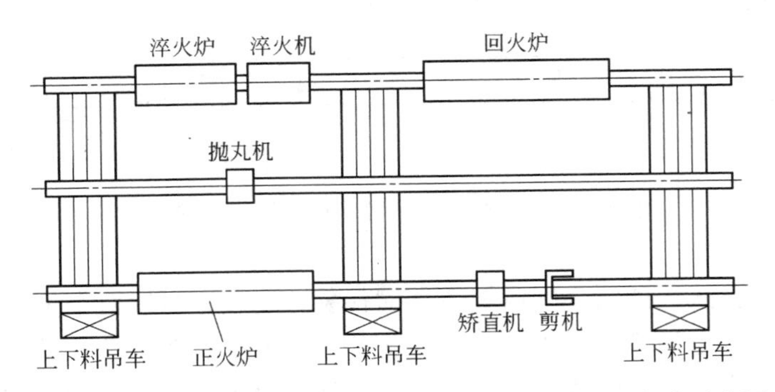


图 7-6 淬火回火线、正火剪切线平行的热处理布置方式示意图

利于正火钢板的充分冷却，便于淬火后部分不需要回火的钢板不经回火炉直接进行下线收集，生产方式较为灵活。

### 579. 辊底式室状热处理炉的主要技术参数有哪些?

辊底式热处理炉的主要技术参数有:

(1) 炉子用途（高强板退火、部分瓢曲严重和特厚钢材的热处理）;

(2) 台车炉有效加热尺寸（宽、长、厚，m）;

(3) 最高炉温（℃）;

(4) 控温精度（±℃）;

(5) 升温速度（℃/h）;

(6) 最大装炉量（含垫铁，t）;

(7) 燃料热值（kJ/$m^3$）;

(8) 供气压力（kPa）;

(9) 燃烧方式（脉冲式、大小火控制）;

(10) 空气预热温度（℃）;

(11) 排烟温度（℃）;

(12) 最大燃气消耗量（$m^3$/h）;

(13) 最大空气消耗量（$m^3$/h）;

(14) 最大废气生成量（$m^3$/h）。

## 第二节 钢材的热处理

### 580. 什么是铁碳合金状态图?

钢是以铁为基体的合金。不同成分的铁碳合金在不同温度下，有不同的组织状态。把在十分缓慢的冷却速度下得到的反映铁碳合金状态和温度、成分之间关系的一种图解称为铁碳合金状态图或称为铁碳相图。它以温度为纵坐标，以化学成分为横坐标，用曲线描述了铁碳合金的结晶和同素异构转变温度随成分而变化的全部过程。

完整的铁碳合金状态图应包括碳含量为0～10%的全部铁碳合金所构成的状态图。铁碳相图可以划分成$Fe-Fe_3C$、$Fe_3C-Fe_2C$、$Fe_2C-FeC$和$FeC-C$四个部分。由于化合物是硬脆相，后面三部分相图实际上没有应用价值（工业上使用的铁碳合金碳含量不超过5%），因此，通常所说的铁碳相图就是$Fe-Fe_3C$部分。

## 581. 什么是钢的同素异构转变？

钢是铁与碳的合金，铁在不同的温度范围内呈现不同的晶格形式，对碳有不同的溶解能力。因此，钢的结构在固态随温度发生变化，其物理性质也不同，这种现象称为钢的同素异构转变。

在实际生产中，常利用不同的加热与冷却（热处理）方法来改变钢的性能，其理论根据就是固态钢有同素异构转变的特性。

## 582. 什么是钢的临界温度？

钢在加热和冷却时发生相变的温度称为临界点或临界温度。在实际加热和冷却时，由于受钢的实际化学成分（合金化）的影响，钢的相变与平衡状态不一样，它并不按照铁碳合金相图（状态图）所示的温度进行，往往是在一定的过热或过冷情况下进行的，这样就使得实际加热或冷却时临界点不在同一温度上。临界点用$A$表示：加热时的临界点在字母$A$右下角标注字母c，如$A_{c1}$、$A_{c3}$、$A_{ccm}$等；冷却时的临界点在字母$A$右下角标注字母r，如$A_{r1}$、$A_{r3}$、$A_{rcm}$等。对于钢来说，常见的平衡状态、加热和冷却时的相变点有：

$A_1$——是在平衡状态下，奥氏体、铁素体、渗碳体共存的温度，也就是一般所说的下临界点。在铁碳合金相图上为$PSK$共析转变线。

$A_3$——是共析钢在平衡状态下，奥氏体和铁素体共存的最高温度，也就是一般所说的上临界点。在铁碳合金相图上为$CS$线。

$A_{cm}$——是过共析钢在平衡状态下，奥氏体和渗碳体共存的最高温度，也就是过共析钢的上临界点。在铁碳合金相图上为$ES$线。

$A_{c1}$——钢加热时所有珠光体都转变为奥氏体的温度。

$A_{c3}$——亚共析钢加热时，所有铁素体都转变为奥氏体的温度。

$A_{ccm}$——过亚共析钢加热时，所有渗碳体都转溶于奥氏体的温度。

$A_{r1}$——钢高温奥氏体化后冷却时，奥氏体转变为珠光体的温度。

$A_{r3}$——共析钢高温奥氏体化后冷却时，铁素体开始析出的温度。

$A_{rcm}$——过共析钢高温奥氏体化后冷却时，渗碳体开始析出的温度。

$M_s$——钢高温奥氏体化后，以大于临界冷却速度冷却时，其中奥氏体开始转变为马氏体的温度。

$M_z$——奥氏体转变为马氏体的终了温度。

$A_{c1}$、$A_{c3}$、$A_{ccm}$随加热速度的提高而升高；而 $A_{r1}$、$A_{r3}$和 $A_{rcm}$则随冷却速度的提高而降低，当冷却速度超过临界冷却速度时，这些转变将不发生，奥氏体直接转变为马氏体、贝氏体等。

一般 $A_{c1} > A_1 > A_{r1}$，$A_{c3} > A_3 > A_{r3}$，$A_{ccm} > A_{cm} > A_{rcm}$，因 $A_{ccm}$与 $A_{rcm}$非常接近，所以常用 $A_{cm}$代替之。

## 583. 低合金结构钢板在加热冷却过程中的相变临界温度点有哪些，如何表示？

（1）平衡转变温度：$A_1$、$A_3$、$A_{cm}$；

（2）加热转变温度：$A_{c1}$、$A_{c3}$、$A_{ccm}$；

（3）冷却转变温度：$A_{r1}$、$A_{r3}$、$A_{rcm}$。

加热（冷却）时铁碳合金状态图上各临界点的位置如图 7－7 所示。

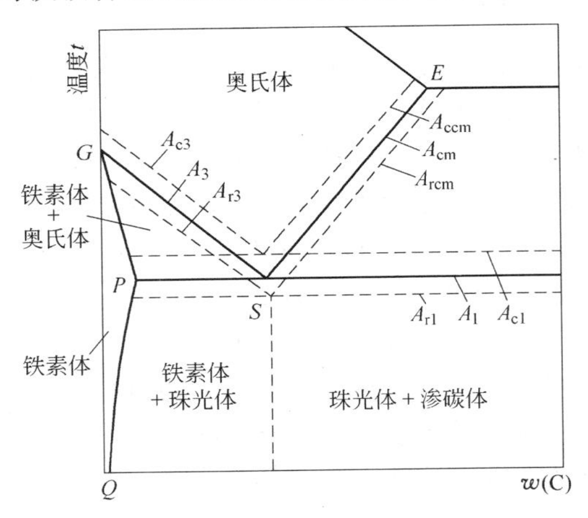


图 7－7 加热（冷却）时铁碳合金状态图上各临界点的位置

## 584. 什么是 C 曲线？

C 曲线即 TTT 曲线，为过冷奥氏体的等温转变曲线（见图 7－8），综合反映不同过冷度下的奥氏体等温转变过程：转变开始和终了时间，转变产物的类型以及转变量与时间、温度之间的关系等。C 曲线一般可通过膨胀法、磁性法、金相

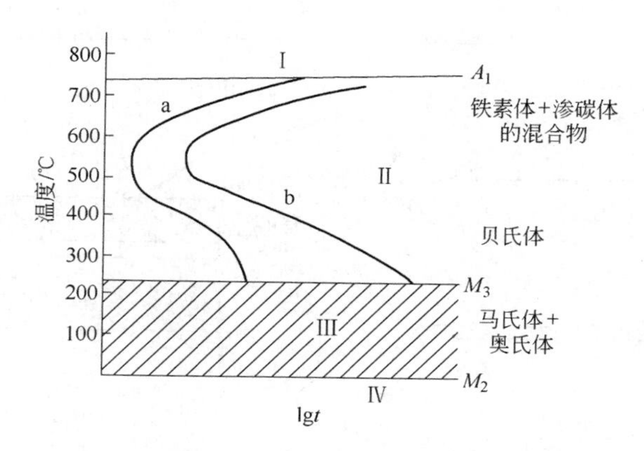


图7-8　C曲线图（过冷奥氏体的等温转变曲线）

硬度法来进行测定。

## 585. 如何获得CCT曲线？

CCT曲线可由两种途径获得：

（1）热模拟试验法。对试样进行与现场条件相似的变形后，取不同冷却速度进行冷却，然后观察其室温组织，获得CCT曲线。

（2）理论计算法。基于相变动力学理论，考虑到相变驱动力、相变孕育期等，计算出CCT曲线，进而对各类型相变产物作出预报。

CCT曲线的应用：确定特定钢种的工艺制度（冷却路径），判定最终产品的组织构成。

## 586. 什么是钢材热处理，其目的和意义是什么？

热处理是将钢材（固态金属或合金）加热到一定温度（图7-9、图7-10）并保持一定的时间，然后选定冷却速度和冷却方法进行冷却，使钢材组织得到改变，从而得到所需要的显微组织和性能的工艺操作过程。

热处理技术是中厚板生产的重要环节之一。随着工业技术的不断发展，人们对钢材质量的要求越来越高，为了达到最终要求，人们在钢中加入微量合金元素，以通过产生细化铁素体晶粒、产生沉淀硬化相，或通过固溶强化及晶粒内位错强化来达到提高力学性能的最终效果。这样的钢材必须采用热处理工艺才能满足对性能的要求。

## 587. 为什么采用不同热处理方式会得到不同的组织与性能？

加热时固态金属或者合金内部组织发生变化，冷却时可将高温状态组织保留

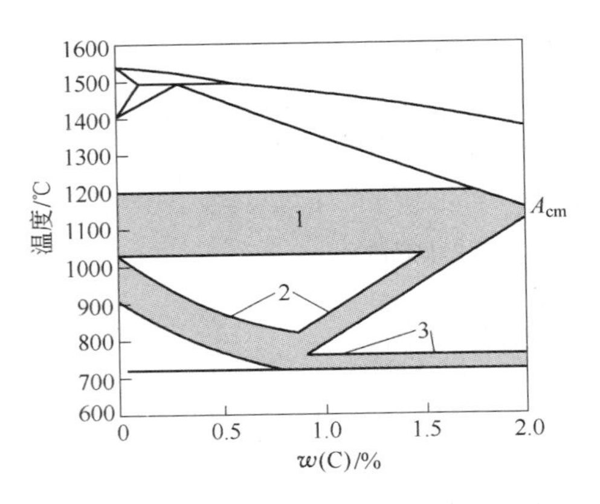


图7-9 铁-碳平衡相图及标出的完全退火、常化、加热和均匀化处理的温度范围

1—热加工与均匀化；2—常化；3—退火

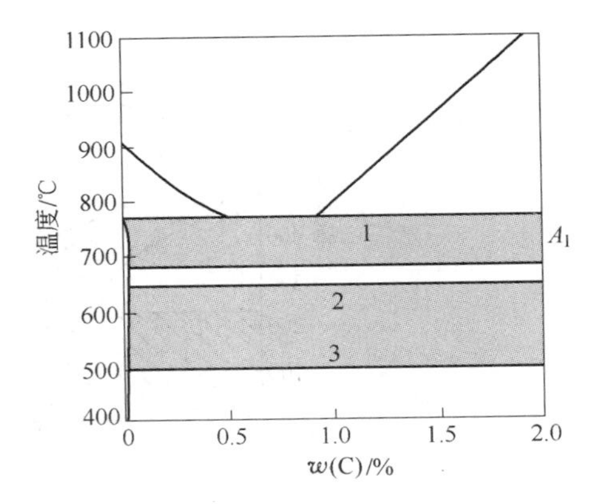


图7-10 铁-碳平衡相图及指出的各种退火工序及再结晶退火、消除应力退火和球化退火的温度范围

1—球化退火；2—再结晶退火；3—消除应力退火

下来或者转变成另一种组织。金属或者合金的性能因组织的改变而改变，所以采用不同的热处理方式可获得不同的组织与性能。

## 588. 中厚板的热处理分为几种？

中厚板的热处理是按技术标准或技术协议的交货状态进行的热处理，可分为正火（常化）处理、调质处理、回火（低温、中温、高温）、退火（扩散、完全、不完全、球化、等温、再结晶、低温）、固溶处理、淬火处理等。表7-1表示热处理过程的基本类型和得到的金相（显微）组织。

**表7-1 基本热处理工序产生的金相组织**

| 热处理过程 | 金相组织 | 热处理过程 | 金相组织 |
|---|---|---|---|
| 完全退火 | 铁素体和珠光体 | 淬火和回火 | 回火马氏体 |
| 不完全退火 | 铁素体和珠光体 | 马氏体回火 | 回火马氏体 |
| 正　火 | 铁素体和珠光体 | 奥氏体回火 | 贝氏体 |
| 球化退火 | 铁素体和碳化物 | 双向热处理 | 铁素体和马氏体 |

## 589. 中厚板的热处理工艺流程是什么？

中厚板的热处理工艺流程为：

抛丸机前辊道→抛丸机→抛丸机后辊道→钢材清扫辊道→钢材下表检查装置→钢材下表检查装置后输送辊道→炉前辊道→辊底式热处理炉→出料辊道→冷床输送辊道→冷床→成品收集→入库

## 590. 钢的加热和冷却对临界温度的影响是什么？

铁－碳平衡相图是制定热处理工艺的主要依据之一，但必须指出，铁－碳平衡相图是在极缓慢加热和冷却的条件下得到的，它只表示在平衡状态下成分、温度和相的关系，而不涉及加热和冷却速度的问题。实际上，加热速度和冷却速度对相变温度、组织成分和组织形态有很大的影响。加热速度增大，相变温度升高；冷却速度增大，则相变温度下降，一般呈滞后现象。图7－11所示为加热和冷却速度对临界温度 $A_1$ 和 $A_3$ 的影响。

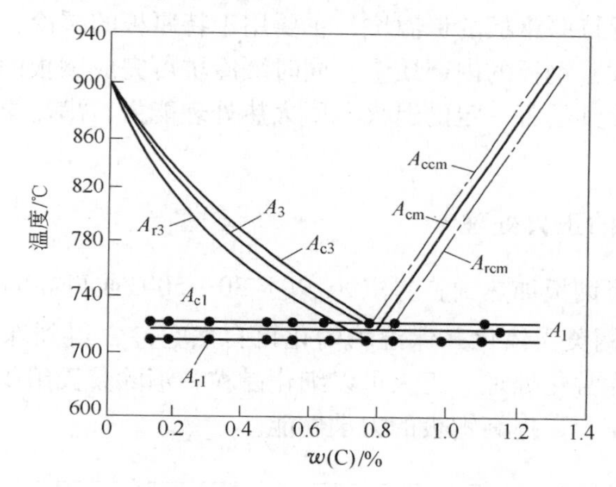


图7－11 加热和冷却速度对临界温度 $A_1$ 和 $A_3$ 的影响

## 591. 钢板有几种缓冷方式？

缓冷装置的形式有缓冷坑和缓冷罩两种。

缓冷坑：在地面上挖掘一个坑，其周围砌筑有耐火砖使之充分保温，在其中装进需要缓冷的钢板并盖上盖子，以进行保温并使钢板缓冷。缓冷坑的保温状态较好。为了监视钢板的缓冷状况，有的装有温度检测装置，有的甚至还装有烧嘴或升温装置。

缓冷罩：将钢板放在隔热的平台上，然后在其上面盖上罩子。罩一般是用钢板制造的，内侧用可铸耐火材料等不定形耐火材料来保温。还有不专门设置缓冷罩的，每当缓冷时就用珍珠岩、高岭石、矿渣棉那样不定形的隔热材料直接覆盖。

## 592. 钢板脱氢处理的手段是什么？

对于有些特殊用途的钢板，为了保证使用用途，仍需对轧后的钢板进行脱氢处理。采用以下三种脱氢手段：

(1) 堆垛缓冷脱氢；

(2) 入缓冷坑自然缓冷脱氢；

(3) 入缓冷坑并加热保温脱氢。

**593. 什么是轧后钢板缓冷技术?**

钢板缓冷一般是为了让钢中的有害元素氢等得到扩散，高级别的特厚钢板及合金元素复杂的合金钢板等一般都需要在轧后采用缓冷工艺。

在生产线设置特厚钢板的保温坑，主要用于特厚板的缓冷，以达到去氢等内部缺陷的目的，改善钢板的内部质量。同时缓冷坑可完成钢板的升温、保温及冷却的工艺要求，使其具备一定的退火、回火热处理能力，满足模具钢等钢板的回火、退火需要。

**594. 什么是钢板的正火处理?**

正火处理是将钢板加热到临界点 $A_{c3}$ 以上 30 ~ 50℃或更高的温度（温度范围见图 7 – 12），使钢奥氏体化并保温均匀化再自然空冷，得到珠光体型组织的热处理工艺，也称为常化处理。正火可以细化晶粒，消除魏氏组织、消除渗碳体网状组织，消除内应力，提高钢板的力学性能。

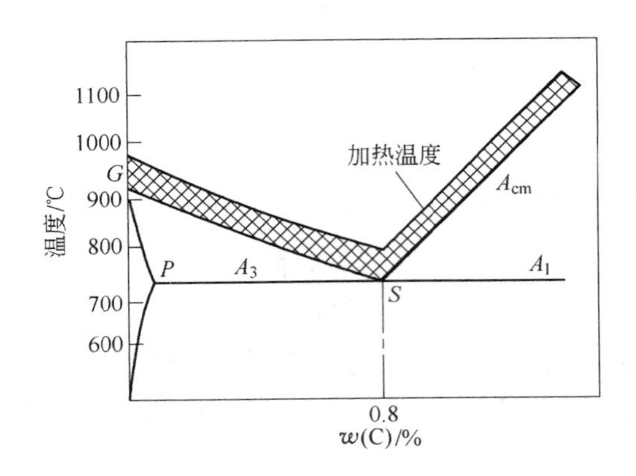


图 7 – 12 正火处理的加热温度范围

由图 7 – 13 可见，特厚板的热轧组织在板厚方向上很不均匀，接近表面处晶粒较为细小、均匀，在中心处晶粒粗大，且存在严重偏析。对钢板进行加热到 880℃，保温 1h 的热处理后，1/4 厚度处和中心部位的显微组织得到了改善，晶粒趋于细化和均匀化，如图 7 – 14 所示。

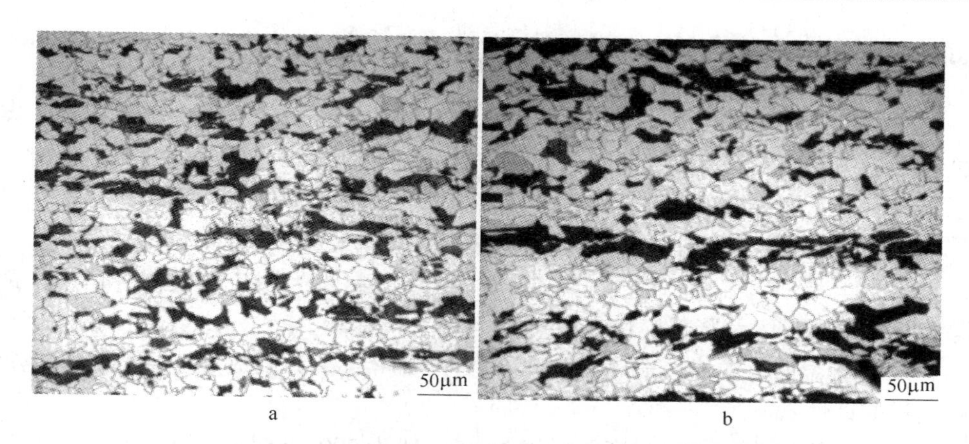


图 7 – 13 Q460 级特厚板热处理前不同部位的显微组织

a—板厚 1/4 处显微组织；b—中心部位显微组织

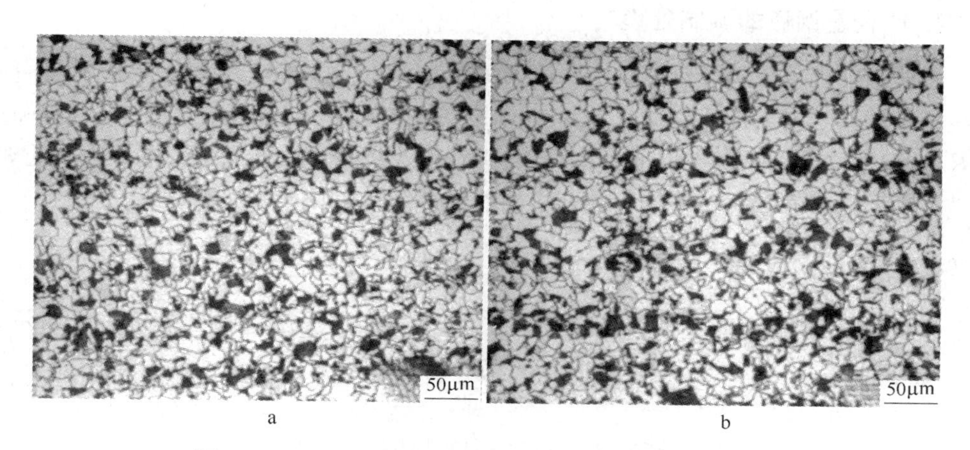


图 7 – 14 Q460 级特厚板热处理后不同部位的显微组织

a—板厚 1/4 处显微组织；b—中心部位显微组织

## 595. 什么是正火轧制，与正火热处理的区别是什么？

正火轧制是在一定温度范围内进行最终变形的一种轧制方法。它能使材料的状态与补充正火处理的相同，其力学性能的规定值也与补充正火的一样。

正火处理时，钢要加热到稍高于 $A_{c3}$ 转变点的温度，在此温度下短时间停留，然后在静止空气中冷却，所以奥氏体化的钢是细晶粒的和未硬化的。为了在正火轧制时保持相应的奥氏体状态，已变形的奥氏体需进行晶粒细化再结晶。为此必须针对要轧制钢的再结晶特性来确定终轧温度。正火轧制实际是通过更准确的控温轧制（含终轧变形量）来获得正火热处理的组织、性能效果。

### 596. 什么是钢板回火处理?

回火处理是将钢板加热到临界点（$A_{c3}$或$A_{c1}$）或再结晶点以上温度保温，保温后冷至室温，从而得到较稳定的组织。回火的目的主要是消除淬火和热轧时产生的内应力，稳定组织，降低脆性，提高钢板的塑性和韧性。

回火可分为低温、中温、高温回火三种类型。

（1）低温回火温度一般为150～250℃，所得组织为回火马氏体，作用是消除钢板的残余应力和降低脆性；

（2）中温回火温度一般为350～500℃，所得组织为回火屈氏体，作用是提高钢板的韧性；

（3）高温回火的加热温度稍低于$A_{c1}$，一般为500～650℃，回火后的组织为回火索氏体，作用是使钢板获得良好的强韧性。

### 597. 什么是钢板的调制处理?

调制处理是淬火和高温回火或中温回火或正火的联合热处理，其目的是使钢板达到较高的综合性能。调制处理多用于中碳钢和合金结构钢板等。调制处理时对一些淬火后应力较大的钢板，应及时进行回火处理，避免产生裂纹。调制处理进行高温回火时，对一些钢板应要控制冷却速度，以免产生回火脆性。

### 598. 什么是钢板的淬火处理?

淬火处理是将钢板加热到$A_{c3}$以上，淬火的加热温度范围如图7－15所示，

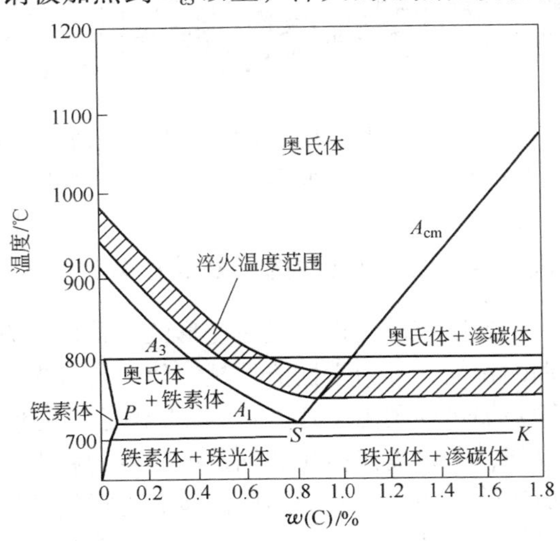


图7－15 淬火的加热温度范围

奥氏体化后保温一定时间，以大于临界冷却速度的速度快速冷却，以使过冷奥氏体转变为马氏体组织。对过共析钢需加热到 $A_{c1}$ 与 $A_{ccm}$ 之间保温，然后快冷。钢板经淬火和随后的回火后可获得良好的力学性能，也改变了钢的一些物理性能（如改善磁性）。

**599. 什么是钢板的退火处理？**

退火处理是将钢材加热到临界点（$A_{c3}$ ~ $A_{c1}$）或再结晶点以上，保温一定时间，然后在空气中进行缓慢冷却。钢板的加热温度、保温时间和冷却速度取决于钢板成分和处理目的。退火处理的目的是：

（1）降低变形抗力，提高塑性，以利于压力加工或钢板的成型；

（2）消除钢板的内应力，防止加工或剪切后出现变形；

（3）消除组织缺陷、均化组织、消除成分的偏析、扩散去气（主要是去除钢中的氢气）。

由此可见，退火的主要目的是消除和改善钢板在轧制和冷却过程中产生的组织缺陷和内应力，为后道工序的加工和使用做好组织和性能上的准备。

根据加热温度的不同，退火可分为扩散、完全、不完全、球化、等温、再结晶、低温退火等。

**600. 什么是钢板的球化退火处理？**

球化处理是指把热轧的厚板放在热处理炉内将钢材加热到 $A_{c1}$ +（-20 ~ 30℃）保温较长时间后等温冷却或直接缓冷的工艺过程。其主要目的是获得球状碳化物，降低硬度，提高塑性和韧性。将炉温控制在 $A_{c3}$ 上下多次进行变化，使钢材呈球化组织，一般用于工具钢材等。目前低屈强比钢材一般采用抗拉强度为570MPa左右级别的钢材，要获得低屈强比钢材，通常采用以下几种方法：

（1）Q-L-T：钢材再加热后进行淬火处理（Q）→再加热至g-a两相区急冷（L）→按所需比例对硬（马氏体、贝氏体等）/软（铁素体）组织进行相变，最后进行回火处理（T）。

（2）DQ-L-T：轧后立即进行直接淬火处理（DQ）→加热至g-a两相区急冷（L）→按所需比例对硬（马氏体、贝氏体等）/软（铁素体）组织进行相变，最后进行回火处理（T）。

（3）DL-T：轧制后从两相区直接进行淬火处理（DL）→按所需比例对硬（马氏体、贝氏体等）/软（铁素体）组织进行相变，最后进行回火处理（T）。

（4）ACC-L-T：轧后控制冷却得到铁素体+贝氏体组织（ACC）→加热至g-a两相区急冷（L）→按所需比例对硬（马氏体、贝氏体等）/软（铁素体）组织进行相变，最后进行回火处理（T）。

## 601. 什么是钢材的固溶处理?

固溶处理是把钢板加热到一定温度，经保温使某些组织溶解于基体中，成为均匀的固溶体，然后快速冷却，使之得到固溶体和饱和固溶体的热处理工艺，以改变钢板的韧性和塑性。固溶处理在奥氏体不锈钢热处理中的作用是提高其耐蚀性和耐磨性。

## 602. 什么是双相热处理?

双相热处理的主要目的是得到铁素体和马氏体混合的显微组织。它是通过把钢加热到中间临界温度区（$A_1$ 和 $A_3$ 温度之间）实现的，在这个温度区内，显微组织由铁素体和奥氏体组成。由于在这个区域内钢的奥氏体碳含量高，所以它在淬火的时候形成马氏体的能力比加热到高于 $A_3$ 温度的钢要强。

在双相热处理中生成马氏体的量取决于冷却速率，临界区连续退火使热轧低碳薄钢板具有双相显微组织，其显微组织由含有 15% ~20% 马氏体的铁素体组成。

## 603. 在奥氏体再结晶区控制轧制钢进行淬火时对钢材的性能有什么影响?

对在奥氏体再结晶区终轧的控制轧制钢进行淬火时，合金元素尤其是碳氮化合物因轧制温度高而均匀地固溶于奥氏体中，使淬透性提高，因此淬火后能增加钢材的强度和韧性。

## 604. 在奥氏体未再结晶区控制轧制钢进行淬火时对钢材的性能有什么影响?

对在奥氏体未再结晶区终轧的控制轧制钢进行淬火时，钢材本身由合金元素决定的固有的淬火能力对直接淬火后的钢材性能有决定性的影响。高淬火性能钢在淬火后，由于加工热处理（TMT）效果，改善了马氏体的形貌，而使强度和韧性都得到提高。低淬火性能钢在淬火后，由于奥氏体未再结晶区的变形促进了铁素体的析出，降低了淬火性能，使强度下降，韧性将视钢种情况有所改善或稍有下降。

## 605. 对轧制厚钢板进行热处理的目的是什么?

对轧制厚钢板进行热处理的目的：一是为了防止钢板表面和中心的温差引起的裂纹；二是使轧制组织均匀化、一致化，脱出钢板中的氢；三是防止针状铁素体的存在，而影响探伤检查。

# 第八章　钢材的检验

## 第一节　钢材的力学性能检验

### 606. 什么是钢材的使用性能？

为了保证钢铁材料或钢铁制品能正常使用而应具备的性能，称作金属的使用性能，如物理性能、化学性能、力学性能等。

### 607. 钢材的性能由什么组成？

一般说来，钢铁材料的性能主要由力学性能和工艺性能两部分组成。力学性能通常是指在力或能的作用下，材料表现出来的一系列力学特性，其中主要有强度、刚度、弹性、塑性、韧性、硬度等，也包括在高温、低温、腐蚀、磨损、粒子照射等力学或机械能不同程度结合作用下的性能。

工艺性能是检验钢铁材料承受一定变形的能力，或检查相似使用条件下能承受作用力的能力。进行工艺性能试验时一般不考虑应力的大小，而以材料变形后的表面状况来评定其工艺性能，如冷弯、焊接后是否产生裂纹等缺陷。

### 608. 中厚钢板的物理性能和化学性能是指什么？

中厚钢板的物理性能和化学性能主要包括钢板的耐热性、耐蚀性、耐候性、耐低温性、抗磁性等性能，不同钢板的使用环境和部位决定了对钢板物理性能或化学性能的不同要求，如在酸性环境下使用的抗 HIC 或抗 $CO_2$ 腐蚀的管线钢板，高层建筑上使用的耐高温结构钢板等。

### 609. 钢材进行力学性能检验的目的是什么？

钢材进行力学性能检验的主要目的有两个：一是以相关的技术标准或规范为依据，对符合测试要求的试样的力学性能测定结果进行评价和判定；二是研究金属在外力及外界因素作用下钢材变形和断裂的本质及基本规律，阐明力学性能各种失效抗力指标的物理意义以及内在因素和外在条件对其的影响规律，为提高产品质量提供理论和试验依据。

## 610. 钢材常用的力学性能试验项目有哪些？

目前广泛进行的力学性能试验项目有拉伸试验（抗拉强度、屈服强度、伸长率）、冲击试验（常温冲击、低温冲击、时效冲击、应变时效冲击）、硬度试验、弯曲试验等。在特定用途时还需进行疲劳试验、蠕变试验、断裂韧性试验、焊接试验等。

## 611. 钢材受力后的变形可分为几个阶段？

任何工程材料受力后将产生变形，变形过程大体可以划分成弹性、塑性、断裂三个基本阶段。

## 612. 金属力学试验中最基本的试验是什么？

拉伸试验是金属力学试验中最基本的试验，也是最重要的试验。拉伸试验评定的拉伸力学性能是材料最基本的力学性能，是评定金属材料质量的重要依据。通过拉伸试验可以评定金属材料弹性、强度、延展（延伸）等方面的性能。

## 613. 什么是拉伸曲线？

在对金属试样进行拉力试验时，将对试样所施加的拉力与试样相应的伸长按直角坐标绘成曲线，这种曲线就叫做拉伸曲线（或称应力－应变曲线），纵坐标表示拉伸应力（MPa），横坐标表示试样的拉伸量（mm），习惯上也称拉伸曲线为试样的拉伸图。以低碳钢拉伸为例，拉伸曲线如图 8－1 所示。

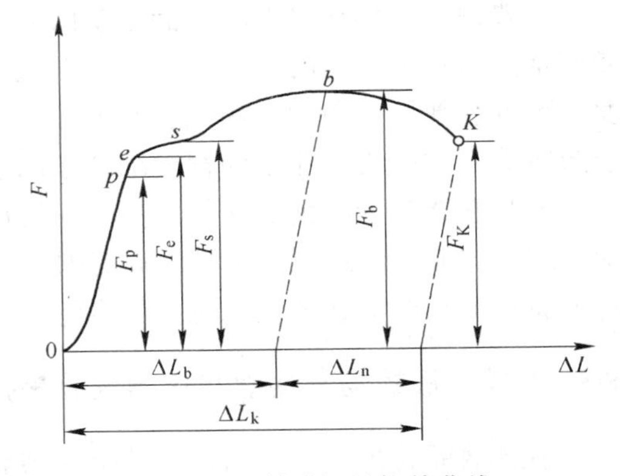


图 8－1　低碳钢的拉伸曲线

## 614. 何谓应力－应变曲线？

用拉伸曲线的拉力（纵坐标 $F$）除以拉伸试样原截面积（$S_0$），得出试样所受的应力，用试样伸长量（横坐标 $\Delta L$）除以试样的原标距长（$L_0$），则得到与试样无关的曲线，称之为应力－应变曲线。

## 615. 金属的变形分为哪几种？

金属在外力作用下产生形状和尺寸的变化叫做变形，其根据外力去除后变形恢复与否可分为弹性变形和塑性变形两种，能恢复的变形叫做弹性变形，不能恢复的变形叫做塑性变形。

## 616. 金属的拉伸力学性能可分为哪几类?

拉伸力学性能可分为弹性性能、强度性能、延伸性能三类。弹性性能包括弹性模量（拉伸杨氏模量）、泊松比等；强度性能包括屈服点（屈服强度）、上屈服点、下屈服点、规定非比例拉伸应力、抗拉强度、断裂强度等；延伸性能包括屈服点伸长率、最大力下的总伸长率、非比例伸长率、断后伸长率、断面收缩率等。

## 617. 什么是金属的屈服强度?

金属试样在拉伸过程中，负荷不再增加（保持恒定），而试样仍继续伸长的现象，称为“屈服”。发生屈服现象时的应力，即开始出现塑性变形时的应力，称为屈服点或屈服极限 $\sigma_s$。屈服点的物理意义可以表征为金属开始产生明显塑性变形的抗力。

## 618. 影响屈服点的主要因素有哪些?

（1）影响屈服点的内在因素主要有：金属本性及晶格类型、晶粒大小、受合金化的作用、变形强化、热处理等。从金属屈服的物理过程来看，屈服现象主要通过位错理论解释，而这些影响屈服点的因素和它们阻碍位错运动有关。

（2）影响屈服点的外在因素主要有：温度、变形速度。一般来说，温度升高，屈服点降低；反之屈服点升高。但金属的晶格结构不同，屈服点的变化趋势也不一样。提高屈服前的应力速率或屈服前期的应变速率都使屈服点、上屈服点、下屈服点升高。变形速度与温度对屈服点的影响是等效的，变形速度增加相当于降低温度，反之亦然。

（3）拉力试验机力的同轴度也对屈服点的测定有一定的影响。由于试验时拉力中心与试样轴线不同轴而引入弯矩，使试样受弯曲应力，这样会造成屈服点不明确，甚至无法测出屈服点，因此，试样的正确夹持操作也十分重要。

## 619. 为什么金属的理论强度和实际强度有区别?

屈服强度作为金属材料的力学性能指标，专指的是在单向应力状态下和相应的变形温度、应变速率及变形程度下，产生塑性变形所需的单位变形力。

理论屈服强度认为滑移是一部分晶体在滑移面上，沿着滑移方向，相对于另一部分晶体的刚性整体式地切边。它来源于金属的原子间的结合力，是金属原子间结合力大小的反映。

实际晶体中存在各种晶体缺陷，特别是存在着位错，位错很容易运动，因而不能充分发挥出原子间结合力的作用，所以金属（特别是纯金属单晶体）的实际屈服强度远低于理论值。开动位错源所需的应力和位错在运动过程中遇到的各种阻力构成了金属的实际屈服强度。

### 620. 金属实际屈服强度取决于什么?

金属实际屈服强度取决于晶体中位错运动所必须克服的阻力，实际晶体的切屈服强度（切变屈服强度）$\tau_c$ 包括开动位错源所必须克服的阻力；点阵阻力；位错应力场对运动位错的阻力；位错切割穿过其滑移面的位错林所引起的阻力；割阶运动所引起的阻力。

在实际金属中，通过塑性加工、合金化、热处理等工艺手段所引起的屈服强度的变化，主要是通过改变这些阻力来实现的。

### 621. 提高金属塑性的基本途径是什么?

（1）控制材料的化学成分，改善组织结构，提高组织的均匀性。

（2）采用合适的变形温度－速度制度。

（3）选择三向压缩性较强的变形方式（或状态）。

（4）减小变形的不均匀性。不均匀变形会引起附加应力，促使裂纹的产生。

（5）避免加热和加工时周围介质的不良影响。

### 622. 抗拉强度的物理意义是什么?

抗拉强度 $\sigma_b$ 的物理意义是表征材料对最大均匀变形的抗力，是材料在拉伸条件下所能承受的最大截面应力值，是材料的重要力学性能指标。

### 623. 什么是屈强比，它对材料的使用有什么影响?

屈服强度 $\sigma_s$ 与抗拉强度 $\sigma_b$ 之比，称之为屈强比。屈强比越小，材料的可靠性越高，也就是说，万一超载，也可能由于塑性变形产生材料硬化，使强度提高。但如果屈强比太低，则材料强度的有效利用率就会太低，即材料没有得到有效利用。因此，一般希望 $\sigma_s/\sigma_b$ 稍高一点。对不同材质，屈强比有不同的要求，通常，碳素结构钢为0.5；一般低合金结构钢为0.65～0.75；中、高合金结构钢为0.85左右。

### 624. 试样制备的方法有哪些，要注意什么?

常用的样坯切取方法有冷剪法、火焰切割法、空心钻取法、砂轮片切割法、锯切和冲片法。无论采用哪种方法，必须注意的是切取样坯时，应防止因受热、加工硬化及变形而影响力学性能及工艺性能，尤其是采用冷剪方法时应留足够的机加工余量，以便通过机械加工将加工硬化影响区的材料去除。

**625. 对金属拉伸断口的评定有什么作用？**

各类金属拉伸断口是各不相同的，即使是同一材料，也会出现各种不同的断口。虽然在各种材料试验规范中，对拉伸试样断口的评定并没有规定，但对试样的断口评定有助于评定材料的实际质量及发现材料的特殊缺陷，对实物的检验、分析及判定有着重要的作用。

**626. 拉伸试验断口有几种形态，各种断口的特征是什么？**

试样断口可以粗略分为脆性断口和韧性断口两种。韧性断口有杯锥状、半杯锥状、星芒状、斜角状、层状或木纹状以及其他不规则形状。

（1）脆性断口：脆性断口的特征是断面平齐，有发亮的金属光泽，向结晶面开裂，一般无缩颈，表明材料没有延展性或延展性很差。

（2）韧性断口：韧性断口系试样因切应力的作用发生塑性变形，产生不同程度的缩颈，断面呈灰暗色，缺乏金属光泽。

1）杯锥状断口：杯锥状断口的底部呈现为不平坦的杯底形状，产生出不同程度的缩颈，纤维区往往位于端口的中央，断面呈粗糙的灰暗色纤维状，表示材料有极好的塑性。

2）半杯锥状断口：半杯锥状断口基本上和杯锥状断口相似，只是杯壁破断不完整，表示材料有很好的塑性。

3）星芒状断口：星芒状断口与杯锥状断口相似，只是杯壁较矮、较薄，杯底平坦部分有若干由中心向周围辐射如光芒的线条，显示出材料有较好的强度和塑性的综合力学性能。

4）斜角状断口：斜角状断口两端呈约45°的斜角，这种断口表明试样塑性较差，有时具有较严重的枝状组织。

5）层状和木纹状断口：层状和木纹状断口一般产生在横向试样上，表示试样中有严重的显微偏析和带状组织或气泡、疏松以及连续的夹杂。

6）不规则形状断口：不规则形状断口表示试样有过热、严重疏松、夹杂、枝状组织或纵向裂纹，表示试样质量较差，有时从断口上可以发现试样中的白点、内裂、分层及大块夹杂等严重缺陷。

**627. 抗层状撕裂钢板的性能等级、主要用途及对硫含量的要求是什么？**

抗层状撕裂钢板的Z向性能分为Z15、Z25、Z35三个级别，主要用于造船、海上采油平台、锅炉和压力容器、高层建筑、大跨度场馆、高寒地区风力发电塔架建造等领域。各级别对硫含量（熔炼分析）的要求见表8－1。

**表 8-1　各级别发电塔架用钢对硫含量的要求**

| Z 向性能级别 | Z15 | Z25 | Z35 |
| --- | --- | --- | --- |
| 硫含量（不大于）/% | 0.010 | 0.007 | 0.005 |

## 628. 金属弯曲试验的目的是什么？

金属弯曲试验是工艺性能试验的一种，它是定性检验在指定试验条件下，金属材料承受弯曲塑性变形的能力，并暴露其缺陷。通过这种试验可以定性地评价金属材料弯曲变形不发生裂纹的极限延伸能力。

## 629. 影响金属弯曲试验结果的主要因素有哪些？

对金属弯曲试验结果产生影响的主要因素有：

（1）宽厚比（$b/h$）的影响。宽厚比的大小直接影响弯曲力学约束条件的变化，宽厚比大，力学约束条件趋于平面应变状态；宽厚比小，力学约束条件趋向于平面应力状态。

（2）弯曲角。弯曲角对横向应变的影响是当弯曲角增加时，试样宽度中央无横向变形区的宽度趋向于减小。

（3）弯心直径。弯心直径对弯曲时的纵向应变有明显的影响，在其他条件相同时，弯心的直径增加引起纵向应变所达到的最大应变值减小。也就是说，随着弯心直径的增加，冷弯合格率也会随之提高。

## 630. 金属夏比冲击试验的主要作用是什么？

（1）设计选材或研制新材料，通常必须提出对材料冲击韧性指标的要求。由于不同材料对缺口的敏感程度不同，用拉伸试验中测定的强度及塑性指标往往不能评定材料对缺口是否敏感，因此冲击试验是必不可少的力学性能试验。

（2）冲击试验可以检查和控制钢材质量。由于冲击试样对材料的化学成分、冶炼方式与工艺流程、轧制方式、成品组织、取样方向都非常敏感，因此其可以用来作为控制这些因素的有效手段。当钢铁产品中出现成分偏析、各种非金属夹杂和内部组织不良等冶金和轧制缺陷时，都能从冲击试验中冲击值的明显变化反映出来，因此可以指导产品质量的控制。

（3）评定钢材在高、低温条件下的韧性。用系列冲击试验可以测定材料韧脆转变温度（FATT）。工程中有许多材料是在高温下工作的，用高温冲击试验可以评定这些材料在服役温度下的韧性特性。夏比冲击试验可在很宽的温度范围内进行，一般最高可达1000℃，在这个温度下对各种高温合金（如镍基合金、铸造合金）进行试验；最低温度可以在-192℃进行试验。此温度范围适用于绝大部分金属材料的服役温度范围。

## 631. 什么是冲击韧性，影响冲击韧性主要因素有哪些，冲击负荷的特点是什么？

冲击韧性是指金属材料在冲击负荷作用下，抵抗破坏的能力（吸收塑性变形功和断裂功的能力），其大小代表了试样抑制原始裂纹出现的能力的大小。一般由冲击韧性值（$a_k$）和冲击功（$A_k$）表示，其单位分别为 $J/cm^2$ 和 J（焦耳）。冲击韧性或冲击功试验（简称“冲击试验”），因试验温度不同而分为常温、低温和高温冲击试验三种；若按试样缺口形状又可分为“V”形缺口和“U”形缺口冲击试验两种。冲击韧度指标的实际意义在于揭示材料的变脆倾向。

冲击韧度 $a_k$ 表示材料在冲击载荷作用下抵抗变形和断裂的能力。$a_k$ 值的大小表示材料的韧性好坏。一般把 $a_k$ 值低的材料称为脆性材料，$a_k$ 值高的材料称为韧性材料。$a_k$ 值取决于材料及其状态，同时与试样的形状、尺寸有很大关系。$a_k$ 值对材料的内部结构缺陷、显微组织的变化很敏感，如夹杂物、偏析、气泡、内部裂纹、钢的回火脆性、晶粒粗化等都会使 $a_k$ 值明显降低；同种材料的试样，缺口越深、越尖锐，缺口处的应力集中程度越大，越容易变形和断裂，冲击功越小，材料表现出来的脆性越高。因此不同类型和尺寸的试样，其 $a_k$ 或 $A_k$ 值不能直接比较。材料的 $a_k$ 值随温度的降低而减小，且在某一温度范围内，$a_k$ 值发生急剧降低，这种现象称为冷脆，此温度范围称为“韧脆转变温度（$T_k$）”。冲击韧度指标的实际意义在于揭示材料的变脆倾向。

冲击负荷的特点是加载速度快，作用时间短，金属受到冲击时应力分布和变形很不均匀，工件往往易开裂。

## 632. 冲击吸收功如何测量？

冲击吸收功是指将具有规定形状和尺寸的金属试样，在一次冲击力作用下折断时所吸收的功。目前测量冲击吸收功的普遍方式是摆锤弯曲冲击试验，即将标准冲击试样置于冲击试验机支座上，然后释放具有一定位能的重锤，把试样一次冲断，冲断试样所消耗的功 $A_k$ 除以试样缺口处的横断面积 $F_0$ 所得到的商称为冲击值，用 $a_k$ 表示。

## 633. 按照缺口形状冲击试样可分为哪几种，它们之间有什么异同？

按照 GB/T 229—2007 的规定，冲击试验的标准试样有夏比 U 形缺口试样和夏比 V 形缺口试样两种，习惯上把前者称为梅氏试样，后者称为夏氏试样。两种试样缺口深度一样，但缺口底部半径不同，U 形为 1mm，V 形为 0. 25mm，因此 V 形缺口的应力相对集中，当试样受到冲击时，就显得更敏感。

### 634. 什么是脆性断口和脆性断面率？

脆性断口也称为结晶状断口，是指在试样断裂后出现开裂或晶界破坏的有光泽的断口，断口晶状区的面积与断口原始面积的百分比则为脆性断面率。

### 635. 影响冲击试验的因素有哪些？

金属材料的冲击韧性和脆性转变温度对金属材料的内部组织、宏观缺陷及试验条件都非常敏感，因此，影响冲击试验结果的因素很多，简要分析主要有以下几方面：

（1）试样的影响：用火焰切割样坯进行试样加工时，加工余量不足或机加工过程中冷却液不足，造成试样的金相组织发生变化，对 $A_{KV}$ 值会产生一定的影响。

试样的尺寸精度、缺口形状，特别是 V 形缺口底部的弧度半径很小，稍有偏差就会对试验结果产生较大的影响。缺口处的表面粗糙度对低碳钢及塑性较好的钢材的冲击影响不明显，但对高强度钢或对低温冲击试验的影响较大。

取样方向不同，$A_{KV}$值会明显不同。沿钢材轧制方向取样（纵向样）的 $A_{KV}$值会比沿垂直轧制方向取样（横向样）的 $A_{KV}$值高出 20% 以上。

（2）试验温度的影响：试验温度对某些脆性转变温度窄的钢材的 $A_{KV}$值影响较大，从室温到低温会出现 $A_{KV}$值逐步减低，但温度降低到某一值时，$A_{KV}$值会突然下降很多。

（3）试验机和操作的影响：一般地讲，试样机摆锤的动能和速度越大，试样破断所吸收的能量越小，脆性转变温度就越高。

试样缺口放置得不对中，$A_{KV}$ 值会偏高。试样两支撑座的跨距是否为 $40_{0}^{+0.5}$mm，如偏大，则 $A_{KV}$值偏低。

### 636. 什么是韧－脆性转变温度？

当温度降低时，材料的屈服点升高，材料变脆。材料在温度降低时由韧性断裂变为脆性断裂有一个转变温度，称为韧－脆性转变温度。韧－脆性转变温度的定义为：“在一系列不同温度的冲击试验中，冲击试验吸收功急剧变化或断口韧性急剧转变的温度区域”。韧－脆性转变温度反映了温度对金属材料韧性或脆性的影响，对压力容器、舰船及桥梁等在低温条件下工作的结构及零件的安全性十分重要，它是从韧性角度选用金属材料的重要依据。

韧脆转变温度（简称 NDT），主要针对随着温度的变化，钢铁的内部晶体结构发生改变，从而钢铁的韧性和脆性发生相应的变化。在脆性转变温度区域以上，金属材料处于韧性状态，断裂形式主要为韧性断裂；在脆性转变温度区域以下，材料处于脆性状态，断裂形式主要为脆性断裂（如解理）。脆性转变温度越低，说明钢材的抵抗冷脆性能越高。

## 637. 脆性转变温度的测定方法有几种？

脆性转变温度要通过一系列不同温度的冲击试验来测定，根据测定方法的不同，存在着不同的表示方法，主要有：

（1）能量准则法：规定为冲击吸收功（$A_k$）降到某一特定数值时的温度，例如取 $A_{kma} \times 0.4$ 对应的温度，常以 $T_k$ 表示。

（2）断口形貌准则法：规定以断口上纤维区与结晶区相对面积之比达一定数值时所对应的温度，例如取结晶区面积占总面积 50% 所对应的温度，以 FATT（fracture appearance transition temperature）表示。

（3）落锤试验法：规定以落锤冲断长方形板状试样时断口 100% 为结晶断口时所对应的温度为无塑性转变温度，以 NDT（nil ductility temperature）表示。

在工厂检验中，韧－脆性转变温度一般采用标准夏比 V 形缺口冲击试验测定，因为 V 形缺口试样对低温脆性较为敏感。

国家试验标准规定了金属韧－脆性转变温度的测量的参考方法：一是冲击吸收功－温度曲线上下平台间规定百分数所对应的温度（ETTn）；二是脆性断面率－温度曲线中规定脆性断面率（$n$）所对应的温度（FATT）；三是侧膨胀值－温度曲线上下平台间某规定值所对应的温度（LETT）。根据不同温度下的冲击试验结果，以冲击吸收功或脆性断面率为横坐标，以试验温度为纵坐标绘制曲线，如图 8－2 所示。目前，韧－脆性转变温度应用最多的是断口形貌转变温度（FATT），其次是能量转变温度（ETTn）和侧膨胀值转变温度（LETT）。

脆性转变温度除与表示方法有关外，还与试样尺寸、加载方式及加载速度有关，不同材料只能在相同条件下进行比较。在工程应用中，为防止构件脆断，应

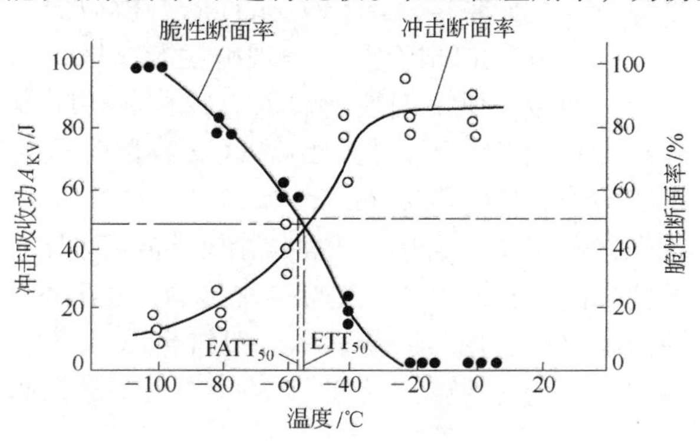


图 8－2 韧－脆性转变温度曲线示意图

选择脆性转变温度低于构件下限工作温度的材料。对于那些含氮、磷、砷、锑和铋等杂质元素较多，在长期运行过程中有可能发生时效脆化、回火脆性等现象的材料，其脆性转变温度会随运行时间延长而升高。因此，脆性转变温度以及脆性转变温度的增量已成为构件材料性能的考核指标之一。

### 638. 什么是时效冲击试验，目的是什么？

时效冲击试验是将试样先进行一定量的变形，再加工成标准冲击试样，在一定温度下保存一定时间，然后再进行的冲击试验。

钢材经塑性变形后，在室温或一定温度下放置一段时间后出现强度上升、韧性降低的现象称为时效。时效冲击试验是20世纪60年代由前苏联专家设计，模拟构件的服役状况，检测钢材韧性的一种试验方法，时效敏感性是钢材的重要指标。

### 639. 什么是无塑性转变温度测定试验（NDTT 落锤试验）？

将试板加工成试样毛坯，在毛坯表面堆焊焊道，并加工出人造裂纹，冷却到一定温度后再在落锤试验机上将焊道面向下用落锤打击，记录打断试样且断口呈脆性断裂时的温度。该温度再加上5℃即为该钢板的无塑性转变温度，即NDTT。

### 640. 什么是落锤撕裂试验（drop weight tear test）？

落锤撕裂试验是检验钢板全断面韧性的一种方法，接近实物的服役条件。按照API 5L标准或GB 8363—2007《铁素体钢落锤撕裂试验方法》进行。试验原理为：用一定高度的落锤或摆锤一次性冲断处于简支梁状态的试样，并评定试样断裂面上的剪切面积百分数，简称DWTT。

WDTT试样的断口形貌通常分为：（1）试样断口横截面积上全部为韧性断裂区或脆性断裂区；（2）从缺口根部开始呈现脆性断裂区，缺口根部的锤击侧由脆性断裂转变为韧性断裂。所谓韧性断裂区（或称剪切断裂区）是指冲断试样断裂面上呈灰色纤维状的断裂区；脆性断裂区（或称解理断裂区）是指冲断试样断裂面上呈发亮的结晶状的断裂区。

试验过程是首先将样坯加工成标准试样，在要求的温度下，在落锤试验机上冲断，检测断口的剪切面积和冲击功。按标准规定的方法测量韧性断裂区面积与评定断口的净截面面积之比，用百分数表示，记作SA%。不同的工程有不同的判定试验结果的标准，有的为50%，有的为80%，目前越来越多的管道工程以超过80%为合格。

## 641. 落锤撕裂试验有什么特点？

由于落锤撕裂试验采用了全板厚试样，试验状态更接近钢板在实际情况下的应力应变状态，更能反映实际（实验）过程中裂纹长程扩展的性质，更能充分显示板材断裂的真实状况及其止裂能力。另外，与夏比冲击试验相比，落锤试验具有以下独特的优点：

（1）实验结果受实验条件、试验加工方法、试验尺寸的影响较小；

（2）实验和试样加工成本低，结果稳定；

（3）对管线钢来说，实验结果与管线气爆有很好的相关性。

由于DWTT试样有较长的裂纹扩展路径，试样会出现不同的断裂类型。首先，用来进行落锤撕裂试验的试样要预制好压制缺口（如图8－3所示），在对冲击试样进行缺口压制时，必然在试样的缺口部位引起变形硬化，所以试样受到落锤作用而导致发生脆性起裂。当脆性起裂发生且裂纹经过变形硬化造成的脆性区后，如果试样材料具有良好的韧性，则原来的脆性断裂就转变为韧性断裂；如果是脆性材料，当裂纹超出变形硬化区后，由于试样本身具有脆性特征，变形硬化区和落锤试样撕裂区就变成一个脆性的整体。图8－4所示为韧性材料的DWTT断口示意图。

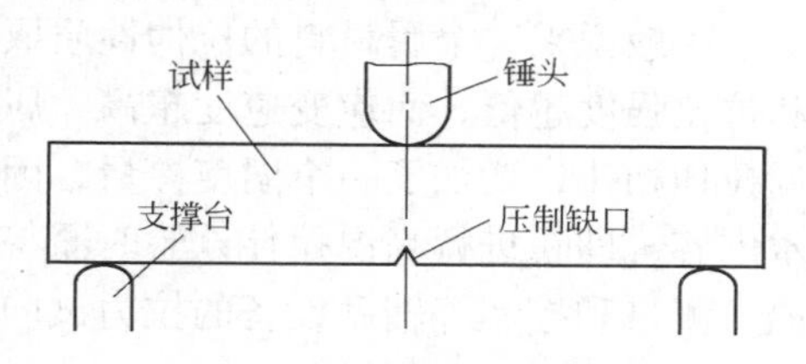

图8－3　DWTT试验示意图

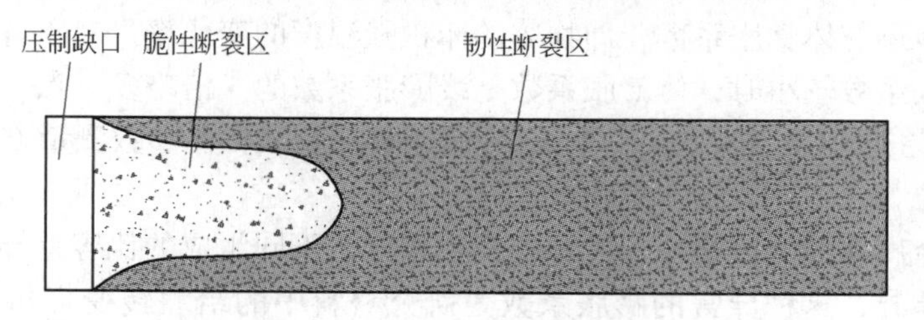

图8－4　韧性材料的DWTT断口示意图

## 642. 影响落锤撕裂试验的因素有哪些？

DWTT不仅与材料的成分、夹杂物、偏析有直接关系，而且与纤维组织的粗细有直接关系。铁素体晶粒越细，则晶界就越多，当裂纹扩展时将与更多的境界相遇，由于低温时的晶界强度高于晶内，裂纹扩展所遇到的阻力将更大。另外，由于相邻晶粒之间位向的不同，当裂纹越过晶界时，其扩展方向会有转折，需要更多的能量。所以，晶粒越细，裂纹扩展路径越曲折，就会消耗更大的冲击功，出现韧性断裂。反之，如果晶粒粗大，裂纹在扩展过程中不仅与晶界相遇的次数少，而且扩展路径更为平直，出现脆性断裂。

### 643. 什么是金属高温拉伸试验？

金属高温拉伸试验执行 GB/T 4338—2006《金属高温拉伸试验方法》标准。本标准规定了金属高温拉伸试验方法的原理、定义、符号、试样、试样尺寸测量、试验设备、试样加热与温度测量、试验条件、性能测定、性能结果数值的修约、试验结果处理和试验报告。本标准适用于试验温度在高于室温至 1100℃ 范围内测定金属材料的一项或多项拉伸力学性能。

一般说来，金属材料的拉伸性质取决于温度和应变速度。温度越高，屈服点和抗拉强度越低，而应变速度越高，屈服点和抗拉强度越高。高温短时拉伸与室温拉伸相比，增加了一个温度参量，因而相应地增加了温度控制和温度测量的技术内容，即在进行高温拉伸试验时需将试样加热，因此试验应在配备有加热炉及温度测量和控制等辅助设备的拉力试验机上进行。用绑在试样上的热电偶来测量和控制试验温度。

### 644. 什么是线膨胀系数，线膨胀系数的测定有什么作用？

一般指由于外界温度、压力（主要指温度）变化时，物体的线性尺寸随温度、压力（主要指温度）的变化率。如铁温度每升高 1℃，长或宽或高尺寸增加 $12\times10^{-6}$，即增加 0.0012%。

对应地还有体膨胀系数，即物体的体积随温度的变化率。对于各向同性的物体，线膨胀系数较小时，体膨胀系数是线膨胀系数的 3 倍略多一点。金属材料热膨胀的测试按照 GB/T 4339—2007《金属材料热膨胀特性参数测量方法》标准的规定进行。

如果金属在加热或在冷却过程中发生相变，不同组成的比容差异，将引起不同的膨胀差异，这种异常的膨胀系数为研究材料中的组织转变提供了重要的信息。研究相变是材料学中的一项基础研究工作，而相变临界点的测定对于每一个新钢种总是必不可少的。以钢为例，由于在加热或冷却过程中存在同素异构转变，因而采用膨胀仪来确定相变温度是一个很有效的方法。根据膨胀曲线来确定钢中的 $\gamma$ 相与 $\alpha$ 相的转变温度。

### 645. 什么是弹性模量？

弹性模量又称杨氏模量，是量度材料抵抗弹性变形能力的物理量，它表示了单位体积材料所能吸收能量的大小，也是建筑用钢必须提供的一个参量。弹性模量 $E$ 是应力与应变的比值，$E$ 值越高，材料的弹性越好。$E$ 值随温度的升高而降低。

## 646. 什么是切变模量?

切变模量（剪切模量）：材料常数，是剪切应力与应变的比值，又称切变模量或刚性模量，是材料的力学性能指标之一，是材料在剪切应力作用下，在弹性变形比例极限范围内，切应力与切应变的比值。它表征材料抵抗切应变的能力。模量大，则表示材料的刚性强。剪切模量的倒数称为剪切柔量，是在单位剪切力作用下发生切应变的量度，可表示材料剪切变形的难易程度。

切变模量也称刚性模量，用字母 $G$ 表示，它是剪切应力与剪切应变的比值，其变化规律是随温度的升高而降低。

## 647. 什么是包辛格效应?

包辛格效应是指在金属塑性加工过程中正向加载引起的塑性应变强化导致金属材料在随后的反向加载过程中呈现塑性应变软化（屈服极限降低）的现象。这一现象是包辛格（J. Bauschinger）于 1881 年在做金属材料的力学性能实验中发现的。当将金属材料先拉伸到塑性变形阶段后卸载至零，再反向加载，即进行压缩变形时，材料的压缩屈服极限（$-\sigma_s$）比原始态（即未经预先拉伸塑性变形而直接进行压缩）的屈服极限（$-\sigma_s$）明显要低（指数值）。若先进行压缩使材料发生塑性变形，卸载至零后再拉伸时，材料的拉伸屈服极限同样是降低的。

## 648. 包辛格效应产生的原理是什么，有何特点?

原理：在金属单晶体材料中不出现包辛格效应，所以一般认为，它是由多晶体材料晶界间的残余应力引起的。包辛格效应可用图 8－5 中的曲线来说明。$\sigma$ 和 $\varepsilon$ 分别表示应力和应变。具有强化性质的材料受拉且拉应力超过屈服极限（$A$ 点）后，材料进入强化阶段（$AD$ 段）。若在 $B$ 点卸载，则再受拉时，拉伸屈服极限由没有塑性变形时的 $A$ 点的值提高到 $B$ 点的值。若在卸载后反向加载，则压缩屈服极限的绝对值由没有塑性变形时的 $A'$点的值降低到 $B'$点的值。图 8－5 中的 $ACC'$ 线对应更大塑性变形的加载－卸载－反向加载路径，其中与 $C$ 和 $C'$点对应的值分别为新的拉伸屈服极限和压缩屈服极限。

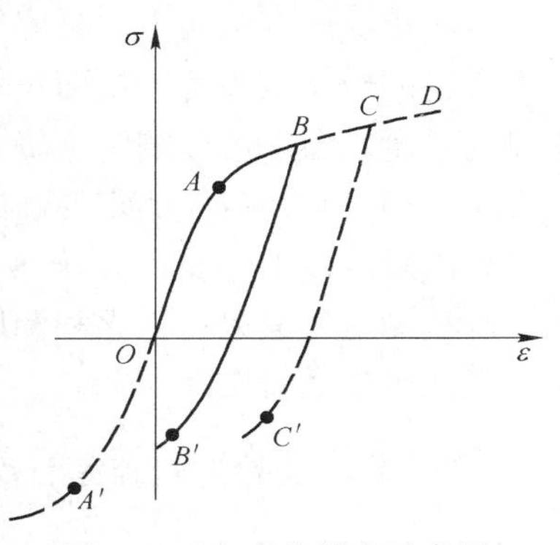

图 8－5 包辛格效应示意图

特性：包辛格效应使材料具有明显的各向异性，使金属材料塑性加工过程的力学分析复杂化。为使问题简单，易于进行力学分析，在塑性加工的力学分析中，通常对包辛格效应不予考虑。但对于具有往复加载卸载再加载的变形过程，则应予考虑。

## 第二节 钢材的硬度试验

### 649. 什么是钢材的硬度？

硬度是衡量金属材料软硬程度的一项重要的性能指标，是指金属材料抵抗局部变形、压入或刻划的能力。它既可理解为是材料抵抗弹性变形、塑性变形或破坏的能力，也可表述为材料抵抗残余变形和反破坏的能力。硬度不是一个简单的物理概念，而是材料弹性、塑性、强度和韧性等力学性能的综合指标。一般硬度越高，耐磨性就越好。它是材料研究和质量控制必不可少的手段。

### 650. 硬度试验有几种方法？

根据受力方式不同，硬度试验方法可分为压入法和划刻法，在压入法中又分为静态力试验法和动态力试验法。压入法测得的硬度值可以综合反映材料的压痕附近局部体积内的弹性、微量变形抗力、应变硬化能力等物理量的大小。

### 651. 钢铁使用较多的硬度试验方法是哪种？

目前钢铁企业广泛使用的硬度试验方法是静态力压入法，即布氏硬度试验法、洛氏硬度试验法、维氏硬度试验法和显微硬度试验法。通常，生产厂在大批量生产检验时都采用布氏硬度试验法和洛氏硬度试验法。材料硬度 HB $<450$ 时，一般采用布氏硬度试验法，HB $>450$ 时则必须采用洛氏硬度试验法，显微试验法主要用于生产研究。

### 652. 布氏硬度试验的特点是什么？

金属布氏硬度试验方法是应用较广泛的静压力硬度试验方法，其特点是：用较大直径的球体压头可压出面积较大的压痕，适合于测定铸铁等晶粒粗大的金属材料的硬度。由于可以测定金属各组成部分的综合硬度，因此很少受到个别组织的影响，用大直径球体测定的硬度值比较稳定、精度高，而且实验方法简单。

布氏硬度以 HB 表示（HBS/HBW，参照 GB/T 231—2009），生产中常用布氏硬度法测定经退火、正火和调质的钢件，以及铸铁、有色金属、低合金结构钢等毛坯或半成品的硬度。

### 653. 洛氏硬度试验的特点是什么？

金属材料洛氏硬度的测试是采用测量压痕深度的方法，将其放大后从指示表盘或投影屏上直接显示出试样的硬度。其特点是试验操作比较简单和迅速，工作效率高，对于成批生产中硬度的检验非常适用。试验中使用三种压头，配合不同的试验力，可测量较硬或较软材料的硬度，使用范围较广。

洛氏硬度可分为 HRA、HRB、HRC、HRD 四种，它们的测量范围和应用范围也不同。一般生产中 HRC 用得最多，压痕较小，可测较薄的材料和硬的材料和成品件的硬度。

### 654. 金属材料强度、硬度、韧性、塑性、弹性之间的关系是什么?

强度是指材料在外力作用下抵抗变形或断裂的能力。硬度是衡量材料软硬的指标，表示金属在不大的体积内抵抗变形或破裂的能力。所以材料的硬度和强度之间有一定的关系，根据硬度的大小可以大致估计材料的强度。一般硬度大强度就高。

塑性是指金属材料在载荷作用下，产生塑性变形而不被破坏的能力。韧性是金属材料在冲击载荷的作用下抵抗破坏的能力。所以塑性好韧性就好。

但是材料的硬度越大就越脆，相应的塑性和韧性就差些。所以一般选材料要考虑材料的综合性能。

弹性是指材料在撤销载荷后恢复变形的能力。材料产生完全变形时所承受的力越大弹性越好。

## 第三节　钢材的焊接性试验

### 655. 什么是钢板的焊接性?

焊接性是指金属材料是否能适应焊接加工而形成完整的、具有一定使用性能的焊接接头特性。焊接性不仅包括金属材料的结合性能，而且包括焊接后焊接接头的使用性能。一般具有两个内涵：一是金属在进行焊接加工中是否容易产生缺陷；二是所形成的焊接接头在一定使用条件下可靠运行的能力。通过焊接而成的接头存在一定的缺陷，意味着此材料的焊接性较差；即使所形成的焊接接头没有缺陷，接头的力学性能指标也低，达不到使用要求，此材料的焊接性同样较差。

### 656. 钢材的化学成分对焊接性的影响是什么?

钢材焊接性能的好坏主要取决于它的化学组成。而其中影响最大的是碳元素，也就是说金属碳含量的多少决定了它的可焊性。钢中的其他合金元素大部分也不利于焊接，但其影响程度一般都比碳小得多。钢中碳含量增加，淬硬倾向就增大，塑性则下降，容易产生焊接裂纹。通常，把金属材料在焊接时产生裂纹的敏感性及焊接接头区力学性能的变化作为评价材料可焊性的主要指标。所以碳含量越高，可焊性越差。所以，常把钢中碳含量的多少作为判别钢材焊接性能的主要标志。碳含量小于0.25%的低碳钢和低合金钢，塑性和冲击韧性优良，焊后的焊接接头塑性和冲击韧性也很好。焊接时不需要预热和焊后热处理，焊接过程普通简便，因此具有良好的焊接性。随着碳含量增加，焊接的裂纹倾向大大增加，所以，碳含量大于0.25%的钢材不应用于制造锅炉、压力容器的承压元件。

## 657. 什么是焊接性试验（weldability test）？

钢的焊接性一般是指钢适应常用的焊接方法和焊接工艺的性能。影响钢焊接性的因素很多，其中以钢的化学成分和焊接时的热循环性的影响最大。

钢的焊接性试验分为直接试验和间接试验。间接试验包括观察焊接接头（焊缝金属、热影响区和基体金属）的金相组织、焊接接头各区域的硬度等试验方法以及计算碳当量和裂纹敏感性（对钢的化学成分按相应的公式计算，这在不少规范和标准中作了明确规定）。间接焊接试验只能对了解钢的焊接性作为参考。

直接焊接试验又分为施工和使用上的使用方法。其方法有上百种，每一种方法都有一定的实用性和局限性，具体要以各种规范为准。

（1）常用的焊接检验标准如下：

GB4675.1—1984 焊接性试验 斜Y型坡口焊接裂纹试验方法；

GB4675.2—1984 焊接性试验 搭接接头（CTS）焊接裂纹试验方法；

GB4675.3—1984 焊接性试验 T型接头焊接裂纹试验方法；

GB4675.4—1984 焊接性试验 压板对接（FISCO）焊接裂纹试验方法；

GB4675.5—1984 焊接热影响区最高硬度试验方法。

（2）碳素结构钢钢板焊接件检测标准如下：

GB2651—2008 焊接接头拉伸试验方法；

GB2653—2008 焊接接头弯曲及压扁试验方法；

GB7032—1986 T型角焊接头弯曲试验方法；

GB2650—1989 焊接接头冲击试验方法；

GB226—1991 钢的低倍组织及缺陷酸蚀检验法；

GB2654—2008 焊接接头及堆焊金属硬度试验方法。

## 658. 影响钢板焊接性的主要因素是什么？

焊接性是金属材料对焊接工艺的适应能力，除了受材料本身性质的影响外，还受到焊接工艺条件和使用条件的影响。影响焊接性的因素主要包括材料因素、工艺因素、结构因素和使用条件等。

材料因素不仅包括被焊母材本身，而且包括所使用的焊接材料，如焊丝、焊条、焊剂及保护气体等；工艺因素包括焊接方法、焊接工艺措施等；结构因素主要是焊接结构的形状尺寸、厚度以及接头坡口形式和焊缝布置等；使用条件是工件的工作温度、负载条件和工作介质等，一定的工作环境和运行条件要求焊接结构具有相应的使用性能。

### 659. 评定焊接性的主要试验内容和方法有哪些？

按材料的不同性能和不同使用要求，评定焊接性的试验方法有很多种，每一种试验方法都是从某一特定的角度来考核焊接性的某一方面的要求。总的来说，焊接性试验主要包括以下几个方面的内容：

（1）评价焊缝金属抵抗产生热裂纹的能力；

（2）评价焊缝和热影响区金属抵抗产生冷裂纹的能力；

（3）评价焊接接头抵抗脆性转变的能力；

（4）评价焊接接头的使用性能。

焊接性试验方法按不同的分类方法主要有以下几类：

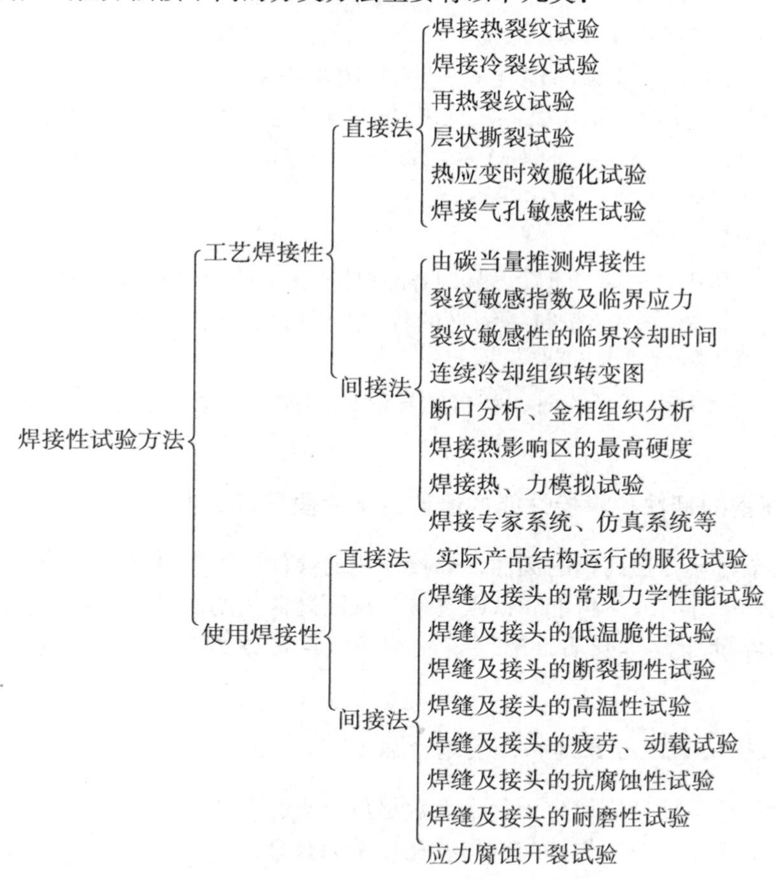

## 660. 钢材焊接性的估算方法是什么?

由于碳的影响最为明显，其他元素的影响可折合成碳的影响。

国际焊接学会（IIW）推荐用于碳钢和低合金钢的碳当量（$C_{eq}$）计算公式为：

$$C_{eq} = w(C) + w(Mn)/6 + [w(Ni) + w(Cu)]/15 + [w(Cr) + w(Mo) + w(V)]/5 \quad (8-1)$$

适用对象：中、高强度的非调制低合金高强钢（$\sigma_b = 500 \sim 900\text{MPa}$）。

美国焊接学会（AWS）推荐的碳当量（$C_{eq}$）的计算公式为：

$$C_{eq} = w(C) + w(Mn)/6 + w(Si)/24 + w(Ni)/15 + w(Cr)/5 + w(Mo)/4 + w(Cu)/13 + w(P)/2 \quad (8-2)$$

适用对象：碳钢和低合金高强钢。

日本工业标准（JIS）和 WES 协会推荐的碳当量（$C_{eq}$）计算公式为：

$$C_{eq} = w(C) + w(Mn)/6 + w(Si)/24 + w(Ni)/40 + w(Cr)/5 + w(Mo)/4 + w(V)/4 \quad (8-3)$$

适用对象：低合金调质钢（$\sigma_b = 500 \sim 1000\text{MPa}$）。

成分要求：$w(C) \leqslant 0.2\%$；$w(Si) \leqslant 0.55\%$；$w(Mn) \leqslant 1.5\%$；$w(Cu) \leqslant 2.5\%$；$w(Ni) \leqslant 2.5\%$；$w(Cr) \leqslant 1.25\%$；$w(Mo) \leqslant 0.7\%$；$w(V) \leqslant 0.1\%$；$w(B) \leqslant 0.006\%$。

根据经验：

当 $C_{eq} < 0.4\% \sim 0.6\%$ 时，钢材的淬硬性不大，焊接性良好，应考虑预热；

当 $C_{eq} = 0.4\% \sim 0.6\%$ 时，钢材的淬硬倾向大，焊接性相对较差，需预热，预热温度 70～200℃；

当 $C_{eq} > 0.4\% \sim 0.6\%$ 时，钢材的淬硬倾向大，焊接性很不好，必须预热到较高温度。

## 661. 提高钢的韧性和焊接性能的最佳经济手段是什么?

在冶金行业，提高钢的韧性和焊接性能的最佳经济手段是降低碳的含量，因此，在成分设计时应尽可能降低碳含量，从而确保钢的低温韧性和焊接性能；降低硫、磷含量和气体杂质，确保钢质纯净，保证钢板具有优良的抗层状撕裂性能。

## 662. 焊接接头的设计原则和作用是什么?

合理的接头设计应使应力集中系数尽可能小，具有好的可焊接性且便于焊后检验。一般来说，对接焊缝与角焊缝相比更为合理，这是因为后者应力集中系数大并有明显的缺口效应。坡口形式以U形或V形为佳，也可以采用双V形（X形）或双U形坡口，以降低焊接应力。用不同的焊接方法焊接不同厚度的钢材时，坡口形式和尺寸是不同的，按照国家标准中的规定，采用气焊、焊条电弧焊和气体保护焊焊接不同板厚的钢材时，需采用不同的坡口形式。

### 663. 焊接接头是怎样组成的?

焊接接头是由焊缝金属和母材的热影响区组成的，焊缝金属是填充金属和母材熔化之后，在焊接熔池里重新经过冶炼而形成的焊缝。由于熔池具有体积小和在运动状态下快速结晶的特点，冶炼过程不易达到平衡，物理-化学反应不彻底，造成化学成分偏析和金相组织偏析，并在熔池的结晶过程中容易产生气孔、夹渣、未焊透、裂纹等缺陷。

### 664. 什么是母材的热影响区?

所谓母材的热影响区是指母材金属受焊接热循环作用，金属组织和力学性能发生变化的部位；实际上，也就是母材金属利用焊接热源重新进行热处理的部位，在这种热处理过程中，必然引起母材热影响区的金相组织发生变化，从而导致性能改变。

### 665. 焊接接头的质量是指什么?

焊接接头的质量是指焊接接头能满足某种使用要求的能力。焊接结构的使用环境、使用条件，决定了焊接接头的质量要求。不同类型的焊接结构，使用的要求不同，它的质量也不同。如用低碳钢制造的焊接结构，要求焊缝与母材等强度，其力学性能（抗拉强度、屈服强度、冲击性能等）就代表了焊接接头的质量；用耐热钢制造的焊接结构要求在高温条件下使用，故持久性就代表了焊接接头的质量；高温高压阀门密封面的堆焊焊缝，其耐高温、抗腐蚀和耐磨性则是这类焊接接头的质量。

### 666. 焊前预热的作用是什么?

焊前预热的作用是改变热影响区的晶体结构，使得焊接时受热均匀，焊接区连接良好。焊前预热是防止产生冷裂纹的有效措施，预热温度的确定取决于钢板的化学成分、钢板厚度、焊接结构形状和拘束度以及环境温度等。

### 667. 一般低碳热轧钢及正火钢的焊接工艺要点是什么?

对于热轧钢及正火钢，焊条电弧焊、埋弧焊、气体保护焊等常规焊接方法都可以采用，主要根据材料的厚度、产品的结构和具体的施工条件等来确定。由于这类钢的焊缝金属的热裂纹倾向正常情况下是较小的，有一定的冷裂纹倾向，一般可按等强原则选择焊接材料，重要结构或厚板焊接优先选择低氢焊条或碱性适度的埋弧焊剂，以防止冷裂纹的发生。

各种热轧钢和正火钢的焊接接头的脆化程度、脆化原因和冷裂倾向是不同的，因此对热输入的要求也是不同的。对于含碳量很低的热轧钢，焊接热输入可以适当降低，以免过热区粗化甚至形成魏氏组织；而对于含碳量相对高的钢种，如16Mn等，焊接热输入可以适当加大，以降低淬硬倾向，防止冷裂纹的产生；对于含有Nb、V、Ti等微合金元素的钢种，为降低过热区粗晶区脆化的不利影响，应选择较小的焊接热输入。

## 668. 低碳调质钢的焊接工艺要点是什么？

低碳调质钢存在高温回火软化的问题，如果焊后进行调质处理，常用的弧焊方法都可以。如不进行焊后调质处理，必须限制焊接过程中热量对母材的作用。对于强度级别超过980MPa的低碳调质钢，最好采用钨极氩弧焊和电子束焊等能量集中的焊接方法；而强度低于980MPa的低碳调质钢，根据板厚和施工条件选择，可采用焊条电弧焊、埋弧焊、熔化极气体保护焊和钨极氩弧焊等方法。

低碳调质钢的焊接材料一般按等强原则进行选择，但当结构刚度较大时，可选择比母材强度稍低的焊接材料，以防止冷裂纹的产生。由于其热影响区的强度、塑性和韧性是靠马氏体或下贝氏体提供的，如其焊接热输入的选择应结合焊接时采用的预热温度，使焊接接头的冷却速度处在最佳冷却速度范围之内，以获得最佳的接头性能匹配。

## 669. 中碳调质钢的焊接工艺要点是什么？

中碳调质钢焊后的淬火组织是硬脆的高碳马氏体，对冷裂纹的敏感性很大，而且存在过热区脆化和热影响区软化等问题，焊后若不经热处理，热影响区的性能达不到使用要求。因此，中碳调质钢一般要先退火，并在退火状态下进行焊接，焊接后通过整体调质处理才能获得性能满足要求的焊接接头。焊接的重点是通过焊接材料、预热及焊后热处理来解决冷裂纹问题。对于必须在调质状态下焊接的中碳调质钢来讲，还要考虑热影响区的脆化和软化问题，为防止产生冷裂纹应加强预热、控制层间温度并及时进行焊后回火处理；为减少软化，应尽量采用能量密度高的热源进行焊接，如氩弧焊、等离子弧焊、激光束焊和电子束焊等。

中碳调质钢一般采用小焊接热输入焊接，有利于降低奥氏体的过热。因为即使采用大热输入焊接，热影响区仍然难以避免产生马氏体，却增大了奥氏体的稳定性，结果使淬火区形成粗大的马氏体，反而增大了脆化和冷裂倾向。

## 670. 常见的焊接缺陷有哪些？

常见焊接缺陷有：

（1）裂纹：包括热裂纹、冷裂纹、再热裂纹、层状撕裂。

（2）未焊透和未熔合。

（3）夹渣。

（4）气孔。

（5）表面缺陷：如咬边、背面凹陷、焊瘤、弧坑、电弧擦伤、焊缝尺寸不符合要求。

（6）其他缺陷：如过热和过烧、夹钨。

## 671. 焊缝缺陷的检验方法有哪几种？

焊缝缺陷检验的方法如下：

（1）渗透探伤。该法只适用于检查工件表面难以用肉眼发现的缺陷，对于表层以下的缺陷无法检出。常用的有荧光检验和着色检验两种方法。

（2）超声检测。该法用于探测材料内部缺陷。当超声波通过探头从焊件表面进入内部遇到缺陷和焊件底面时，分别发生反射。反射波信号被接收后在荧光屏上出现脉冲波形，根据脉冲波形的高低、间隔、位置，可以判断出缺陷的有无、位置和大小，但不能确定缺陷的性质和形状。超声波探伤主要用于检查表面光滑、形状简单的厚大焊件，且常与射线探伤配合使用，用超声波探伤确定有无缺陷，发现缺陷后用射线探伤确定其性质、形状和大小。

（3）射线探伤。包括 X 射线探伤、$\gamma$ 射线探伤、高能射线探伤。利用 X 射线或 $\gamma$ 射线照射焊缝，根据底片感光程度检查焊接缺陷。由于焊接缺陷的密度比金属小，故在有缺陷处底片的感光度大，显影后底片上会出现黑色条纹或斑点，根据底片上黑斑的位置、形状、大小即可判断缺陷的位置、大小和种类。X 射线探伤适用于厚度 50mm 以下的焊件，$\gamma$ 射线探伤适用于厚度 50～150mm 的焊件。

（4）磁粉探伤。用于检验铁磁性材料的焊件表面或近表面处的缺陷（裂纹、气孔、夹渣等）。将焊件放置在磁场中磁化，使其内部通过分布均匀的磁力线，并在焊缝表面撒上细磁铁粉，若焊缝表面无缺陷，则磁铁粉均匀分布，若表面有缺陷，则一部分磁力线会绕过缺陷，暴露在空气中，形成漏磁场，则该处出现磁粉集聚现象。根据磁粉集聚的位置、形状、大小可相应判断出缺陷的情况。

（5）荧光试验。荧光检验是把荧光液（含 MgO 的矿物油）涂在焊缝表面，荧光液具有很强的渗透能力，能够渗入表面缺陷中，然后将焊缝表面擦净，在紫外线的照射下，残留在缺陷中的荧光液会显出黄绿色反光。根据反光情况，可以判断焊缝表面的缺陷状况。荧光检验一般用于非铁合金工件的表面探伤。

## 第四节 钢材的其他性能检验

### 672. 什么是金属的疲劳试验?

金属的疲劳性能的测定通常采用旋转弯曲的疲劳试验方法。其实验原理是，试样在旋转状态下受一弯曲应力，产生弯曲的力（$F$）恒定不变且不转动，因此试样表面任意一点在旋转一周时，应力的变化顺序都是最大压应力→最大拉应力→最大压应力，呈现出正弦波波形的变化状态。金属的疲劳试验结果的评价是指试样失效与否，所谓失效就是指试样出现肉眼可见的疲劳裂纹或完全断裂。疲劳试验的意义是它可以为提高金属产品质量和寿命提供可靠的依据。

### 673. 什么是金属的疲劳破坏?

工程上，疲劳主要是指金属材料在应力的反复作用下，由于内部微小的缺陷或应力集中而产生塑性变形，萌生裂纹，随着外力的反复作用次数的增加，微小的裂纹逐渐扩展，最后导致材料开裂或破坏。通常所说的疲劳断裂是指微观裂缝在连续反复的荷载作用下不断扩展直至断裂的脆性破坏。出现疲劳断裂时，截面上的应力低于材料的抗拉强度，甚至低于屈服强度。同时，疲劳破坏属于脆性破坏，塑性变形极小，因此是一种没有明显变形的突然破坏，危险性较大。

### 674. 金属疲劳破坏的特点是什么?

（1）断裂时并无明显的宏观塑性变形，断裂前没有明显预兆，而是突然地破坏。

（2）引起疲劳断裂的应力很低，常常低于静载时的屈服强度。

（3）疲劳破坏能清楚地显示出裂纹的发生、扩展和最后断裂三个组成部分。

### 675. 钢材的耐热性能指标主要有哪些?

耐热性能主要包括高温下的蠕变性能、持久强度、疲劳性能、松弛性能等指标。

（1）蠕变性能。高温蠕变是指在高于 $0.5T_{熔}$ 的温度及远低于屈服强度的应力下，材料随加载时间的延长缓慢地产生塑性变形的现象。由于施加应力方式的不同，可分为高温压缩蠕变、高温拉伸蠕变、高温弯曲蠕变和高温扭转蠕变。高温蠕变比高温强度能更有效地预示材料在高温下长期使用时的应变趋势和断裂寿命，是材料的重要力学性能之一，它与材料的材质及结构特征有关。

（2）高温持久强度。耐热材料的持久强度是指在给定的温度下和规定的时间内断裂时的强度，要求给出的只是此时所能承受的最大应力。持久强度试验不仅反映出材料在高温长期应力作用下的断裂应力，而且还表明断裂时的塑性（即持久塑性）。耐热材料零部件在高温下工作的时间长达几百小时、几千小时，甚至几万小时，而持久强度试验不可能进行那么长时间，一般只做一些应力较高而时间较短的试验，然后根据这些试验数据利用外推法，得出更长时间的持久强度值。但外推法所得持久强度值可能与实际值有差距，因此，重要的材料仍需进行长达数万小时的持久强度试验。

（3）热疲劳性能。钢板在交变热应力的反复作用下最终产生裂纹或破坏的现象叫热疲劳。一般把部件承受 $10^4 \sim 10^5$ 应力和交变循环而产生裂纹或断裂的现象称为低周疲劳。把能承受 $10^7$ 应力交变循环的作用而不发生破坏的应力称为疲劳强度极限。

（4）松弛性能。耐热材料在高温长期应力作用下其总变形不变，材料所承受的应力随时间的增长而自发地逐渐降低的现象称为应力松弛。在高温下工作的弹簧、锅炉与汽轮机的紧固件等都是在承受应力松弛下工作的，必须考虑钢的松弛稳定性。松弛过程一般用松弛曲线表示。

### 676. 什么是金属的蠕变及持久试验？

金属蠕变试验方法与持久强度试验方法都是在恒定温度下对试样施加拉伸试验力，并保持恒定，测量其高温长时间作用下的性能。

蠕变试验是测定金属材料在给定温度和应力下抵抗蠕变变形能力的一种试验方法。蠕变试验温度一般为300 ~ 1000℃，试验时间不超过10000h。试验时，在规定的温度下，给定恒定的拉应力后，测定试样随时间的轴向拉长，以此值绘制伸长 - 时间曲线，即蠕变曲线。典型蠕变曲线如图 8 - 6 所示。

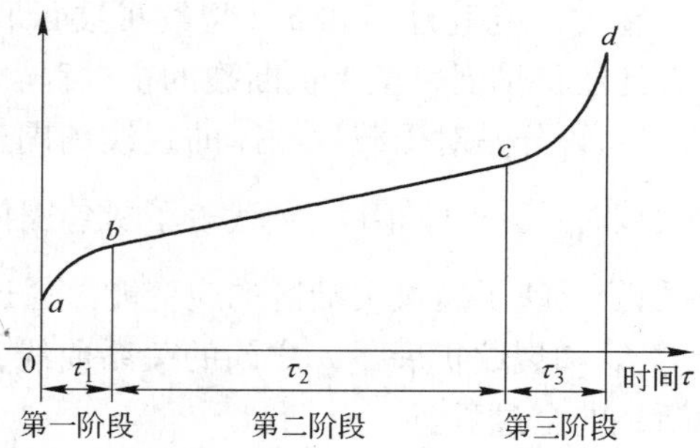

图 8 - 6　典型蠕变曲线

金属持久强度试验是测定试样发生断裂的持续时间及持久塑性方面的特性。金属持久强度通常采用两种方法给出：一是由金属材料的检验规程规定，给出材料的试验强度和应力。在持久试验中，当持续时间超过规定的试验后，即认为材料的持久试验合格。二是求持久强度极限。试验时需要用多个试样才能完成，因为达到一个规定时间而不断裂的应力实际上是一个应力范围，其中最大应力则是几个试验中的一个或用插值法求得的。

持久强度极限的定义是：试样在规定温度下达到规定时间而不发生断裂的最大应力，用符号 $\sigma_{v}^{t}$ 表示，例如，$\sigma_{100}^{800}=294\text{MPa}$ 表示在800℃温度下试验100h的持久强度极限为294MPa。

## 677. 金属的蠕变及持久试验的区别是什么？

金属蠕变试验与持久强度试验的区别是：持久试验一般施加的应力大，而蠕变试验所施加的应力较小；蠕变试验过程中要测量试样变形，而持久试验则是记录断裂时间。

## 678. 什么是断裂韧性 CTOD、J－积分试验？

断裂是结构件的一种最危险的失效形式。构件经常在屈服应力以下发生低应力脆性断裂，这是由宏观裂纹扩展引起的。断裂韧性是材料阻止裂纹扩展的韧性指标，对于结构钢来讲，因其塑性区较大，因而要求用弹塑性断裂力学来分析或评判其断裂问题。目前常用的方法有 CTOD 法（crack terminal opening displacement，裂纹尖端张开位移量）和 J－积分法。

设一无限大板中有 I 型穿透裂纹。在平均应力作用下，裂纹两端出现塑性区，裂纹尖端因塑性钝化，应变量增加，在不增加裂纹长度的情况下，裂纹将沿应力方向产生张开位移 $\delta$，这个 $\delta$ 就称为 CTOD，用以间接表示应变量的大小。当 $\delta$ 达到临界值 $\delta_c$ 时，裂纹就开始扩展，所以 $\delta_c$ 是裂纹开始扩展的判据。建立 $\delta_R$（裂纹扩展阻力）和 $a$（裂纹扩展量）之间的关系曲线就可以描述裂纹体从开裂到亚稳扩展以至失稳断裂的全过程。

J－积分是对受载裂纹体的裂纹周围进行能量线积分，在路径小到仅包围裂纹尖端时，$J_{\mathrm{I}}=\int\Gamma w\mathrm{d}y$，$w$ 代表了所包围体积内的应变能密度，$\Gamma$ 为逆时针回路。J－积分反映了裂纹尖端区的应变能。通过实验室建立用 J－积分表示的裂纹扩展阻力 $J_R$ 和裂纹扩展量 $a$ 之间的关系曲线，描述裂纹体从开裂到亚稳扩展以至失稳断裂的全过程。

## 679. 钢材热变形时的应力－应变曲线规律是什么？

Ⅰ阶段：动态回复。变形的开始阶段加工硬化速率较大，随应变继续增加，软化速率增大，部分位错消失、亚晶形成，曲线趋于平缓。

Ⅱ阶段：动态再结晶。随变形量增加，金属内部畸变能增加，达到一定程度时驱动形变奥氏体产生动态再结晶。

Ⅲ阶段：动态再结晶稳定阶段。动态再结晶全部完成后，继续变形时，应力基本不变或呈规律的稳定状态。

### 680. 什么是金属的反复弯曲试验？

金属的反复弯曲试验是工艺性能检验的一种。试验的目的是定性地测定金属材料在反复弯曲中经历塑性变形的能力和暴露缺陷。试验原理是：将一定形状和尺寸的试样一端夹紧，然后绕规定半径的圆柱形表面使试样弯曲90°，再按相反方向弯曲。

### 681. 反复弯曲试验结果有几种评价方法？

反复弯曲试验结果有两种评价方法：

（1）金属试样到达到规定的反复弯曲次数时，检查试样及覆盖层弯曲处，有无裂纹、裂口、断裂、起层、起皮等缺陷，如无上述缺陷即判定为合格。

（2）反复弯曲试样折断次数达到规定或超过规定的次数即判定为合格，并记录弯曲次数。

在这两种评价方法中，前者为正常生产中检验、评定金属材料反复弯曲性能的方法。后者则用于比较相同或不同金属材料抵抗反复弯曲性能的优劣。

### 682. 什么是氢致开裂？

氢致开裂（hydrogen induced cracking，HIC）是指管线钢或压力容器钢板在含有硫化物水溶液的腐蚀环境中，由于腐蚀吸氢产生裂纹的现象。

### 683. 抗 HIC 试验的试验方法是什么？

抗 HIC 试验的试验方法是将无应力的试样暴露在下面两种标准试样溶液的任一种中，暴露规定的时间后，取出试样进行评定。溶液 A，常温常压下，含饱和 $H_2S$ 的氯化钠醋酸溶液（NaCl，$CH_3COOH$）；溶液 B，常温常压下，含饱和 $H_2S$ 的人工海水。

### 684. 评定结果的指标有哪些，如何评定？

评定 HIC 试验结果的指标有裂纹敏感率、裂纹长度率、裂纹厚度率三个指标，各指标的关系如图 8－7 所示，各指标的评定方法如下：

（1）裂纹敏感性
$$CSR = \frac{\sum ab}{WT} \times 100\% \quad (8-4)$$

（2）裂纹长度
$$CLR = \frac{\sum a}{W} \times 100\% \quad (8-5)$$

（3）裂纹厚度
$$CTR = \frac{\sum b}{T} \times 100\% \quad (8-6)$$

式中 $a$——裂纹长度，mm；

$b$——裂纹厚度，mm；

$W$——试样宽度，mm；

$T$——试样厚度，mm。

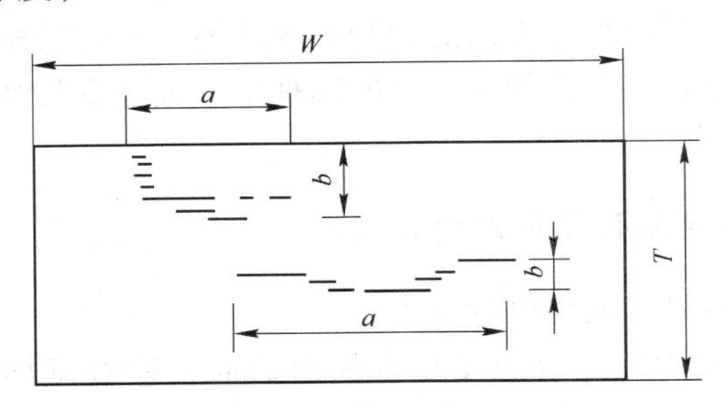


图 8－7 裂纹长度和宽度测试图

**685. 进行焊道弯曲试验的方法和目的是什么?**

焊道弯曲试验的方法是在要被检查材料的试样熔敷焊道，然后对试样施加弯曲载荷，检查形成于焊缝金属的初始裂纹是否在拉伸载荷下被焊接热影响区或者基体金属所阻止。焊道弯曲试验的目的是检验材料抵抗裂纹的能力。

## 第五节 钢的脆性

**686. 金属材料的脆性与什么有关?**

与金属材料脆性有关的因素有：

（1）金属材料本身的晶体结构；

（2）金属材料内部晶粒的大小；

（3）杂质元素（硫、氢等）的含量；

（4）机加工方式（机加工方式不当直接导致金属材料某些部位应力集中）及热处理方式（热处理方式直接可以引起材料内部晶体结构、金相组织发生改变，可以导致材料内部缺陷，如晶界裂纹、过烧等）。

**687. 回火脆性是指什么?**

回火脆性是指淬火钢回火后出现韧性下降的现象。淬火钢在回火时，随着回火温度的升高，硬度降低，韧性升高；但是在许多钢的回火温度与冲击韧性的关系曲线中出现了两个低谷，一个在200～400℃之间，另一个在450～650℃之间，随着回火温度的升高，冲击韧性反而下降。回火脆性可分为第一类回火脆性和第二类回火脆性。

第一类回火脆性又称为不可逆回火脆性、低温回火脆性，主要发生在回火温度为250～400℃时。其特征是：

（1）具有不可逆性；

（2）与回火后的冷却速度无关；

（3）断口为沿晶脆性断口。

第二类回火脆性又称为可逆回火脆性、高温回火脆性，发生在回火温度为400～650℃时。

其特征是：

（1）具有可逆性；

（2）与回火后的冷却速度有关；回火保温后，缓冷出现，快冷不出现，出现脆化后可重新加热后快冷消除；

（3）与组织状态无关，但以M的脆化倾向大；

（4）在脆化区内回火，回火后脆化与冷却速度无关；

（5）断口为沿晶脆性断口。

**688. 蓝脆性是指什么，产生的原因是什么？**

蓝脆性是指钢材在300℃左右表现出来的脆性。

产生蓝脆的原因是碳和氮间隙原子的形变时效。在150～350℃温度范围内形变时，已开动的位错迅速被可扩散的碳、氮原子所锚定，形成柯垂耳气团（柯氏气团）。为了使形变继续进行，必须开动新的位错，结果在给定的应变下，钢中位错密度增高，导致强度升高和韧性降低。为了消除碳钢的蓝脆，钢中加入一定量强碳化物和氮化物形成元素如钛、铌、钒，在钢中形成TiC、TiN、NbC、NbN、VC、VN，将碳、氮原子固定。另外加入少量铝，除脱氧外，还与氮形成AlN，也可减少蓝脆倾向。

**689. 热脆性（红脆性）是指什么，产生的原因是什么？**

钢材在某一高温区间（如400～550℃）和应力作用下长期工作，会使冲击韧性明显下降的现象称为热脆性。影响热脆性的主要因素是金属的化学成分。含有铬、锰、镍等元素的钢材，热脆性倾向较大。加入钼、钨、钒等元素，可降低钢材的热脆性倾向。

如果在晶界存在脆弱的硫化物或氧化物，在锻造或轧制时就会沿晶界发生开裂，由此把这类现象称为硫化物脆性。硫在固态铁中溶解度极小，它能与铁形成低熔点（1190℃）的FeS。FeS＋Fe共晶体的熔点更低（989℃）。这种低熔点的共晶体一般以离异共晶形式分布在晶界上。对钢进行热加工（锻造、轧制）时，加热温度常在1000℃以上，这时晶界上的FeS + Fe共晶熔化，导致热加工时钢的开裂。

## 690. 过热脆性是指什么，产生的原因是什么？

过热脆性是指在1250℃温度区间（临界点以上加热时）钢材表现出的脆性。

产生原因是钢在该温度区域加热时，钢产生过热或者过烧，造成粗大的奥氏体晶粒晶界的化学成分发生了明显变化（偏析），或在冷却后发生了第二相的沉淀，导致这种晶界脆化现象的发生，从而会显著降低钢的拉伸塑性和冲击韧性。

## 691. 氢脆是指什么，产生的原因是什么？

氢脆是指钢材中的氢会使材料的力学性能脆化，这种现象称为氢脆，主要发生在碳钢和低合金钢中。氢在常温下对钢没有明显的腐蚀，但当温度在200～300℃、压力为30MPa时，氢会扩散入钢内，与渗碳体进行化学反应而生成甲烷，使钢脱碳并产生大量的晶界裂纹和鼓泡，从而使钢的韧性显著降低，并且产生严重的脆化。它是由于溶于钢中的氢，聚合为氢分子，造成应力集中，超过钢的强度极限，在钢内部形成细小的裂纹，又称白点。氢脆只可防，不可治。氢脆一经产生，就消除不了。在材料的冶炼过程和零件的制造与装配过程（如电镀、焊接）中进入钢材内部的微量氢（$10^{-6}$量级）在内部残余的或外加的应力作用下导致材料脆化甚至开裂。

在尚未出现开裂的情况下可以通过脱氢处理（例如加热到200℃以上数小时，可使内氢减少）恢复钢材的性能。因此内氢脆是可逆的。

## 692. 相变脆性是指什么，产生的原因是什么？

相变脆性是指低碳钢在$A_3$点（900℃）附近发生延伸和断面收缩急剧降低的现象。

产生原因是由于铁素体与铁素体中所形成的奥氏体具有不同变形抗力而在奥氏体中开裂造成的。为了避免产生相变脆性，最好采用加工温度范围的上限。

## 693. 什么是钢的高温脆化特性？

在连铸坯的缺陷中，各种表面和内部的裂纹占了相当大的比例。裂纹的发生多与钢的高温特性及凝固过程中各种力学行为有关。钢的高温脆化特性是指高温铸坯的韧性特征或脆化倾向。高温下铸坯的塑性和强度变化可以分成两个脆化区：

（1）1300℃到固相线温度范围内的高温脆化区。该区延展性的降低是由于晶粒间析离出液相膜引起的，特别是硫化物 FeS 和 MnS，以及磷和其他易偏析元素都将促使形成这种低熔点相。碳含量的变化也会使钢在该区的延展性降低。

（2）700～900℃的脆化区。对大多数钢来说，这是发生 $\gamma$ 相向 $\alpha$ 相转变的温度范围，可以通过各种措施控制其程度。当铸坯处于这个温度区时，应避免进行弯曲和矫直。

## 第六节　钢材的组织检验

### 694. 什么是钢材的组织检验？

钢材的组织检验可以分为宏观检验和显微检验两大类。宏观检验通常称为低倍检验，是用肉眼或用不大于 10（30）倍的放大镜检查钢材的表面或断面，以确定宏观组织的方法。显微检验通常称为金相检验或高倍检验，是在显微镜下检查微观组织的状态和分布情况的方法。这种方法是评定钢材质量优劣的重要方法，也是钢材新品种或新工艺开发的重要手段。另外，还有一些工艺性能检验，如晶间腐蚀、淬透性测定也是组织检验的内容。

### 695. 钢材的宏观组织检验主要分为几种，主要观察方式有哪些？

钢材的宏观组织检验主要分为低倍组织及缺陷酸蚀检验、断口检验、硫印检验、塔形车削发纹检验四种。

主要观察方式有肉眼观察或用体视显微镜观察。

### 696. 酸蚀检验的目的是什么？

酸蚀检验是用酸蚀的方法来显示金属或合金的不均匀性，例如各种缺陷、夹杂物、偏析等。酸蚀检验分为热酸侵蚀试验方法、冷酸侵蚀试验方法、电解腐蚀试验方法三种。

### 697. 钢材断口检验的目的是什么？

断口检验是发现钢材本身缺陷和生产工艺中存在问题的重要方法。断口检验和酸蚀试验可以相互补充，如钢的过热、过烧、较明显的层状组织、夹杂物、裂纹、分层、组织不均等缺陷，在断口检验中会明显地显现出来。钢板拉伸试样出现的断口分层、夹杂、组织形态不均等内部缺陷和表面缺陷如图 8－8 所示。

### 698. 研究裂纹及夹杂物断口形貌的目的是什么？

目前，尽管钢坯中的裂纹和有害夹杂物已经越来越少，但还不能完全消除，

a　　b　　c

图 8-8　钢板拉伸试样出现的各种内部缺陷和表面缺陷
a—断口分层；b—夹杂；c—组织形态不均

裂纹和夹杂物控制依然是提高钢材质量必须解决的主要问题之一。由于裂纹的萌生、扩展和愈合，必然反映在形貌的变化上，所以研究裂纹及夹杂物的形貌变化，是判断裂纹和夹杂物控制的依据，也是控制产品质量的手段。

研究断口形貌有助于分析裂纹发生的机理，以便寻求提高钢材断裂韧性的途径。通常根据断口的形貌把断裂分为韧性断裂和脆性断裂两种类型，韧性断口形貌如图 8-9 所示。国际上一般用试件断裂时单位面积所消耗的冲击功来表示金属的韧性。通常情况下，温度越低，韧性越差。此外，金属的断裂韧性还与试件的尺寸有关，近年来高级别管线钢要求做厚度全尺寸的落锤撕裂试验（drop weight tear test，DWTT），要求断口剪切面积要达到 85% 以上，以确保其在使用过程中具有良好的止裂性能。

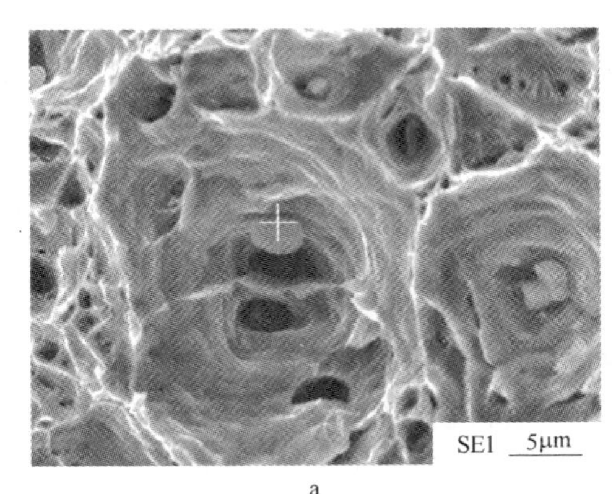


a

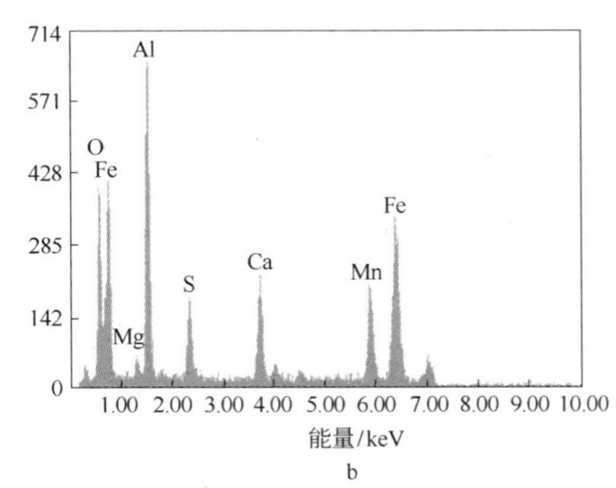


b

图 8-9　高强 Z 向钢断口分析（Z 向面缩率 47.5%）
a—断口 SEM 形貌；b—夹杂物成分分析

## 699. 钢材硫印检验的目的是什么?

硫印检验是一种定性检验，是用来直接检验硫元素，并间接检验其他元素在钢中偏析和分布情况的操作。

硫印检验的目的是通过预先在硫酸溶液中浸泡过的相纸覆盖在钢样上得到的印记来确定钢中硫化物夹杂的分布位置。通过硫印检验可以确定被检验部位材料的纯净度，如显示化学成分（S）的偏析以及其他缺陷（裂纹、孔隙等），也可以通过硫印区别沸腾钢和镇静钢。但硫印基本上是个定性检验，不能用硫印来估算钢中的硫含量。

## 700. 钢中常见非金属夹杂物有哪些?

钢中常见的非金属夹杂物有：

A——硫化物类：具有高延展性，有较宽范围形态比的单个灰色夹杂物，一般边部呈圆角；

B——氧化铝类：大多没有变形，带角，形态比小（一般小于3）的黑色或蓝色颗粒，沿轧制方向排成一行；

C——硅酸盐类：具有高延展性，有较宽范围形态比（一般不小于3）的单个黑色或深灰色夹杂，一般端部呈锐角；

D——球状氧化物：不变形，带角或圆形，形态比小（一般小于3）的黑色或蓝色颗粒，无规则分布；

Ds——单颗粒球状类：圆形或近似圆形，直径不小于13μm。

## 701. 钢中常见的非金属夹杂物如何评定?

将抛光后未经侵蚀试样的检验面在显微镜下采用下列两种方法之一进行检验。

（1）投影法：将夹杂物图像投影到照相毛玻璃上，放大倍数必须是100倍，视场直径为0.8mm，毛玻璃上的投影尺寸为80mm。然后将投影图与标准评级图进行比较。

（2）直接观察法：通过目镜直接观察并与标准评级图比较，放大倍数90～110倍（仲裁时仍按100倍）。

依据国标GB/T10561的规定，对非金属夹杂物进行评定，大致可以分为：

（1）标准评级图谱。标准采用两套评级图谱进行评定。评级图谱图片直径为80mm。

1）评级图Ⅰ。该图取自Jernkanteret方法，因此称JK评级图。根据夹杂物的形态和分布，分别以字母A、B、C、D表示。其分类方法不是根据夹杂物的成分，而是根据它们的形态。

每类夹杂物按厚度或直径不同又分为粗系和细系两个系列，每个系列由表示夹杂物含量递增的五级图片（1～5 级）组成，评定夹杂物级别时允许评半级，如0.5 级、1.5 级等。

2）评级图Ⅱ。该图取自美国材料试验协会（American Society for Testing Materials），因此称为 ASTM 评级图，又称修改的 JK 图。评级图中夹杂物的分类、系列的划分与 JK 标准评级图相同，但评级图由 0.5～2.5 级 5 个级别组成，适用于评定高纯度钢的夹杂物。

目前钢材的夹杂物评定采用的方法基本是标准评级图谱中 JK 评级图的分类和分级的显微评定。

（2）非金属夹杂物的实际评定方法：

1）A 法：将抛光后未经侵蚀的试样置于显微镜下观察。对各类夹杂物，按粗系或细系记下，然后将最恶劣的视场与标准评级图比较，相符的即为该试样夹杂物的级别。

2）B 法：将抛光后未经侵蚀试样的每个视场与标准评级图进行比较，对各类夹杂物，按粗系或细系记下与检验视场相符的标准评级图的级别数。经协商，可以减少检验视场数，仅作局部检验。

无论 A 法或 B 法，对长度超过视场直径和厚度大于标准评级图的夹杂物均应单独记录。

### 702. 什么是钢材的显微检验，主要观察手段有哪些？

钢材的显微检验也称为金相检验或高倍检验。它是指在光学或电子显微镜下观察、辨认和分析钢材微观组织形态和分布状态的检验方法。它的目的一方面是常规地评定钢材质量的优劣，另一方面是更深入地了解钢材的微观组织、各种性能的内在联系以及各种微观组织形成规律；第三方面它是沟通材质、工艺和性能之间的桥梁，它与材质、工艺、性能之间关系的研究是钢铁材料研究和开发的主题。

主要观察方式有金相（光学）显微镜观察和电子显微镜观察。

### 703. 分析技术中使用的电子显微镜主要有哪几种？

主要有透射电子显微镜（TEM）、扫描电子显微镜（SEM）、扫描隧道显微镜（STM）。

现代透射电镜（TEM）可在原子和分子尺度直接观察材料的内部结构（高分辨像）；可在对材料开展形貌观察的同时，进行原位化学成分及相结构的测定与分析；也可对结构复杂的金属等传统材料进行形貌观察、测定成分（定性、定量分析)、微相表征、结构鉴定等多功能对照分析；还可以将图像观察、高分辨研究、EDS 微区成分分析、会聚束衍射、选区电子衍射、衍衬分析等各种方法综合应用在具体研究中。

扫描电镜（SEM）主要是依靠电子束在样品表面 5 ~ 10nm 范围内激发的二次电子信号成像，对于试样表面状态非常敏感，能有效地显示表面的微观形貌。其在断口失效分析、材料微观组织形貌观察及成分分析方面发挥了重要作用。

扫描隧道显微镜（STM）是用压电陶瓷材料控制针尖在样品表面的扫描，利用探针在垂直于样品方向上高低的变化反映样品表面的起伏，得到样品表面态密度的分布或原子排列的图像，具有原子级的分辨率，垂直 0.01nm，横向 0.1nm。

## 704. 透射电子显微镜（TEM）制样有什么要求？

透射电子显微镜（TEM）样品主要有薄膜样品和复型样品两种。

其主要要求有：

（1）供 TEM 分析的样品必须对电子束是透明的，通常样品观察区域的厚度以控制在 100 ~ 200nm 为宜。

（2）所制得的样品还必须具有代表性以真实反映所分析材料的某些特征。因此，样品制备时不可影响这些特征，如已产生影响则必须知道影响的方式和程度。

## 705. 物理化学相分析的测试内容是什么？

合金的物理化学相分析是以钢和合金中各种第二相为研究对象，通过提取来测定相的类型、组成、数量和粒度，从而建立这些测定值与合金成分、热处理及力学性能之间的关系。测定内容主要包括：

（1）分解合金基体，定量提取全部第二相或有选择性地定量提取个别目的相。

（2）对提取出的混合相进行分离。

（3）混合相或单个相中各种合金元素的定量分析。

（4）对所提取的或经分离后的残渣进行 X 射线衍射，作相的类型、结构、点阵常数、长程有序度等测定，以及通过 X 射线小角衍射分析测定粒度分布；或用金相、电镜方法作形态分析。

## 706. 金相检验技术的内容有哪些？

金相检验技术是指利用光学（金相）显微镜、放大镜和体视显微镜等对材料显微组织、低倍组织和断口组织等进行分析研究和表征的材料学科分支，其观测研究的材料组织结构的代表性尺度范围为 $10^{-9}$ ~ $10^{-2}$m 数量级，主要反映和表征构成材料的相和组织组成物、晶粒（也包括可能存在的亚晶）、非金属夹杂物，乃至某些晶体缺陷（例如位错）的数量、形貌、大小、分布、取向、空间排布状态等。

金相检验技术包括金相技术、金相检验和金相分析三方面的内容。金相技术主要是金相试样的制备、显微镜及其附件的使用、金相组织的识别、定量测量及记录等技术。金相检验指对金相组织做出定性鉴别和定量测量的过程，如确定合金中各组成相的尺寸、形状、分布特征、晶粒度、夹杂类型和数量以及表面处理层的组织等。金相分析通常指对材料研究中某种现象、质量控制中某种事件进行广泛的金相检验后运用金相原理加以综合分析，得出科学的结论，如失效分析及热处理工艺确定等。

**707. 金相样品制备的要求是什么?**

制备金相样品的目的是显示样品的真实组织，制样结果要求具有重现性。

机械制样希望得到无变形、无磨痕、无脱落、无外来物质、无折皱、无边缘磨圆、无热损伤的理想表面。但是在实际制样中不可能得到理想表面，制样结果只要满足特定分析需要即可。

**708. 金相样品制备取样的原则是什么?**

金相取样包括选择试样和截取试样两部分，根据检验目的不同，相应的取样要求和方法也不尽相同，共同的原则主要是保证金相试样具有充分的典型性和真实性。

（1）选择试样：被选取试样在化学成分、制造工艺、内外部组织、有关性能、使用工况及环境影响、缺陷及失效等特征方面，都应与被检验物保持同一性，即试样应具有充分的代表性。

（2）截取试样：被取下的试样应具有充分的真实性。无论采取何种加工方法，均不允许由于受热升温、加工应力或环境和介质等作用，致使试样发生组织变化、塑性变形、萌生和扩大裂纹或因环境或介质污染而改变了试样的固有状态，从而产生假象。

各种检验取样要求如下：

（1）常规检验，依据相关国家标准进行。

（2）表面检验，有无脱碳、折叠等。

（3）失效分析，在失效部位如裂纹附近取样。

（4）金相组织不均匀，如铸件须从表面到中心同时取样观察，了解合金的偏析度。

## 709. 对轧制钢材金相分析中如何确定金相磨面？

金相磨面的确定主要依据不同的分析目的，一般情况下遵循以下两个原则：

（1）以下分析需对制样的横截面做分析：试样由表层到中心金相组织变化；晶粒度评级；表面缺陷的检验，如脱碳、氧化、折叠等；表面处理结果的检验，如表面淬火、渗碳、涂镀等；网状碳化物等。

（2）以下分析需对制样的纵截面做分析：非金属夹杂的数量、大小和形状；测定晶粒拉长程度，了解材料冷变形程度；观察钢材中带状组织的情况。

## 710. 金相显微镜主要观察方式有哪些？

金相显微镜主要观察方式有：明场、暗场、偏光、微分干涉（DIC）。

明场：利用照明光线直接照射在被测试样上反射回来后观察，适用于常规组织的检测，如珠光体、铁素体、马氏体等金相组织的观察。

暗场：利用丁道尔现象所产生的光的衍射、绕射，用斜射照明的方式观察被测试样，可以看到明场有时看不到的物质，故又称为超显微术，适用于夹杂物或缺陷的检查。

偏光：利用偏光镜片的单向振动特性，在垂直正交时可对具有双折射性的物质进行定性检查，多用于多相合金中相的鉴别、各向异性金属组织显示、非金属夹杂物的鉴别等。

微分干涉：又称 DIC 或诺马尔斯基观察法，利用直线偏振光通过诺马尔斯基棱镜后的干涉现象，使观察到的物体表面呈现凹凸不平的立体效果，可应用于各相组织在抛光下的识别，可清楚地显示明场下观察不清楚的相，也可以拍摄彩色照片等。

## 711. 钢材显微组织显示主要有几种方法，各有什么特点？

主要有化学腐蚀、缀饰腐蚀、热染法、化学染色法。

化学腐蚀是使试样表面有选择性地溶解掉某些部分，或由于不同相的微电极电位不同而产生电化学腐蚀，使处于阳极的相产生优先溶解而使组织细节显露出来，也就是使显微组织产生适当的反差。例如晶粒与晶界、不同取向的晶粒、不同的相、成分不均匀的相（偏析）等。钢铁金相试样最常使用的化学腐蚀剂是硝酸酒精溶液和苦味酸酒精溶液。

缀饰腐蚀是使经过抛光的试样表面在化学试剂的作用下，形成一层薄膜或覆盖层，其厚度与各相组成物的晶体学取向或化学成分有关，由于干涉现象而呈现不同的颜色。

热染法是将试样放在空气炉中加热，表面形成氧化膜，光的干涉作用使不同的相组成物或成分不均匀的相呈现出不同的颜色，膜的厚度与加热温度和时间有关。热染法简单易行，但不易控制，重现性差。

化学染色法是用适当的化学试剂与试样表面产生化学反应，形成一定的膜，使不同的相或不同取向的晶粒呈现出不同的颜色，也可以使成分不均匀的相内呈现出不同的颜色。某些很稳定的相在室温下不参与化学反应，因而不会被染色，仍保持白亮色。

### 712. 什么是晶粒度，如何评级？

所谓晶粒就是内部原子排列方向一致，而外形不规则的晶体。晶粒度就是晶粒大小的量度。晶粒是立方体的颗粒，具有一定的体积。所以理想的表示晶粒大小的方法是求它的平均体积，或每个单位体积内含有晶粒的数目。晶粒度的测定方法有：比较法（标准中列出了四个系列评级图）、面积法、节点法。

目前世界各国对钢铁产品晶粒大小的表示方法和评定标准，几乎统一使用与标准图片比较的评级方法。值得注意的是，使用比较法的前提是评级材料的组织形貌要与标准评级图相似。任何情况下，都可以使用面积法和节点法。

## 第七节 钢材常见的金相组织

### 713. 什么是相和相界？

在钢材（金属或合金）中，凡成分相同、结构相同并有界面相互隔离的均匀组成部分称为相。相与相之间的界面称为相界。通过相界面时，化学成分或物质结构间发生突变。

金相组织就是相与相及相界构成的结构。由一种固相组成的合金称为单相合金；由几种不同相组成的合金称为多相合金。碳钢就是由铁素体和渗碳体两个相组成，并根据碳钢碳含量和加工、处理的状态不同，这两相的数量、形态、大小和分布情况也不会相同，从而构成了碳钢的不同组织，表现出不同的性能。

### 714. 什么是固溶体？

组成合金的一种金属元素的晶体中溶有另一种元素的原子形成的固态相，称为固溶体。按溶质原子在晶格中所占位置分类可分为置换固溶体和间隙固溶体两类。固溶体一般有较高的强度，良好的塑性、耐蚀性以及高的电阻和磁性。

### 715. 什么是金属化合物？

合金中不同元素的原子相互作用形成晶格类型和性能都完全不同于其组成元

素的，具有金属特性的固态相，称为金属化合物。金属化合物多数具有熔点高、硬而脆的特点，是合金中很重要的强化相。

**716. 什么是 CCT 曲线，用什么方法测定，什么是动态和静态 CCT 曲线？**

CCT 曲线是指过冷奥氏体的连续冷却转变曲线。钢在加热至奥氏体区后，在一定的冷却速度下，过冷奥氏体在一个温度范围内会发生相变。连续冷却速度不同，到达各个温度区间的时间以及在各个温度区间停留的时间也不同，自然会导致相变开始及结束的温度和时间不同。由于过冷奥氏体在不同温度区间相变产物不同，故在连续冷却转变时往往是不均匀的混合组织，但无论是何组织，都是由面心立方的奥氏体向体心立方的其他相转变。微观晶体结构的变化，会在宏观上表现为钢的微小的体积膨胀。这些给 CCT 曲线的建立提供了理论基础。

现代的材料热模拟实验机为 CCT 曲线的测绘提供了技术保障。常用的是膨胀法。利用热模拟实验机将 $\phi$8mm × 15mm 的试样真空加热至奥氏体状态，程序控制冷速，并能方便地从不同冷速的膨胀曲线上测量膨胀量变化的拐点，确定相变开始点和相变终了点所对应的温度和时间，将所测数据标在温度 - 时间对数坐标中，连接相同意义的点便得到过冷奥氏体的连续冷却转变曲线。为提高测量精度，膨胀法可配合金相法或热分析法。

CCT 又分为动态 CCT 和静态 CCT。动态 CCT 与静态 CCT 的主要区别在于，前者的热模拟试样在奥氏体区有压缩变形，变形温度根据实验者的工艺要求而定。一般来讲，由于有变形储能的存在，动态 CCT 比对应的静态 CCT 相变开始早，相变点温度升高。静态 CCT 常用来指导钢的热处理工艺，而动态 CCT 常用来指导热轧冷却工艺。

**717. CCT 曲线的作用是什么？**

CCT 曲线是确定各种钢生产轧制工艺的重要基础之一，它是建立各种热处理工艺（加热温度、冷却速度）与组织性能关系和进行新的热处理工艺（如形变热处理、TMCP）研究的最重要技术手段。它不但可以系统地表示出热轧工艺参数、轧后在线冷却速度对钢材组织的影响，而且是衡量钢种成分、选用与之匹配轧制工艺参数的主要依据。

CCT 曲线可分为三个区，即先共析铁素体区、珠光体转变区和贝氏体区。在标准的加热和冷却速度条件下，其临界点分别为：$A_{c1}=596℃$、$A_{r3}=824℃$、$A_{r3t}=613℃$、$M_s=442℃$，当冷却速度大于 400℃/h 时，过冷的奥氏体发生 A→F + B + P 转变；当冷却速度小于 400℃/h 时，过冷的奥氏体发生 A→F + P 转变。15MnMoVN 钢静态和动态 CCT 曲线如图 8 - 10 所示。

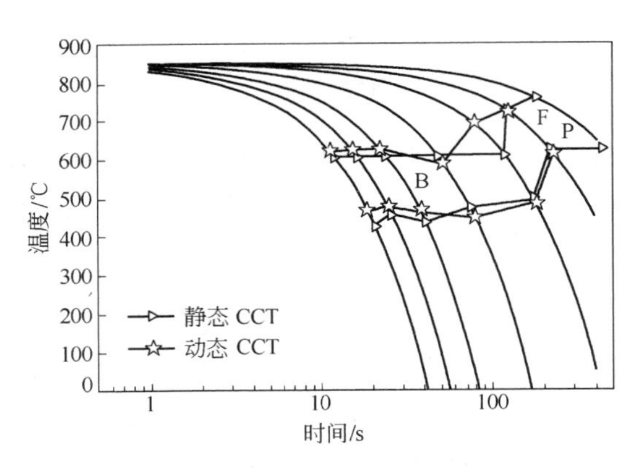


图 8－10 15MnMoVN 钢静态和动态 CCT 曲线（奥氏体化温度 1200℃）

## 718. C 曲线和 CCT 曲线的主要区别是什么?

C 曲线是奥氏体的等温转变曲线，其转变产物是单一的组织。而 CCT 曲线是奥氏体连续冷却曲线，是在一个温度范围内进行的，可以把连续冷却转变看成是无数个微小的等温转变过程的总和，转变产物是不同温度下等温转变组织的混合组织。

## 719. 什么是回复、动态回复、静态回复?

金属在低于再结晶温度加热时，显微组织与强度、硬度均不发生明显变化，其中有某些物理性能和微细结构发生改变，这一过程称为回复过程。当回复温度较低时，主要机制是空位运动和空位与其他缺陷的结合；当回复温度较高时，主要通过位错的运动来实现，使原来在变形体中分布杂乱的位错向着低能量状态重新分布和排列成亚晶。

在外力作用下，处于变形过程中发生的回复为动态回复；热变形停止或中断时发生的回复为静态回复。

## 720. 什么是再结晶、动态再结晶、静态再结晶、亚动态再结晶?

加工变形金属加热到一定的温度以后，在原来变形的金属中重新形成无畸变等轴晶，这一过程称为金属的再结晶。金属再结晶主要是通过形核和长大的方式完成的，再结晶后，金属的强度、硬度显著下降，塑性大大提高，加工硬化消除。

在外力作用下，处于变形过程中发生的再结晶称为动态再结晶；热变形停止或中断时发生的再结晶称为静态再结晶。在变形过程中已经形成动态再结晶晶核，以及长大到中途的再结晶晶粒被遗留下来，当变形停止后，在一定温度条件下，这些晶核和晶粒还会继续长大，这种过程称为亚动态再结晶。

## 721. 共析是指什么？

共析是指一种等温的可逆反应，冷却时固溶体转变成两种或更多的微密的混合态固体，所形成的固体数与系统的组成数相同。合金的组成由平衡反应的共析点确定，共析形成固溶体成分相互混合的合金组织。

## 722. 共晶是指什么？

共晶是指一种等温的可逆反应，冷却时液态溶液转变成两种或更多的微密的混合态固体，其固体数与系统的组成数相同。合金含有平衡图上共晶点表示的组成，共晶反应形成固体成分相互混合的合金组织。

## 723. 什么是包晶转变（peritectic transformation），什么是包晶相图？

成分为 $H$ 点的 δ 固相，与它周围成分为 $B$ 点的液相 L，在一定的温度时，δ 固相与 L 液相相互作用转变为成分是 $J$ 点的另一新相 γ 固溶体，这一转变称为包晶转变或包晶反应（有一个液相与一个固相在恒温下生成另一个固相的转变称为包晶转变）。$HJB$ 为包晶转变线，反应表达式为 $L_B+\delta_H \rightarrow \gamma_J$。

两组元在液态无限溶解，并且发生包晶反应的相图，称为包晶相图，如图 8－11 所示。

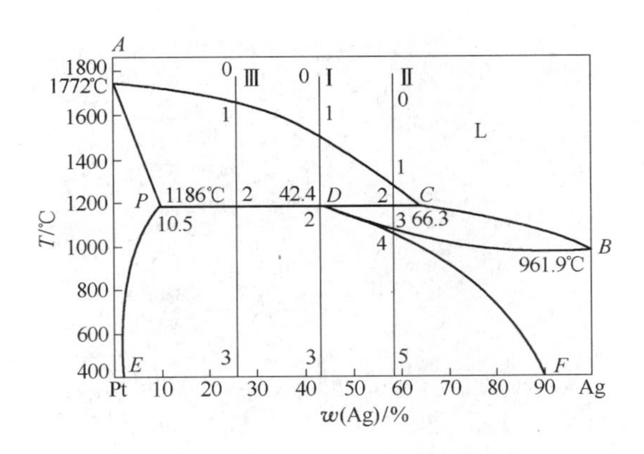

图 8－11 Pt－Ag 包晶相图

## 724. 什么是包晶反应钢？

碳含量为 0.08%～0.17% 的碳钢从液相冷却到 1495℃时发生包晶反应，δ－

Fe(固体) + L(液体)→γ - Fe(固体)，习惯上称碳含量在这一范围内的碳钢为包晶反应钢。由于发生 δ - Fe + L→γ - Fe 转变时，线收缩系数为 $9.8\times10^{-5}$/℃，而未发生包晶反应的 δ - Fe 线收缩系数为 $2\times10^{-5}$/℃，因此包晶反应时线收缩量较大。坯壳与结晶器器壁容易形成气隙，气隙的过早形成会导致收缩不均和坯壳厚度不均，在薄弱处容易形成裂纹，容易发生漏钢事故和铸坯表面质量缺陷，是连铸生产中较难连铸的钢种之一。

**725. 钢材性能与其组织的关系是什么?**

钢铁材料性能的多样性与其组织结构多样性密不可分，什么样的组织结构就决定了钢材具有什么样的性能，或者说钢材的性能是钢材组织结构的物理表现形式。钢材性能的提高和变化，是钢材的奥氏体、铁素体、珠光体、马氏体、贝氏体等组织以及各种第二相等构成的复杂多变、多种多样的组织结构的综合体现。

**726. 什么是铁素体 (Ferrite)，它有哪些特点?**

碳溶解于 α - Fe 和 δ - Fe 中形成的固溶体称为铁素体 (Ferrite)，如图 8 - 12 所示，用 α、δ 或 F 表示，由于 δ - Fe 是高温相，因此也称为高温铁素体。铁素体在体心立方晶格 (α) 的碳含量非常低 (727℃时，α - Fe 最大溶碳量仅为 0.0218%，室温下仅为 0.005%)，所以其性能与纯铁相似，即硬度低 (HB50 ~ 80)、塑性高 (伸长率 δ 为 30% ~50%)。铁素体的显微组织与工业纯铁相似，它的金相组织是多边形晶粒。

图 8 - 12 铁素体 (Ferrite)

**727. 为什么多边铁素体又称为等轴铁素体?**

由于准多边铁素体 (Quasi - polygonal Ferrite, QF) 形成温度较低，其内部位错密度较大，通常比多边铁素体（Polygonal Ferrite，PF）高一个数量级。尽管多边铁素体和准多边铁素体都是先共析铁素体，但是两者的转变温度不同，因此它们的形成机制和组织形貌也不同。多边铁素体接近平衡相，是在很慢的冷却速率下形成的，具有规则的晶粒外形，所以多边铁素体又称为等轴铁素体。

### 728. 多边铁素体对管线钢 DWTT 断裂影响是什么?

（1）多边铁素体组织属于韧性组织而且强度低，它的存在可以使裂纹尖端产生较大的塑性变形，对裂纹的快速扩展起到了阻碍的作用，同时使裂纹尖端的应力得到松弛，裂尖发生钝化，如图 8 - 13 所示。如果管线钢的显微组织只是由单一的粒状贝氏体（Granular Bainitic Ferrite，GBF）组织组成，裂纹在穿过该区域时并没有发生大的偏折，如图 8 - 14 所示，这表明裂纹扩展时遇到阻力较小。因此，单一的粒状贝氏体组织对脆性断裂的抗力要比粒状贝氏体/铁素体组织低得多。

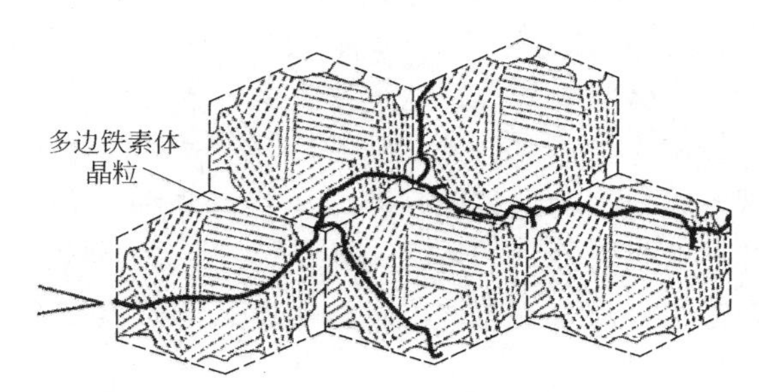


图 8 - 13 裂纹在粒状贝氏体/多边铁素体组织中的扩展路径示意图

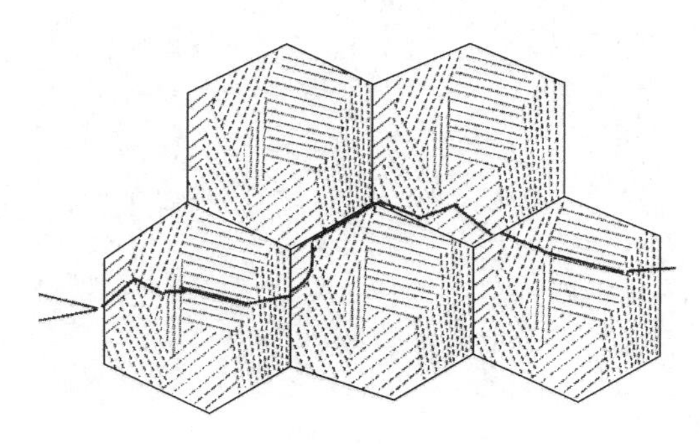

图 8 - 14 裂纹在单一粒状贝氏体组织中的扩展路径示意图

（2）一定数量的多边铁素体晶粒的存在会迫使裂纹不断地在粒状贝氏体组织和多边铁素体晶粒之间进行穿越，从而使韧性得到提高。

研究表明：

（1）在以贝氏体为主的管线钢中，细小的多边铁素体的存在构成了对解理裂纹扩展的一种阻碍，导致扩展的裂尖发生钝化，韧性提高。

（2）管线钢以粗大的多边铁素体晶粒作为基体组织时，多边铁素体增加韧性的作用消失，原因之一是基体晶粒粗大而导致变形抗力降低，原因之二是晶粒粗大而使晶界数量减少，对裂纹扩展作用减弱。

**729. 什么是针状铁素体，它有哪些特点？**

针状铁素体（AF）是出现于原奥氏体晶内有方向性的细小铁素体，宽 2μm 左右，长宽比多在 3∶1 以至 10∶1 的范围内。“针状铁素体”的概念是由 Y. E. Smith 在 20 世纪 70 年代初提出的，是指低合金高强度钢在连续冷却条件下获得的不同于铁素体和珠光体（F－P）的一种类贝氏体（Bainite－like）组织。它的转变温度略高于上贝氏体，以扩散和剪切的混合机制实现转变。因为相变只涉及铁素体（F），不形成 $Fe_3C$，其中的少量奥氏体只是残留相（部分奥氏体冷却时转变为马氏体），故称该转变产物为铁素体，而不称贝氏体。又由于铁素体呈板形态，因此命名为针状铁素体，获得这类组织的钢称为针状铁素体钢。从本质上看，针状铁素体属于贝氏体，针状铁素体钢就是贝氏体钢。

在显微镜下观察，典型的针状铁素体组织是许多细针杂乱无序交错分布的，单个的针状铁素体并非具有针状的特征，而是呈扁豆的形状，其所以呈针状，原因是刨开的试样很难恰好在它的宽面上。针状铁素体的典型金相组织如图 8－15 所示。

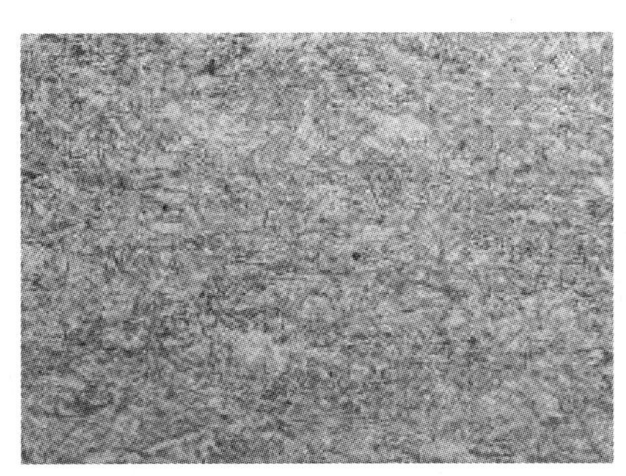

图 8－15　针状铁素体的典型金相组织

**730. 什么是晶内针状铁素体，该组织的特点是什么？**

在奥氏体内非金属夹杂物及奥氏体晶界等处形核形成的针状铁素体为晶内针状铁素体，如图 8－16 所示。晶内针状铁素体组织的特点是：

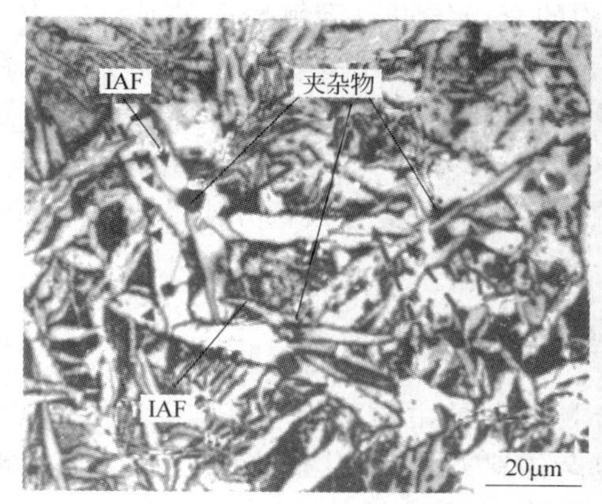

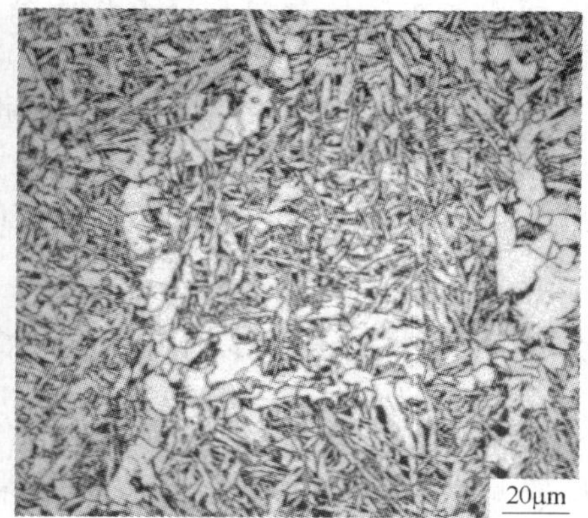


图 8－16 晶内针状铁素体组织

（1）晶内针状铁素体分割了原奥氏体晶粒，其位向与晶界形核连续推进的铁素体晶粒的位向完全不一样，由此可明显抑制非等轴铁素体晶粒的形成及定向长大。

（2）晶内针状铁素体的形成增加了铁素体的体积分数，使铁素体晶粒在细化的同时形状和分布更加趋于合理；使钢材在塑、韧性不降低的情况下得到有效强化。

（3）韧性较高的晶内针状铁素体完全包围了传统意义上属于有害的非金属夹杂物粒子，使夹杂物对钢材塑、韧性和疲劳性能等的损害程度显著降低甚至消除。

## 731. 什么是奥氏体（Austenite），它有哪些特点？

碳溶解于 γ－Fe 中形成的固溶体称为奥氏体（Austenite），如图 8－17 所示，

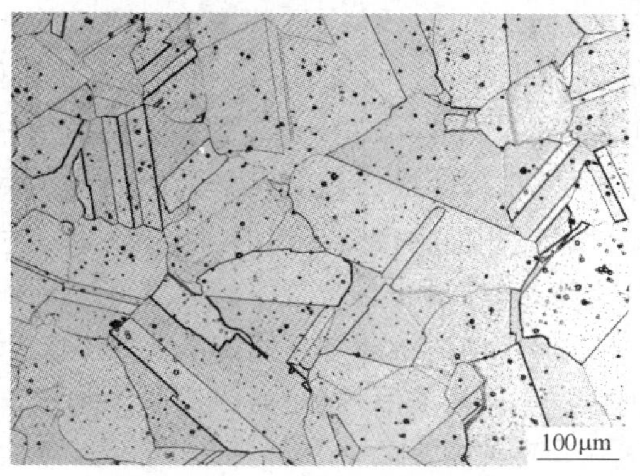


图 8－17 奥氏体（Austenite）

用 γ 或 A 表示。具有面心立方晶体结构的奥氏体可以溶解较多的碳（不大于 2%），碳原子存在于面心立方晶格中正八面体的中心，1148℃ 时最多可以溶解 2.11% 的碳，到 727℃ 时碳含量降到 0.77%。奥氏体的硬度较低（HB170～220），塑性高（伸长率 δ 为 40%～50%）。奥氏体金相组织一般是大晶粒，它是一种难以在室温保留的组织，除非钢中含有大百分比的合金，如锰或镍。

## 732. 什么是渗碳体（$Fe_3C$），它有哪些特点？

渗碳体是铁和碳形成的金属化合物，它是由铁和 6.67%（有些书上为 6.69%）碳组成的间隙化合物，具有复杂的斜方晶体结构，熔点为 1227℃。当它作为一种相在钢中出现时其化学成分将因锰和其他碳化物形成元素的存在而改变。渗碳体是不稳定相，给予足够的时间，它会分解为两种完全平衡的成分，即铁和石墨。渗碳体是硬度极高的组织（HB800），塑性几乎为 0，是硬脆相，如图 8－18 所示。在钢中，渗碳体以不同形态和大小的晶体出现在组织中，对钢的力学性能影响很大。

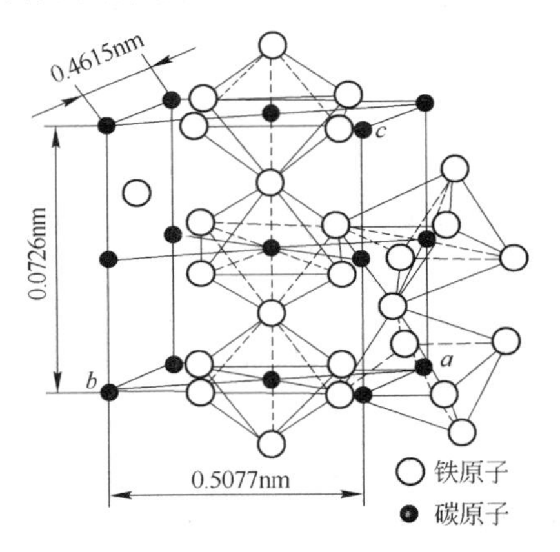


图 8－18　渗碳体（$Fe_3C$）

在一定条件下（如高温长期停留或缓慢冷却），渗碳体可以分解成石墨状的碳：$Fe_3C \rightarrow 3Fe + C$（石墨）。这一过程对于铸铁和石墨钢具有重要意义。

## 733. 什么是珠光体，它有哪些特点？

在 727℃ 时，奥氏体（0.77% C）是铁素体（0.02% C）和渗碳体 $Fe_3C$（6.67% C）板条状排列的集合体，即所谓的共析组织。奥氏体过冷到 727℃ 以下在奥氏体晶界首先形成 $Fe_3C$ 晶核。$Fe_3C$ 是高碳相，必须依靠周围的奥氏体不断的供碳使它长大。随着 $Fe_3C$ 核的横向长大在它两侧的奥氏体形成贫碳区，为铁素体的形成创造了条件，在侧面的贫碳区就形成了铁素体晶核。贫碳区形成铁素体的晶核长大，因铁素体是贫碳相，随着它的长大必有一部分碳排出使相邻的奥氏体中富碳，又为 $Fe_3C$ 形核创造了条件，就在富碳区形成 $Fe_3C$ 核。如此反复形成层片状分布的组织且铁素体与 $Fe_3C$ 同时向纵深长大形成珠光体组织。层片状分布大致相同的区域称为珠光体团，如图 8－19 所示。显然这是典型的扩散型相变。

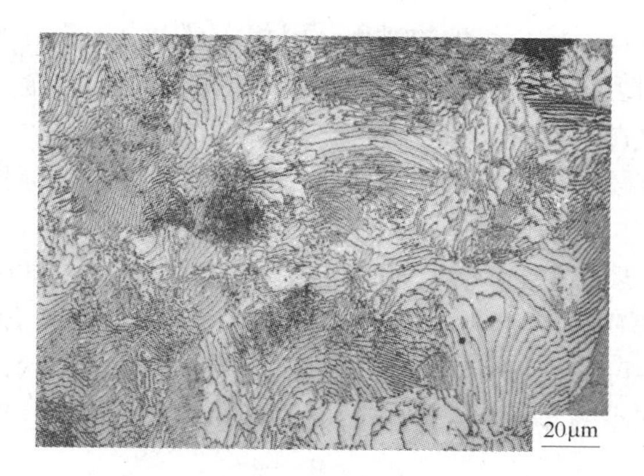


图 8－19　珠光体

## 734. 什么是贝氏体（Bainite），它有哪些特点？

将共析钢过冷到 230～550℃并没有产生片间距更细的珠光体，而是产生了另一种新组织称为贝氏体（Bainite）。它也是由铁素体加碳化物组成，但碳化物是非层片状分布的。这是因为珠光体转变是受碳在奥氏体中扩散的控制，同时铁原子也要发生扩散。如果过冷度很大，转变的温度达到相当的低，使铁原子无法发生扩散，同时碳的扩散也受到影响，显然不可能发生珠光体转变了，就会使转变的规律发生变化，产生贝氏体组织。

由于形成的温度不同，所以贝氏体的形貌有所不同，因此又将贝氏体分成上贝氏体（Upper Bainite）与下贝氏体（Lower Bainite），如图 8－20 所示。

根据实验的结果，贝氏体相变有如下的规律：

a

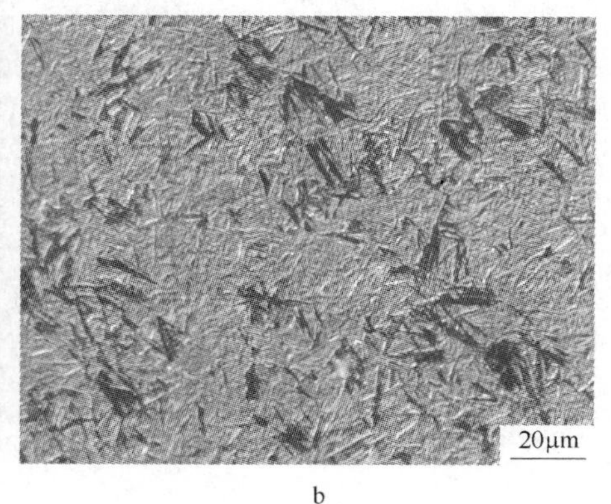


b

图 8－20　贝氏体（Bainite）
a—上贝氏体；b—下贝氏体

贝氏体转变也是形核与长大的过程。因相变是由一种成分的奥氏体分解出铁素体及碳化物两相组织，转变必有碳的扩散，但铁原子与合金元素不发生扩散且在许多的钢种中存在转变的不完全性。

由于形成温度较低，碳原子扩散困难，使得贝氏体中的碳化物的尺寸比珠光体中的碳化物细小，铁素体中碳的过饱和度增加。

贝氏体的组织形态主要决定于形成温度，还与奥氏体中的碳含量有关。为了得到下贝氏体，奥氏体中的碳含量需达到中碳以上。下贝氏体在230~350℃形成，从图8－20中可见，下贝氏体在光学显微镜中呈黑色针状，针状基体是铁素体，内部分布着细小的碳化物。

## 735. 何谓粒状贝氏体？

粒状贝氏体是指在高位错密度的铁素体基体上，弥散分布着马氏体和残余奥氏体组成的小岛，通称为M/A岛（Martensite－Austenite Island）。由于这些小岛呈颗粒状，故称为粒状贝氏体。

## 736. 粒状贝氏体钢和板条贝氏体钢有何不同？

粒状贝氏体及板条贝氏体是低碳合金钢在控轧控冷中经常出现的组织。

板条贝氏体组织中原奥氏体晶界依稀可见，并在压扁的奥氏体晶粒内部形成板条束。另外，其一个重要特征是，M/A岛颗粒细小而且排列有序，其排列方向大体与板条铁素体平行，如图8－21a所示。板条贝氏体形成温度低，因此它的板条铁素体宽度小，而铁素体板条中有大量高密度位错，所以它的强度高。然而，板条贝氏体高的位错密度和平行排列的铁素体板条却提高了位错运动的阻

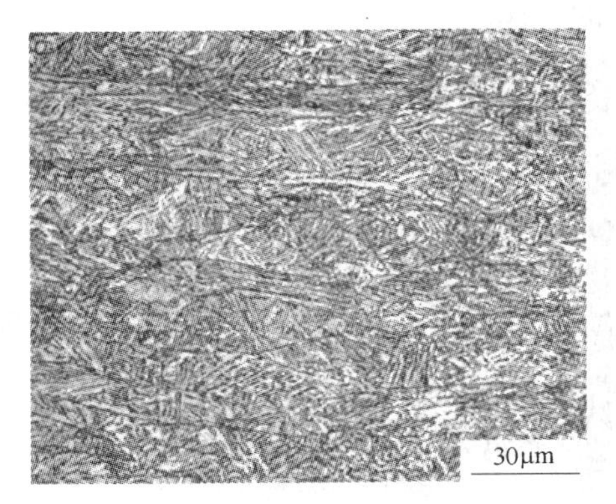


a

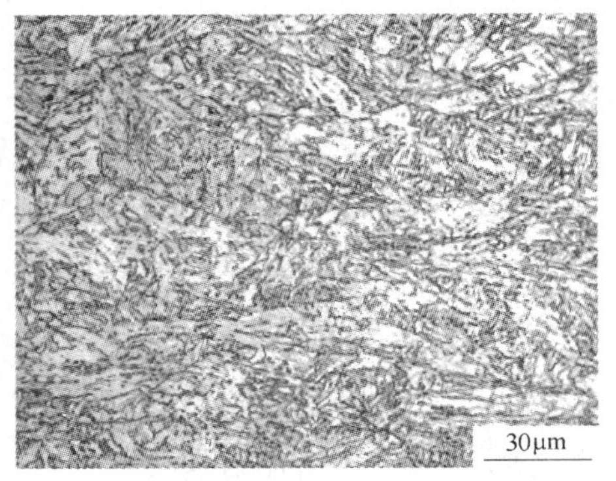


b

图8－21 板条贝氏体和粒状贝氏体

a—板条贝氏体；b—粒状贝氏体

力，限制了位错的滑移，使板条贝氏体钢的塑性降低。此外，由于板条贝氏体钢板中的M/A岛颗粒排列趋于直线，容易成为裂纹扩展的路径而导致钢的韧性降低。所以板条贝氏体钢一般塑性及低温韧性最差。

粒状贝氏体组织与板条贝氏体相比，粒状贝氏体的形成温度稍高，因此粒状贝氏体中的铁素体能够在较高温度下发生回复，从而导致其板条特征不如板条贝氏体明显。粒状贝氏体中的铁素体亚结构不呈板条状，而是近似呈等轴状，如图8－21b所示。另外，粒状贝氏体中的M/A岛无序地分布在铁素体基体上，由于形成温度高于板条贝氏体，粒状贝氏体中的M/A颗粒也更为粗大。因为粒状贝氏体铁素体尺寸大，位错密度低，所以粒状贝氏体钢的强度明显低于板条贝氏体钢。但是，这种近等轴状且位错密度低的铁素体具有良好的塑性，而且粒状贝氏体中的M/A岛呈无序排列，可以避免裂纹的快速扩展。所以粒状贝氏体钢塑性、低温韧性最好。

## 737. 高强贝氏体钢中的M/A岛有几种形态，其对钢板的性能有何影响？

一般认为，贝氏体中的M/A岛状物应以数量少、尺寸小、分布均匀且形状趋于球形为最佳。而在700MPa、800MPa及更高强度级别的高强度贝氏体钢中，M/A岛通常以四种形貌出现：（1）点状，如图8－22所示；（2）粒状，如图8－23所示；（3）长条状，如图8－24所示；（4）尖角状。这些形状各异的M/A岛的出现主要受化学成分、终轧温度、冷却速率、终冷温度等因素的影响。尽管M/A岛的存在可以起到一定的强化作用，但它同时也破坏了基体的连续性，因为在不同形状的M/A岛周围或多或少地会产生一些晶格畸变而引起的应力集中，这必然要影响材料的断裂行为，进而影响材料的韧性。与弥散分布的点状、球状M/A岛相比，长条状和尖角状的M/A岛更易引起应力集中，进而成为裂纹的萌生源和裂纹的低能量扩展通道。因此，在高强钢的生产中，M/A岛颗粒的形状及分布必须要加以控制。

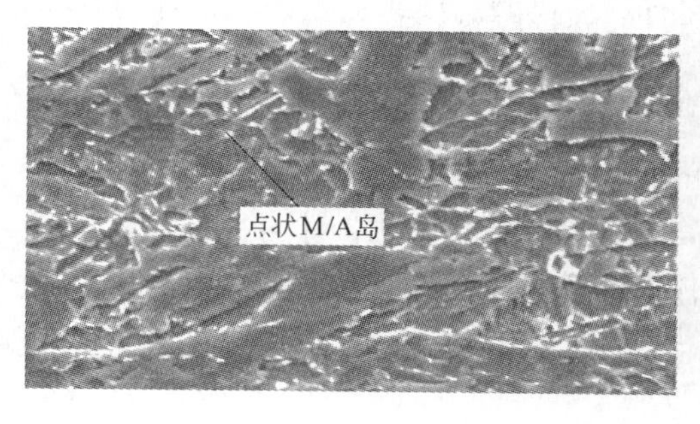


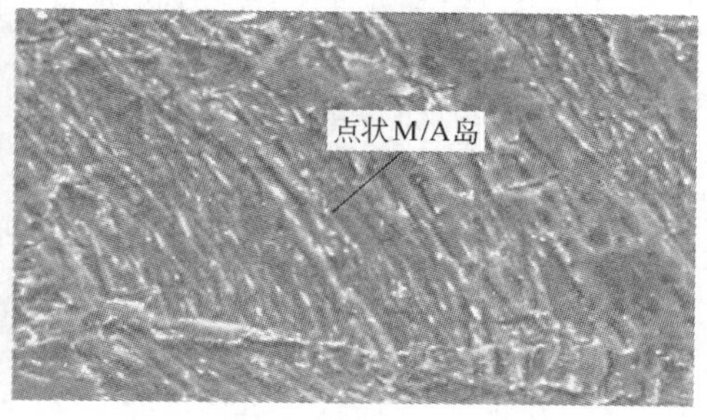


图8－22　点状M/A岛

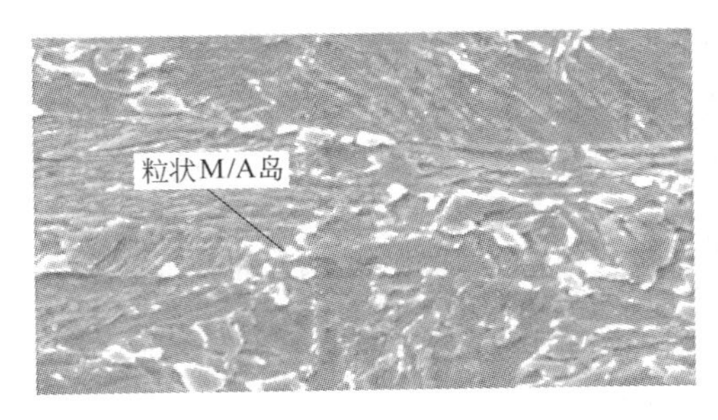


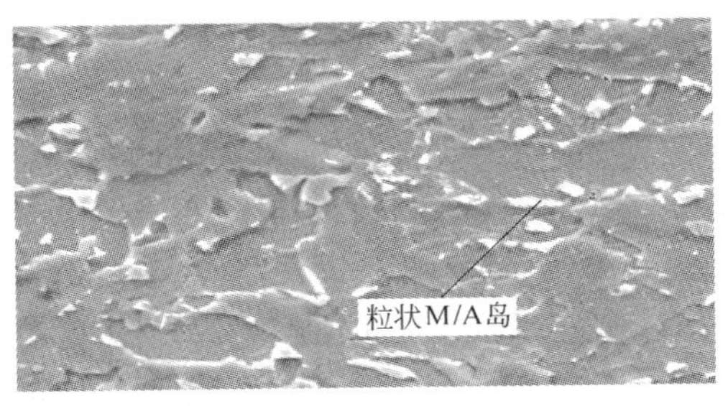


图 8－23 粒状 M/A 岛

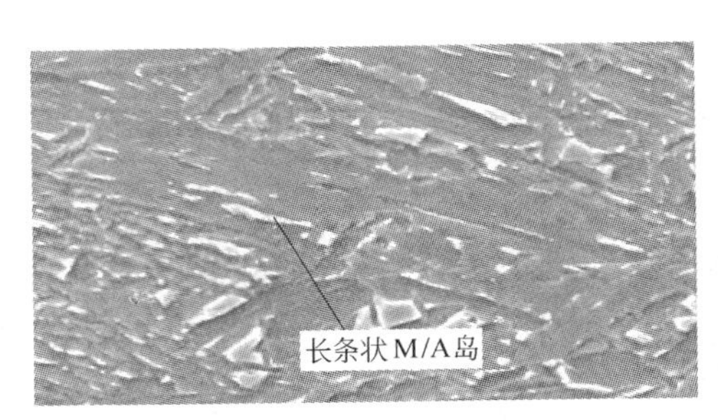


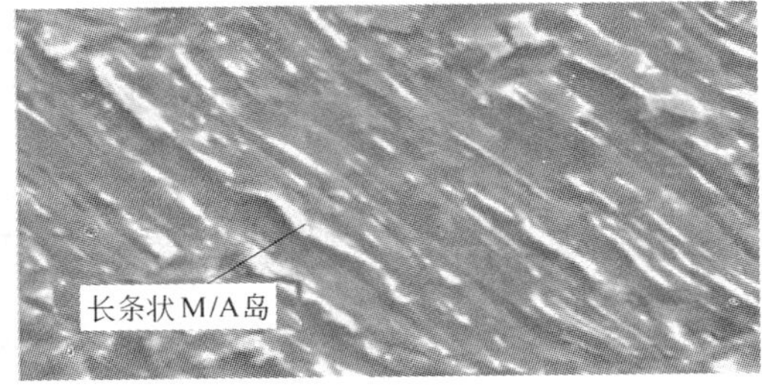


图 8－24 长条状 M/A 岛

## 738. 什么是马氏体（Martensite），它有哪些特点？

当高温的奥氏体获得极大的过冷度（对共析钢要过冷到 230℃以下），造成碳无法扩散，碳化物无法从奥氏体中析出时，就形成了一种非平衡的新组织。试验表明，虽然碳无法从奥氏体中扩散出来，但是奥氏体仍然从原来 γ－Fe 的 fcc 结构转变成 α－Fe 的 bcc 结构。因为没有碳化物的析出，所以碳就过饱和地溶解在 bcc 结构中将晶格拉长变成了 bct 结构。钢中形成的这种碳在 α－Fe 中过饱和的固溶体就称为马氏体（Martensite）。它有两种典型的组织：板条马氏体与片状马氏体，如图 8－25 所示。

板条马氏体在光学显微镜下的特征是：束状组织，每一束内有条，条与条间以小角度晶界分开，而束与束间有较大的夹角。

片状马氏体在光学显微镜下的特征是：细针状或竹叶状，片与片之间以一定的夹角相交。一个重要的规律是：奥氏体的晶粒越粗大，马氏体的片也越粗大。

## 739. 什么是屈氏体，它有哪些特点？

屈氏体也称为“极细珠光体”或“托氏体”，代号“T”。屈氏体是过冷奥氏体在 500～600℃发生珠光体转变的产物，平均片层间距为 30～50nm。只有在

a

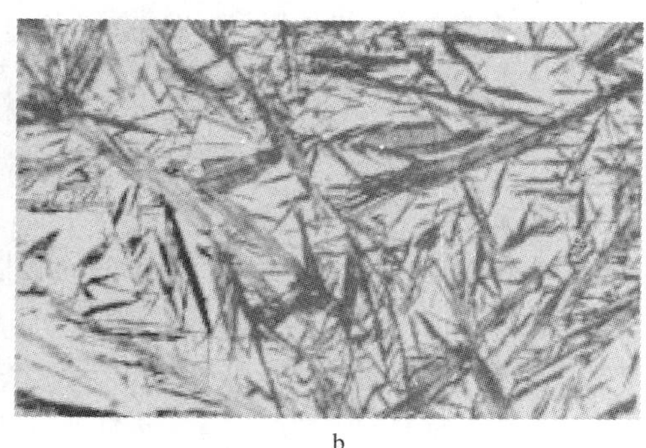

b

图 8－25　板条马氏体与片状马氏体

a—板条马氏体；b—片状马氏体

电子显微镜下才能分辨屈氏体片层特征，如图 8－26 所示。

屈氏体与索氏体的塑性和韧性相近，强度更高。

## 740. 什么是索氏体，它有哪些特点？

索氏体也称为“细珠光体”，代号“S”。索氏体是过冷奥氏体在 600～650℃发生珠光体转变的产物，平均片层间距为 80～150nm。只有在高倍光学显微镜或电子显微镜下才能分辨出其片层特征，如图 8－27 所示。

索氏体与普通片层珠光体的塑性相近，而强度和冲击韧性更好。

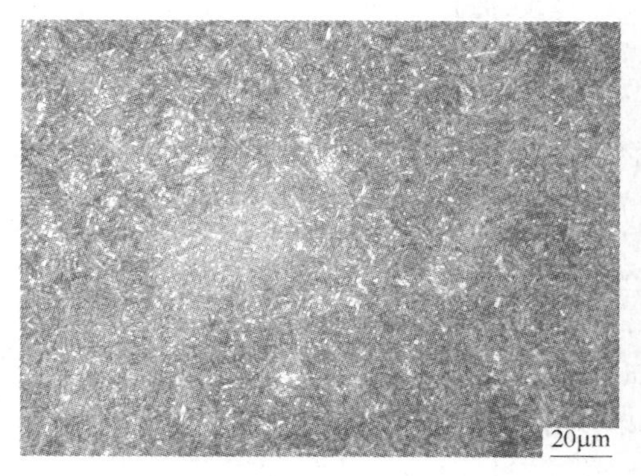


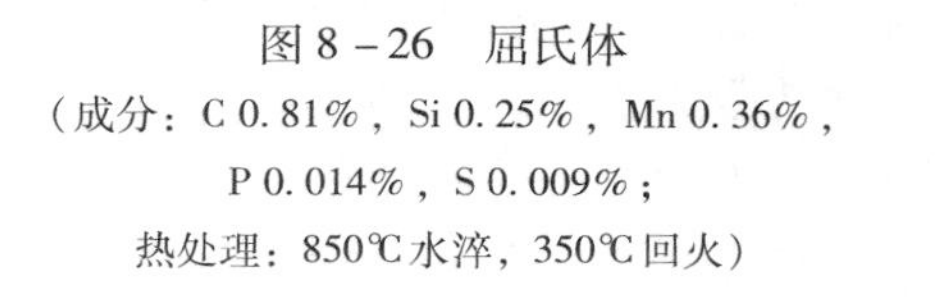

图 8－26　屈氏体

（成分：C 0.81%，Si 0.25%，Mn 0.36%，P 0.014%，S 0.009%；热处理：850℃水淬，350℃回火）

图 8－27　索氏体

（成分：C 0.81%，Si 0.18%，Mn 0.33%，P 0.022%，S 0.014%；热处理：820℃水淬，580℃回火）

### 741. 什么是网状碳化物?

网状碳化物是指过剩的碳化物在晶粒边界上析出所形成的网络，即通常所称的碳化物不均匀度。网状组织是钢材内部缺陷之一，表现为热加工的钢材冷却后沿奥氏体晶界析出的过剩碳化物（指过共析钢等）或铁素体（指亚共析钢）形成的网络结构，网状碳化物增加钢的脆性，降低韧性。

亚共析钢（碳含量在 0.0218% ~0.77%）在过热后缓慢冷却时沿晶界析出的是呈网络状分布的网状铁素体，这种组织晶粒粗大，塑性和冲击韧性也很差。

通过控制加热温度，提高塑性加工时的压缩比，控制冷却速度，或经过正火热处理，均可改善或减轻网状碳化物组织。

### 742. 什么是带状组织（Banded Structure）?

带状组织是指金属材料中两种组分呈条带状沿热变形方向大致平行交替排列的组织。它是钢材内部缺陷之一，出现在热轧低碳结构钢显微组织中，沿轧制方向平行排列，成层状分布，形同条带的铁素体晶粒与珠光体晶粒。这是由于钢材在热轧后的冷却过程中发生相变时铁素体优先在由枝晶偏析和非金属夹杂延伸而成的条带中形成，导致铁素体形成条带，铁素体条带之间为珠光体，两者相间成层状分布。带状组织的存在使钢的组织不均匀，与纤维组织一样，带状组织也使金属材料的力学性能产生各向异性，特别是横向塑性、冲击韧性和断面收缩率明显降低，造成冷弯不合、冲压废品率高，使材料的加工性能恶化。随着热加工变形量的增加，无论是纤维组织还是带状组织，其各向异性表现更加明显。产品标准中有带状组织评级图片，根据用途确定允许的级别。

### 743. 带状组织是如何形成的?

钢液在凝固过程中由于选择结晶而形成化学成分不均匀分布的枝晶偏析，连铸坯上的枝晶偏析经轧制沿变形方向被拉长成为带状偏析，该带状偏析实质上为富碳、富合金元素（主要是锰）和贫碳、贫合金的条带相间分布。当奥氏体冷却发生相变时，先共析铁素体组织优先在碳及合金元素贫化带（过冷奥氏体稳定性较差的区域）析出，而将多余的碳排入富化带，由此形成以铁素体为主的带。而碳及合金元素富化带（过冷奥氏体稳定性较高的区域）在其后形成以珠光体为主的带，这两条带彼此交替堆叠而形成带状组织。成分偏析越严重，形成的带状组织就越明显。图 8 -28 所示分别为 X70 管线钢的不同级别的带状组织形貌。其中，图 8 -28a 为一级带状组织，其特征为多边铁素体及硬组织（珠光体或 M/A 岛）呈沿轧向分布的趋势，但分界线不明显；图 8 -28b 为二级带状组织，有三条硬组织贯穿视场；图 8 -28c 为三级带状组织，可以看到四条平行排

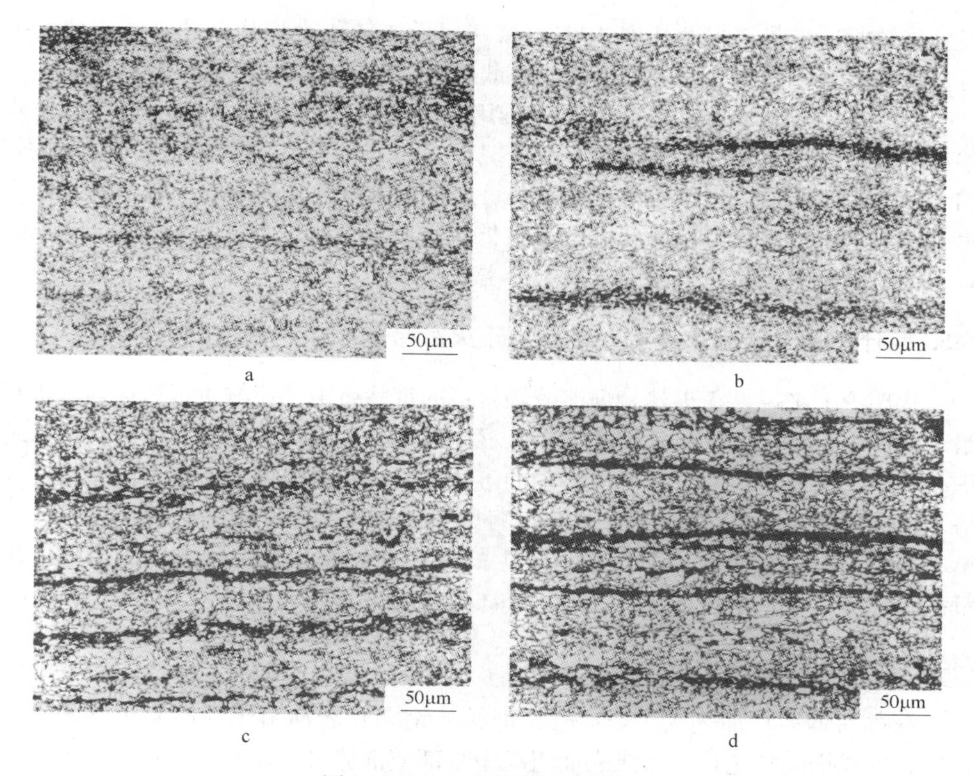


图 8－28 不同级别的带状组织

a—一级；b—二级；c—三级；d—四级

列硬组织带；图 8－28d 为四级带状组织，其特征为硬组织带间隔较小，呈集中分布。

## 744. 带状组织消除手段是什么？

带状组织一般可用热处理方法加以消除。对于高温下能获得单相组织的材料，带状组织有时可用正火来消除。而因严重的磷偏析产生的带状组织必须用高温扩散退火及随后的正火加以改善。具体消除手段如下：

（1）由成分偏析引起的带状组织，即当钢中含有磷等有害杂质并压延时，杂质沿压延方向伸长。当钢材冷至 $A_{r3}$ 以下时，这些杂质就成为铁素体的核心使铁素体形态呈带状分布，随后珠光体也呈带状分布。这种带状组织可以通过电渣重熔、增大结晶速度来消除。

（2）由热加工温度不当引起的带状组织，即热加工停锻温度于二相区时（$A_{r1}$ 和 $A_{r3}$ 之间），铁素体沿着金属流动方向从奥氏体中呈带状析出，尚未分解的奥氏体被割成带状，当冷却到 $A_{r1}$ 时，带状奥氏体转化为带状珠光体。这种组织可通过提高终轧温度、增大锻造比或扩散退火、正火的方法来改善或消除。

（3）成分偏析引起的带状组织很难用热处理的方法加以消除。通常正火能够在一定程度上减轻这种偏析，一般情况下通过正火能将偏析纠正到允许级别。如果带状组织严重，可以多次正火改善。最可靠的方法是先高温扩散退火，接着再来一次正火，这样可以达到完全消除带状组织的效果，但是这样成本会很高，对于钢板来说受表面质量的限制，难以实现。

## 745. 为什么通过轧后加速冷却的钢板正火后带状组织不易消除?

从理论上来说，正火热处理能减轻材料的带状组织，使材质组织均匀。带状组织的产生是枝晶偏析被延伸的结果。材质经热轧后出现的带状属于二次带状组织，其产生的原因与溶解在奥氏体中的溶质元素在扩散速度上有显著的差别以及溶于奥氏体的杂质元素、合金元素影响奥氏体的 $A_3$ 温度有关。钢板轧后经过 ACC 冷却，会抑止碳在原始带状基础上的长距离扩散，因此会减少或消除二次带状组织。但如果重新加热后空冷，二次带状组织会再次出现。

## 746. 什么是脱碳?

钢材（钢坯）加热或热处理时，钢材（钢坯）表面由于受高温炉气的氧化作用，生成铁碳氧化物，造成表面组织中全部或部分失去碳原子，这种现象称为脱碳，如图 8－29 所示。

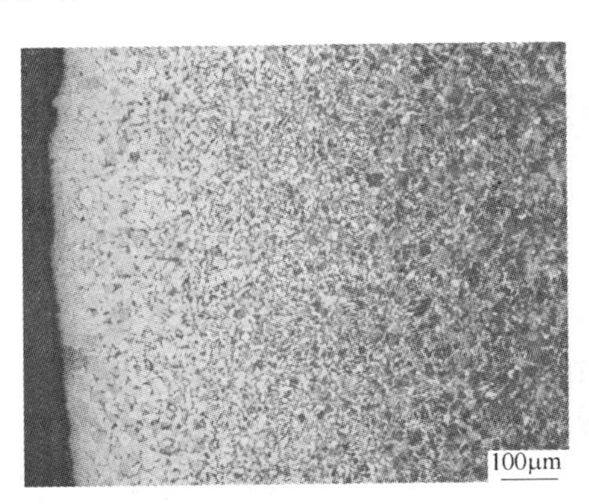

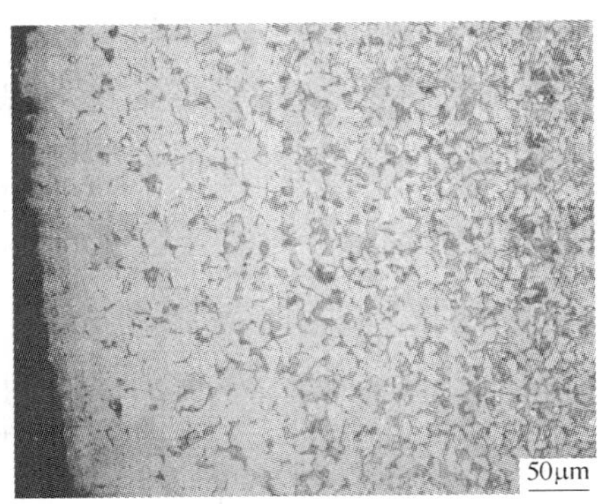


图 8－29 表面组织中全部或部分失去碳原子

标准中规定的脱碳层有全部脱碳层和总脱碳层（全脱碳层＋部分脱碳层）两种。钢材表面脱碳会大大降低表面硬度、耐磨性和抗疲劳性，降低表面质量，容易在加工使用过程中出现裂纹、开裂等现象。

## 747. 什么是魏氏组织（Widmanstatten Structure），它有哪些特点？

碳含量小于0.6%的亚共析钢或碳含量大于1.2%的过共析钢由高温以较快速度冷却时，先共析铁素体或先共析渗碳体从奥氏体晶界上沿奥氏体的一定晶面向晶内生长，呈针片状析出，其间存在着珠光体的组织，这种组织称为魏氏组织；或者说魏氏组织就是在奥氏体晶粒较粗大、冷却速度适宜时，钢中的先共析相以针片状形态与片状珠光体混合存在的复相组织，如图8-30所示。魏氏组织不仅晶粒粗大，而且由于大量铁素体针片形成的脆弱面，这种组织使钢的力学性能尤其是塑性和冲击韧性显著降低，常伴随着奥氏体晶粒粗大出现，从而使金属的韧性急剧下降，屈服强度当然也会降低。这也是不易淬火钢焊接接头变脆的一个主要原因。

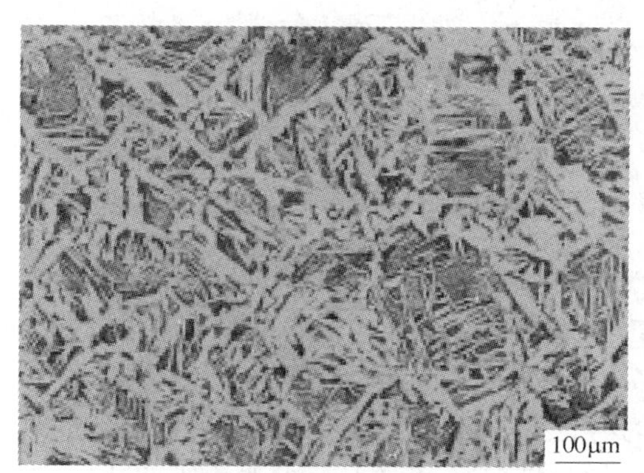


图8-30 魏氏组织

（成分：C 0.33%，Si 0.17%，Mn 0.74%，P 0.027%，S 0.015%；
热处理：从1280℃加热，1h后空冷）

魏氏组织是一种过热缺陷，在轧制过程中，加热温度过高、时间过长、终轧温度过高时，相变后钢板上易出现魏氏组织。由于其粗大的铁素体或渗碳体对基体的分割作用，钢强度降低而脆性上升，因此比较重要的钢材，一般不允许魏氏组织存在。经过锻压、轧制、焊接的中、低碳钢，晶粒往往粗大，空冷时最易出现魏氏组织，缓冷时则不易形成。

在生产中，通过严格控制板坯加热温度，防止过热；合理调节轧后冷却速度，防止冷却速度过快等措施能够防止或减少魏氏组织的出现。

钢中一旦出现魏氏组织，一般可通过正火、退火及锻造方法加以消除，程度严重的可以通过二次正火方法加以消除。

## 748. 什么是混晶，它有哪些特点？

混晶是指钢材中存在的大小相差悬殊、粗细晶粒共存的组织形态，表现为金属基体内晶粒大小混杂，粗晶细晶混杂，细晶粒夹在粗晶粒之间，或表面为粗晶中心为细晶，也可能相反。典型组织如图 8－31 所示。

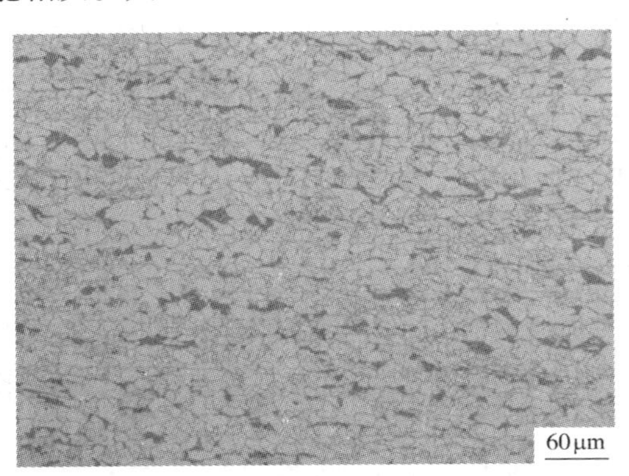


图 8－31 混晶组织

**749. 混晶产生的原因是什么，对钢材有什么不利的影响？**

混晶产生的原因是：包晶反应、铸坯的原始组织不均匀、部分再结晶区轧制或轧后层流冷却不均、加热温度不均、过烧、终轧温度过低、压下量不够（临界压下率 10%～20% 会产生混晶）。

混晶对钢材的力学性能、工艺性能，特别是低温冲击韧性的危害最大，对进一步热处理也有很大的影响，尤其对于组织遗传倾向比较大的钢种，但对强度和伸长率的影响倒不是很大，因此，有些混晶不严重的钢材也是可以判为合格的。

混晶是由于组织遗传造成的，采用完全退火工艺取代调质处理前的正火工艺（680℃以上），使不平衡组织转变为平衡组织，可以隔断组织遗传，消除混晶。

**750. 何为复相组织？**

钢的基体中具有两相和两相以上的组织称为复相组织。利用各相组织的长处可获得理想的性能。钢材中复相组织随处可见，而纯粹的单相组织不多且用途有限（纯铁、纯马氏体钢）。加入碳就有了出现复相组织的条件，普碳钢也经常是复相组织（铁素体、珠光体、渗碳体），但不能滥用复相钢的概念，不宜把普碳钢也称为复相钢。

**751. 典型的复相组织有哪几种？**

典型的复相组织有铁素体＋贝氏体、铁素体＋马氏体、铁素体＋贝氏体＋残余奥氏体（TRIP 钢）。

残余奥氏体在快速冷却过程中生成，是一种不稳定组织，残余奥氏体中的碳在一定条件下会发生迁移。这方面的研究导致出现一类新的钢种：Q&P 钢（Quenching & Partitioning，上海交大徐祖耀院士）。利用淬火后处理，使残余奥氏体中的碳重新分配，获得良好性能（高强塑积）。

## 752. 钢中的显微缺陷组织主要有哪几种？

按照大小和形态可以分为点缺陷、线缺陷、面缺陷、体缺陷等。

（1）点缺陷：空位、间隙原子、固溶原子（置换固溶、间隙固溶）；

（2）线缺陷：位错；

（3）面缺陷：晶界、相界、表面；

（4）体缺陷：第二相、夹杂物。

在钢铁材料中大量“制造”显微缺陷并使之合理分布，利用这些显微缺陷与位错或微裂纹的相互作用，可有效阻止材料中不可避免地存在的位错的运动或微裂纹的扩展，从而使材料强化，如位错强化、固溶强化、晶界强化、第二相强化等。

## 753. 杂质在钢中的存在形式是什么？

杂质在钢中主要以三种形态存在，如图 8－32 所示。

（1）非金属夹杂物或析出物（O、S、N）；

（2）晶界偏析（P、S 等）；

（3）间隙固溶体（C、N、H、O）。

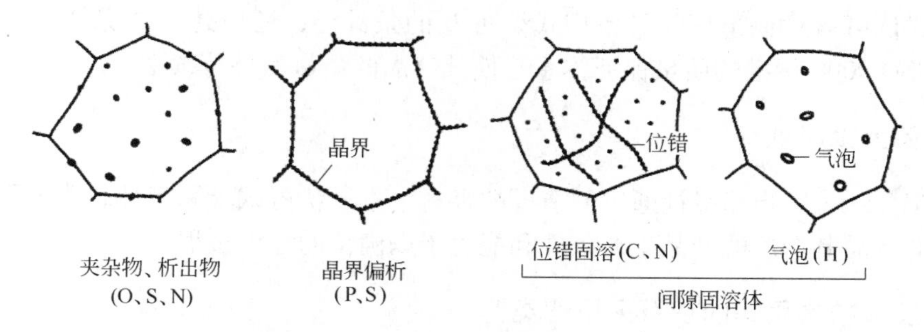


图 8－32 杂质在钢中的三种存在形态

## 754. 夹杂物性质对轧件的性能有何影响？

夹杂物对轧件产品性能的影响与夹杂本身的性质相对于基体金属性质的差值密切相关。性质差值中最重要的参数有：

（1）各种温度下弹性模量的差值；

（2）各种温度下形变能力的差值。

原因在于：在金属热轧加工时，夹杂物和金属基体的热压缩量和宽展量均不同，这必然影响到夹杂物与基体间的连接状况，从而导致在夹杂物的周围产生应力、应变集中。

## 第八节 船体结构用钢的认可

### 755. 船体结构用钢为什么要获得船级社的认可?

根据船级社规范要求，对用于入级船级社船舶的制造和修补的船体结构用钢，均应按照船级社规范进行检验，确认其符合船级社规范要求，取得相应的证书。

### 756. 船级社产品认可模式一般分为哪几类?

船级社产品认可模式一般分为设计认可、型式认可、工厂认可三类。

### 757. 何为型式认可?

型式认可是指船级社通过产品的设计认可和制造管理体系审核，以确认申请认可的制造厂具备持续生产符合船级社规范要求的产品的能力的评定过程。根据产品制造管理体系的证实程度，型式认可分为 A 和 B 两级。申请型式认可 B 的制造厂应具有申请认可产品的生产和测试能力，并具有有效的质量控制制度；申请型式认可 A 的制造厂除具备型式认可 B 的条件外，还应建立并保持一个至少符合 ISO 9000 标准的质量保证体系，使其产品的质量保持持续稳定。

### 758. 何为工厂认可?

工厂认可是指船级社通过制造厂的资料审查、认可试验和产品制造过程的审核，对产品制造厂的产品生产条件和能力予以确认的评定过程。

### 759. 船体结构用钢的认可采用哪类?

由于型式认可包含生产能力、试验条件、质量体系等方面的认可，工厂认可适用于通过连续型工艺批量生产，或完全根据产品生产工艺、生产过程控制来保证产品质量的产品，因此船体结构用钢的认可采用型式认可和工厂认可相结合的模式。

# 第九章　钢板的外观质量

## 第一节　钢板外观形状的检测

### 760. 中厚板的外观检验主要有哪几方面？

中厚板的外观检验主要有：外形尺寸检验（横向厚度偏差和纵向同条差等）；平直度检验（浪形、瓢曲）；矩形化检验（旁弯、侧弯、波浪弯、大小头等）。

### 761. 接触式测厚仪的特点是什么？

接触式测厚仪一般用于低速运行钢板的测量，该测量方法需要与被测钢板接触，测量周期长，测量精度低。

### 762. 非接触式测厚仪测厚方法有几种？

非接触式测厚仪的主要方法有射线、激光、超声波、红外线测厚。由于中厚板厚度一般在6mm以上，目前常用的测厚仪是放射性同位素测厚仪和X射线测厚仪。非接触式测厚仪不会造成对钢板表面的划伤和其他缺陷，测量速度快，测量精度高，可以实现连续检测，通过测厚仪控制系统可与轧机控制系统实现数据通信，有利于轧机实现自动厚度控制。

### 763. 目前常用的宽度自动测量手段有几种？

宽度的精确控制是保证成材率的重要手段。测宽仪主要安装在轧机前后或者圆盘剪前。目前常用的宽度检测手段有推床测宽和光电测宽仪。

推床测宽是推床夹紧钢板时，由压力传感器发出信号，测出轧件宽度。

热轧车间使用的以CCD测宽仪较为常见。CCD光电测宽仪采用光学成像的原理测量板带宽度。对位于轧机后的CCD测宽仪来说，由于钢板温度较高（700℃以上），钢板发射出较强的红外光，可以利用近红外CCD摄像机摄取热钢板的红外图像，通过图像处理得到钢板的宽度值；对位于圆盘剪前的测宽仪，由于此时钢板温度较低，钢板的红外辐射较小，需要在钢板下面安装光源，在钢板上面安装 CCD 摄像机，根据钢板的遮光程度确定钢板宽度。

### 764. 非接触光电自动测量技术的工作原理是怎样的？

采用线阵 CCD 成像技术，将 2 ~ 3 台线阵（或面阵）CCD 摄像机布置在钢板行进辊道上方的一定高度处（要使摄像机视场宽度大于被测钢板的最大宽度），对移动的钢板进行高速的被动扫描成像（或对静止的钢板进行主动扫描成像），并对各摄像机的图像高速缓存，然后进行几台摄像和图像并行处理与合成，形成被测钢板的完整图像和精确的外廓，利用专用软件模型，对成品钢板宽度、长度进行不停顿的高精度的实时测定。

### 765. 钢板平面形状检测仪的作用是什么？

平面形状检测仪主要安装在轧机前后或者剪切线上。安装在轧机前后的检测仪用于将平面形状信号反馈给轧机过程的规程设定，从而控制轧件矩形度。安装在剪切线上的检测仪用于计算最佳剪切量。从检测原理上来讲，以上两平面形状检测仪基本相同，但剪切线上的钢板温度较低，本身不能发光，需要在辊道下安装光源。

### 766. 钢板平直度自动检测装置有几种？

实现板形自动控制首先要解决的问题就是板形的在线自动检测问题。而平直度是板形检测的一个重要指标。为了检测板形平直度，世界各国研制出基于不同原理的各种各样的板形检测装置，大致分为接触式板形仪和非接触式板形仪两种。每种板形仪都有各自的优缺点，对中厚板轧制来说常见的是非接触式平直度测量仪。非接触式板形仪具有结构简单、不损害带钢表面、易于维护、价格低廉等优点。非接触式自动检测技术以激光三角法、光切法和莫尔法为代表。

### 767. 钢板表面质量检测的主要方法有哪些？

目前中厚板表面缺陷的检测有人工检测和自动检测两种检测方式。人工检测就是检验人员站在钢板旁边观察钢板表面是否存在缺陷，有缺陷的话就标记出缺陷的位置。由于人工不能直接观察钢板下表面，因此如需检测钢板下表面，还需要通过翻板机将钢板翻转 180°。

### 768. 钢板表面缺陷自动检测技术的原理是什么？

钢板表面缺陷自动检测一般是基于机器视觉，采用模块化设计。自动检测系统的硬件框架主要由 CCD 摄像头、图像处理计算机、服务器及局域网等组成。CCD 扫描摄像机组横向排列在钢板生产线上，摄像机的横向及纵向可视范围相互重叠，以确保不出现漏检。CCD 摄像机采集的图像经光纤传至图像处理计算机组，然后通过缺陷样本建立各种缺陷的识别模型，并将处理后的图像与计算机存储的缺陷图像模型识别比对，当两者的匹配率达到一定程度时，就可以确认缺陷中的某标定缺陷的存在。值得注意的是这两者之间的比对与人工智能学习密切相关，识别结果连同生产线相关信息被送入服务器数据库进一步处理及存档，并生成各种现场生产信息统计报告。

## 第二节　钢板外观质量缺陷

### 一、钢板表面质量缺陷

#### 769. 什么是钢板表面质量缺陷？

所谓钢板表面质量缺陷是指在钢板表面出现的与钢板基体有一定区别的异常组织形态，或是呈现在钢板基体上不规则的粗糙、开裂（裂隙、孔隙）、凸起、凹痕、外部物质黏结或压入的现象。这些现象的出现影响了钢板表面的粗糙度和美观，不同程度地影响了钢板基体的连续性、一致性，降低了加工与使用性能，严重的会造成钢板改判或判废。

#### 770. 钢板表面质量缺陷的分类和判定要注意什么？

钢板表面质量缺陷的分类和判定是一项严谨细致的工作，需要长期实践和研究，而且是一个不断发现、取证和分析的过程。对有些缺陷不能仅仅从其表征和形态来简单地确定，需要作进一步的解剖和分析。在实际判定上，要针对钢种数量增多和生产方式多样化后缺陷发生的实际形态和特征的具体情况，必要时进行相关的分析，进一步揭示其成因，用科学的结论进行缺陷的界定。

#### 771. 按照裂纹出现的部位钢板裂纹是怎样分类的，轧件表面裂纹有什么特点？

按照裂纹出现的部位分类，有表面裂纹和轧件内部裂纹，很多表现在轧件上的裂纹都可以在连铸坯上找到根源。当轧制变形量达到一定的临界条件时，内部的裂纹能够得到焊合。

轧件表面在轧制过程中会经历复杂的演变过程，有些裂纹可能随表面的迁移、变形导致轧件的表面质量缺陷；也有一些表面缺陷经多道次大压下之后，以展平、压合等方式变得细小甚至不易发现。

轧件表面裂纹有两个共同特点：一是容易被发现；二是热轧的表面裂纹容易

氧化，或被氧化物填充，氧化后或被氧化物填充的裂纹不易被发现。

### 772. 什么是钢板表面裂纹，它对钢板的影响是什么？

钢板表面裂纹是指在中厚板生产过程中，在钢板表面形成的一条或多条长短不一、宽窄不等、深浅不同、形状各异的条形缝隙或裂缝。

表面裂纹破坏了钢板的连续性，是对钢板危害很大的缺陷。通过对中厚板表面缺陷的统计分析，发现表面裂纹缺陷是一种最常见且数量最多的缺陷，约占各种表面缺陷的50%，是造成表面修磨量增加、合格率下降的主要原因。

### 773. 常见钢板表面裂纹分为哪几个基本类型？

中厚板的表面裂纹缺陷，依据其形态和发生的部位不同可分为：表面纵裂纹、表面横裂纹、龟裂、微裂纹、星裂、网状裂纹等，如图9－1所示。

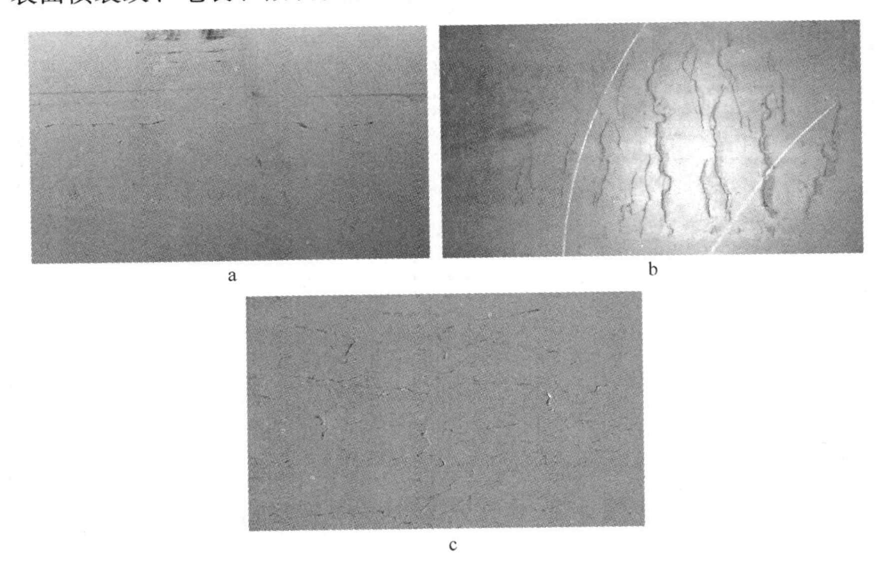

图9－1 钢板表面裂纹

a—表面纵裂纹；b—表面横裂纹；c—表面星形裂纹

### 774. 钢板表面夹杂是什么？

钢板表面夹杂是钢板本体内嵌入或压入非本体异物的统称，分非金属夹杂和金属夹杂两大类。

非金属夹杂是不具有金属性质的氧化物、硫化物、硅酸盐和氮化物等嵌入钢板本体并显露于钢板表面的点状、片状或条状缺陷。

## 775. 钢板表面非金属夹杂大致有几种类型？

钢板表面非金属夹杂大致有褐色非金属夹杂（红锈）、白色非金属夹杂、黑色非金属夹杂、钢板表面条形夹杂（渣）四种类型，如图 9－2 所示。

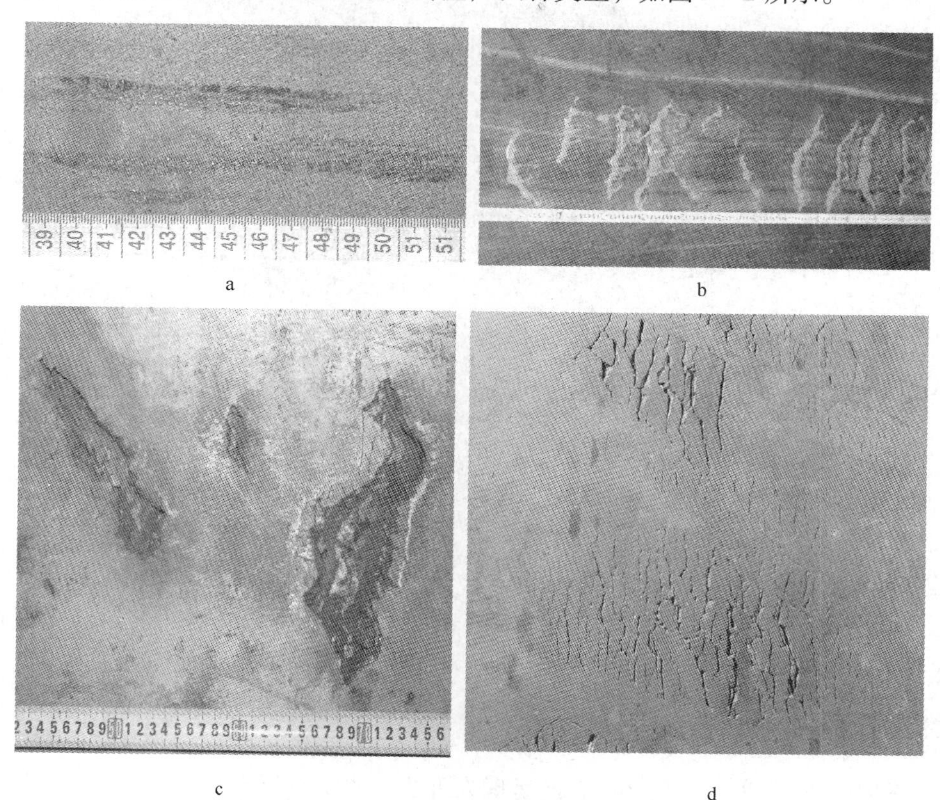

a　b　c　d

图 9－2　钢板表面夹杂

a—褐色非金属夹杂；b—白色非金属夹杂；c—黑色非金属夹杂；d—钢板表面条形夹杂

## 776. 什么是钢板表面麻点？

钢板表面麻点是指在钢板表面形成局部的或连续的成片粗糙面，分布着大小不一、形状各异的铁氧化物，脱落后呈现出深浅不同、形状各异的小凹坑或凹痕，如图 9－3 所示，其中图 9－3a、图 9－3b 为麻点的原始形态，图 9－3c、图 9－3d 为钢板表面喷丸处理后麻点形成的凹痕。

## 777. 什么是钢板表面氧化铁皮压入？

钢板表面压入的氧化铁皮可分为一次氧化铁皮和二次氧化铁皮，一次氧化铁

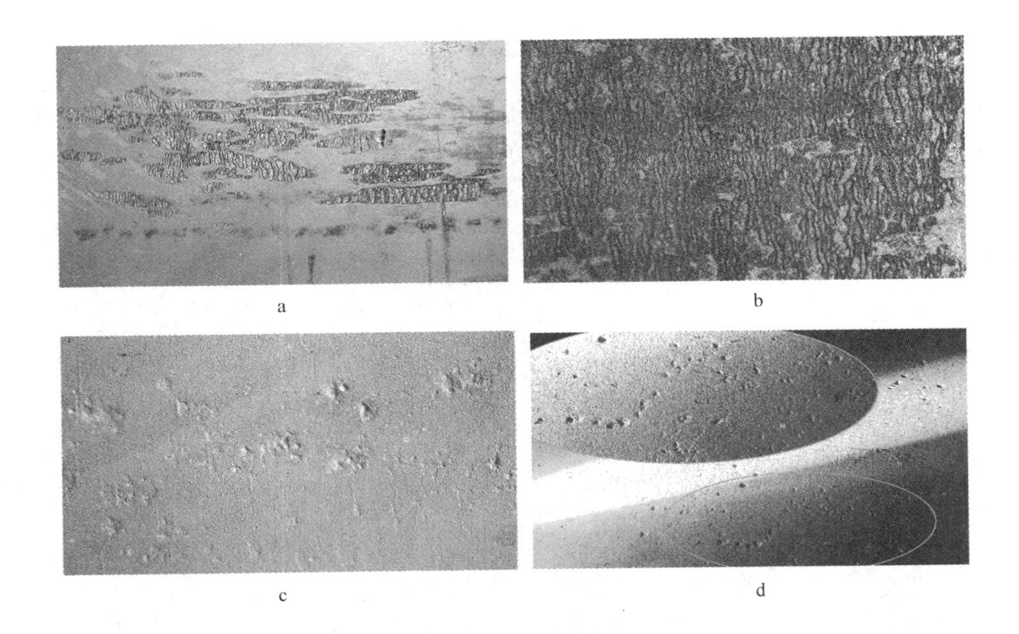

图 9－3　钢板表面麻点

皮多为灰褐色 $Fe_3O_4$ 鳞层；二次氧化铁皮多为红棕色 FeO 和 $Fe_2O_3$ 鳞层组成，依压入氧化铁皮种类的不同，压入深度有深有浅，其分布面积有大有小，多数呈块状或条状。

### 778. 什么是钢板表面结疤?

钢板表面结疤是指在钢板表面呈现为舌状、块状或鱼鳞状压入或翘起薄片的金属片，一种是与钢的本体相联结，并折合到表面上不易脱落；另一种与钢的本体无联结，但黏合到表面，易于脱落。结疤大小不一、深浅不等，结疤下常附着较多的氧化铁皮或夹杂物。

### 779. 什么是钢板表面凸起（网纹）?

钢板表面凸起（网纹）是指在钢板表面呈现出龟背状或其他形态网状的凸起纹络。轧制过程中，由于工作辊冷却水不合理、换辊周期较长、轧制时“卡钢”造成“烧辊”、轧辊制造的质量与轧辊材质选用问题等原因，在轧辊表面出现一至多条连续或局部的龟背状或其他形态的网状裂纹，有时因轧辊质量问题产生的轧辊表面裂纹可布满整个辊面。这些裂纹，在轧制中压刻在钢板表面，从而形成凸起的纹络。

### 780. 什么是钢板表面气泡？

钢板表面气泡是指在钢板表面出现无规律分布的、或大或小的鼓包，外形比较圆滑，如图9－4所示。气泡开裂后，裂口呈不规则的缝隙或孔隙，裂口周边有明显的胀裂产生的不规则“犬齿”，裂口的末梢有清晰的线状塌陷，裂口内部有肉眼可见的富集夹杂物。

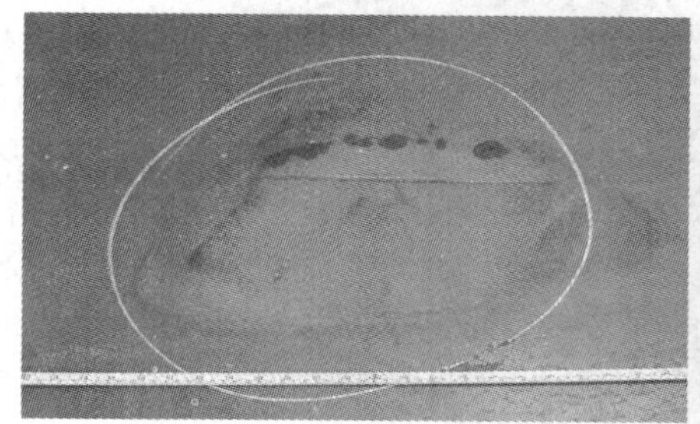
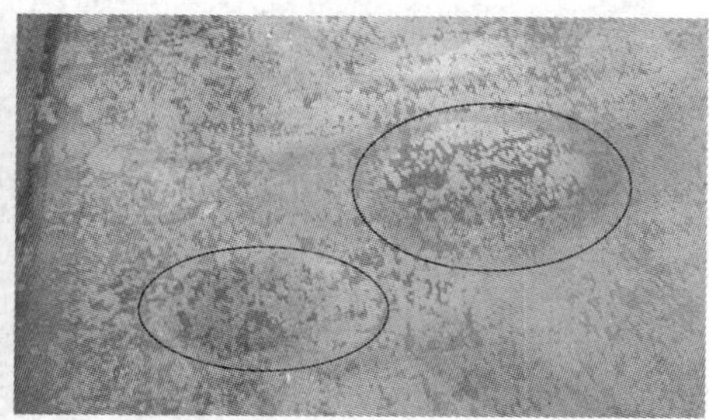

图9－4　钢板表面气泡

### 781. 什么是钢板表面折叠？

钢板表面折叠是指在钢板表面局部相互折合的双层金属。外形呈现出“舌”状、连续“山峰”状、条状等形态。折叠对钢板表面质量的影响取决于其凹痕的深度，与轧制钢板的厚度有一定的关系，严重的造成整张钢板改尺或改判。

### 782. 什么是钢板表面压痕？

钢板表面压痕是指在钢板表面出现不同形状和大小不一的凹痕或凹坑，有的较为集中，有的则较为分散。主要是由于轧机工作辊或矫直辊上黏附有较厚的氧化铁皮或其他外来金属的附着物，在轧制或矫直时使钢板表面压出痕迹；钢板精整堆垛时与硬物碰压，也可能形成压痕，如图9－5所示。

### 783. 什么是钢板表面划伤？

钢板表面划伤是指钢材在轧制、矫直和输送的过程中，被设备、工具刮出的单条或多条沟痕状表面缺陷。沿纵向或横向存在于钢板表面，一般呈直线型，也有的呈曲线型，其长度、宽度、深度各异，肉眼可见底部。划伤有热态划伤和冷态划伤，热态划伤的颜色与钢板表面颜色基本相同，冷态划伤呈金属色或浅蓝色。

### 784. 什么是钢板的波浪？

钢板的波浪是指沿钢板长度方向呈现高低起伏的波浪形状的弯曲，破坏了钢

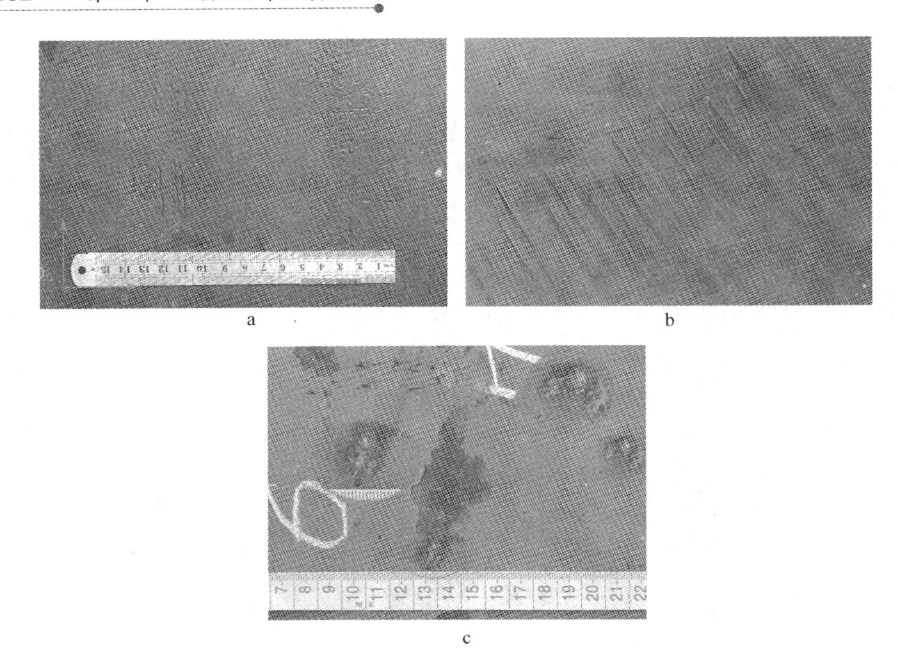


图 9－5 钢板表面压痕

a—矫直辊附着物压痕；b—矫直辊压痕；c—轧辊附着物压痕

板的平直性。波浪有单侧、双侧、中间波浪三种形态，单侧波浪多出现在较厚的钢板上，双侧、中间波浪多在出现在较薄的钢板上。

## 二、钢板剪切断面质量缺陷

### 785. 什么是钢板剪切断面质量缺陷?

钢板剪切断面质量缺陷是指在剪切断面上或垂直于剪切断面邻近区域出现的与剪切有关的质量缺陷。

### 786. 钢板剪切断面质量缺陷有几种?

钢板剪切断面质量缺陷较常见的有：钢板断面分层、切边量不足、切口邻近区域产生的裂纹等，如图 9－6 所示。

### 787. 什么是钢板剪切断面分层?

钢板剪切断面分层是指在剪切断面上呈现一条或多条平行的缝隙。实质上是钢板内部存在有局部或整体的基本平行于钢板表面的未焊合界（层）面，破坏了钢板厚度方向的连续性，有时缝隙中有肉眼可见的夹杂物。

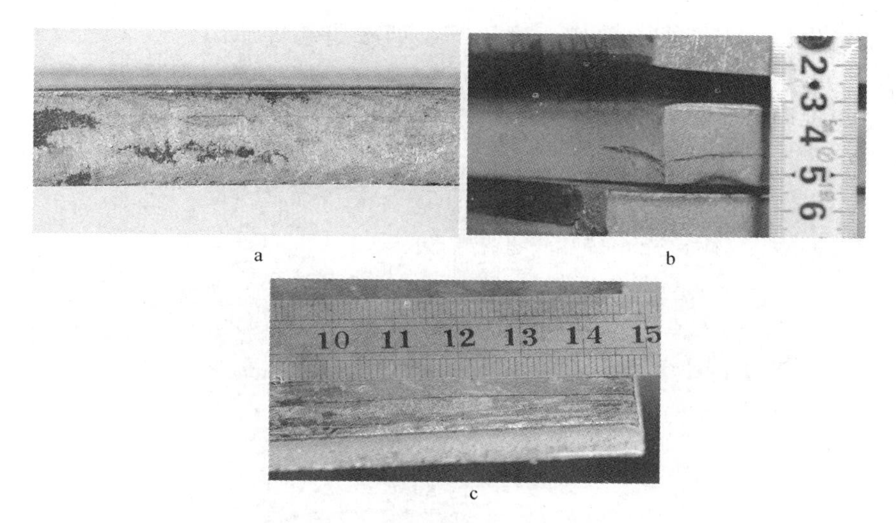


图 9-6 剪切断面质量缺陷

a—断面分层；b—切边量不足；c—上表面切口处裂纹

## 788. 什么是钢板切边量不足（切不净）？

钢板切边量不足是指在钢板剪切断面有显著平行于表面的裂隙或缝隙，缝隙中的物质明显不同于钢板的内部夹杂，基本上为氧化铁皮卷入。钢板边部剪切量不足的原因是，钢板边部因双鼓变形或边部层状宽展产生的缝隙或层状间隙未能切净。

## 789. 什么是钢板剪切裂纹？

钢板剪切裂纹通常在钢板的剪切面与板平面的交角处，沿钢板长度出现一定数量不规则的裂纹，裂纹有时集中在钢板表面，有时斜着贯穿剪切面与板平面的交角处。

成因：（1）剪切温度处于钢板的“蓝脆”区温度范围（约 250～400℃），此温度范围内钢板变形抗力增加，塑性显著下降，剪切时钢板易出现脆裂；（2）剪切机的上剪刃钝化或上下剪刃之间的间隙不当，造成上剪刃下行过程中与钢板表面之间产生横向的拉应力；（3）钢板表面有一定程度的脱碳，降低了钢板表面的塑性；（4）裂纹处的组织异常或有缺陷。

# 三、钢板剪切质量缺陷

## 790. 什么是钢板剪切质量缺陷？

所谓钢板剪切质量缺陷是指钢板在剪切过程中，由于剪刃间隙调整不当、剪刃角部钝化、剪刃崩裂、剪切温度不当、钢板错动等原因，造成钢板剪切面（切口）出现毛刺、撕裂、错口（台）、坡口、凸块、掉肉、切不断，剪切面邻近区域出现塌角（肩）、压痕、裂纹、弯曲、拱形等缺陷，如图9－7所示。

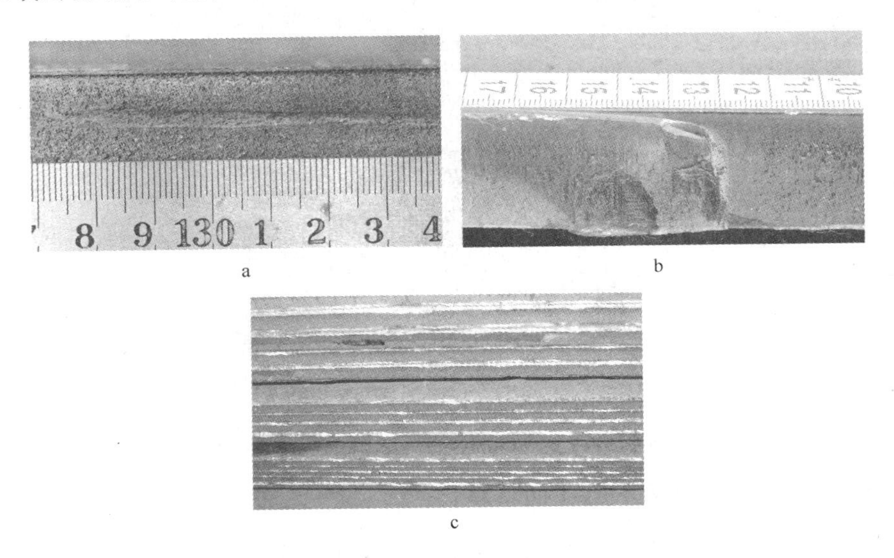


图9－7 剪切质量缺陷

a—下剪刃沾物压痕；b—剪切错口；c—剪切坡口

### 791. 什么是钢板切口塌肩?

在剪刃切入时，在刃口邻近区域的钢板上表面（上切）或下表面（下切）因压缩而产生的弧形塑性变形部分称为塌肩。塌肩使钢板的切口直角受到了影响。由于切口处的表面受到一定拉应力，容易在切口的附近出现裂纹，或切口面出现撕裂、毛刺现象。产生的主要原因，一是剪刃钝化、剪刃间隙过大；二是钢板剪切时没有压紧，上剪刃或下剪刃松动；三是在剪切较厚钢板时剪切温度较高。

### 792. 什么是钢板纵边剪切坡口?

钢板纵边剪切坡口是指在钢板的纵向剪切断面与表面间的直角受到了明显的损伤或破坏，类似于钢板边部进行了不规则的“倒角”。造成的原因是钢板在剪切过程中，由于钢板跑偏、剪刃间隙调整不当、滑板磨损严重等原因，造成滑块在滑道里游动偏移，钢板与上剪刃之间产生横向滑动，使上剪刃的运动方向偏离铅垂方向而向外偏移，致使剪切面呈斜坡状。

### 793. 什么是钢板纵边剪切错口？

钢板纵边剪切错口是指在钢板的剪切断面出现较明显的凸起或台阶，使剪切断面的平直性和连续性受到破坏。造成的原因是夹送辊磨损或松动，钢板横移导板的跑偏、磨损、变形，上剪刃或下剪刃松动，下剪床对正挡块磨损或松动等，造成前后剪切时，钢板的端面不在同一直线上，剪切后在衔接处形成台阶，这种剪切缺陷称为剪切错口。

## 四、钢板其他质量缺陷

### 794. 什么是钢板残余应力缺陷？

所谓钢板的残余应力是指钢板内部各种应力，如钢板从高温冷却下来时，因内外冷速不一致而产生的热应力。钢板残余应力缺陷主要是在冷却过程中，由于钢板内外相变不一致而产生的相变应力等相叠加后超过钢板的强度极限时产生的缺陷。该缺陷主要表现为钢板表面裂纹和微裂纹，有的钢种也会在内部出现裂纹（也称内裂纹）。通常这种缺陷多发生在强度较高和易产生马氏体组织的钢种中。

### 795. 什么是钢板的组织缺陷？

钢板的组织缺陷是指钢板终轧温度较高，其奥氏体晶粒粗大，在慢速冷却时，易产生粗大的晶粒组织和混晶组织；冷却速度过快又容易产生不均匀而粗糙的魏氏组织或在表面产生马氏体、伪珠光体等激冷组织。这些不良组织的产生，会明显地降低钢板的综合力学性能和工艺性能。

### 796. 因轧后钢板冷却不良产生的形状缺陷有几种？

轧后钢板冷却不良产生的形状缺陷主要有波浪和瓢曲。

（1）波浪：它是由于钢板终冷或终矫温度过高，在冷床上自然冷却时行进速度缓慢（或有较长的间隙停顿），受冷床平面的不一致性和接触支点冷却与空冷差异等因素的影响，造成钢板在长度方向产生了多点弯曲而形成的。

为了防止波浪缺陷，应严格控制终冷温度和终矫温度。通常要将普通钢板的终冷温度控制在700～750℃，终矫温度可控制在600～650℃，尽量避免在冷床上有较长时间的停顿。

（2）瓢曲：它是钢板在轧后冷却过程中，由于上下表面及长宽方向上冷却不均匀造成收缩不一致而产生的，并因终冷温度过低而难以矫平。防止瓢曲的主要方法是对轧后冷却装置的上、下冷却水量的比例和各部位的冷却水量进行合理调节和控制。

有时堆冷、缓冷的钢板也会出现瓢曲（或波浪），这是由于堆垛时温度偏高，钢板垛放托架不平直，各吊钢板之间的各组垫块摆放不均布、上下不垂直，垛放钢板周边的通风差别较大造成的。通常这种缺陷经冷矫后可以得到纠正。

### 797. 疏松和缩孔导致钢板产生分层的主要原因是什么？

（1）在轧制过程中，由于压下量不大疏松和缩孔没有焊合，或者是由于其内部被氧化而不能被焊合并形成分层。中心疏松在轧制过程中可能发生的焊合因轧制变形量的不同而存在很大的差别。对于有较轻硫偏析的中心疏松在大变形量的轧制过程中容易焊合，而小变形量的轧制过程不容易使中心疏松焊合而形成不连贯的分层。同样，对于有严重硫偏析的中心疏松在大变形量的轧制过程中虽不能完全焊合，但仅形成不连贯的分层，程度相对较轻，而此类中心疏松在小变形量的轧制过程中完全不能焊合，且形成的分层横贯中心，分层程度严重。

（2）中心偏析和中心疏松明显的铸坯，氢气可被偏析和疏松捕集，夹杂物中也能存储一定的氢。当轧制时，缺陷部位被压缩，使缺陷部位饱和的氢对基体施加压力而产生局部应力，在冷却的过程中，相变的同时，氢的溶解度下降，使得钢中氢的过饱和度不断增加，当压力大于基体强度时，变会产生氢裂纹，从而导致轧制不合。

# 第十章　中厚板的新产品开发和轧制新技术

## 第一节　新产品的概念与开发

### 798. 什么是中厚板的新产品？

对新产品的定义，可以从企业、市场和技术三个角度进行。对企业而言，第一次生产销售的产品都称为新产品；对市场来讲则不然，只有第一次出现的产品才称为新产品；从技术方面看，在产品的原理、结构、功能和形式上发生了改变的产品称为新产品。营销学的新产品包括了前面三者的成分，但更注重消费者的感受与认同，它是从产品整体性概念的角度来定义的。凡是产品整体性概念中任何一部分的创新、改进，能给消费者带来某种新的感受、满足和利益均相对新的或绝对新的产品，都称为新产品。

对钢铁企业来说，新产品不一定是指新的钢种牌号，只要是具有创新性的成分或工艺设计的产品，都可称为新产品。这里所说的中厚钢板新产品开发的工作，主要指新产品的“试制”阶段，包括成分设计和工艺设计两个相互关联的重要技术环节。

### 799. 中厚板新产品开发的趋势是什么？

中厚板新产品开发的趋势总的来看，对产品的使用条件、用户需求、提高竞争力、环境友好方面的要求反映越来越充分，体现出了新产品的开发要符合高性能——高强度、高韧性、长寿命；高精度——高形状尺寸精度和表面质量；低成本——低合金含量和工艺操作成本；绿色化——易于回收和循环利用、可持续发展。

### 800. 中厚板新产品开发应遵循的原则是什么？

中厚板新产品开发应遵循“继承性、针对性和实践性”三个原则。

（1）继承性，就是继承已有钢种的设计思路、开发经验及相关物理冶金知识，在已有产品的基础上，开发出新产品。

（2）针对性，就是针对具体要求应具体分析。这里所说的新产品要求，主要是力学性能和使用性能的要求。当对某一方面力学性能作特殊要求时，应优先考虑满足其要求。

（3）实践性，就是通过具体的试验工作，得出稳定的新产品化学成分和工艺参数。实践环节也是实现继承性和针对性两原则的具体途径。

**801. 国外先进钢铁企业新产品开发有何特点？**

（1）技术创新战略和研发方向具有前瞻性，确保公司在技术方面处于领先地位。在开发高端产品的同时，比较重视新工艺的研发；且对某些前瞻性工艺研究，投入大量经费，保持研发持续性。

（2）凭借其强大的技术创新能力，不仅可以开发出满足用户需求的各类产品，还通过开发新产品、新设备和新工艺，引导用户使用新钢材，主导钢材市场需求，引导钢铁产业的技术发展。

（3）与科研院所、钢铁企业等优势研发资源，以及汽车、家电、造船、建筑等下游产业开展合作研发。如安赛乐米塔尔牵头的超低 $CO_2$ 排放（ULCOS）项目，即由钢铁公司、研究机构和大学等48家单位合作研究；新日铁、JFE、浦项等钢铁企业之间也建立了广泛的技术联盟。

（4）注重开发利用特定市场产品，保持产品的特殊性。如蒂森克虏伯、新日铁等公司针对目标顾客群，把小块市场做深做透，投入较少的资源，获取较大的利润，成为小块市场的领先者。

（5）将基础研究、应用开发和工程建设结合在一起。在保持产品较高附加值的同时，还通过所属工程公司对外推销其新技术、新设备以获得更高收益。

**802. 新产品开发有几种类型？**

按产品研究开发过程，新产品可分为全新产品、模仿型新产品、改进型新产品、形成系列型新产品、降低成本型新产品和重新定位型新产品。开发新产品是企业生存和发展的根本保证，是提高企业竞争能力、提高企业经济效益的重要手段。新产品开发的方式主要有独立研制开发、科技协作和技术引进三种。

**803. 新产品开发由几个阶段构成？**

新产品开发过程由七个阶段构成，即构思、筛选、产品概念的形成、商业分析、试制、试销、正式进入市场。

**804. 新产品开发的工具是什么？**

针对钢铁行业的中厚板新产品来说，其开发工具主要分为软件和硬件两个方面：

（1）新产品开发的软件，是应用已有物理冶金知识对化学成分和工艺进行设计的工具。例如：相变热力学和相变动力学，专家系统或相关知识库，组织和性能预报数学模型及仿真等。但将已有的只适合于特定范畴的公式或数学模型进行简单整合工作是不充分的。由于钢铁材料化学成分的多样性，工艺过程的复杂性，目前还没有一个能够覆盖所有钢铁材料的新产品开发软件。因此，对钢铁材料组织性能控制进行“抽象化、模型化”是个长期的过程。

（2）新产品开发的硬件，是新产品开发的重要工具，包括了一些相关的实验设备，在新产品开发过程中起到了重要作用。按照其功能大致分为以下几种：

1）材料的制备：这里包括了现场生产用的炼钢及连铸设备和实验室条件下的用于小炉冶炼的真空炉或中频炉。

2）工艺过程模拟：这里包括了热力模拟实验机、冷轧实验机、热轧实验机及连续退火实验机等工艺模拟设备，这些设备可根据不同工艺的要求做出各种物理模拟，真实地反映现场大生产条件的工艺窗口及工艺结果，大大缩短了新产品开发的时间。

3）性能检验：这里包括了拉伸实验机、冲击实验机等性能检测设备。工艺模拟后的实验要经过相应的性能检验才能确定工艺的正确性。

4）组织检验：这里包括了金相显微镜、扫描电镜及透射电镜等设备，组织检验是产品开发中机理研究的重要手段之一，从微观角度分析研究组织强韧化机理，为更好地改进及理解工艺的本质奠定了基础。

## 805. 如何进行先进钢铁企业技术创新能力建设？

在技术创新能力建设方面，应关注如下优势能力建设：

（1）技术创新方向具有前瞻性，确保技术领先地位。

（2）凭借技术创新实力，不仅开发出满足用户需求的产品，还引导用户使用新钢材，主导钢材市场需求，引导钢铁产业的技术发展。

（3）注重开发利基市场产品，保持产品的特殊性，成为小块市场的领先者。

（4）将基础研究、应用开发和工程建设结合在一起。

## 806. 中试工厂在产品开发中的作用和发展趋势是什么？

中试工厂是研究室成果“变成”商品的孵化器，与大生产和用户紧密相连，是钢铁企业不断创新、调整产品结构、研究试制新产品不可或缺的平台。建设先进的中试工厂是钢铁企业提升技术创新能力的有力保障。

钢铁行业中许多中试工厂形成了自己的特色。如瑞典 MEFOS 冶金研究所以全面模拟冶金工艺流程而著称；蒂森克虏伯以提供钢铁产品解决方案著称；比利时国家冶金中心（CRM）以完善的连续退火模拟线、钢板涂层模拟生产线和电镀锌机组模拟生产线著称；意大利冶金研究中心（CSM）以拥有完善的、自主研发的管线钢抗破坏性试验检测设备，长于研究和评价管线钢的实际服役性能而著称。

中试设备引进之后，很重要的工作就是要对设备吃懂、吃透，再进行设备的挖潜、改进、研制和创新工作。这样，就可避免陷入“引进—落后—再引进—再落后”的怪圈。宝钢就通过从“500kg 多功能真空感应炉”等炼钢中试设备的研制开始，逐步研制出具有自主知识产权的薄带连铸试验机组和连铸试验（常规）平台。

在中试工厂建设方面，应关注三种建设趋势，一是向涵盖钢铁冶金工艺全流程方向发展；二是向涵盖钢铁冶金行业上下产业链的方向发展；三是根据自身技术优势和主导产品结构形成自己的特色。

**807. 冶金分析测试在产品开发中的作用和发展趋势是什么?**

冶金分析测试是钢铁生产不可缺少的环节，也是钢铁生产的重要相关技术之一，被形象地比喻为钢铁生产的“眼睛”。冶金分析测试技术与装备是企业确保产品质量、加速新产品研发、提升竞争力的基本保障。

在冶金分析测试技术实力和装备建设方面，应关注两种建设趋势：一是从分析测试装备配备来看，引进设备除应满足当前科研生产需要之外，还需兼顾前沿技术研究以及材料性能基础研究的需要；二是从冶金分析测试技术研发来看，需根据企业自身特点，有针对性地加强冶金分析测试应用技术和前瞻性技术研究。

## 第二节 高性能钢板的生产与技术特点

### 一、概述

**808. 钢板性能要求的发展趋势是什么?**

在力学性能方面，追求更高强度是钢铁产品的永恒趋势。但在提高钢板强度的同时，还要兼顾韧性、塑性等其他力学性能及耐腐蚀性、易焊接性等使用性能。实际上，在中厚板产品中，随着强度的提高，其他力学性能指标相应降低。随着钢板制造技术的进步，如洁净钢生产技术、成分的微量控制、控轧控冷（TMCP）技术等的应用，为未来的中厚钢板产品提供了开发方向，即在不断提高强度的同时，保持或提高其他力学性能和使用性能，如良好的焊接性、良好的断口和时效性能、较高的疲劳性能等。

## 809. 高附加值、高技术含量钢材品种的含义是什么?

高附加值、高技术含量钢材品种是一个广泛的概念，是相对原有钢材品种而言的，它不单指某一个关键的钢材品种，而是指有较高使用效率和节约用量的钢材品种，其特点：一是具有更好的物理、化学和力学性能，如高强度、高耐腐蚀性、高耐磨性、高韧性、良好的加工成型性和可焊接性能等；二是钢材具有良好的使用性能，在使用过程中，与原有钢材品种相比，可减少用钢量，还可以增加钢材使用寿命，以达到节约社会钢材用量和提高用户产品使用效率的效果；三是这些钢材品种可以通过不同工艺技术来生产，达到提高原料使用效率的目的，如一些高强度钢材品种在生产过程中可以不全是低合金钢、合金钢，而是由普碳钢、低合金钢通过控制轧制工艺技术等办法来生产出强度、韧性与低合金钢、合金钢基本相同的钢材品种，少用或不用合金成分，提高原料的使用效率。

## 810. 何谓细晶粒钢?

近年来，随着细晶粒钢（超级钢）研究、生产、应用范围的不断扩大，超细晶已成了钢材生产的关键词，但是关于超细晶的尺寸范围还没有一个标准给出准确的定义，有学者把晶粒尺寸为3~5μm的热轧带钢称之为超细晶粒钢，把晶粒尺寸为5~15μm的中厚板也称之为超细晶粒钢。也有学者根据晶粒尺寸的物理冶金学特征和实际加工时可实现的途径，建议把平均晶粒尺寸在0.1μm（100nm）以下的称为纳米晶粒，0.1~1.0μm的称为亚微米晶粒，1.0~5.0μm的称为超细晶粒，5.0~10μm的称为细晶粒，1.0μm以上的称为普通晶粒，这种划分主要考虑与其物理本质相联系，便于描述各类细化程度的特征，兼顾了与加工方式的联系，便于在当前生产和研究条件下对获得的晶粒大小进行分类描述。

## 811. 细化晶粒的方法有哪些?

细化晶粒的方法有：

（1）缩短变形后停留时间，加快轧后冷却速率，抑制晶粒长大；

（2）在奥氏体未再结晶区轧制，细化母相奥氏体，相变后获得细小铁素体晶粒；

（3）使母相奥氏体在加工硬化未得到回复状态下发生铁素体相变；

（4）利用奥氏体晶粒内部均匀分布的析出物作为相变形核质点，细化晶粒。

上述方法所对应的工艺措施有两个方面：一是低温、大压下变形，这是获得细晶铁素体最有效的方法；二是轧后一段时间迅速进入快速冷却，这是易于实现的技术途径。

## 812. 提高钢材塑性变形能力的方法是什么？

提高钢材的塑性变形能力，最重要的是控制钢的屈强比。为了使钢的屈强比降低，最一般的方法是使钢的显微组织由软质相的铁素体和硬质相的珠光体、贝氏体或马氏体组成，此时钢的抗拉强度 $R_m$ 可表示为：

$$R_m = V_F R_{mF} + V_H R_{mH} \tag{10-1}$$

式中 $R_m$——抗拉强度；

$V_F$——铁素体相的体积分数；

$R_{mF}$——铁素体相的抗拉强度；

$V_H$——第二相（硬质相）的体积分数；

$R_{mH}$——第二相（硬质相）的抗拉强度。

若增大铁素体的体积分数 $V_F$，通常抗拉强度 $R_m$ 就要减小，为了不降低抗拉强度，就必须增大硬质相的强度 $R_{mH}$。为达到此目的，可通过碳向硬相中扩散来提高硬质相的强度，从而保证钢板得到低的屈强比。

## 813. 改善钢板疲劳性能的主要途径是什么？

目前改善钢板疲劳性能的途径主要有：通过磁化提高结构疲劳性能；通过细化钢材晶粒改善低周疲劳性能；通过加入微量镁和锆改善钢材的低周疲劳性能。通过这些方法提高材料抗裂纹产生的能力，延迟材料产生裂纹的萌生期，从而达到提高钢材抗疲劳性能的目的。

## 814. 结构用钢的发展趋势是什么？

结构用钢的发展趋势主要有以下几个方面：

（1）提高抗震能力，降低屈强比，提高抗层状撕裂能力和耐火性能；

（2）化学成分最佳化设计，强韧化匹配与热轧 TMCP 工艺优化；

（3）轧材质量控制，更加强调形变与相变、变形与温度耦合的有利作用；

（4）轧制工序和期间物理过程的前移；

（5）强调产品的表面质量。

## 815. 低合金高强度结构钢是指什么？

一般认为，凡是合金元素总量在 5% 以下，屈服强度在 275MPa 以上，具有良好的焊接性、耐蚀性、耐磨性、成型性，通常以板、带、型、管等钢材形式直接供用户使用，而不经过重新热加工、热处理及切削加工使用的结构钢种可称为低合金高强度钢。美国钢铁学会（AISI）最早将低合金高强度钢解释为具有特别设计的化学成分和较高力学性能的一组专门的钢铁材料。其主要目的是通过加入含量较低的常规合金元素来提高钢材的强度和综合性能，以减轻各种用途的工程构件的质量，增强其使用的可靠性和安全性，并获得相应的经济效益。

国标《低合金高强度结构钢》（GB/T 1591—2008）中采用强度等级与质量等级来表示。现标准中有 8 个强度等级，即 Q345、Q390、Q420、Q460、Q500、Q550、Q620、Q690（Q 代表的是钢材的屈服点）；按是否进行冲击试验或冲击试验温度高低区分为 5 个质量等级，即 A、B、C、D、E；化学成分方面，按不同质量等级规定不同的成分，特别是对钢中 S、P 含量的要求不同。碳含量只有上限，而没有下限，是为了适应不同工艺的要求。用户或生产厂家可以根据情况和需求选择钢材的交货状态。

### 816. 低合金高强度钢（High Strength Low Alloy，HSLA）与低成本高性能钢材（High Performance Low Cost，HPLC）的技术特点是什么？

（1）两者都有追求钢材品质优良的含义，但是采用的方法不同。

（2）HSLA 采用的方法是低（微）合金化，长久下去将导致合金元素资源的过度消耗。

（3）HPLC 主要的特点是降低成本，其含义包括：一是尽量不用或者减少使用合金元素；二是通过轧制和冷却工艺的优化来控制钢材的组织进而获得良好的性能；三是结合优化加热、轧后余热利用、提高成材率等其他措施，来追求降低成本的最佳效果。

（4）HSLA 把高品质的着眼点放在高强度上，强度指标虽然是一个非常重要的性能指标，或许在某些条件下是最重要的指标，但是仅一项强度指标不能代表全部要求，在更多的情况下除了强度之外还要求塑性、韧性、屈强比、焊接性、成型性及耐蚀性，因而 HPLC 比 HSLA 的概念更为确切。

## 二、工程机械用钢

### 817. 工程机械用钢生产发展趋势是什么？

从发展趋势来看，生产经济型的高强度、高韧性以及优异的焊接性的中厚板工程机械用钢是今后的技术发展趋势。

（1）为适应减重，提高其用钢强度级别是发展趋势，要求钢板屈服强度高，冲击韧性、耐磨性能、焊接性能好。

（2）就强度级别而言从目前的 Q690 向 Q960 甚至 Q1080 发展。

（3）采用氧化物冶炼技术，进一步提高钢水的纯净度；微合金化设计并强调合金元素减量化；研究低碳贝氏体/马氏体钢的强韧化微观机理；采用高效适合的 TMCP 工艺等路径。

(4) 注重与强调焊接工艺与技术研究，最好能同时提供相应的焊丝和焊接工艺。

## 818. 什么是复相钢？

我们把依靠组织复相实现强韧化的钢材统称为复相钢。组织复相钢是指有明确控制目的、有特定控制目标、可以获得所希望的复相组织、达到特定性能要求的先进钢材产品。一般说来，复相钢都兼有高强度和良好的塑性。

复相钢是指由两种或者两种以上组织组成的钢。按照这样的理解，复相钢是包括了双相钢、多相钢、TRIP 钢等。双相钢是指主要由两种组织组成的钢，一般其中有一种软相（如铁素体），另一种为硬相（如马氏体或贝氏体）；多相钢是指主要由三种或三种以上组织组成的钢，其中不仅具有软相和硬相组织，可能还有一些起到其他作用的组织。而需要指出的是，TRIP 钢因其具有铁素体、贝氏体、残余奥氏体等，其实也是一种多相钢。因为它具有特定性质，故在很多场合被单独提出，作为相对独立的一类钢钟。

常用复相钢举例：DP 钢（Dual Phase 双相钢）；CP 钢（Complex Phase 多相钢）；TRIP 钢（相变诱导塑性钢）。

## 819. 复相钢中的常见组织有哪些，其特点是什么？

铁素体：体心立方晶格，塑性好，强度低；
渗碳体：$Fe_3C$ 型碳化物，硬相，通常起到强化作用；
珠光体：铁素体与渗碳体的机械混合物；
贝氏体：中温转变产物，综合性能好；
马氏体：淬火获得，强度极高，塑性差；
残余奥氏体：可提高塑性，近年受到重视。

## 820. 复相钢生产的关键技术有哪几点，相应的关键技术是什么？

关键点：一是控制钢材的相组成；二是对各相的体积分数进行精细控制；三是复相钢的组织演变机理。

关键技术：相组成和相比例的精细控制，其手段一是快速冷却控制技术；二是冷却路径控制技术；三是离线热处理工艺制度；四是组织性能预报技术。

## 821. 复相钢生产的意义是什么？

复相化是提高钢材综合性能的一条有效途径，组织复相化和晶粒细化相结合会取得更好的效果。

利用复相钢生产低成本、高性能钢材大有可为。

## 822. 什么是 TRIP（相变诱导塑性）钢？

TRIP（相变诱导塑性）钢，利用相变引起塑性，是伸长率极大的钢。组织特征是三相钢，在贝氏体或铁素体母相中残留百分之几至30%左右通过变形能相变成马氏体的奥氏体。这种奥氏体在加工时相变成马氏体，这部分强度高，由于变形传播在相对强度低的周围，因而可以获得高的加工性能。TRIP 钢不仅具有良好的加工性能，还具有冲击吸收性能好的特点。

## 823. 什么是双相钢？

双相钢（Dual Phase，DP）是指由低碳钢和低碳低合金钢经临界区处理或控制轧制而得到的，主要由铁素体和马氏体所组成的钢。具有屈服强度低、初始加工硬化速率高、在加工硬化和屈服强度上表现高应变速率敏感性以及强度和延性配合好等特点，是一种强度高、成型性好的新型冲压用钢。

双相钢在化学成分上的主要特点是低碳低合金。主要合金元素以 Si、Mn 为主，另外根据生产工艺及使用要求不同，有的还加入适量的 Cr、Mo、V 元素，组成了以 Si－Mn 系、Mn－Mo 系、Mn－Si－Cr－Mo 系、Si－Mn－Cr－V 系为主的双相钢系列。

## 824. 双相钢生产方法是什么？

双相钢的生产有热轧法和热处理法。

热轧法：将热轧钢材的终轧温度控制在两相区的某一范围，然后快速冷却，即通过控制最终形变温度及冷却速度的方法获得铁素体＋马氏体双相组织。

该方法又分为两种：一是常规热轧法，即在通常的终轧及卷取温度下获得双相组织；二是极低温度卷取热轧法，即线材或钢带在 $M_s$ 点以下进行卷取，以获得双相组织。

热处理法：将热轧或冷轧后的钢材重新加热到两相区并保温一定时间，然后以一定速度冷却，从而获得所需要的 F＋M 双相组织。

## 825. 双相钢的强化方式是什么？

相变组织强化是双相钢的主要强化方式，通过强化相与铁素体基体的相互作用，影响两相界面附近铁素体位错状态，降低屈服强度，提高抗拉强度，从而使得双相钢连续屈服，并具有低屈强比、高初始加工硬化率和良好的强度与塑性匹配。相变强化中的母相是软相铁素体，而硬相是马氏体或贝氏体以及残余奥氏体。F＋M 双相钢的显微组织是20%～80%的多边形铁素体基体和10%～20%的马氏体岛。通常铁素体晶粒尺寸为3～10μm，马氏体岛尺寸为1～3μm。塑性良好的多边形铁素体使双相钢具有良好的韧性，并且在铁素体中弥散分布的马氏体作为高硬度的第二相阻止了裂纹的扩展，更有助于提高双相钢的冲击韧性。

## 826. 马氏体在双相钢中的强化行为是什么？

马氏体相对性能的强化作用表现为：

（1）在弥散分布组织中，马氏体以粒状弥散分布在铁素体基体上，导致了异相界面显著增加，并使其周围晶格发生畸变，从而提高变形抗力。因此，在这种情况下马氏体主要通过弥散强化使得热轧双相钢的强度提高。

（2）在高位错亚晶结构型组织（网状分布）中，马氏体起到强化晶界及细化晶粒的双重作用。

（3）在纤维状双相混合型组织中，这种双相混合组织具有对提高性能十分有利的位错亚晶结构，起到细化晶粒的作用。因此相变之后的复相组织具有晶粒细化、晶界强化、第二相弥散强化、亚晶结构等强韧化机制，从而使双相钢达到较好的力学性能。

## 827. 为什么粒状贝氏体钢会比铁素体－珠光体钢具有更高的强度？

粒状贝氏体钢与铁素体－珠光体钢相比，之所以具有更高的强度是因为它有更细的铁素板条和更高的位错密度，是细晶强化和位错强化这两种强化方式综合作用的结果。然而，对粒状贝氏体而言，其强化方式不仅仅是这两种方式，因为在粒状贝氏体组织中除去铁素体组织外，还存在着大量细小的第二相，即 M/A 岛。由于 M/A 岛是硬质相，而且 M/A 岛是以细小弥散的方式析出，所以它们能够与位错发生交互作用，阻碍位错的运动，即通过弥散强化的方式提高钢的强度。因此，与铁素体－珠光体钢相比，粒状贝氏体钢是通过细晶强化、位错强化和弥散强化三种方式共同提高钢的强度。

## 828. 为什么低碳粒状贝氏体钢会有很高的低温冲击韧性？

低碳粒状贝氏体钢具有很高的低温冲击韧性是由其显微组织决定的，因为它的板条铁素体与多边形铁素体有着显著的差别。它是由细小的铁素体板条和 M/A 岛组成的，M/A 岛分布在铁素体板条内部，细小的铁素体板条具有更小的有效晶粒尺寸，能有效阻止裂纹的扩展。这些弥散分布的 M/A 岛细小且近似球形，与具有片状、尖角形状的第二相相比，球状第二相能够减少应力集中，可以避免断裂时成为裂纹的萌生源和裂纹的低能量扩展通道。另外，M/A 岛在基体中是以不连续的方式分布的，岛与岛之间有一定的距离，中间具有良好韧性的板条铁素体，裂纹更不易扩展，所以不连续分布的 M/A 岛避免了裂纹连续扩展通道的形成。因此，M/A 岛的存在，在增加钢的强度的同时并未明显降低钢的韧性和塑性。

**829. 低碳粒状贝氏体钢有什么特点?**

（1）在相同的化学成分条件下，低碳粒状贝氏体钢比铁素体－珠光体钢具有更高的强度和冲击韧性。

（2）对于粒状贝氏体组织，其强化方式不仅是细晶强化和位错强化，弥散强化也是其中的强化方式之一。

（3）细晶强化既可以增加钢的强度又可以提高钢的韧塑性，而通过低碳粒状贝氏体的相变强化也可以达到同样的效果。

**830. 目前低碳贝氏体钢有几种类型，具有什么特点?**

随着钢中碳含量的降低，低碳或超低碳贝氏体钢的组织形貌已不再是传统的上贝氏体、下贝氏体，而粒状贝氏体和板条贝氏体已成为低碳贝氏体钢的主要显微组织。目前通过终冷温度的控制，已制备出全部为粒状贝氏体、全部为板条状贝氏体和粒状贝氏体＋板条状贝氏体三种不同类型的低碳贝氏体钢。

通过对不同类型的贝氏体组织对钢的力学性能的研究表明：

（1）在化学成分相同而类型不同的三种贝氏体钢中，板条状贝氏体钢的强度最大，粒状贝氏体钢的强度最小，粒状贝氏体＋板条状贝氏体钢的强度在两者之间。

（2）板条状贝氏体组织形貌的主要特征是，铁素体板条细长并具有高位错密度，M/A 岛颗粒细小且排列有序，而且 M/A 岛颗粒排列方向与板条铁素体平行。

（3）粒状贝氏体 F 和板条贝氏体 F 的区别在于岛的形状，前者的小岛呈粒状，分布于板条间；而板条贝氏体 F 中的小岛有明显拉长的趋势，以短杆或条状分布于板条间。此外，两者板条的长度不同，典型的板条贝氏体中板条很长，板条的特征很明显，而粒状贝氏体尽管转变时从奥氏体中析出的铁素体也是板条状，但由于形成温度高，位错结构发生了明显的回复，使原始的板条界有消失的迹象。

（4）终冷温度对热轧钢板最终的显微组织和力学性能影响很大，通过对转变温度组织的有效控制，可以进一步提高低碳贝氏体钢的综合力学性能。

**831. 耐磨钢板成分设计特点是什么?**

目前，国内外生产低合金耐磨钢时多采用 Cr、Mo 或 Cr、Ni、Mo 合金体系，此成分体系可以通过淬火和低温回火的热处理工艺获得回火马氏体组织。由于马氏体的高密度位错、细小的孪晶、碳的偏聚以及马氏体的间隙固溶，所以马氏体钢具有较高的强度和硬度，其屈服强度达 1100MPa 以上，硬度达到 330 ~ 400HB，能满足一般机械构件的使用要求。

目前，国内高强度耐磨钢成分设计总体上在低碳基础上，采用微合金化 Mn - Si 及 Cr - Mo - V - B 组合方式，也制定了 GB/T24186—2009《工程机械用高强度耐磨钢板》的标准，其中规定了最高级别达到 NM600 的牌号性能和化学成分；同时强调了超高强韧耐磨钢大多以淬火或淬火 + 回火状态交货的工艺方式，以及钢板经淬火后获得板条马氏体和少量分布在板条间的残余奥氏体的组织类型的规定。

### 832. 改善高强度钢焊接性能的主要措施有哪些?

改善高强度钢焊接性能的措施是多方面的，主要包括以下三个方面：一是钢材的化学成分设计时即充分考虑可焊性方面的要求，严格控制钢材的碳当量在一定的范围内，尽量减少钢材自身的脆性；二是从冶炼生产工艺上尽量降低甚至消除各种有害杂质如 S、P、Sn、Sb、As 等，并通过工艺措施控制夹杂物的形态；三是改善焊接工艺，避免造成很大的焊接应力，尽量减轻或避免脆性的发生。

## 三、建筑结构用钢

### 833. 高层建筑用钢要求哪几方面的性能?

（1）Z 向性能。高层建筑的钢结构因承载需要，常常采用焊接构件。由于钢材质量和焊接构造方面的原因，焊接构件容易在钢板厚度方向出现层状撕裂，这对沿厚度方向受拉的连接部位非常不利，由此提出钢材在厚度方向上应具有良好的抗层状撕裂的能力。

（2）低屈强比。地震灾害造成的损失是惊人的，其中最为可怕的就是建筑物的倒塌，其实质就是在振动条件下建筑物的承载构件（主要是钢材）超过了其断裂强度。由此，对建筑用钢材的力学性能提出了较高的要求，其中屈强比就成为抗震性能方面的一个重要指标。屈强比较低的钢材，屈服强度和断裂强度之间的数值较大，故在发生断裂之前，钢材将首先发生屈服并以塑性变形的方式吸收振动的能量，同时薄弱部位屈服将导致相邻的非薄弱部位也必须承受一部分载荷，这样在一定程度上就可以避免薄弱部位立即断裂，可以延长建筑物的倒塌时间，或者以整体晃动、变形、倾斜的方式避免建筑的垮塌。欧洲建筑用钢要求屈强比小于 0.91。

（3）耐火性能。高层建筑一旦发生火灾，将造成巨大的人员伤害和财产损失。火灾会使建筑的钢结构处于高温状态，从而导致钢材强度大大降低，在长时间的高温状态下钢结构框架难以承受巨大的负荷，造成建筑物的垮塌。因此，高层建筑用钢不仅要具有良好的强韧性、理想的抗震性能，还要具有耐火性能。为了满足建筑用钢对耐火的要求，欧洲一些钢铁公司及以新日铁为首的日本钢铁公司已着手研究和开发新型耐火钢种，设定耐火温度是耐火钢技术要求的关键。建筑物的耐火能力不仅取决于结构钢本身的耐高温性能，而且与防火涂层的厚度有关，提高钢的耐火温度，可以减少防火涂层。经综合分析，将耐火温度设定为600℃，而将耐火性能（$\theta_r$）的门槛值设定为2/3，日本JISG3136标准规定了400MPa和490MPa级低屈强比耐火钢的各项指标。

耐火钢的耐火性能可用较高温度（耐火温度）下屈服强度与室温下屈服强度之比来表征，即：

$$\theta_r = \frac{R_{eL-UT}}{R_{eL-RT}} \tag{10-2}$$

式中 $R_{eL-UT}$——耐火温度（UT）下的屈服强度；

$R_{eL-RT}$——室温（RT）下的屈服强度。

（4）焊接性能。对于采用钢结构的高层建筑，其框架之间的连接主要是通过焊接来完成的，焊接性能的好坏将直接关系到建筑物的安全。所以，高层建筑钢不仅要有抗震性、耐高温能力，而且还要具有良好的焊接性能。未了获得良好的焊接性能，须严格控制钢的碳当量。JISG3136标准规定，当钢板的厚度小于40mm时，碳当量应小于0.40%；当钢板的厚度大于40mm时，碳当量应小于0.42%。由于高层建筑用钢还要具有耐火性，钢中需要添加一定的量的Mo和Cr。在确保不降低强度和耐火性能的前提下，要最大限度地降低碳当量和合金元素含量，所以在建筑用钢的设计规范中引入了焊接裂纹敏感性系数[$P_{cm} = w(C) + w(Mn)/20 + w(Si)/30 + w(Cr)/20 + w(Ni)/60 + w(Cu)/20 + w(Mo)/15 + w(V)/10$]，对于屈服强度大于345MPa的建筑钢，其$P_{cm}$要小于0.29%。另外，对废钢等炼钢用料要进行精选，以减少带入钢中镍、铜等影响焊接性能的残余元素。高层建筑钢具有良好的焊接性能，才可以做到焊前不需要预热，焊后不需要热处理，便于现场施工焊接。

## 834. 建筑用钢的发展趋势是什么？

建筑用钢正向高强度、高性能、大型化方向发展，今后在建筑用钢方面还需完善耐火、耐候、抗震钢材生产技术，其中包括夹杂物变性、运用氧化物冶炼及提高第二相质点弥散度和组织均匀性技术等。我国在2005年底制订了GB/T 19879—2005《建筑结构用钢板》国家标准，该标准结合了《低合金高强度结构钢》（GB/T 1591）和日本JIS G3136—1994标准，将钢种由Q235GJ及Q345GJ系列扩大为Q235GJ、Q345GJ、Q390GJ、Q420GJ及Q460GJ系列。近年来，对高层建筑专用钢而言，由于GB/T 19879—2005对高层建筑用抗震钢在化学成分和力学性能方面的要求相对普通建筑钢均较严，如对碳当量值要求较低、对屈服强度和抗拉强度均有上下限要求（上下限范围限定也较窄，仅为 120MPa）、板厚效应小、屈强比不大于 0.83 及厚度方向（Z 向）性能要求高等，而且为了降低生产成本、增强产品市场竞争力，一般均采取热轧或控轧状态交货，因此对钢板化学成分设计和轧制工艺要求均十分严格。

**835. 抗震建筑钢生产技术特点是什么?**

抗震钢为了达到抗震的功能，因此生产时的成分设计与轧制工序、热处理工序都必须围绕低屈强比而展开。

（1）成分设计时，碳含量不能高，一般控制在低碳或中低碳水平。在目前市场竞争异常激烈的形势下，尽量避免使用较多的贵金属元素，以达到较高的性价比。

（2）在降低有害杂质（P、S、O、N）的同时添加微量 Nb、V、Ti，以达到提高钢的强度、韧性及塑性的目的。实践证明，双相钢和相变诱发塑性钢的强度和塑性配合最好，故其组织应以复相为主。

（3）TMCP 工艺实施时尽量使钢中的铁素体呈簇条状，即针状铁素体或贝氏体铁素体。

（4）热处理工序中应使钢中回火低碳马氏体呈簇板条状，以便在高强度下保持高的韧性和塑性。

**836. 何谓 Z 向钢（抗层状撕裂钢 lamellar tearing resistant steel）?**

所谓 Z 向钢是指保证厚度方向力学性能的低合金钢。当轧制钢板进行多层角焊或钢板厚度方向受到一定拉应力时，在平行于钢板轧制方向不出现或不易出现剥离性裂纹（即层状撕裂）的低合金高强度钢板材，因为一般把钢板的厚度方向称为 Z 向，所以抗层状撕裂性能也称为 Z 向性能，相应地把对 Z 向性能有特殊要求的钢称为 Z 向钢。

**837. 什么是层状撕裂?**

所谓层状撕裂是一种受多种冶金因素和机械因素制约而造成焊接钢结构破坏的复杂现象。层状撕裂是一种发生在热影响区或平行于板表面的热影响区附近的阶梯状裂纹，它最容易沿着脆化区和拉长的硫化锰等区域发生。当钢发生分层的敏感性很大时，很可能发生层状撕裂。

从冶金学方面讲，钢板出现层状撕裂的主要原因是：钢中的硫化锰和氧化铝夹杂，氢、氧气体夹杂和铸造缺陷等形成的剥离裂纹源。如钢中的硫含量过高或有粗大的硫化锰非金属夹杂物存在，当钢坯进行热加工时，在高温下硫化锰夹杂易于变形而被拉长，在平行钢板轧制表面方向上则形成细长的大片硫化锰夹杂，即剥离性裂纹源。当钢板厚度方向承受一定的拉应力时，首先通过非金属夹杂物与钢材基体界面的剥离或非金属夹杂物的破裂而形成微孔或微裂纹；之后是因微孔或微裂纹之间钢材基体的破坏而造成同一平面上相邻微孔或微裂纹连接成为裂纹；最后通过垂直剪切使相邻平面上的裂纹连接成阶梯状裂纹，造成焊接钢结构的破坏。

## 838. 抗层状撕裂钢板的性能等级、主要用途及对硫含量的要求是什么？

抗层状撕裂钢板有 Z15、Z25、Z35 三个级别。通常采用板厚方向拉伸试验所得断面收缩率 $\psi$ 的大小来评价钢板的 Z 向性能，并且根据 $\psi$ 的大小制定 Z 向钢的性能指标，其标识方法是在原钢种牌号的后面加上 Z××。例如某抗层状撕裂建筑用钢 Q345 钢板，其标识为 Q345GJ－Z15，这里在屈服点数值后面的 GJ 是高层建筑的汉语拼音的首字母，代表高层建筑用钢，而 Z15 表示 $\psi$ 值大于 15%。

抗层状撕裂钢主要用于钢板厚度方向承受拉应力的焊接钢结构，如高层建筑、大跨度场馆、锅炉和压力容器、海上采油平台导管架结点、水轮机蜗壳座环、高寒地区风力发电塔架、水电站压力钢管岔管的弧形衬板以及焊接钢结构和起重机机械地盘等。由于钢材质量和焊接构造方面的原因，焊接构件容易在钢板厚度方向出现层状撕裂，这对沿厚度方向受拉的连接部位非常不利，由此提出钢材在厚度方向上应具有良好的抗层状撕裂的能力。

Z 向性能分为 Z15、Z25、Z35 三个等级，均与硫含量指标有关。各级别对硫含量（熔炼分析）的要求见表 10－1。

**表 10－1　不同级别 Z 向钢对硫含量的要求**

| Z 向性能级别 | Z15 | Z25 | Z35 |
|---|---|---|---|
| 硫含量/% | ≤0.010 | ≤0.007 | ≤0.005 |

## 839. 提高抗层状撕裂的主要措施有哪些？

提高抗层状撕裂的主要措施有：降低钢中的硫、磷含量，减少硫化锰等非金属夹杂物；控制硫化锰等废金属夹杂物的形态，钢水采取钙处理或稀土金属处理，使硫化锰非金属夹杂物球化和细化，令其在轧制时不易形成片状和条状硫化锰夹杂；对轧后或热处理后的钢板进行缓冷，使钢中的氢气充分逸散以减少钢中氢含量；减少钢中其他非金属夹杂及偏析等铸造缺陷；在使用时采用合理的设计和良好的焊接工艺，减少焊接拘束等。

## 840. 为什么钢板在厚度方向性能较差？

钢板（尤其是厚板）三个方向的力学能存在着一定的差别，这是由于在轧制过程中金属变形形成层状显微组织的缘故。通常情况下沿轧制方向（长度方向）的性能最好，垂直于轧制方向（宽度方向）的性能次之，而厚度方向的性能较差。厚钢板在厚度方向经常出现局部分层、疏松、裂纹等现象，这是厚度方向性能较差或导致出现层状裂纹的主要原因。厚度方向出现的分层、疏松、裂纹等现象主要来源于钢中的硫、磷偏析和非金属夹杂物等缺陷，采用减少钢中夹杂物，降低硫、磷含量，对夹杂物进行钙处理等冶金措施，是提高钢板厚度方向性能和抗层状撕裂能力的重要措施。

## 841. 低屈服点钢的特点是什么，有什么用途？

低屈服点钢（low yield point steel）是指屈服点在235MPa以下的软钢，其中屈服强度在100MPa以下的称为超低屈服点钢。低屈服点钢具有以下特点：

（1）屈服强度低且波动范围小（±20MPa以内）。

（2）没有明显的屈服点。

（3）变形能力强（伸长率超过40%～50%）。

（4）延性滞回性能好。

为了抵御地震或风震的作用，用低屈服点钢构制了一种阻尼器，它能够在主体结构发生塑性变形前首先进入屈服，同时具有足够的塑性变形能力，以大量吸收地震、风震能。抗震阻尼器也称耗能阻尼器（energy dissipation damper），其基本思路是：在地震波给建筑物造成的低频振动过程中，利用自身的反复变形吸收地震能量，起到在地震中保护主体建筑安全的作用。目前低屈服点钢除了用作各种类型的减震阻尼器之外，也被用来制作无约束柱、钢剪力墙和其他抗震设施。

## 842. 低屈强比抗震建筑钢工艺的设计原则是什么？

（1）充分利用Nb、V等微合金元素的细晶强化和沉淀强化作用，以保证钢板热轧和/或正火后具有优良的强韧性。Nb、V在钢中与氮、碳有极强的亲和力，可与之形成极其稳定的碳氮化物。弥散分布的碳氮化物第二相质点沿奥氏体晶界分布，可大大提高原始奥氏体晶粒粗化温度，在轧制过程中的奥氏体再结晶温度区域内，铌的碳氮化析出物可以作为奥氏体晶粒的形核核心，而在非再结晶温度范围内，弥散分布的铌的碳氮化析出物可以有效地钉扎奥氏体晶界，阻止奥氏体晶粒进一步长大，从而细化铁素体晶粒，达到提高强度和冲击韧性的目的。

（2）采用合理的控轧控冷工艺，在两相区适当快冷，保证组织为特定晶粒尺寸范围、稳定并具备特定亚结构的铁素体+珠光体组织，一方面可使材料无需经过正火/回火热处理，在热轧状态下就能获得理想的组织结构，从而使钢板在获得较好的强韧性匹配的同时，具备较低的屈强比，降低生产成本；另一方面使得材料在焊接后组织保持稳定。

（3）利用先进的冶炼设备，采用 KR 脱硫、顶底复合吹炼、吹氩、RH 真空处理和全连铸工艺，充分降低硫、磷含量和气体夹杂，提高钢质纯净度，进一步确保钢板强韧性。

## 843. 屈强比对低碳合金钢的开发有什么影响？

目前，低碳合金钢开发在追求高强度、高韧性的同时，也将屈强比作为一项重要的指标，因为钢的屈强比越低，就意味着钢材的高加工硬化指数和高均匀伸长率的表现就会越好。若将低屈强比钢应用在建筑上，就可以提高建筑物的抗震性；若作为汽车板使用，则可以显著提高汽车板的冷成型性能。

## 844. 低屈强比钢的显微组织具有怎样的特征？

低屈强比钢的显微组织应该具有以下特征：

（1）没有或很少有脆性相（如碳化物、氮化物、高碳马氏体、非金属夹杂物等）存在,若有脆性相的存在,则要求少、小、匀、圆,以抑制裂纹萌生和扩展。

（2）杂质（如磷、硫、氧、氮、氢、砷等）含量低，以提高塑性和疲劳抗力。

（3）基体组织晶粒大小适中，在不降低塑性的情况下，提高钢的强度和韧性，同时得到低屈强比。

（4）热机械控制工艺（TMCP）钢中的铁素体呈簇条状（针状铁素体或贝氏体铁素体），热处理状态钢中回火低碳马氏体呈簇板条状，以期在高强度下保持高的韧性和塑性。

（5）50%左右的低硬度相，且低硬度相中均匀分布着环形高硬度相。

（6）高硬度相与低硬度相之间的强度比率较大。

## 845. 低屈服点钢的性能要求是什么，对成分有什么要求？

目前，低屈服点钢可以分为 100MPa、160MPa 和 225（235）MPa 三个强度级别。随着屈服强度的降低，钢的塑性大幅度提高，其伸长率可达 50% 以上，甚至可达到 90%，高伸长率使其在地震时能更好地吸收地震能，这是开发低屈服点钢追求的主要目标。典型的低屈服点钢拉伸曲线如图 10－1 所示。

抗震用低屈服点钢的力学性能除要求具有低且稳定的屈服强度之外，还要求有尽可能低的屈强比、尽可能高的伸长率和冲击韧性。表 10－2 为国内某厂低屈服点钢的力学性能，表 10－3 为新日铁低屈服点钢的力学性能。除力学性能之

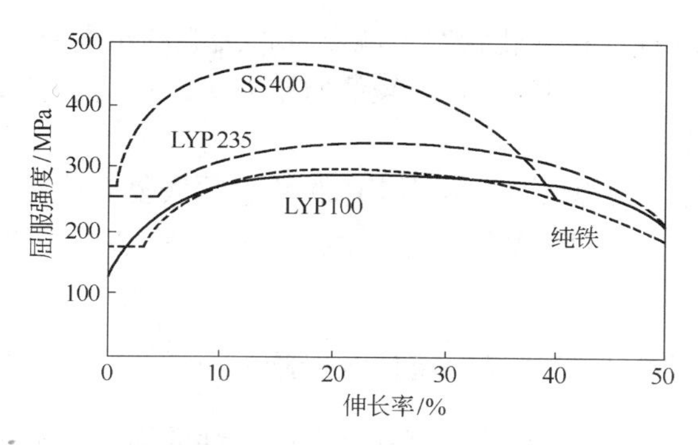


图 10-1 典型的低屈服点钢拉伸曲线

外，抗震用低屈服点钢还要求有良好的焊接性能和以拉压滞回曲线表示的屈服支撑性能等其他方面的要求。

**表 10-2 国内某厂低屈服点钢的力学性能**

| 牌　号 | $R_{p0.2}$/MPa | $R_m$/MPa | $R_d/R_m$ | $A_{50}$/% | $A_{KV}$/J |
|---|---|---|---|---|---|
| BLY100 | 80~120 | 200~300 | ≤0.60 | ≥50 | ≥27 |
| BLY160 | 140~180 | 220~320 | ≤0.80 | ≥45 | ≥27 |
| BLY225 | 205~245 | 300~400 | ≤0.80 | ≥40 | ≥27 |

**表 10-3 新日铁低屈服点钢的力学性能**

| 牌　号 | 厚度/mm | $R_{p0.2}$/MPa | $R_m$/MPa | $A_{50}$/% | $A_{KV}$/J |
|---|---|---|---|---|---|
| BLY100 | 5~50 | 80~120 | 200~300 | ≥50 | — |
| BLY250 | 6~50 | 215~245 | 300~400 | ≥40 | — |

为了降低钢的屈服强度，需要采取各种措施减弱各种强化因素的影响，如通过调整工艺使得晶粒粗化，以减轻晶界强化的作用；采取低碳、超低碳或接近工业纯铁的成分设计路线，获得较软的单一的铁素体组织，避免固溶强化和析出强化。某厂开发了三个强度的低屈服点钢，其化学成分如表 10-4 所示，成分设计中添加有少量 Ti、Nb 等微合金元素，固定 C、N 原子以降低其对位错的阻碍作用，从而降低位错强化。

**表 10-4 抗震用低屈服点钢的成分设计** （质量分数，%）

| 牌　号 | C | Si | Mn | P | S | N | Nb、Ti 等 |
|---|---|---|---|---|---|---|---|
| BLY100 | ≤0.01 | ≤0.05 | ≤0.30 | ≤0.025 | ≤0.015 | ≤0.006 | 选择添加 |
| BLY160 | ≤0.05 | ≤0.10 | ≤0.40 | ≤0.025 | ≤0.015 | ≤0.006 | 选择添加 |
| BLY225 | ≤0.10 | ≤0.10 | ≤0.50 | ≤0.025 | ≤0.015 | ≤0.006 | 选择添加 |

## 846. 低屈服点钢的组织特点是什么？

与通常开发钢种时往往追求晶粒细化的思路不同，获得低屈服点钢需要走晶粒粗化的技术路线。根据 Hall－Petch 公式，假设 200～300MPa 级普通晶粒尺寸为 15～20μm，为把屈服强度降到 100～160MPa 级，大约需把晶粒尺寸增加到 50～100μm，考虑到碳含量等其他因素，则晶粒尺寸应取较大值。经对 BLY160、BLY225 钢板组织的研究表明：钢板不同位置的纵截面显微组织均为等轴状铁素体，BLY160 钢板晶粒尺寸在 100μm 左右，如图 10－2 所示，BLY225 钢板晶粒沿宽度方向相差不大，均为 500μm 左右，如图 10－3 所示。

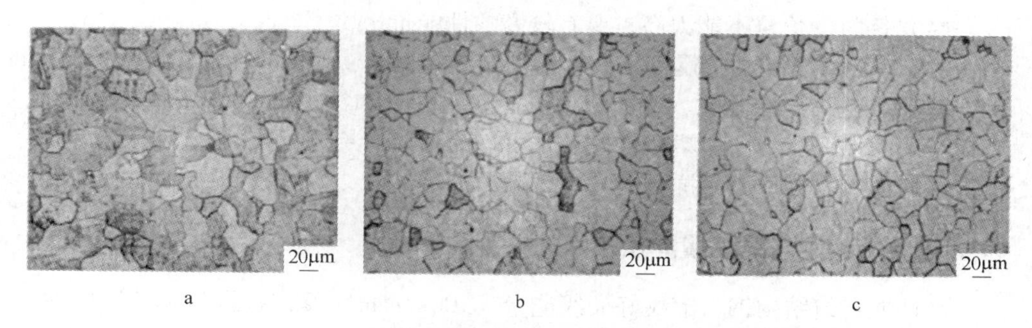


图 10－2　BLY160 钢板不同位置的纵截面显微组织

a—边部；b—板宽 1/4 处；c—板宽 1/2 处

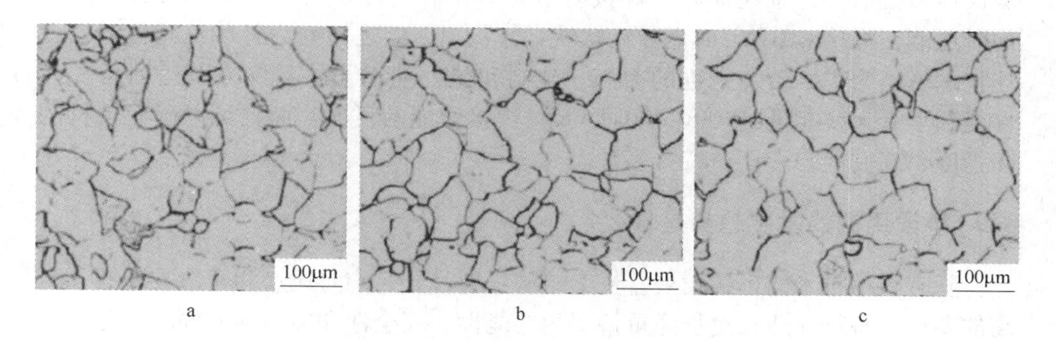


图 10－3　BLY225 钢板不同位置的纵截面显微组织

a—边部；b—板宽 1/4 处；c—板宽 1/2 处

## 847. 低屈强比钢的成分设计应如何考虑？

在实际生产中，为使钢获得低屈强比通常采用的方法有四种：再加热＋淬火＋两相区淬火＋回火（Q＋L＋T）；直接淬火＋两相区淬火＋回火（DQ＋L＋T）；直接 L 处理（从 $A_{r3}$点的两相区水冷）＋回火（DL＋T）；用较少的水量冷却，在水冷过程中生成铁素体（缓慢冷却 + DL + T）。此外，还有 TMCP 方法。日本采用 TMCP 两相区加速冷却法生产了厚度为 38mm、焊接性能优良的 60kg 级的低屈强比钢板，具备优良焊接性的低 YR 钢板。我国也已按 YB 4104—2000 和 GB/T19879—2005 规范了 Q235 和 Q345 级抗震用建筑结构钢，基本满足钢结构设计要求的实际强度大于名义强度的 1.25 倍（即 YR≤0.83）规定。从抗震钢的性能、显微组织及经济性角度考虑，抗震钢的设计应考虑下述原则：

（1）碳含量应该较低，一般应保持在低、中碳的水平；

（2）合金元素含量不能太多，应避免使用战略合金元素和贵重合金元素；

（3）有害杂质元素和非金属夹杂物含量应当尽量降低；

（4）钢材的价格不能太高，要有较高的性能价格比。

对于建筑结构用的抗震钢，一方面可在现有强度、塑性及韧性较好的建筑用钢的基础上进一步降低硫、磷、氧、氮、氢的含量和添加微量 Nb、V、Ti 元素来提高钢的强度、韧性和塑性；另一方面有针对性地专门设计新的高强度、高塑性、高的低周疲劳抗力的抗震钢。

### 848. 建筑结构钢大线能量焊接技术的关键是什么？

高性能建筑结构钢，解决好大线能量（100kJ/cm）焊接技术是其关键所在。通过在钢中添加适量的 Ca、Mg、Nb、V、Ti 等元素，利用多元微合金的交互和叠加作用，使之在钢中形成弥散分布的高熔点镁、钙氧、硫化物微细颗粒，成为奥氏体形核核心，细化晶粒，焊接时这种微细颗粒还能钉扎 HAZ 奥氏体晶界，同时还能在焊接 CGHAZ 时诱导针状铁素体析出，使之转变为针状铁素体。以上述技术思路为主，结合先进的冶炼、轧制和热处理工艺，不仅可以达到高 Z 向性能和承受大线能量（100～400kJ/cm）焊接性能的目的，而且可以确保钢材的高强度、高韧性。

### 849. 桥梁用钢的发展趋势是什么？

随着科学技术的迅猛发展，桥梁结构日新月异，它对质量和建造技术有了更高的要求。桥梁建造在更加注重桥梁的功能性、安全性和经济性的同时，已在桥梁结构中使用高强度钢材可以减薄桥梁钢板的厚度，以减轻桥梁结构自重，由此可加大桥墩间距（桥梁跨度），提高航运通过能力，改善作业条件；开发耐候桥梁钢，满足桥梁位于多雨、寒冷、风沙及盐碱地区，服役年限延长的使用要求，可以降低桥梁的维护费用等；另外对桥梁用结构钢也提出了更多、更苛刻的要求，现代发展趋势是低碳贝氏体高性能桥梁用钢。

（1）大跨、重载钢桥需要高强度等级钢材。整体焊接结构需要具有良好的焊接性能与高韧性；大跨、重载钢桥、桥梁主塔的关键受力部位构件（如钢桁拱桥拱肋）需要采用Q420或更高级别的高性能结构钢才能满足结构受力需要，还可以减轻质量。

（2）现场焊接施工需要能适应大线能量、高湿度与不预热的条件；整体焊接结构需要具有良好的焊接性能与高韧性。

### 850. 桥梁用钢的性能主要有哪几个方面的要求？

（1）为提高桥梁的承载能力并减轻自重，桥梁用钢首先要求具有较高的强度。

（2）现代桥梁的建设主要为栓焊梁，并相应地要求用厚板代替组合板束，这就使桥板加厚，更增加了焊接的困难，因此要求钢材具有良好的焊接性能。

（3）桥梁用钢的使用年限长、地域范围广、气候条件变化大，钢材的韧脆性转变温度低于工作温度，要求具有优良的韧性和时效冲击韧性，以防止脆断。

（4）桥梁钢长期处于动载下的较复杂的交变力作用下，因而钢材要有较高的抗疲劳性能。

（5）桥梁用钢长期在暴露的大气环境以及海洋气候下使用，要求具有较好的耐大气腐蚀性能。

### 851. 高性能桥梁钢的合金体系和组织状态有几种？

目前高性能桥梁钢的合金体系和组织状态有：（1）Nb-（V）系铁素体-珠光体钢或少珠光体钢；（2）Nb-Mo系针状铁素体钢和Nb-B系低碳贝氏体钢；（3）Mo-Cr-Ni-Nb系复相钢。

## 四、管线钢

### 852. 何谓管线钢？

管线钢是指用于输送石油、天然气等管道所用的一类具有特殊要求的钢种，根据厚度和后续形成等方面的不同，可由热连轧机组、炉卷轧机或中厚板轧机生产，经螺旋焊接或UOE直缝焊接形成大口径钢管。管道输送具有经济、安全和不间断的特点，以及全球对能源的迫切需求，使得油、气管道工程正朝着远距离、大口径、高压输送的方向发展。为此，美国石油学会（American Petroleum Instiute）制定了API SPEC 5L焊管标准，至今已形成钢级为X42～X80的焊管标准体系。顺便说明，标准中X后面的数字表示钢材的屈服强度，单位是ksi（kilo pounds persquare inch，千磅/平方英寸），ksi与MPa之间的换算关系为1ksi=6.896MPa。

API SPEC 5L仅是一个基础标准，是提供管线工程选材的最低限度技术要求，供需双方还会根据工程实际提出更多的附加条件。目前除了 API SPEC 5L 标准外，与之相对应的其他标准有国际标准 ISO 3183、德国标准 DIN 17172、加拿大标准 CAN3 - Z245、中国标准 GB/T 9711。尽管管线钢的技术条件目前普遍采用 API SPEC 5L 标准，但在实际工程或实际订货中采用的技术条件往往较 API 标准更为严格。

近年来，由于油气田开发的重点正在向边远地区转移，管线钢也多在高寒、地质地貌复杂的地区服役，恶劣的环境对管线钢的性能提出了更高的要求。

### 853. 管线钢应用技术标准有哪些，有什么特点？

按制定方和适用范围管线钢应用技术标准可分为国际标准、国家（地区）标准、行业标准、企业标准等。如 ISO 3183 属国际标准，GB/T 9711 是国家标准，API SPEC 5L 可认为是行业标准，DNV OS - F101 可认为是行业标准或企业标准，西气东输分公司制定的 XQ15—2003 是企业标准。

按标准所涵盖的内容管线钢应用技术标准可分为两类：一类是仅限于钢管产品的标准，如 API SPEC 5L、GB/T 9711、ISO 3183 等；另一类是管线系统标准，如 DNV OS - F101、CSA Z662 等，在这些管线系统的标准中，除了将钢管产品作为标准内容的一部分外，标准中还涉及了作为管线系统的其他部分，如管线的设计、安装，甚至操作和维护等内容。

目前在我国使用的油气输送钢管的主要技术标准有 API SPEC 5L、GB/T 9711、DNV OS - F101，经常涉及的标准还有 ISO 3183、CSA Z662 等，主要特点是：

（1）API SPEC 5L《管线管规范》是美国石油学会制定的一个被普遍采用的规范。规范仅仅针对钢管产品，不包括管线的设计、选用或安装等。传统上 API SPEC 5L 的技术要求比较合理，兼顾了管线钢的技术要求与制造厂的实际生产可能性，但相对管线与制管技术的发展，API SPEC 5L 中的技术要求显得比较松，已经很少单独适用于管线项目对钢管的要求。

（2）DNV OS - F101（海底管线系统）是挪威船级社专门针对海底管线而制定的规范。涉及内容很广泛，包括管线设计、材料、制造、安装、检测、运行、维护等各方面。单就对钢管的技术要求，通常比 API SPEC 5L 要严格。

（3）ISO 3183 - 1（ - 2、 - 3）《石油天然气工业输送钢管交货技术条件第一部分：A 级钢管/第二部分：B 级钢管/第三部分：C 级钢管》是国际标准化组织制定的关于油气输送钢管交货条件的标准，根据钢管不同的服役条件，分成 A、B、C 三个级别。该标准也不涉及管线设计、安装等。技术条款制定得比较全面、详细。

（4）GB/T 9711 是中国标准化委员会管材专标委等同采用 ISO 3183 - 1( - 2)

标准制定的石油工业用输送钢管交货技术条件。

API SPEC 5L《管线管规范》和 ISO 3183《输送钢管交货技术条件》是国际上具有较大影响的管线管规范。相比之下，世界上大多数石油公司都习惯采用 API SPEC 5L 规范作为管线钢管采购的基础规范。国内按 API SPEC 5L 标准和工程设计要求生产管线钢仅 20 年历史。但 API SPEC 5L 是一个通用标准，世界各地地理、气候等自然条件差别很大，输送介质的性质也不尽相同，因此很多石油公司要求 API 的性质也不尽相同。很多石油公司将 API SPEC 5L 视为一个基础标准，在该标准基础上，根据当地实际情况或管线的具体要求制订质量技术补充规范（技术条件）。西气东输管线钢管的“技术条件”也是以 API SPEC 5L《管线管规范》为基础，结合西气东输管线的具体情况来制订的。

## 854. 管线用钢的发展趋势是什么？

随着石油和天然气工业的飞速发展，大口径、厚壁和高强韧性管线钢的需求量日益增加，在现代高级别管线钢生产中，改善强度和性能对于提高使用寿命具有重要的作用。油气输送管线一般承受较大的静、动载荷并承受油气流的冲刷和腐蚀，在寒冷地区还要考虑低温及应力腐蚀开裂对钢材的影响，因此管线钢除要求较高的强度以外，还特别要求高的塑性、韧性，低的韧－脆性转变温度以及良好的焊接性能，并特别要求优良的抗氢致开裂和抗硫化物应力腐蚀开裂性能等。如 API X120 级管线钢，在强度达到 1000MPa 的情况下，－30℃ 冲击功要求在 300J 以上，还应具有很好的焊接性，这代表了当前管线钢发展的主要趋势，即高强度、高韧性、良好的焊接性、抗大变形、抗氢致开裂和抗应力腐蚀开裂能力。

## 855. 管线钢一般技术要求有哪些？

现代管线钢属于低碳或超低碳的微合金化钢，是高技术含量和高附加值的产品，管线钢生产几乎应用了冶金领域近 20 多年来的一切工艺技术新成就。目前管线工程的发展趋势是大管径、高压富气输送、高冷和腐蚀的服役环境、海底管线的厚壁化，因此目前对管线钢的性能要求主要有以下几方面：

（1）高强度。管线钢的强度指标主要有抗拉强度和屈服强度。在要求高强度的同时，对管线钢的屈强比（屈服强度与抗拉强度之比）也提出了要求，一般要求在 0.85～0.93 的范围内。

（2）高冲击韧性。管线钢要求材料应具有足够高的冲击韧性（起裂、止裂韧性）。对于母材，当材料的韧性值满足止裂要求时，其韧性一般也能满足防止起裂的要求。

（3）低的韧脆转变温度。严酷的地域、气候条件要求管线钢应具有足够低的韧脆转变温度。DWTT 的剪切面积已经成为防止管道脆性破坏的主要控制指标。一般规范要求在最低运行温度下试样断口剪切面积不小于 85%。

（4）优良的抗氢致开裂（HIC）和抗硫化物应力腐蚀开裂（SSCC）性能。

（5）良好的焊接性能。钢材良好的焊接性对保证管道的整体性和野外焊接质量至关重要。近代管线钢的发展最显著的特征之一就是不断降低钢中的碳含量，随着碳含量的降低，钢的焊接性得到明显的改善。添加微量钛，可抑制焊接影响区韧性的下降，达到改善焊接性能的目的。这其中的难点和重点是高韧性。随着石油、天然气输送的不断发展，对石油管线钢性能的要求不断提高，尤其是对韧性要求的提高。这些性能的提高就要求把钢材中杂质元素 C、S、P、O、N、H 含量降到很低的水平。高强度、高韧性是通过控冷技术得到贝氏体铁素体组织来保证的，同时应降低钢中碳的含量和尽可能去除钢中的非金属夹杂物，提高钢的纯净度。其中要求碳含量不高于 0.09%、硫含量低于 0.005%、磷含量低于 0.01%、氧含量不高于 0.002%；输送酸性介质时管线钢要抗氢脆，要求氢含量低于 0.0002%；对于钢中的夹杂物，最大直径要小于 100μm，并要求控制氧化物形状，消除条形硫化物夹杂的影响。

## 856. 管线钢的组织类型分为几种？

管线钢的显微组织可以分为三种类型：铁素体－珠光体型、针状铁素体型、铁素体－马氏体型。其中，铁素体－珠光体型管线钢为第一代微合金管线钢，强度级别为 X42～X70；针状铁素体型为第二代微合金管线钢，强度级别范围可覆盖X60～X90。目前商用的管线钢主要为前两种类型。近年来发展的高级管线钢 X100、X120 中又出现了第三种组织类型，这种组织类型是在针状铁素体（贝氏体）的基体中含有少量马氏体与其他形式的贝氏体组织共存。

## 857. 针状铁素体型比铁素体－珠光体型管线钢有什么优点？

针状铁素体型管线钢与铁素体－珠光体型管线钢相比，针状铁素体型管线钢具有明显不同的应力－应变能特征，即针状铁素体型管线钢具有连续屈服行为，因而针状铁素体型管线钢在卷曲过程中不会发生包辛格效应。相反，经过成型后的管体屈服强度还会有所上升，因此，既无需考虑钢板在成型时的强度留有余量，也无需通过扩管来消除包辛格效应。

针状铁素体型管线钢不出现包辛格效应的原因是：其大部分显微组织为不规则非等轴状，晶粒界线模糊，没有“完整”的连续晶界，而且显微组织中的第二相不明显，因此不具备发生包辛格效应的条件。另外，针状铁素体型管线钢与铁素体－珠光体型管线钢相比，带状组织不明显，纵向性能差异小，具有相当高的横向性能。

## 858. X100与X120管线钢组织特点是什么？

X100或X120管线钢的显微组织明显比X70和X80管线钢的显微组织致密。X100管线钢的室温组织为针状铁素体、粒状贝氏体和下贝氏体的组合，表现出明显的细晶特征。X120管线钢的主要组织为下贝氏体+少量的马氏体，其优越性在于它的下贝氏体组织拥有比X80管线钢更细的晶畴（domain）。所谓“晶畴”是由结晶主轴取向差别小于10°~15°的“亚结构”组成的。晶畴的形成机制主要与终轧时奥氏体扁平晶粒的再结晶成核有关。

## 859. 管线钢的韧性是指什么？

随着天然气管道的管径不断加大，运行压力越来越高，发生管道延性断裂的风险也越来越大。管道的安全需要钢材具有更高的韧性，管线钢韧性的高低是影响管线断裂的关键因素。韧性是管线钢一种重要的力学性能，它被定义为管线钢在塑性变形和断裂全过程中吸收的能量。从物理意义上讲，韧性是对变形和断裂的综合描述，足够的韧性可以延缓或阻断断裂事件的发生。

在管线钢的发展进程中，管线钢显微组织上的变化是与管线钢强度、韧性的提高相适应的。研究表明，影响管线钢韧性的重要因素之一是显微组织。目前，高强度管线钢的韧性化正朝着晶粒细化和组织优化的方向发展。

## 860. 什么是管线钢氢致开裂HIC（hydrogen induced cracking）、硫化物应力开裂SSC（sulphide stress cracking）？

目前，我国输油、气管道服役条件很多为潮湿环境，且输送介质含$H_2S$和酸性物质较多。管线钢内易发生电化学反应，从阴极析出氢原子，氢原子在$H_2S$的催化下进入钢中。腐蚀生成的氢原子进入钢中，富集在夹杂物或偏析带周围，当氢原子结合成氢分子时，可产生很大的压力，萌生裂纹。裂纹沿着碳、锰和磷偏析的异常组织或沿着珠光体带以及马氏体、贝氏体状带相界扩展。氢致台阶式开裂是指形成平行于轧制面沿轧制方向的裂纹。如果裂纹在钢管近表面也表现为氢鼓泡。它的生成不需要外应力，与拉伸应力无关。

SSC是油气管线一种极为隐蔽的局部腐蚀形式，事故前没有任何预兆，一旦发生便会造成灾难性事故。输送酸性油气时，管道内部接触$H_2S$和$CO_2$，在应力和$H_2S$等腐蚀介质的共同作用下，发生与应力方向垂直的腐蚀，断裂时应力远低于钢材的抗拉强度，断口为脆性。

SSC主要见于高强度、高内应力钢构件及硬焊缝；HIC常见于低、中强度管线上。钢的强度越高，越易发生SSC。HIC和SSC都与氢的扩散和富集有关，可以归结于氢脆引起的开裂。

由于不同的作用机制，材料对抗 HIC 和 SSC 不一定有一致的敏感性。低强度钢在吸收大量氢的苛刻环境下发生 HIC，而高强度钢即使在吸收微量氢的和缓条件下也容易发生 SSC。

**861. 管线钢常见的 $H_2S$ 环境断裂分为哪两类，两者有什么区别？**

管线钢常见的 $H_2S$ 环境断裂可分为两类：一是氢致开裂（hydrogen induced cracking，HIC）；二是硫化物应力开裂（sulphide stress cracking，SSC）。

管线钢的氢致开裂是指在含有 $H_2S$ 的油气环境下，因 $H_2S$ 与管线钢作用产生的氢进入管线钢内部而导致的开裂，最常见的表现形式为氢致台阶式开裂。管线钢的硫化物应力开裂是指在含有 $H_2S$ 的油气环境中，因 $H_2S$ 和应力对管线钢的共同作用产生的氢进入管线钢内部而导致的开裂，是管线钢失效的另一种常见的失效形式。硫化物应力开裂是一种特殊的应力腐蚀，属于低应力破裂，所需要的应力值通常远低于管线钢的抗拉强度，多表现为在没有任何征兆下突发性破坏。

**862. 对高抗腐蚀管线钢有什么要求？**

随着油气输送管径和压力不断提高，新开发油气田中硫含量又较高的实际情况，对管线钢抗腐蚀性的安全性提出了很高的要求。为了提高输气管线的抗氢致开裂和抗硫化物应力开裂的能力，对高抗腐蚀管线钢提出了以下要求：

（1）钢板的硬度小于 HRC22 或 HV248；

（2）钢中的硫含量小于 0.002%；

（3）钢水须通过钙处理，改善夹杂物的形态；

（4）通过减少 C、P、Mn 含量，防止偏析和减少偏析区硬度；

（5）通过对 Mn、P 偏析的控制，避免产生带状组织；

（6）通过添加合金元素 Cu、Ni、Cr，形成钝化膜，防止氢的侵入。

**863. 管线钢的焊接脆化是指什么？**

对于管线钢来说，控制强度的高低并不是主要问题，在成型和施工时焊接热影响区的脆化才是关注的重点，因为焊接热影响区脆化常常是造成管线断裂、诱发灾难事故的根源。焊接脆化有多种形式，除了热影响区粗晶区的晶粒长大以及形成的不良组织所导致的脆化外，近年来管线钢在多通道焊接中还出现了一种临界粗晶区局部脆化现象。临界粗晶区局部脆化是指管线钢在多通道焊接过程中，当前焊道的粗晶区受到后焊道的两相区（$\alpha+\gamma$）的再次加热时，热影响区韧度最低，表现为临界粗晶区局部脆化。引起临界粗晶区局部脆化的主要原因是在多通道焊二次热循环的特定过程中形成粗大、富碳的 M/A 组织。

## 864. 针状铁素体或低碳贝氏体对焊接性能的影响是什么？

针状铁素体或低碳贝氏体是满足大线能量低焊接裂纹敏感性的组织。这类钢通过降低碳含量，提高低温韧性，降低焊接裂纹敏感性，加入少量合金提高强度，并通过控轧控冷工艺，达到减少珠光体量并使铁素体成为细小的针状组织或贝氏体组织。钢材在热轧后空冷条件下获得贝氏体组织，来代替普通低碳低合金钢构件的铁素体－珠光体组织，既提高了屈服强度，又有良好的韧性配合。在控冷条件下，即使大截面构件亦可得到均匀的贝氏体组织，均匀的强韧性，同时即使是小截面也不会出现马氏体组织。这就保证了新钢种具有良好的冷塑成型性和可焊性。

## 865. 高温氧化物质点对针状铁素体有什么影响？

高温氧化物质点对针状铁素体的影响分为两种情况：

（1）对高温形成的先共析铁素体的影响；

（2）对中温转变组织贝茵铁素体的影响。

中温转变组织贝茵铁素体与高温转变组织先共析铁素体的转变组织不同，从形态、亚结构上看，先共析铁素体是完整的，而贝茵铁素体是高密度的位错亚结构，图 10－4 为其示意简图。

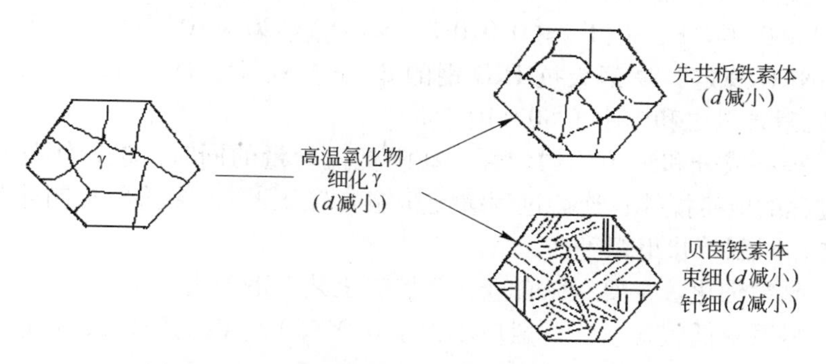


图 10－4　高温氧化物质点对针状铁素体的影响

d—晶粒尺寸

从图 10－4 可见，高温氧化物质点的形成，细化了奥氏体组织，最终不仅使高温转变组织先共析铁素体细化，而且也使中温转变组织贝茵铁素体中的针状铁素体针和针状铁素体束变细，从而优化了钢的性能。

## 866. 什么是抗大变形管线钢，其主要特点是什么？

管道的建造已经扩展到环境严酷的地区，例如寒冷地区、地震地区，尤其是海底深水处等。在这些苛刻的服役环境下，为了保证天然气的安全输送，必须要求管线在经历大变形的同时不会发生破坏，传统的基于许用应力的设计方法生产的管线钢是无法承受如此巨大应变的，这对管线钢的抗变形性能提出了更高的需要，从而研制生产出基于应变设计的抗大变形管线钢。此钢具有较高的应变硬化指数、较大的均匀伸长率和较低的屈强比，因而具有比普通管线钢更高的抗变形能力。

抗大变形管线的材料特征是：较高的纵向强度性能，较低的钢板各向异性，具有圆屋顶状的拉伸应力－应变曲线，高均匀伸长率和低屈强比（屈强比不大于0.88），可在较大的应变条件下安全工作。

## 867. 什么是抗酸性环境管线钢，其主要生产特点是什么？

SSC 和 HIC 是含 $H_2S$ 天然气输送管线的主要失效模式。国外抗 SSC 和 HIC 管线钢已自成体系。SSC 和 HIC 的产生及严重程度决定于输送气体介质中的 $H_2S$ 分压。当 $P_{H_2S}>300$Pa 时必须对管材提出抗 SSC 和 HIC 的要求。随着输气压力的提高，要满足 $P_{H_2S}\leqslant 300$Pa 的要求，必须将 $H_2S$ 含量降得非常低，例如 $p_0=10$MPa 时，需要将 $H_2S$ 含量降至 0.003% 以下。

其主要生产特点是：

（1）提高钢的纯净度。采用精料及高效铁水预处理（三脱）及复合炉外精炼。$w(S)\leqslant 0.001\%$，$w(P)\leqslant 0.010\%$，$w[O]\leqslant 20\times 10^{-4}\%$，$w[H]\leqslant 1.3\times 10^{-4}\%$。NKK 规定，高钢级抗 HIC 钢的 S、P、N、H、O 及 Pb、As、Sn、Sb、Bi 10 个元素含量之和应小于 $80\times 10^{-4}\%$。

（2）提高成分和组织的均匀性。在降低硫含量的同时，进行钙处理；钢水和连铸过程的电磁搅拌；连铸过程缓慢压缩（轻压下）；多阶段控制轧制及加速冷却工艺；限制带状组织等。

（3）晶粒细化。主要在微合金化和控轧工艺上下工夫。

（4）尽量降低碳含量（一般应不大于0.06%），控制锰含量，加铜。

## 868. 抗延迟断裂钢板的开发要点是什么？

（1）高洁净钢的冶炼：去除磷、硫、氧、氮等有害元素。

（2）直接在线淬火后采用快速加热回火。研究表明，低速加热回火可使钢板的渗碳体粗大，抗延迟断裂安全性指数大大下降，而快速加热回火的钢板渗碳体弥散分布，抗延迟断裂指数没有下降。同时，对于快速加热的钢材，随着作为氢陷阱的渗碳体弥散化，钢中氢存在的地点也分散化，因此也具备抗延迟断裂的性能。

（3）实施钢板的组织超细化控制。如组织控制：超细板条贝氏体、使组织多元化；如析出控制：超微细碳化物析出等控制。

## 五、海洋用钢

### 869. 造船用钢的发展趋势是什么?

为了适应现代造船业不断升级的技术设计需要，今后船用钢的焊接热影响区的脆性将向更低的方向发展（即最好能达到对焊接输入热量没有限制，可实现大线能量焊接）；焊接时钢板有很好的抗裂性能；热影响区不软化，钢板切断后应变小，抗疲劳及抗屈服强度高。为了达到这些效果，今后船用钢的技术发展趋势将是：

（1）不断探索晶粒细化、改善碳氮化合物的沉淀效果等技术。

（2）不断强化控制相变功能。

（3）进一步对硼、钙、铝等元素及硫化锰进行有效控制。

（4）从炼钢、连铸、控轧控冷、微合金化技术运用、热处理等方面都要对不同牌号的钢种采用最合理的保证措施。

### 870. 国际船级社有哪些，英文简称是什么?

国际船级社协会（International Assoclation of Classification Societies，IACS）共有十一个正式会员，它们分别是：美国船级社（ABS）、法国船级社（BV）、中国船级社（CCS）、挪威船级社（DNV）、德国劳氏船级社（GL）、韩国船级社（KR）、英国劳氏船级社（LR）、日本海事协会（NK）、波兰船舶登记局（PRS）、意大利船级社（RINA）和俄罗斯船舶登记局（RS）。另外还有两个联系会员：印度船级社（IRS）和克罗地亚船舶登记局（CRS）。虽然 LACS 包括联系会员在内才十三个会员，但是加入这十三个船级社的商船，其总吨位却占世界商船总吨位的 90% 以上。每年加入这十三个船级社船级的新造船舶的吨位也占新造船总吨位的 90% 以上。

### 871. 海洋用钢板的发展趋势是什么?

（1）高强度。提高海洋平台用钢板的强度级别，对于提高海洋平台的承载能力、延长平台使用寿命和维修间隔时间具有重要作用。

（2）厚规格。由于海洋平台的日益大型化，需要抗拉强度高达 800MPa 级、厚度达 125～150mm 的特厚板。新日铁开发的 210mm 厚自升式海洋平台用特厚板（HT80），屈服强度超过了 700MPa，抗拉强度超过了 850MPa。

（3）优良的低温韧性。随着对海洋开发区域的日益扩大，海洋用钢的低温韧性更显重要，F 级钢板需求量将大增。迪林根开发的用于北极圈库页岛的 S450 钢在 -60℃时冲击功超过 300J，满足了此类地区海洋开发的需要。

## 872. 海洋平台用钢板的特点是什么？

海洋平台用钢多用于深海、超深海（1000～3000m）工程，由于海洋平台无法规避风浪，必须适应百年一遇的海况，而且服役时间比船舶长50%。因此，其钢材的要求大大高于一般船舶用钢。一般要求具有高强度、高韧性、抗疲劳、抗层状撕裂、良好的焊接性及耐海水腐蚀等特性。

美国ABS按屈服强度将平台钢分为三级：235～305MPa、315～400MPa、410～685MPa；固定式平台多用前两个级别，移动式平台采用后一个级别。

考虑到平台构件的稳定性和可靠性，一些标准还规定了屈强比，屈强比：软钢不大于0.7，中高强度钢不大于0.85。

使用部位不同，钢板的厚度也不同：平台部分使用的钢板厚度为15～75mm；节点部位使用的钢板厚度为80～125mm；齿条用钢板厚度则为127～215mm。

## 873. 海洋平台用钢的发展趋势是什么？

海洋平台处在复杂、多变的海上，应用环境比较恶劣，要考虑到风载荷、波浪载荷、海流载荷、地震载荷等影响。这些特性要求海洋平台用钢要拥有更高的强度、更厚的规格、更好的抗层状撕裂、耐腐蚀性以及低温韧性。

（1）高强度：随着深海油气资源开发进一步加强，普通的355MPa级和420MPa级的平台用钢已经不能满足建造的要求。这就必然要求平台用钢具有更高的强度。我国首座3000m深水半潜式钻井平台所用的平台用钢的强度达到了700MPa。

（2）厚规格：随着海洋平台大型化，设备日益增多，使得平台用钢的厚度也在逐渐加厚。某钢铁集团生产出的海洋平台用调质高强钢A514CrQ的厚度达到了215mm。

（3）良好的抗层状撕裂性能：海洋平台用钢不同于一般的船用钢，其要求具有良好的抗层状撕裂性能。

（4）良好的耐腐蚀性：海洋平台长期服役于海上，易受到海水及海洋生物的侵蚀而产生剧烈的电化学腐蚀。这些腐蚀降低了结构材料的力学性能，缩短了其使用寿命。平台服役周期长，远离海岸，不能像船舶那样进行定期的维修和保养。这就要求海洋平台用钢具有良好的耐腐蚀性能。

（5）良好的低温韧性：随着海洋平台建造技术的提高，油气资源开发的区域日益扩大，海上环境日益复杂多变，这就对平台用钢的低温韧性提出了更高的要求。迪林根开发的用于北极圈库页岛的S450钢在－60℃时冲击功超过300J。

## 874. 油船货油舱用钢板的特点是什么？

随着中国等国家对海洋原油运输需求的迅速增加，原油运输安全性受到前所未有的关注。2000 年以来，国际海事组织（IMO）通过了一系列强制性规范，提高了原油船的安全等级要求。油船货油舱（COT）作为承载原油的主体容器，其用钢多为 20 ~ 36mm 厚板货油舱，总用钢量占整条船的 40% ~45%。

一般使用 A32、D32、A36、D36 厚板，规格多在 20 ~ 36mm 之间，数量大约占到油船用钢总量的 30% ~45%；随着高硫原油的大量开采和运输，油船货油舱腐蚀问题日益突出。IMO 规范要求货油舱下底板（10% NaCl，pH = 0.85）腐蚀速率小于 1mm/年，货油舱上顶板（$H_2S + SO_2 + O_2$）腐蚀速率小于 2mm/25 年。常规船板下底板腐蚀速率一般为 3 ~ 6mm/年，不能满足要求。

我国已研制开发的耐蚀钢腐蚀速率与传统钢相比，有以下特点：

（1）成分符合现有船标，成本增加不超过 20%，远远低于涂层成本；

（2）下底板腐蚀速率是传统钢的 1/13，上顶板腐蚀速率是传统钢的 1/2；

（3）力学性能、焊接性能及冷热加工性能与传统船板相当。

## 875. 海底管线用钢的技术特点是什么？

海底油气管线设备是指海底油气资源开采后的输送装备，由于海洋环境的恶劣性，海底管线用钢对质量稳定、产品性能提出了比陆地管线更高的要求，普遍要求钢管具有很高的横向强度、纵向强度、高低温止裂韧性、良好的焊接性、抗大应变性能，另外还要求较高的抗海水腐蚀性能，目前国际上广泛采用 API X42 ~ X80 的高强度管线钢。

## 876. 舰船用钢的技术特点是什么？

舰船用钢在服役期间要承受复杂的动态载荷，在船舶的建造和组装过程中，结构件会产生巨大的应力，舰艇无限航区的航行要承受所在位置和温度的考验，为了使船舶能在恶劣环境下持续航行，同时为减轻船体自重，增加船舶的载质量、提高船速，要求船板钢具有高强度、高精度、良好的低温冲击韧性以及焊接性能等，而这些需要冶炼成分、纯净度和轧制工艺来保证。

国际上的趋势是开发大规格的高强度、高韧性和高塑性产品，开发可抑制船舶涂膜劣化的新型钢板，开发无需涂装耐蚀厚板。目前，新日铁开发的无需涂装耐蚀厚板 NSGP - 1 已用在日本邮船会社（NYK）正在建造的超大型油轮上。

## 877. 海洋工程装备用钢的发展方向是什么？

（1）屈服强度达 420 ~ 460MPa 的高强度钢板和屈服强度达 550 ~ 780MPa 的

超高强度钢板。

（2）具有高疲劳极限和高止裂特性，厚度为45～80mm的厚板和厚度为80～300mm的特厚板。

（3）输入热量为80～150kJ/cm的大热量输入型钢板和输入热量为200～600kJ/cm的特大热量输入型钢板。

（4）耐腐性、耐磨损性、耐低温性能厚板。

### 878. 大厚度海洋工程建造用钢板的主要技术要求是什么？

根据《中国海洋石油采办规范》要求，常用的EH36应该满足：

（1）性能均匀性：要求对钢板不同部位性能的均匀程度进行控制。

（2）韧脆转变温度：要求韧脆转变温度不高于－40℃。

（3）应变时效性能：要求钢板在人工时效条件（拉伸5%，加热250℃，保温1h）下的韧脆转变温度不高于－40℃，纵向冲击功不低于34J。

（4）无塑性转变温度：要求钢板的无塑性转变温度（NDTT）不高于－40℃。

（5）焊接性能：要求满足X型、K型坡口焊对接接头焊缝金属中心、熔合线、距熔合线2mm和5mm处－40℃冲击试验值不低于34J。

（6）最高硬度不大于355（HV5）。

（7）CTOD性能：要求－10℃时CTOD特征值不低于0.15mm。

（8）表面质量：钢板的表面不允许有裂纹、气泡、结疤和夹杂。

## 六、大线能量焊接钢板

### 879. 什么是大线能量焊接，其主要焊接工艺有哪些？

焊接线能量为焊接电流$I$(A)、电弧电压$E$(V)及焊接速度$v$(cm/s)的函数，其值等于$IE/v$(kJ/cm)；钢材能够承受的焊接线能量越大，焊接速度越高，焊接施工效率越高。能够承受线能量超过50kJ/cm的钢材称为大线能量焊接用钢。其主要应用钢种为船板、油罐、高层建筑结构等领域，随着钢板厚度、强度和焊接效率的提高，要求钢板具有更高的焊接性能，以适应大线能量焊接，适应大线能量焊接已经成为厚板的发展趋势。

目前国内常见的大线能量焊接方法如下：

（1）双丝串列埋弧自动焊：适合9～35mm钢板的双面单道焊，焊接线能量范围为9～140kJ/cm。

（2）FCB法多丝埋弧自动单面焊：适合8～35mm钢板的单面焊，焊接线能量范围为40～220kJ/cm。

（3）单丝气电自动立焊：适合 9 ~ 32mm 钢板，焊接线能量范围为 40 ~ 220kJ/cm。

（4）双丝气电自动立焊：适合 50 ~ 80mm 钢板，焊接线能量范围为 250 ~ 680kJ/cm。

### 880. 普通钢材为什么不能采用大线能量焊接方法？

大线能量焊接时，温度随时间的延长而升高，且一道次焊接比多道次焊接时焊后冷速低，容易导致热影响区的高倍组织粗化，奥氏体晶粒严重长大，在随后的相变过程中易形成上贝氏体等粗晶组织，造成焊接接头的强度和韧性恶化，同时产生焊接裂纹的几率增加。

### 881. 大线能量焊接钢板主要制造技术有哪些？

研究制造大线能量焊接钢板主要采用了以下三种技术：

（1）微钛合金化技术：这是目前广泛采用的一种技术，主要采取了添加微量钛使 TiN 析出以抑制焊接时奥氏体（γ）的晶粒粗大化和使铁素体（α）形核增加的特殊处理，同时为了确保焊接接头的韧性，对钢板采取了低碳化而依靠 TMCP 轧制以提高强度的技术，基本适应了用户的需求。这一技术最大线能量输入量能达到 100kJ。

（2）氧化物冶金技术：通过工艺控制钢中超细氧化物的形成和分布，利用其在钢中形成的弥散分布的氧化钛质点抑制焊接热影响区的晶粒粗化，从而大幅度提高焊接热影响区的韧性。这一技术能大大提高钢板的线能量输入量到 600kJ，能够对厚 100mm 的高强度厚板在一次焊接下完成。

（3）低碳多方位贝氏体技术：通过生成微细低碳多方位贝氏体，抑制焊接熔融线附近的奥氏体晶粒粗大化，并使奥氏体晶粒组织微细化，减少 MA 的形成，从而提高钢板的焊接线输入量。

### 882. 实现大线能量焊接（high heat input welding）的技术关键是什么？

鉴于传统的低合金高强度钢（HSLA）进行焊接一般只能承受 35kJ/cm 以下的线能量，采用大线能量（50 ~ 400kJ/cm）焊接务必使 HSLA 的粗晶热影响区（CGHAZ）性能（强度、韧性）不可避免地发生恶化。要使钢材能承受大线能量焊接，技术的关键就在于如何细化粗晶热影响区（CGHAZ）的晶粒，如何突破冶金关，如何在钢中生成弥散分布的高熔点的第二相质点（氧、氮化物或氧、硫化物），如何突破焊接关，如何控制大线能量焊接后 CGHAZ 内晶粒大小。

**883. 大线能量焊接钢中微细第二相粒子的选择原则是什么?**

(1) 良好的热稳定性：在1400℃左右高温下不发生溶解或长大。

(2) 微细夹杂物粒径的有效范围：阻止奥氏体晶粒粗大并促进晶内铁素体生成。

(3) 合理的体积分率：足够数量的微细夹杂物，并满足钢的纯净度要求。

(4) 能够在钢中均匀、弥散分布。

**884. 钢中微量 Ca、Mg、Zr、RE 等元素提高大线能量焊接区韧性的原因是什么?**

(1) Ca 和 Mg 与钢中的 O 和 S 具有极强的亲和力。

(2) Ca 和 Mg 所形成的第二相粒子能够提高晶内铁素体形核率，促进有利于韧性的细密状针状铁素体组织形成，提高焊缝热影响区的性能。

(3) Ca 和 Mg 的氧化物、硫化物及其复合化合物熔点高、热稳定性好。

**885. 什么是氧化物冶金技术，对大线能量焊接的作用原理是什么?**

氧化物冶金技术是指，通过对钢中析出物的精细控制产生纳米级微细夹杂物，均匀弥散分布于钢材中，在焊接加热时对晶界起钉扎作用，避免晶界过分长大。主要用于要求进一步提高钢板焊接性能，在采用大线能量焊接工艺后焊接热影响区的性能不应低于母材性能的钢板生产，如高层建筑、海洋平台、造船、管线和桥梁工程等领域的高品质厚钢板。

技术发展过程为：第一代氧化物冶金技术：控制以 $TiO_2$、TiN 为主的微细夹杂物作为钉扎析出物；第二代氧化物冶金技术：日本新日铁开发的“HTRFF”技术。

氧化物冶金技术主要原理为：

(1) 高温下（固相线温度附近）控制钢中稳定生成微细的 Mg、Ca 氧化物、硫化物粒子作为钉扎粒子；

(2) 焊接过程中钉扎粒子能够有效地钉扎奥氏体晶界，抑制晶粒长大；

(3) 大线能量焊接后，厚板热影响区韧性进一步提高。

TiN 氧化物冶金工艺与传统工艺生产的钢板焊接区组织对比如图 10 - 5 所示。

**886. 目前，氧化物冶金技术主要应用有哪些?**

就目前阶段而言，这方面的技术研究我国正处于深入阶段，但有效的成果和应用业绩不如日本、韩国。

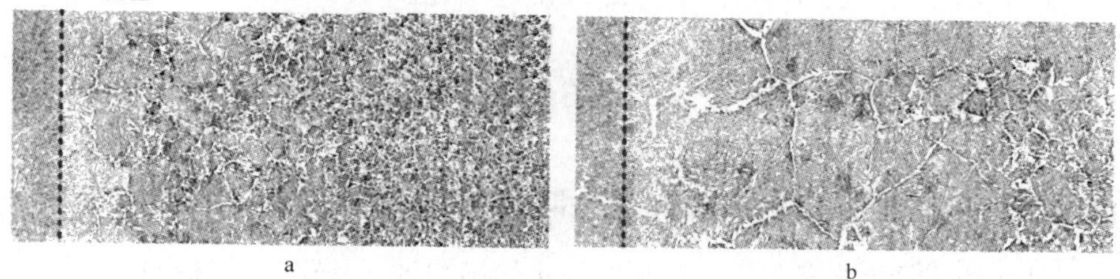


图 10－5　TiN 氧化物冶金工艺与传统工艺生产的钢板焊接区组织对比图
a—TiN 氧化物冶金工艺钢板；b—传统工艺钢板

（1）宝钢通过对钢中析出物（TiN 或 $ZrB_2$）和（或）夹杂物（氧化物和包裹于其上的 MnS）形态的控制，最终实现优良的 500kJ/cm 以下的大线能量焊接性。

（2）浦项的研发思路是利用（Ti－Mg）O 或（Ti－Mg）O－(Ti，B）N 复合析出的数量和大小，并适当分布，促进针状铁素体和多边铁素体形成，实现 100kJ/cm 以上的大线能量焊接性良好。

（3）住友金属通过调整化学成分，控制 Ti/N 值，控制钢板表面和中间部位的硬度，实现 50mm 以上钢板 400kJ/cm 以上的大线能量焊接性良好。

（4）对于 500kJ/cm 以上的大线能量 HAZ 韧性优良钢板的研发，神户制钢在低碳、增锰的成分设计前提下，根据化学成分的含量，使 Ti、Al、Ca 的氧化物系夹杂物适当地分散，并控制其大小，实现 HAZ 韧性良好，同时通过控制钢的晶粒直径和 MA 量，获得了母材低温韧性良好的效果。另一种研发思路是采用控制 TiN 数量、大小的方法，实现 HAZ 韧性良好，同时进一步抑制规定位置的 MA 生成，实现母材韧性优良。

## 887. 改善大线能量焊接热影响区（HAZ）韧性主要有哪些方法和手段？

HAZ 韧性变差是受上贝氏体中生成的被称作岛状马氏体（MA）的硬化组织所支配。为改善大线能量焊接时 HAZ 韧性，重要的是要减少岛状马氏体，实现钛量和氮量的最佳平衡。

改善 HAZ 韧性的方法有：

（1）减少裂纹发生点的硬化相（碳化物、高碳马氏体等）；

（2）改善母相韧性（减少固溶碳、氮）；

（3）细化有效晶粒尺寸，限制裂纹扩散，具体的办法是降低硅、铝含量，抑制 MA 生成，铝降低、MA 减少，硅降低、MA 易分解；

提高 HAZ 韧性的手段有：

（1）利用 TiN 及 REM（O，S），细化 HAZ 组织；

（2）低氮化；

（3）细小夹杂粒子作为 IAF 形核核心，提出的合金化系列有 TiN－MnS 系、REM－Ti 系、Ti－B 系等。

### 888. 开发大线能量低焊接裂纹敏感性钢具有什么实际意义？

在大线能量焊接条件下，钢板的焊接热影响区（HAZ）晶粒粗化，性能恶化，易产生焊接裂纹等问题是影响产品的安全可靠性和质量的主要问题。压力容器用钢板出现焊接裂纹，轻者要进行返修、精整；重者会导致废品，更甚者可能致使整个成套工程严重受损，可见焊接问题至关重要。因此，开发大线能量低焊接裂纹敏感性钢（high heat input welding steel with low susceptibility to crack）有着其重要的实际意义。

## 七、特殊用途钢板

### 889. 什么是耐火钢，它有什么特点？

耐火钢：一般规定在 600℃、1～3h 内的屈服强度大于室温屈服强度的 2/3，用于钢结构建筑或高层大型建筑，在一定条件下具有防火抗坍塌功能的工程结构钢。

钢结构最致命的弱点是钢的耐火性能非常差，钢的内部晶体组织对温度非常敏感，温度升高或者降低都会使钢材性能发生变化，钢结构通常在 450～650℃时就会失去承载能力，发生很大的形变，导致钢柱、钢梁弯曲，结果因变形过大而不能继续使用。

从钢材的力学性能与温度的关系可以得出，总的趋势是随着温度的升高，钢材的强度降低，变形增大。在 200℃以内，钢材性能没有很大变化；430～540℃强度急剧下降；600℃时强度很低不能承担载荷。

### 890. 耐火钢生产技术特点是什么？

（1）耐火钢不同于耐热钢，耐热钢对钢的高温性能，如高温持久强度、蠕变强度、疲劳性能等都有严格的要求。而耐火钢在性能上不需要保持长时间的高温强度，只要在 600℃左右高温下、1～3h 内，其屈服强度值不低于室温数值 2/3 即可。

（2）为了确保钢的耐火性，应添加适量的钼使之形成微细的碳化物，利用其固溶强化来提高高温强度。但要考虑钼的适量，如果过高则易恶化焊接性及热影响区的韧性。

（3）利用铌、钒等合金元素的细晶强化和沉淀强化作用，保证钢板的强韧性。

（4）利用氧化物冶金技术，对钢中的夹杂物作变形处理，为最终的产品各项力学性能及焊接性能的优良打好基础。

（5）实施最合理的 TMCP 工艺，以保证钢板的组织为铁素体 + 珠光体，同时获得理想尺寸的晶粒大小。合理的 TMCP 工艺可使材料在热轧状态下就能获得理想的组织结构。最终能使钢板在获得好的强韧性匹配的同时，具备低的屈强比。

**891. 提高钢板耐候性和耐火性的技术关键是什么？**

在钢中添加 Mo、Cr、V、Nb、Ti 等微量元素，交互形成微细的碳、氮化物，阻止位错滑移，使其具有足够的高温屈服强度，确保钢在 600℃以下的屈服强度不低于室温下的 2/3。添加抗大气腐蚀元素 Cu、P、Ni、Cr 等以后，使其耐大气腐蚀性能为普通建筑用钢的 4 ~ 8 倍。

**892. 钢材耐热性能是指什么？**

耐热性能是指在高温下，既有抗氧化或耐气体介质腐蚀的性能即热稳定性，同时具有足够的强度即热强性。耐热性能主要包括高温下的蠕变性能、持久强度、疲劳性能、松弛性能等。

**893. 什么是耐热钢，它有什么特点？**

耐热钢：在高温环境中保持较高持久强度、抗蠕变性和良好化学稳定性的合金钢。耐热钢按其性能可分为抗氧化钢和热强钢两类。抗氧化钢又简称不起皮钢。热强钢是指在高温下具有良好的抗氧化性能并具有较高的高温强度的钢。

耐热钢按其正火组织可分为奥氏体耐热钢、马氏体耐热钢、铁素体耐热钢及珠光体耐热钢等。

耐热钢常用于制造锅炉、汽轮机、动力机械、工业炉和航空、石油化工等工业部门中在高温下工作的零部件。这些部件除要求高温强度和抗高温氧化腐蚀外，根据用途不同还要求有足够的韧性、良好的可加工性和焊接性，以及一定的组织稳定性。

耐热钢和不锈耐酸钢在使用范围上互有交叉，一些不锈钢兼具耐热钢特性，既可作为不锈耐酸钢，也可作为耐热钢使用。

**894. 什么是耐热铁素体不锈钢，它的主要特点是什么？**

在钢的化学成分中，铬含量为 25% ~ 28%、碳含量小于或略大于 0.10%

（有的加0.80%左右的钛，有的加5.0%左右的铝）的铁素体类钢称为耐热铁素体不锈钢。其在任何固态温度下都是铁素体单相组织，特点是导热性较差，热导率只有一般碳钢的50%，线膨胀系数大。

这类钢的主要特点：一是加热温度要控制在1100~1200℃，不宜太高，以避免晶粒过分粗大；二是终轧温度在750~850℃，终轧温度过高得不到细化的晶粒，过低则塑性降低，变形抗力过高，轧制困难。

**895. 什么是奥氏体不锈钢，它的主要特点是什么？**

常见的奥氏体不锈钢有0Cr18Ni10、0Cr18Ni9、1Cr18Ni9Ti等，这类钢在任何固态温度下都是奥氏体单相组织。这类钢为低碳、超低碳钢，碳含量小于0.02%，当碳含量大于0.02%时，则钢中铬会形成复杂的铬碳化物，影响钢的高温性能。

这类钢的主要特点：一是在900~1250℃时有较好的塑性，终轧温度要在850℃以上；二是这类钢轧后不需要缓冷或热处理，无组织应力产生。

**896. 什么是马氏体不锈钢，它的主要特点是什么？**

常见的马氏体不锈钢有2Cr13、3Cr13、4Cr13、Cr5Mo、9Cr18等。

这类钢的特点：一是轧制时变形抗力较大，4Cr13的变形抗力为碳含量约0.10%碳钢的1.6倍，不宜采用大压下量轧制，加热温度应尽量高一些，这种钢在900~1200℃时有较好的塑性，因此终轧制温度应在900℃以上；二是马氏体不锈钢对热应力很敏感，热轧后易在轧件表面形成许多裂纹，因此冷却速度要根据钢种、规格和用途确定，要求轧后在850℃以上进缓冷箱，缓冷终了温度要小于150℃；三是清理表面缺陷前，钢锭、钢坯应进行软化退火处理，避免产生研磨裂纹。

**897. 钢的耐腐蚀性能是指什么？**

钢的耐腐蚀性能是指钢板抵抗周围介质腐蚀破坏作用的能力，它是由材料的化学成分、组织形态决定的。金属材料的化学性能最主要的是指它的耐腐蚀性。耐蚀性不是材料固有不变的特性，它随材料的工作条件而改变。

**898. 什么是耐腐蚀钢，它有什么特点？**

耐腐蚀钢是指在碳素钢中加入合金元素的总量低于3%左右的铜、镍等耐腐蚀元素。加入的合金元素种类、含量不同，所起的作用不同。

耐蚀低合金钢具有优质钢的强韧性和塑性，易于加工，焊接性能好，使构件具有很好的抗锈蚀能力，其结构具有服役年限长、质量轻、维护费用低的优势。

根据在不同介质中的耐腐蚀性能，可将耐蚀低合金钢分为如下几种：

（1）耐大气腐蚀钢种；

（2）耐海水腐蚀钢种；

（3）耐硫化氢腐蚀钢种。

## 899. 什么是耐候钢，它有什么特点？

耐候钢是指在碳素钢中加入少量合金元素（如铜、磷、铬、钼、钛、铌、钒等），使其在钢表面形成一层致密的保护膜，经过数年表面形成一层稳定的高致密性锈蚀层，它能防止锈蚀进一步向内部渗透，无需进行表面涂装，也就是所谓“以锈制锈”的钢材。这类钢与碳钢相比，具有良好的抗大气腐蚀能力。

低合金高耐候钢即耐大气腐蚀钢，是近年来在我国开始推广应用的新钢种，广泛用于铁路车辆、火车车厢、各种耐候建筑结构件、塔架、桥梁辅助结构件等方面。

高耐候性低合金结构钢产品包括热轧钢板、冷轧钢板和型钢。通常在交货状态下使用，可制作拴接、铆接和焊接结构件。作为焊接结构用钢的厚度，一般不大于16mm。

高耐候性结构钢标准为GB/T 4171—2008，主要牌号有09CuPCrNi－A、09CuPCrNi－B、09CuP、09CuPTiRE等。

## 900. 什么是耐低温钢，它有什么特点？

钢的耐低温性就是指钢在0℃以下使用时能搞保证钢材的强度、塑性、韧性等性能，满足构件制作与使用的要求。

一般碳素钢的安全使用温度在－45℃以上，纯净度较高的铝镇静钢的韧－脆性转变温度在－60～－55℃，所以这类钢仅用于环境温度不低于－40℃的钢结构，在石油化工领域用于制造液化乙烷（－10℃）和液化丙烷（－45℃）的设备。

低合金钢的韧－脆转变温度在－80～－40℃之间，不推荐作为低温结构用材。

能在－196℃以下使用的，称为深冷钢或超低温钢。

低温钢主要应具有如下的性能：

（1）韧性－脆性转变温度低于使用温度；

（2）满足设计要求的强度；

（3）在使用温度下组织结构稳定；

（4）良好的焊接性和加工成型性；

（5）某些特殊用途还要求极低的磁导率、冷收缩率等。

低温钢按晶体点阵类型一般可分为体心立方的铁素体低温钢和面心立方的奥氏体低温钢两大类。

**901. 高韧性、低温用钢组织和工艺的设计原则是什么?**

高韧性、低温用钢组织和工艺的设计基于以下几个原则:

(1) 利用先进的冶炼设备,采用 KR 脱硫、顶底复合吹炼、RH 真空处理和连铸全过程保护浇铸等工艺,充分降低 S、P 含量和气体夹杂,提高钢质的纯净度;

(2) 采用工艺的方法改善钢中夹杂物的大小、形态和分布;

(3) 降低碳含量,添加合金元素 Ni、V、Nb,利用钢中强碳化物形成碳氮化物第二相质点的弥散分布,细化晶粒,提高钢的强度、低温韧性和焊接性;

(4) 采用适当的热处理工艺,保证钢板组织为稳定的铁素体 + 珠光体组织,使钢板在经热加工、焊接、SR 处理等加工工艺后组织保持稳定,从根本上保证采用高韧性、低温用钢制造的低温压力容器具有优良的低温韧性。

**902. 镍系低温结构钢的主要应用和产品特点是什么?**

镍系低温结构钢广泛应用于制造储存和运输低温液体的大型容器。其中,3.5Ni 钢在 -104℃下用以存储乙烯、乙炔、乙烷、干冰和丙烷;5Ni 钢可以用作液化天然气的存储容器;9Ni 钢的低温性能更为优异,是唯一在深冷状态下使用的含镍钢,除能在 -162℃ 级储存液化天然气外,还可以用于储存液态氧(-183℃)、液态氮(-196℃)的结构材料(代替奥氏体不锈钢)。

液化天然气(liquefied natural gas,LNG)及乙烯工程用镍系低温钢主要包括 9% Ni、5% Ni 和 3.5% Ni 三个钢种,由于其在 -196 ~ -100℃ 超低温条件下具有良好的强韧性匹配,因此是制造大型 LNG、乙烯等低温储罐的关键金属材料。

镍系低温结构钢的主要特点是高镍、钢质极为纯净、强度较高、低温冲击韧性高、焊接性好。

**903. 什么是超低残余应力中厚板,其主要特点是什么?**

在造船、建筑和造桥领域,中厚板在经过剪切成各种形状和尺寸后被作为组装件。这就要求商业化的中厚板具有良好的可加工性,具有无变形剪切及较长的疲劳寿命等。中厚板中的残余应力一般主要是由于生产过程中中厚板的温度分布差异造成的。当具有一定温度分布的中厚板被冷却到室温时,由于位置不同,会出现不均匀的冷收缩。这种不均匀的冷收缩会产生残余应力,无论是在各中厚板内还是各块中厚板之间,这样在剪切过程中也存在着变形偏差。

在采用具有良好冷却均匀性的冷却技术后，TMCP 中厚板的残余应力降低到与一般轧制的中厚板（无水冷却）一样的水平。不但可以大大提高冷却效率，实现高速率的超快速冷却，而且可以突破高速冷却时冷却均匀性这一瓶颈问题，实现板带材全宽、全长上的均匀化的超快速冷却，因而可以得到平直度极佳的无残余应力的板带材产品。

## 904. 大型石油储罐用钢板的发展趋势是什么？

大型石油储罐用钢板是以低 C – Si – Mn 钢为基础、适量添加合金化元素且抗拉强度不低于 590MPa 的低合金高强度钢板。依据焊接特性分为两类：大线能量焊接钢板和大线能量低焊接裂纹敏感性钢板，主要用于制作大型石油储罐。其主要发展趋势是：

（1）随着储罐用钢板向大型化方向发展，钢板性能向高屈服和抗拉强度、高韧性、高均匀性和高稳定性发展。

（2）钢板焊接要求更高的焊接性能，多要求采用不大于 100kJ/cm 大线能量焊接后，其 HAZ 塑韧性不明显降低；有的还要求适合无预热现场焊接，焊后不产生焊接冷裂纹。

（3）采用新技术途径和新生产工艺来生产大线能量用钢，将钢中的碳含量设计成 $w(\mathrm{C}) \leqslant 0.09\%$，采用“低氮—高铝—微量钛”的技术方式。特别是 JFE 株式会社采用了“低氮—高铝—微量钛”方式生产大线能量用钢 JFE – HIT-EN610E，彻底解决了大线能量焊接时热影响区韧性恶化的问题。

## 905. 什么是高强塑积钢，其主要特点是什么？

强塑积是指高的“抗拉强度×断后伸长率”。高强塑积钢是在高屈服强度的条件下，具有较高的均匀伸长率。该类钢具有良好的综合性能，而且一般具有较低的屈强比、较高的 $n$ 值和强塑积 $R_{\mathrm{m}} \times A$，从而具有均匀塑性应变能力，使钢材具有良好的成型、抗冲撞、抗震和在超载条件下（即超过钢材屈服强度的应力条件下）工作的高强理性和使用性能。例如，2006 年 JFE 公司利用新型形变热处理技术 Super – OLAC + HOP 开发出了 700MPa 级高强塑性钢，其贝氏体基体上弥散分布的 MA 岛体积百分比约为 8%，在满足强度的基础上，均匀伸长率达到 12% ~14%；同年 JFE 公司采用热轧形变热处理 TMCP 技术开发出了 800MPa 级高强塑性钢，总伸长率达 21% ~22%。

## 906. 三代核电技术 AP1000 核电用钢的特点是什么？

三代核电技术 AP1000 核电用钢所需的中厚板主要有核级材料 SA508CL3、SA533B，用于核岛压水堆，厚度在 100mm 以上，钢中含 Mo、Ni，淬火 + 回火交货，以前全部从法国进口，现舞钢、宝钢已开发生产，SA738GRB、SA516GR70等用于安全壳防泄漏钢衬里、容器设备等，规格 6 ~ 120mm，有探伤、热处理、试样模拟焊后热处理、Z 向性能等要求，强度波动范围窄，宝钢、鞍钢已生产供货。非核级材料有 Q235B、Q345B、Q390B、Q420C 等，规格 6 ~ 250mm，有探伤、热处理、Z 向性能等要求。

## 第三节 新工艺与新技术

### 907. 什么是热模拟实验，热模拟实验机的主要作用是什么?

热模拟实验是利用小试样，通过物理模拟实验过程，再现钢铁材料在制备和热加工过程中的受热或同时受热受力的物理过程，充分暴露和揭示金属材料在该过程中的组织和性能变化规律。

物理模拟是指缩小或放大比例，或简化条件，或代用材料，用试验模型代替原型的研究。对于材料加工工艺来说，物理模拟通常指利用小试件，借助于某试验装置再现材料在制备或加热过程中的受热、或同时受热和受力的物理过程，充分而精确地揭示材料或构件在热加工过程中的组织与性能的变化规律，评定或预测材料在制备或热加工时出现的问题，为制定合理的加工工艺及研制新材料提供理论指导和技术依据。

热模拟实验是新产品开发过程中不可或缺的一种实验手段。热模拟实验机可以模拟温度、位移、力、扭矩、扭角、速度、应力应变等参数，能够开展多种实验，如拉伸、单道次压缩、多道次压缩、平面应变压缩、扭转、焊接热循环、焊接热影响区连续冷却转变、零强度温度测定、零塑性温度测定、扩散焊、电阻对焊、静态和动态 CCT 曲线、应力松弛、热疲劳、热裂纹敏感性、相变点测试、控轧控冷、沉淀强化、静动态再结晶等。

### 908. 实验轧机的作用是什么?

实验轧机是轧制领域进行实验研究工作的重要手段，轧制产品的开发和工艺优化，一般需要通过实验室热力模拟实验—实验室模拟轧制实验—工业轧制实验的途径进行。实验室模拟轧制实验主要是利用各类实验轧机，通过热轧或冷轧模拟实验，研究如下内容：

（1）轧制过程金属塑性变形行为；

（2）轧制过程工艺参数的设定、优化；

（3）组织性能控制。

与热力模拟实验相比，模拟轧制实验可以直接得到材料力学性能测试的试样，提供更为全面的实测信息。与直接进行工业实验相比，可以大量缩短研究开发周期，节省人力和物力的投入成本。

### 909. 钢板轧制过程中组织－性能预报与控制技术的主要思想是什么？

在钢材新产品的研究开发过程中，利用现代化的信息处理手段及相关物理冶金学模型，对钢材生产中的各种金属学现象，如奥氏体再结晶，奥氏体向铁素体、珠光体和贝氏体的相变等，进行计算机模拟，预测产品的组织状态和力学性能，即采用组织－性能预报与控制技术，使钢材研究过程模型化、定量化、智能化、信息化，实现钢材生产的精确化和定量化控制，达到优化工艺、优化成分、减少盲目性、减少试验量、缩短研究开发周期的目的。

### 910. 何为钢板的柔性轧制，其主要特点是什么？

所谓柔性轧制技术（flexible rolling technology，FRT）是指能够导致轧制过程具有较大灵活性和适应性的轧制技术，一般分为两种类型：一是对钢板的形状尺寸方面动态调整压下的（动态改变厚度的 FGC 技术）柔性轧制技术，二是组织性能控制方面的柔性轧制技术。

钢材的柔性轧制是指从流程的角度统一考虑炼钢和轧制的综合效果，合理地利用洁净钢冶炼技术的优势条件，在实时数据库、数据仓库为精确控制提供数据和神经网络、专家系统等智能方法的技术支持下，以对轧制过程有足够能力地进行冷却曲线的控制和全线温度控制为前提，以有效发挥现代强力型轧机配备强力冷却装置的能力为基础，以有充分余地进行压下负荷分配为手段，用同一钢种生产不同级别的钢板，或用不同的钢种生产同一级别的钢板的轧制技术。

钢种的柔性轧制是以 TMCP 为基础的，通过归并减少了炼钢品种类别，简化了原料的管理，实现了冶炼和轧制的集约化生产，以生产线的柔性、灵活性应对用户需求的多样化。它体现出冶炼技术和轧制技术的进步，反映了从流程上考虑材料性能的发展趋势，是钢板经济化生产的重要方法。对于中厚钢板的柔性轧制，重点突出连铸—轧钢一体化的工艺技术环节。

### 911. 实施柔性轧制所需要的条件是什么？

（1）具备稳定可靠的经济洁净钢冶炼和连铸生产技术：一是钢成分命中率要高，实行窄成分控制，减少成分波动对性能的影响；二是铸机能够进行动态软压下，减少偏析，实现高均质连铸的生产。

（2）具有高刚度大功率的轧机，有充分余地进行压下负荷的分配；拥有大范围可控的强力冷却装置，有充分的能力进行冷却曲线的控制和轧件的全线温度控制。

（3）具有计算机在线智能化信息处理技术，能实现实时数据库、数据仓库为精确控制提供数据支持；具备神经网路、专家系统等智能方法从海量数据中提取知识的能力。

## 912. 什么是钢板的大规模定制，大规模定制的前提条件是什么？

钢板的大规模定制是生产者以用户需求的“质量、成本、供货时间”三个要素为需求目标，以柔性轧制技术为基础，将钢板传统的大规模生产方式中的订单接受由“市场调研→生产计划制定→批量生产→产品→用户选择”，改变为“用户订单→敏捷生产→产品”，如图 10－6 所示，其特点是将产品区分点后移，缩短供货时间，缩短制造周期，将由用户选购库存产品，变为按用户订单生产产品。

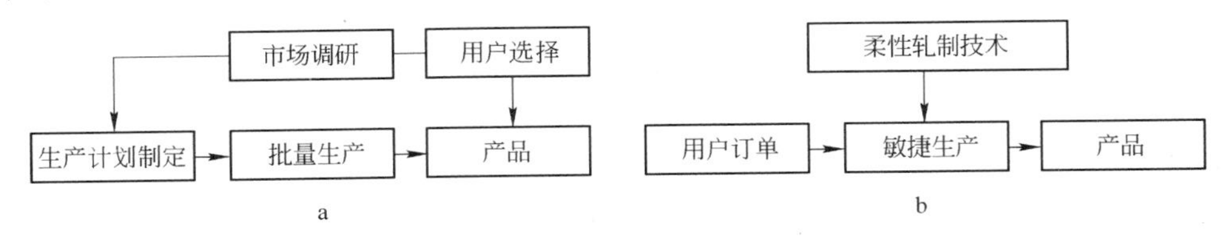


图 10－6 传统大规模生产与大规模定制方式的比较
a—传统大规模生产方式；b—大规模定制生产方式

大规模定制必须以精准的操作、控制技术及完善的系统流程作为基础，才能付诸实施。还需要在坯料化学成分确定的条件下，深入研究并掌握轧制与冷却工艺参数对产品组织和性能的影响，并能够通过在线控制和调整工艺参数来克服性能指标的偏差，以保证产品的质量要求。

## 913. 什么是在线回火热处理技术（HOP），有什么特点？

在线回火热处理技术（HOP）是日本开发的一种使用电磁感应器，用感应电流通过钢板时产生的热来进行加热回火的方法。此技术是与快速冷却相结合使用的，其特点和优点如下：

（1）回火升温速度快（比离线回火高出 1～2 个数量级）。

（2）由于采用 HOP 快速升温和在达到回火温度后进行空冷，属碳化物形态控制技术，回火钢板的渗碳体分布均匀精细，提高了钢的韧性。

（3）由于与快速冷却结合使用，在 $B_s$、$B_f$ 温度区间停止快冷，形成 B－A 双相组织，在此温度下使用 HOP 快速加热，使贝氏体（B）中的碳扩散到未相变的奥氏体（A）中，使 B 变成了较软的回火组织，在随后的空冷中，未相变的 A 生成相对等轴细化的岛状马氏体（M－A）从而使钢板屈强比降低，提高焊接性能。

在线热处理设备紧接在热矫直机后，可有效地利用中厚板经过在线加速冷却后的显热来提高加热效率。对轧制而言，完全实现了轧制—加速冷却—热处理的同步在线热处理。连续在线工艺的建立可以实现大规模生产，生产周期极短。在线热处理工艺采用感应加热方法，该方法是利用电磁线圈产生的感应电流穿过中厚板来进行加热，钢板的升温速度较常规的离线再加热大 1 ~2 个数量级，由感应加热产生的热转换成热通量比煤气加热时高 100 倍，因此可以实现极大能量密度的加热，对钢材组织的微细化和碳化物的分布状态产生积极影响，有利于提高钢材的韧性指标。

目前，国内采用此技术的企业很少，已应用并取得较好效果的企业主要集中在日本、瑞典、德国、韩国等。

西日本制铁所福山厚板厂的在线热处理线如图 10 －7 所示。

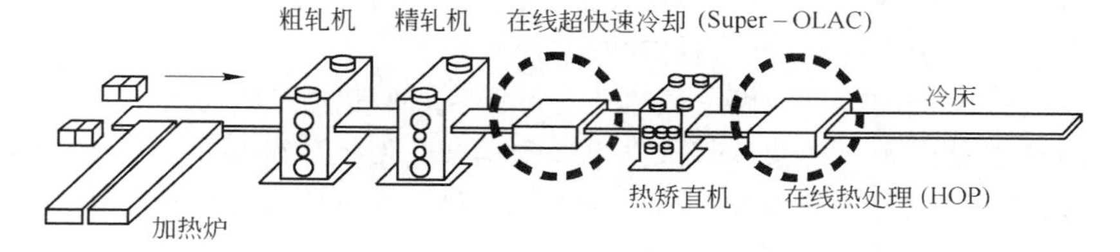


图 10 －7　西日本制铁所福山厚板厂的在线热处理线示意图

## 914. 什么是中厚板常化控冷热处理技术，有何特点？

常规的常化热处理工艺，加热后通常采用空气冷却，这会导致相变温度提高，铁素体晶粒仍然会长大，室温组织细化效果被大打折扣；而铌微合金化钢在常化及空冷过程中还会因铌的碳氮化物的长大，降低其沉淀强化效果，这两种效果都会导致屈服强度降低。如果采用常化后加速冷却则可以降低相变温度，也可抑制微合金元素碳氮化物的长大，使其低温弥散析出，从而保证钢板强度。对于低碳贝氏体类型钢，采用常化空冷无法得到需要的低碳贝氏体组织，性能无法保证；而采用常化加速冷却则可控制相变温度，保证得到所需的低碳贝氏体组织。部分薄规格或中等厚度规格产品还可以采取常化后加速冷却实现淬火，生产调质钢板。

## 915. 产品组织性能预测与控制的主要内容有哪些？

主要研究内容包括：加工过程对材料组织、性能的影响规律；成型过程中材料组织与结构演变的定量描述、建模与模拟；金属材料成分、组织结构与性能的关系；成型过程中材料组织性能预测与在线优化控制；控轧控冷机理研究与工艺开发。

## 916. 什么是超快冷，其速度有多快?

所谓超快冷却（UFC，Ultra - Fast Cooling）就是：

（1）冷却速度足够大，有超常规冷却能力；

（2）冷却水与钢板的热交换更加充分有效；

（3）冷却水喷洒形式能满足快速热交换要求；

（4）有新型的冷却设备。

利用超快冷却技术可以缩短冷却区长度，并能够防止板材纵向剪切的翘曲等问题。超快冷可充分调动各种强化手段，提高材料的强度，改善综合性能，最大限度地挖掘材料的潜力，生产高强度钢材，同时可以开发新的钢种，由于可以少用合金元素，因此降低了生产成本。利用这项技术可以获得具有优良性能、节省资源和能源、利于循环利用的钢铁材料。

超快冷却系统的冷却速度一般大于 100℃/s，而常规冷却速度一般在 25℃/s 以下。这主要是由于在超快冷却条件下，密集布孔使下冲冷却水和红钢的直接热交换面积远大于常规冷却条件下的直接接触面积。这种冷却方法比传统加速冷却方法快 2 ~5 倍。此外，在经过“Super - OLAC”在线加速冷却处理后，中厚板表面温度分布非常均匀。对于厚度不小于 30mm 的中厚板的冷却，这一方法可达到非常高的冷却速率，相当于冷却速率的理论极限。

## 917. 超快冷却的机理是什么?

高温钢板进行水冷时，出现的热传递和沸腾现象可以大致分为两种方式，即核胞沸腾和薄膜沸腾。在核胞沸腾中，冷却水直接与钢接触，热量通过产生的水泡进行传递；而薄膜沸腾在钢与冷却水之间形成一个蒸汽薄膜，热量是通过蒸汽薄膜传递的。核胞沸腾的冷却能力比薄膜沸腾更高。超快冷却是把着眼点放在突破汽膜对换热效率的限制上，其基本原理是：以带有压力的密集水流，大面积地打破高温钢板与冷却水之间的汽膜，使新水能够直接作用于钢板上，从而提高换热效率。冷却过程如图 10 - 8 所示。

由于冷却水和热钢板的对流热交换系数远大于蒸汽和钢板的热传导系数，因此提高热交换系数的关键是在冷却时要有效地打破蒸汽膜，增加下冲冷却水和红钢的直接对流换热面积。基于对中厚板上侧冷却的研究，超快冷却系统采取了将喷嘴尽可能靠近中厚板，使冷却水朝一个方向（即中厚板移动的方向）流动的方法，而中厚板下侧的冷却是利用密集排列在水槽中的喷嘴进行喷淋冷却的，即带走水流冷却中厚板。这种冷却方法实现了在中厚板上下两侧具有高冷却能力的

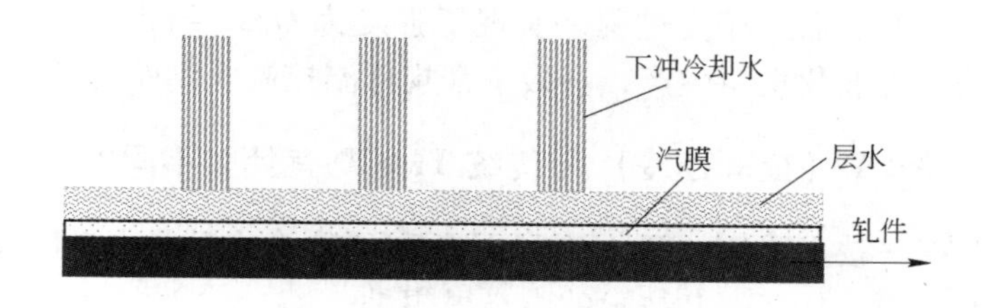


图 10-8　层流水、汽膜与轧件热交换快冷示意图

核胞沸腾。

具体应注意以下要素：

（1）提高下冲冷却水的压力，以打破蒸汽膜（冷却水的压力为 0.3～1.0MPa）。

（2）合理密集地分布喷管，尽可能加大下冲冷却水作用于钢板表面的面积，充分接触钢板。

（3）增加水量。由于冷却速度加快和控制精度提高，因此需研究新的冷却数学模型，尤其是冷却水和钢板的对流热交换系数模型。同时还应研究在超快冷却条件下，冷却的均一性和带钢的板形问题，以及冷却对产品的表面质量和力学性能的影响。

（4）与常规 ACC 相配合，实现与性能要求相适应的多种冷却路径优化控制。

### 918. 超快冷技术的中心思想是什么？

超快冷技术的中心思想是：（1）轧制阶段，在适于变形的温度区间完成连续大变形和应变积累，得到硬化的变形奥氏体组织；（2）轧后立即进行超快速冷却，使轧件迅速通过奥氏体相区，保持轧件奥氏体硬化状态；（3）在奥氏体向铁素体相变的动态相变点前终止冷却。

### 919. 超快冷技术有什么技术优势？

（1）与传统层流冷却相比，超快速冷却可有效打破汽膜，实现对热轧钢板进行高效率、高均匀性的冷却，冷却速率可达到传统层流冷却速率的 2～5 倍。

（2）与常规冷却方式相比，不仅可以提高冷却速度，而且与常规 ACC 相配合还可实现与性能要求相适应的多种冷却路径优化控制。

### 920. 新一代 TMCP（控轧控冷）工艺是什么？

新一代 TMCP 采用高温终轧路线，通过大应变连续累积变形 + 水雾超快速冷却工艺，在适当的温度点停止冷却，通过超快速冷却抑制奥氏体的再结晶，保持硬化状态，并控制随后的相变过程，实现了强度为 Q235 级别升级到 400MPa 级别的棒线材稳定工业化批量生产，突破了常规低温控制轧制的观念。

## 921. 新一代 TMCP（控轧控冷）与传统 TMCP 有什么不同？

与传统 TMCP 技术采用“低温大压下”和“微合金化”不同，以超快速冷却技术为核心的新一代 TMCP 技术的中心思想是：

（1）在奥氏体区间“趁热打铁”，在适于变形的温度区间完成连续大变形和应变积累，得到硬化的奥氏体。

（2）轧后立即进行超快冷，使轧件迅速通过奥氏体相区，保持轧件奥氏体硬化状态。

（3）在奥氏体向铁素体相变的动态相变点终止冷却。

（4）后续依照材料组织和性能的需要进行冷却路径的控制，即通过采用适当控轧 + 超快速冷却 + 接近相变点温度停止冷却 + 后续冷却路径控制，降低合金元素使用量，采用常规轧制或适当控轧，尽可能提高终轧温度，实现资源节约型、节能减排型的绿色钢铁产品制造过程。

新一代 TMCP 技术与传统 TMCP 的区别如图 10－9 所示。

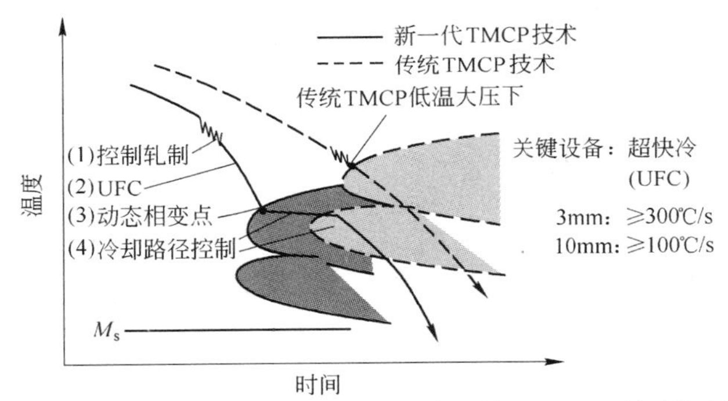


图 10－9 新一代 TMCP 与传统 TMCP 的比较

## 922. 新一代 TMCP（控轧控冷）技术的核心是什么？

该技术采用以超快冷为核心的可控无级调节钢材冷却技术，综合利用固溶、细晶、析出、相变等钢铁材料综合强化手段，实现在保持或提高材料塑韧性和使用性能的前提下，产品强度指标提高 100～200MPa 以上，大幅度提高冲击韧性，显著节省钢材主要合金元素的用量，实现钢铁材料性能的全面提升。

**923. 热轧中厚钢板新一代轧后控制冷却技术及装备应具有什么特点？**

（1）具备高的冷却强度，可实现轧后钢板更大范围冷却速率的控制，拓宽生产工艺，满足品种、规格等多样化中厚板产品的多种冷却工艺需要，如常规冷却强度、超快速冷却（2～5倍于层流冷却强度）以及直接淬火工艺等，为控制钢材热轧后的组织和性能提供强有力手段。

（2）具有更加良好的冷却均匀性，有效避免生产过程中出现的板形问题，满足中厚板产品尤其是高强中厚板产品冷却后的板形控制要求。具备实现极限冷却强度如超快速冷却、直接淬火条件下的钢板均匀化冷却的能力，确保钢板内部组织均匀、应力小、板形良好，减轻后续矫直工序压力。

（3）能有效地结合控制轧制，通过采用多种冷却工艺，充分利用细晶强化、析出强化、相变强化及固溶强化等多种强化机制，实现多种强韧化机制的优化组合，满足低成本高性能钢铁材料开发需要。

（4）冷却设备控制系统具备冷却速度、终冷温度、冷却过程弛豫控制等多元调节控制功能，具有高的冷却控制精度。

# 参考文献

[1] 滕长岭．钢铁产品标准化工作手册［M］．北京：中国标准出版社，1999.
[2] GB/T709—2006 热轧钢板和带钢的尺寸、形状、重量及允许偏差［S］．2006.
[3] 邹家祥．轧钢机械［M］．北京：冶金工业出版社，2005.
[4] 小指军夫．控制轧制控制冷却－改善材质的轧制技术发展［M］．北京：冶金工业出版社，2002.
[5] 于世果，李宏图．国外厚板轧机机轧制技术的发展［J］．轧钢，1999.
[6] 赵志业．金属塑性变形与轧制理论［M］．北京：冶金工业出版社，1982.
[7] 刘文，王兴珍．轧钢生产基础知识问答［M］．3 版．北京：冶金工业出版社，2012.
[8] 汪洪峰，姜加和．包晶钢连铸板坯表面质量的控制［J］．冶金丛刊，2004（2）：1～6.
[9] 卢盛意．连铸坯质量［M］．北京：冶金工业出版社，1994.
[10] 朱志远，王新华，王万军．亚包晶钢板坯表面纵裂及影响因素［J］．连铸，2006（6）：31～36.
[11] 轧钢新技术 3000 问［M］．北京：中国科学技术出版社，2003.
[12] V. B. 金兹伯格．板带钢轧制工艺学［M］．马东清等译．北京：冶金工业出版社，2003.
[13] 林际熙．金属力学性能检验人员培训教材［M］．北京：冶金工业出版社，1999.
[14] 孙本荣，王有铭，陈瑛．中厚钢板生产［M］．北京：冶金工业出版社，1993.
[15] 蔡乔方．加热炉［M］．北京：冶金工业出版社，2006.
[16] 吕立华．轧制理论基础［M］．重庆：重庆大学出版社，1991.
[17] 杨宗毅．实用轧钢技术手册［M］．北京：冶金工业出版社，1995.
[18] 曹乃光．金属加工原理［M］．北京：冶金工业出版社，1983.
[19] 刘相华，胡贤磊，杜林秀．轧制参数计算模型及其应用［M］．北京：化学工业出版社，2007.
[20] 康永林．轧制工程学［M］．北京：冶金工业出版社，2006.
[21] 崔风平，孙玮，刘彦春．中厚板生产与质量控制［M］．北京：冶金工业出版社，2008.
[22] 王廷溥．轧钢工艺学［M］．北京：冶金工业出版社，1981.
[23] 荆其臻．世界中厚板技术进步译文集［C］．1999 中国金属学会中厚板学术委员会．
[24] 张景进．中厚板生产［M］．北京：冶金工业出版社，2005.
[25] V. B. 金兹伯格．高精度板带材轧制理论与实践［M］．姜明东，王国栋等译．北京：冶金工业出版社，2000.
[26] 陈瑛．宽厚钢板轧机概论［M］．北京：冶金工业出版社，2011.
[27] 黄庆学，秦建平．轧钢生产实用技术［M］．北京：冶金工业出版社，2004.
[28] 赵家骏，刘谋渊．热轧带钢生产知识问答［M］．北京：冶金工业出版社，2006.
[29] 齐俊杰，黄云华，张跃．微合金化钢［M］．北京：冶金工业出版社，2006.
[30] 田村今男．高强度低合金钢的控制轧制与控制冷却［M］．王国栋等译．北京：冶金工业出版社，1992.

[31] 王有铭. 钢材的控制轧制和控制冷却 [M]. 北京：冶金工业出版社，1995.
[32] 熊中实，倪文杰. 钢材大全 [M]. 北京：中国建材出版社，1994.
[33] 陈瑛. 中厚板热处理技术 [J]. 宽厚板，2008.
[34] 国家先进钢铁材料工程中心. 金相实验技术. 2006.
[35] 孙中华. 轧钢生产新技术工艺与产品质量检测标准实用手册 [M]. 长春：银声音像出版社，2004.
[36] 张希元，崔风平. 中厚板外观缺陷的种类、形态及成因 [M]. 北京：冶金工业出版社，2005.
[37] 陆友琪，邹立智. 铁合金及合金添加剂手册 [M]. 北京：冶金工业出版社，1990.
[38] 王君，王国栋. 各种压力 AGC 模型的分析与评价 [J]. 轧钢，2001，18 (5)：51 ~ 54.
[39] 刘相华，张殿华. 压力 AGC 有关问题的综述 [J]. 钢铁研究，1999 (5)：36 ~ 40.
[40] 李宏图. 中厚板控制冷却技术 [J]. 钢铁技术，2002.
[41] 王祖宾，东涛. 低合金高强度钢 [M]. 北京：原子能出版社，1996.
[42] 付俊岩. 如何用铌改善钢的性能——含铌钢生产技术 [M]. 北京：冶金工业出版社，2007.
[43] 刘相华，王国栋. 钢材性能柔性化与柔性化轧制技术 [J]. 轧钢，2006.
[44] 陈晓，秦晓钟. 高性能压力容器和压力钢管用钢 [M]. 北京：机械工业出版社，2007.
[45] 于庆波，刘相华，赵贤平. 控轧控冷钢的显微组织形貌及分析 [M]. 北京：科学出版社，2010.
[46] 陈晓. 高性能建筑结构用钢 [M]. 北京：科学出版社，2010.
[47] 崔风平，刘彦春，等. 中厚板生产知识问答 [M]. 北京：冶金工业出版社，2010.

# 冶金工业出版社部分图书推荐

| 书　　名 | 定价(元) |
| --- | --- |
| 中厚板生产与质量控制 | 99.00 |
| 中厚板生产实用技术 | 58.00 |
| 中厚板生产知识问答 | 29.00 |
| 中国中厚板轧制技术与装备 | 180.00 |
| 高精度板带材轧制理论与实践 | 70.00 |
| 板带冷轧生产（冶金行业职业教育培训规划教材） | 42.00 |
| 板带材生产原理与工艺 | 28.00 |
| 板带冷轧机板形控制与机型选择 | 59.00 |
| 高精度板带钢厚度控制的理论与实践 | 65.00 |
| 冷热轧板带轧机的模型与控制 | 59.00 |
| 板带材生产工艺及设备 | 35.00 |
| 中国热轧宽带钢轧机及生产技术 | 75.00 |
| 热轧薄板生产技术 | 35.00 |
| 热轧带钢生产知识问答 | 35.00 |
| 冷轧带钢生产问答 | 45.00 |
| 热轧生产自动化技术 | 52.00 |
| 冷轧薄钢板生产（第2版） | 69.00 |
| 板带冷轧生产 | 42.00 |
| 冷轧生产自动化技术 | 45.00 |
| 冷轧薄钢板精整生产技术 | 30.00 |
| 冷轧薄钢板酸洗设备与工艺 | 28.00 |
| 冷轧带钢生产 | 41.00 |